플랜트엔지니어 1 · 2급 필기 + 실기 시험대비서

플랜트엔지니어 기술이론

(재)한국플랜트건설연구원 교재편찬위원회
홈페이지 www.cip.or.kr

1
PLANT PROCESS

KB139820

예문사

PREFACE

최근 세계건설시장의 지속적인 성장으로 2020년의 시장규모는 2019년 대비 3.4% 상승한 11조 6,000억 달러가 될 것으로 추정하고 있다. 특히, 아시아와 중동에서 개발도상국들의 인프라 투자 증가, 산유국의 플랜트 설비 건설 등으로 플랜트 건설시장이 확대됨에 따라 2025년까지 5% 내외의 성장이 지속될 것으로 전망하고 있다.

우리나라의 경우도 해외 건설수주는 2006년 이후 매년 성장하여 2010년 716억 달러, 2014년 661억 달러를 달성하였고, 2015년부터 세계경제상황 악화로 200억~400억 달러 수준의 실적 정도밖에 달성하지 못하였지만 2021년부터는 점증적인 수주확대가 전망된다. 수출산업으로 부상한 해외건설은, 특히 플랜트 부문이 60%를 상회하는데, 세계 플랜트시장 점유율 10.5% 정도로 전 세계 4위의 위상을 나타내고 있다. 이는 아시아, 중동을 중심으로 국내 기업이 높은 실적을 점유하고 있는 발전 분야, 석유화학 분야, 가스처리 분야 등에서 호조를 나타낸 결과라 할 수 있겠다.

그러나 이러한 외부적 호황에 따른 과제 역시 산적해 있다. 즉, 발전소, 담수설비, 오일/가스설비, 석유화학설비, 해양설비, 태양광설비 등 분야별 전문기술 · 원가 · 사업관리의 경쟁력을 강화해야 할 뿐 아니라 절대적으로 부족한 플랜트 전문인력 양성이 절실히 요구되고 있는 것이다.

이에 (재)한국플랜트건설연구원에서는, 플랜트 산업의 경쟁력 확보 및 전문지식, 창의성, 도전정신을 겸비한 융합형 전문인력 양성이라는 시대적 사명과 비전을 가지고 국토교통부의 적극적인 지원으로 플랜트엔지니어 자격검정과정을 도입하여 시행하고 있다.

본서는 플랜트엔지니어 자격검정을 위한 교재로서, 전문지식과 E · P · C 사업 수행의 역량을 갖추어 플랜트 산업 발전과 경쟁력 향상에 기여할 수 있는 인재로 거듭나는 과정에서 중요한 지침서로서의 역할을 해줄 것으로 기대되는 바, 주요 내용은 다음과 같다.

- PLANT PROCESS : 직업기초능력 향상과 Plant Process 이해
- PLANT ENGINEERING : 설계 공통사항과 각 공종별 설계
- PLANT PROCUREMENT : 기술규격서 및 자재구매사양서
- PLANT CONSTRUCTION : 공종별 시공절차와 시운전지침

끝으로 편찬을 위해 참여해 주신 국내 최고의 플랜트 전문가들과 출간을 맡아준 도서출판 예문사, 그리고 본 연구원의 임직원들께 깊은 감사의 마음을 전한다.

2021년 1월
(재)한국플랜트건설연구원
원장 김영건

INFORMATION
시험정보

💬 플랜트엔지니어 1·2급

최근 급성장하는 플랜트 산업 분야에서 가장 큰 애로사항은 금융·인력·정보 부족인 것으로 나타나고 있으며, 특히 산업설비 플랜트 건설의 국제화, 전문화에 따른 기술개발 및 전문가의 인력보급은 국제 경쟁력 확보 및 플랜트 산업기술의 성공적인 추진을 위한 최우선 해결과제이다.

이에 플랜트전문인력 양성기관인 (재)한국플랜트건설연구원에서는 플랜트업계가 요구하는 EPC Project [Engineering(설계)·Procurement(조달)·Construction(시공 및 시운전)]을 수행할 인재양성교육과 플랜트 관련 지식의 전문화 및 표준화를 위해 노력한 결과 2013년 6월 16일 한국직업능력개발원에 "플랜트엔지니어 1급·2급" 자격증 신설 및 시행에 대한 등록을 완료하였다.

플랜트엔지니어 자격시험을 통해 검증된 전문인력의 양성으로 국가 경쟁력 확보 및 플랜트 분야 일자리 확대 효과, 플랜트 산업 분야에서 전문성을 갖춘 인력을 필요로 하는 기업의 인력난 미스매치 해소, 전문인력의 전문성에 부합되는 교육을 통한 업무의 효율 증가, 전문지식 습득으로 인한 직무만족 상승 등과 같은 효과를 기대할 수 있을 것이다.

💬 2013년 플랜트엔지니어 자격시험 신설 및 첫 시행

2013년 8월 17일 1회 필기시험을 통해 플랜트엔지니어 자격취득자를 33명 배출하였으며, 이를 시작으로 계속적으로 연 2회 시행되고 있다.

💬 플랜트엔지니어 자격검정 기본사항

[1] 플랜트엔지니어 시험개요

자격명	플랜트엔지니어
민간자격관리사	(재)한국플랜트건설연구원
자격의 활용	1. 플랜트 업체에서 수행하고 있는 E.P.C Project에 즉시 참여할 수 있다. 2. 플랜트 업체의 전체 업무 흐름을 파악하고, 이해할 수 있다. 3. 자격의 등급별 직무내용을 설정하여 자격을 취득한 후 산업 및 교육 분야에서 활용할 수 있도록 추진한다.

[2] 플랜트엔지니어 자격검정기준

자격등급	검정기준
플랜트엔지니어 1급	플랜트 건설공사 추진 시 수반되는 제반 기초기술을 관리할 수 있는 능력을 겸비한 자 • 프로젝트 계약, 문제해결능력, 사업관리 능력 • 토목/건축, 기계/배관, 전기/계장, 화공/공정 프로세스의 기초설계능력 • 주요 기자재의 기술규격서, 구매사양서 작성기준 • 각 공종별 시공절차 등
플랜트엔지니어 2급	플랜트 건설공사 추진 시 수반되는 제반 초급 기초기술을 관리 보조할 수 있는 능력을 겸비한 자 • 프로젝트 계약, 문제해결능력, 사업관리능력 • 토목/건축, 기계/배관, 전기/계장, 화공/공정 프로세스의 기초설계능력 • 주요 기자재의 기술규격서, 구매사양서 작성기준 • 각 공종별 시공절차 등

[3] 플랜트엔지니어 등급별 응시자격

자격종목	응시자격
플랜트엔지니어 1급	1급의 응시자격은 다음 각 호의 어느 하나에 해당된 자로 한다. 1. 공과대학 4년제 이상의 대학졸업자 또는 졸업예정자 동등 이상의 자격을 가진 자 2. 3년제 전문대학 공학 관련 학과 졸업자로서 플랜트 실무경력 1년 이상인 자 3. 2년제 전문대학 공학 관련 학과 졸업자로서 플랜트 실무경력 2년 이상인 자 4. 플랜트엔지니어 2급 취득 후, 동일 분야에서 실무경력 1년 이상인 자
플랜트엔지니어 2급	2급의 응시자격은 다음 각 호의 어느 하나에 해당된 자로 한다. 1. 2년제 또는 3년제 공과 전문대학 졸업자 또는 졸업예정자 2. 공업 관련 실업계 고등학교 졸업자로서 플랜트 실무경력 2년 이상인 자

[비고] 공과대학에 관련된 학과란 기계, 전기, 토목, 건축, 화공 등 플랜트 건설 분야에 참여하는 학과를 말하며, 기타 분야에서 플랜트 산업 분야의 해당 유무 또는 실무경력의 인정에 대한 사항은 "응시자격심사위원회"를 열어 결정한다.

[4] 플랜트엔지니어 시험 출제기준

1. 검정과목별로 1차 객관식(4지 택일형)과 2차 주관식(필답형)으로 출제한다.
2. 전문 분야에서 직업능력을 평가할 수 있는 문항을 중심으로 출제한다.
3. 세부적인 시험의 출제기준은 다음과 같다.

자격등급	검정방법	검정과목(분야, 영역)	주요 내용
플랜트 엔지니어 1급	1차 필기시험 (객관식)	Process (25문항)	1. 문제해결능력과 국제영문계약에 대한 직업 기초능력 2. 사업관리, 안전관리, 품질관리, 회계 기본이론 등 프로젝트 매니지먼트 3. 석유화학, 화력발전, 원자력발전, 해수담수, 신재생에너지, 해양플랜트에 대한 프로세스 이해
		Engineering(설계) (25문항)	1. P&ID 작성 및 이해, 보일러 설계 및 부대설비, 터빈 및 보조기기에 대한 공통사항 2. 플랜트 토목설계, 토목기초 연약지반, 플랜트 건축설계 3. 플랜트 장치기기 설계, 플랜트 배관설계 및 플랜트 레이아웃 4. 전력계통 개요와 분석, 비상발전기 등 전기설비, 계측제어 및 DCS 설계 5. 공정관리 및 공정설계
		Procurement(조달) (25문항)	1. 기술규격서 작성 2. 주요 자재 구매사양서 3. 입찰평가 및 납품관리계획서 4. 공정별 건축재료의 특성
		Construction(시공) (25문항)	1. 토목/건축공사 시공절차 2. 기계/배관공사 시공절차 3. 전기/계장공사 시공절차 4. 플랜트 시운전 지침
	2차 실기시험 (주관식)	Process Engineering(설계) Procurement(조달) Construction(시공) (20문항)	1. 사업관리, 안전관리, 품질관리, 국제영문계약에 대한 기초지식 2. 석유화학, 화력발전, 원자력발전, 해수담수, 신재생에너지, 해양플랜트의 특징 3. 플랜트 토목, 건축 설비에 대한 설계 분야의 기본지식 4. 플랜트 건설공사 중 기계장치, 배관, P&ID 설계 5. 전력계통과 전기설비 설계 및 계측제어, DCS 설계 6. 공정제어 및 공정설계 7. 주요 기자재 기술규격서 작성 8. 조달 자재의 구매사양서와 입찰평가 및 납품관리계획서 9. 건축자재 특성의 이해 10. 플랜트의 토목, 건축공사 시공절차 11. 기계/배관공사 시공절차 12. 전기/계장공사 시공절차 13. 플랜트의 시운전 지침에 대한 이해

자격등급	검정방법	검정과목(분야, 영역)	주요 내용
플랜트 엔지니어 2급	1차 필기시험 (객관식)	Process (25문항)	1. 문제해결능력과 국제영문계약에 대한 직업 기초능력 2. 사업관리, 안전관리, 품질관리, 회계 기본이론 등 프로젝트 매니지먼트 3. 석유화학, 화력발전, 원자력발전, 해수담수, 신재생에너지, 해양플랜트에 대한 프로세스 이해
		Engineering(설계) (25문항)	1. P&ID 작성 및 이해, 보일러 설계 및 부대설비, 터빈 및 보조기기에 대한 공통사항 2. 플랜트 토목 설계, 토목기초 연약지반, 플랜트 건축설계 3. 플랜트 장치기기 설계, 플랜트 배관설계 및 플랜트 레이아웃 4. 전력계통 개요와 분석, 비상발전기 등 전기설비, 계측제어 및 DCS 설계 5. 공정관리 및 공정설계
		Procurement(조달) (25문항)	1. 기술규격서 작성 2. 주요 자재 구매사양서 3. 입찰평가 및 납품관리계획서 4. 공정별 건축재료의 특성
		Construction(시공) (25문항)	1. 토목/건축공사 시공절차 2. 기계/배관공사 시공절차 3. 전기/계장공사 시공절차 4. 플랜트 시운전 지침
	2차 실기시험 (주관식)	Process Engineering(설계) Procurement(조달) Construction(시공) (20문항)	1. 사업관리, 안전관리, 품질관리, 국제영문계약에 대한 기초지식 2. 석유화학, 화력발전, 원자력발전, 해수담수, 신재생에너지, 해양플랜트의 특징 3. 플랜트 토목, 건축 설비에 대한 설계 분야의 기본지식 4. 플랜트 건설공사 중 기계장치, 배관, P&ID 설계 5. 전력계통과 전기설비설계 및 계측제어, DCS 설계 6. 공정제어 및 공정설계 7. 주요 기자재 기술규격서 작성 8. 조달 자재의 구매사양서와 입찰평가 및 납품관리계획서 9. 건축자재 특성의 이해 10. 플랜트의 토목, 건축공사 시공절차 11. 기계/배관공사 시공절차 12. 전기/계장공사 시공절차 13. 플랜트의 시운전 지침에 대한 이해

[5] 플랜트엔지니어 검정영역 및 검정시간

자격등급	검정방법	검정시간	시험문항	합격기준
플랜트 엔지니어 1급	1차 필기시험 (객관식)	120분	Process 25문항 Engineering(설계) 25문항 Procurement(조달) 25문항 Construction(시공) 25문항 총 100문항	100점을 만점으로 하여 과목당 40점 이상, 전과목 평균 60점 이상
	2차 실기시험 (주관식)	120분	Process 5문항 Engineering(설계) 5문항 Procurement(조달) 5문항 Construction(시공) 5문항 총 20문항	100점을 만점으로 하여 60점 이상
플랜트 엔지니어 2급	1차 필기시험 (객관식)	120분	Process 25문항 Engineering(설계) 25문항 Procurement(조달) 25문항 Construction(시공) 25문항 총 100문항	100점을 만점으로 하여 과목당 40점 이상, 전과목 평균 60점 이상
	2차 실기시험 (주관식)	120분	Process 5문항 Engineering(설계) 5문항 Procurement(조달) 5문항 Construction(시공) 5문항 총 20문항	100점을 만점으로 하여 60점 이상

[6] 시험의 일부면제

1. 플랜트엔지니어 1·2급 필기 합격자는 합격자 발표일로부터 2년 이내에 당해 등급의 실기시험에 재응시할 경우 필기시험을 면제한다.
2. 플랜트 관련 교육과정(240시간 이상)을 수료한 자는 필기시험과목 중 제1과목에 대해 면제한다.
   (제1과목 면제기준일 : 실기시험 원서접수 시까지 교육 이수자)

※ 실기시험 원서접수 시 관련 증빙서류 제출(미제출 시 필기시험 불합격 처리)

[7] 응시원서 접수

1. 시험 응시료(현금결제 및 계좌이체만 가능)

필기시험	20,000원
실기시험	40,000원

※ 원서 접수기간 중 오전 9시~오후 6시까지 접수 가능(접수기간 종료 후에는 응시원서 접수 불가)
※ 시험 응시료는 접수기간 내에 취소 시 100% 환불되며 접수 종료 후 시험 시행 1일 전까지 취소 시 60% 환불되고 시험 시행일 이후에는 환불 불가함

2. 시험원서 접수 및 문의

① 접수

홈페이지 www.cip.or.kr 인터넷 원서접수

② 입금계좌

국민 928701-01-169012 ((재)한국플랜트건설연구원)

③ 문의

02-872-1141

[8] 합격자 결정

1. 필기시험은 각 과목의 40% 이상, 그리고 전 과목 총점(400점)의 60%(240점) 이상을 득점한 자를 합격자로 한다.
2. 실기시험은 채점위원별 점수의 합계를 100점 만점으로 환산하여 60점 이상 득점한 자를 합격자로 한다.

※ 합격자 발표는 (재)한국플랜트건설연구원 홈페이지 www.cip.or.kr를 통해 발표일 당일 오전 9시에 공고된다.

3. 합격자에 대한 자격증서 및 자격카드 발급비용은 50,000원이며 신청 시 계좌이체해야 한다(자격증 발급 신청 후 개별 제작되어 환불은 불가능).

CONTENTS
목차

CHAPTER 01
직업기초능력 향상

CHAPTER 02
프로젝트 매니지먼트

SECTION 01 사업관리 개요

SECTION 02 안전관리

1 안전관리 개요

SECTION 03 경제성 공학

CHAPTER
03
플랜트
Process 이해

SECTION 01 석유화학 플랜트

SECTION 03 원자력발전 플랜트

1 원자력 기초

2 핵연료

3 원자로

4 가압경수로형 발전소의 기본 구성

5 원자력발전소의 안전관리

01

직업기초능력
향상

01 직업기초능력 향상

SECTION 01 | 문제해결능력과정

---

❶ 문제해결을 위한 논리적 사고(Logical Thinking)

1. 논리 시나리오(Logic Scenario) 사고

일반적으로 현재 상황을 정확히 분석하여 논리적인 해결점을 찾는 것은 쉽지 않다. 그 이유는 문제해결에 있어 순서에 따른 논리적인 추리과정을 거치지 않고, 문제의 해답을 즉흥적으로 생각해내는 직관적 사고(Intuitive Thinking)가 습관화되었기 때문이다.

논리 시나리오 사고는 직관적 사고에서 벗어나 논리적으로 문제를 접근하고 해결하는 데 도움을 준다. 논리 시나리오 사고는 "Why so?" ⇒ "So what?" ⇒ "Risk Factor"의 순으로 시나리오를 연결시켜 해결점을 찾는 기법이다. 이러한 논리 시나리오를 활용하면 주어진 문제를 논리적이면서도 빠르게 구체적인 해결방안을 제시할 수 있으며, 실행할 때에 발생할 수 있는 시간, 인력, 자본 등의 리스크를 사전에 점검할 수 있어 현실적인 해결안을 도출할 수 있는 장점이 있다.

Why So?	So What?	Risk Factor
왜 그런 현상이 발생하는가?	구체적인 해결방안은 무엇인가?	고려해야 하는 리스크에는 어떤 것들이 있는가?

[그림 1-1] 논리 시나리오 도식도

사례 논리 시나리오 사고

현상	A사의 매출이 작년에 비해 급격하게 하락하고 있다.
Why So?	소비패턴의 변화로 소비자의 오프라인 구매가 줄어들고 있으며, 온라인 주문이 늘고 있다.
So What?	온라인 쇼핑의 증가에 따른 온라인 쇼핑몰 구축이 필요하다.
Risk Factor	온라인 쇼핑몰 구축을 위한 비용 및 운영 인력 인건비 투자에 대한 리스크를 감수할 수 있는가?

2. 프레임워크(Frame Work) 사고

프레임워크 사고는 사전에 정해 놓은 프레임, 즉 규정된 틀을 이용한 사고를 말한다. 이미 문제해결, 경영, 전략, 마케팅 등에서 사용되고 있는 프레임을 이용하여 그 안에 삽입할 정보를 수집하고 정리하면서 논리적으로 사고를 하는 것이다.

프레임워크 사고를 이용하면 현재 상황을 효율적으로 분석할 수 있다. 프레임워크 사고의 장점은 주어진 틀 속에서 현재 상황을 파악하거나 해결방안을 도출할 경우 체계적으로 사고하여 혹시나 빠진 내용이 없는지를 확인할 수 있어 사고의 속도를 높일 수 있다. 또한 여기에 사용되는 프레임들은 이미 사회적으로 통용되고 있어, 이를 이용해 문서를 작성하면 타인을 이해시키기 쉽다.

프레임워크의 사례로 '사업포트폴리오 분석', '3C분석', '마케팅 4P', 'SWOT분석' 등이 있다.

Product	Price	Place	Promotion

[그림 1-2] 프레임워크 사례 : 마케팅 4P

사례 | 사업포트폴리오

사업포트폴리오는 보스턴컨설팅그룹(Boston Consulting Group)에서 개발하였다. 보스턴컨설팅그룹은 1963년 하버드비즈니스스쿨 출신의 브루스 D. 헨더슨(Bruce D. Henderson)이 설립했으며, 경영전략 컨설팅 부문의 선도기업이다.

사업포트폴리오는 사업단위를 시장성장률과 시장점유율을 기준으로 구분하여 분석한 프레임이다. 사업포트폴리오는 시장성장률과 시장점유율에 따라 Star, Cash Cow, Dog, Problem Child로 총 4개의 영역으로 구분된다.

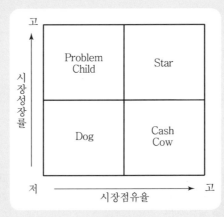

- Star : 수익성과 현금 흐름이 양호한 사업으로 지속적인 투자가 필요한 사업
- Cash Cow : 높은 수익성과 안정된 현금 흐름을 창출하는 사업
- Dog : 수익성과 현금 흐름이 낮아 철수 대상인 사업
- Problem Child : 현재는 수익성이 낮으나 미래 성장 가능성이 있는 사업

3. MECE 사고

MECE(Mutually Exclusive Collectively Exhaustive)는 세계적인 경영컨설팅 회사 맥킨지 앤컴퍼니(McKinsey & Company)에서 개발한 논리적인 사고 툴(Tool)이다. 맥킨지앤컴퍼니는 1926년 미국의 경제학자인 제임스 맥킨지(James McKinsey)가 설립하여 전 세계 최고경영층을 대상으로 컨설팅 서비스를 제공하고 있다.

MECE는 논리적으로 구조화시키는 사고기법으로 서로 중복되지 않고 전체가 누락이 없게 세분화시키는 것을 말한다. 즉, 조사하고자 하는 대상이 가진 속성을 최대한 파악하여 중복되지 않게 모두를 표현하여 분석하는 논리적인 사고다.

[그림 1-3]의 (a)는 전체를 A, B, C, D로 나누었다. 이들은 서로 중복되거나 누락됨이 없이 세분화되었다. 반면에 (b)는 A, B, C를 세분화시켰지만 D가 누락되어 분류가 잘 되지 못한 경우이다.

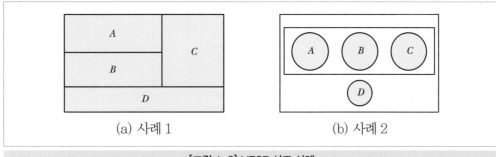

(a) 사례 1   (b) 사례 2

[그림 1-3] MECE 사고 사례

MECE를 활용하는 예를 들면, 회사의 수익이 하락하는 원인을 분석하기 위해서는 단지 매출 구조만을 파악하고 대책을 수립해서는 안 된다. 하락의 원인은 매출 구조의 문제 외에도 판매관리비의 상승이 될 수 있고, 과도한 부채로 인한 이자비용의 증가일 수도 있다. 따라서 회사 운영에 대한 전반적인 상황을 분석하여 문제가 되는 부분을 찾아내야 한다.

이처럼 문제를 파악할 때 전체적인 상황을 분석하지 못하면 효과적인 대책을 마련하기 어렵다. MECE 사고기법은 문제의 원인이 될 수 있는 것들이 빠지거나 중복된 부분 없이 사전에 분석할 수 있게 도움을 준다. 다음은 MECE 사고의 잘된 사례와 잘못된 사례이다.

(1) 잘된 사례

[무지개 색의 분류] a. 빨강 b. 주황 c. 노랑 d. 초록 e. 파랑 f. 남색 g. 보라
⇒ 무지개 색이 중복되거나 빠진 것이 없이 모두 나열됨

(2) 잘못된 사례

[생물의 분류] a. 포유류 b. 어류 c. 양서류 d. 조류
⇒ 누락된 항목 발생(파충류 등 누락)
[지역의 분류] a. 경기도 b. 강원도 c. 전라도 d. 나주시
⇒ 중복된 항목 발생(전라도, 나주시는 중복)

(3) MECE 사고의 순서

　① 먼저 현상의 전체를 확인한다.

　② 대분류의 기준을 설정한다(대분류의 기준이 중요하며 대분류에서 누락될 경우에 중분류와 소분류에서도 누락될 가능성이 높음).

　③ 대분류에 따라 중분류, 소분류의 순서로 분석의 기준을 설정한다.

　④ 순서대로 분류된 항목을 채워간다.

　⑤ 전체적으로 중복되거나 누락된 내용이 있는지 상세하게 점검한다.

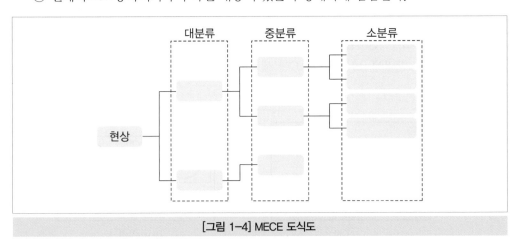

[그림 1-4] MECE 도식도

4. 로직트리(Logic Tree) 사고

로직트리(Logic Tree) 사고기법은 일반적으로 MECE 사고기법을 통해 현상을 세분화시킨 후 최적의 해결방안을 얻는 분석 툴로서 논리적인 연관성이 있는 하부 이슈들을 길게 늘어뜨려 전개한 것을 말한다. 즉, MECE 사고는 현상을 세분화시키는 반면에 로직트리는 세분화된 현상에서 구체적인 해결방안을 찾아가는 것이다. 이 과정에서 로직트리 도식도가 마치 나뭇가지 모양처럼 보인다고 하여 Logic(논리)의 Tree(나무)라고 불린다.

로직트리는 문제구조 파악, 현상 분석, 원인 파악, 해결방안 도출, 체크리스트 등으로 활용된다.

(1) 로직트리의 장점

　① 아이디어를 구조화시켜 논리적인 사고를 촉진시킨다.

　② 다양하고 세부적인 해결방안이 도출된다.

　③ 한 장으로 문제현상 및 해결방안을 나타낼 수 있다.

　④ 체크리스트로 활용될 수 있다.

　⑤ 각 내용의 인과관계를 분명히 할 수 있다.

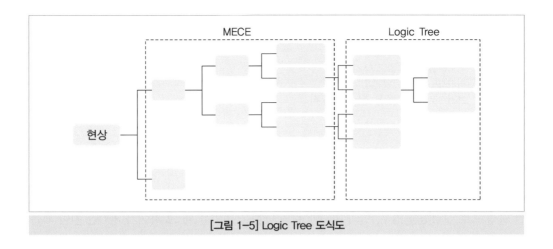

[그림 1-5] Logic Tree 도식도

5. 연역적 구조(Deductive Structure)

연역적 구조는 사전에 이미 증명되어 있는 명제를 서두에 두어 새로운 명제들을 결론에 이르게 하는 구조이다. 즉 대전제를 먼저 제시하고 순차적으로 소전제를 제시한 후 결론에 이르는 구조를 말한다. 연역적 구조는 결론에 도달하기 위해 앞뒤의 요소들이 서로 연결되어 있는 구조를 갖는다.

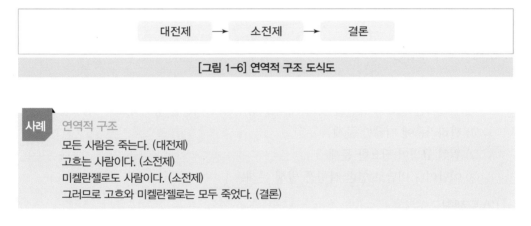

[그림 1-6] 연역적 구조 도식도

> **사례** 연역적 구조
> 모든 사람은 죽는다. (대전제)
> 고흐는 사람이다. (소전제)
> 미켈란젤로도 사람이다. (소전제)
> 그러므로 고흐와 미켈란젤로는 모두 죽었다. (결론)

6. 귀납적 구조(Inductive Structure)

귀납적인 구조는 사전에 대전제를 제시하지 않고 개별적인 여러 개의 특수한 사실이나 사례를 제시하여 여기에서 발견된 명제를 결론에 이르게 하는 구조를 말한다. 귀납적 구조에서 제시된 사실들은 상호 수평적으로 독립된 구조를 가지고 있으며 결론에 귀결된다.

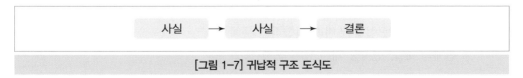

[그림 1-7] 귀납적 구조 도식도

귀납적 구조

고흐도 죽었다. (사실)

미켈란젤로도 죽었다. (사실)

피카소도 죽었다. (사실)

그러므로 모든 사람은 죽는다. (결론)

② 문제해결 프로세스 6단계

문제는 현재의 수준과 목표와의 차이를 의미한다. 예를 들어, 회사의 매출 목표를 '매월 1,000만 원 달성'으로 설정했을 경우, 만약 700만 원의 매출을 얻었을 때 그 차이가 300만 원이 되는데, 이것이 바로 문제가 된다.

문제와 문제점은 비슷하게 사용되지만 명확히 정의를 하면 차이가 있다. 문제는 목표와 현재 상황에 대한 차이를 말하지만, 문제점은 목표와의 차이를 일어나게 만든 원인 중에 대처가 가능한 것을 뜻한다. 만약 대처가 불가능하다면 문제점이 될 수 없다.

예를 들어, 건설현장에서 눈이 많이 내려 시설물이 무너졌을 경우, 눈이 많이 내린 것은 문제점이 될 수 없다. 눈이 내리는 것은 대처가 불가능하기 때문이다. 반면에 눈이 많이 쌓였을 때 사전에 눈을 제거하지 못한 것은 문제점이 된다.

일반적으로 문제의 유형은 크게 발생형, 탐색형, 설정형으로 나뉜다.

1. 문제의 3가지 유형

(1) 발생형

이미 일어난 결과의 원인을 찾아 대책을 강구하여 재발을 방지하고자 하는 문제

① 관리기준에 미달한 문제

② 원인 규명이 필요한 문제

③ 이탈이나 미달로 인한 불량품 발생 문제

(2) 탐색형

현재의 활동을 분석하여 더욱 발전하고자 하는 목표를 규명한 문제

① 현재기준에 개선이 필요한 문제

② 개선과 강화가 필요한 문제

③ 생산성 향상을 위한 문제

(3) 설정형

미래에 문제가 발생할지도 모른다는 가정으로 사전에 목표를 규명한 문제

① 새로운 목표를 설정한 미래 지향적인 문제

② 신제품 개발, 신시장 개척 등의 문제

2. 문제해결의 프로세스 6단계

주어진 문제는 다음과 같은 6단계의 프로세스를 통해 해결할 수 있다.

문제/ 목표 설정	이슈 세분화	주요 이슈 선발	가설 설정/ 분석계획 수립	분석 실행	해결방안 도출

[그림 1-8] 문제해결 프로세스 도식도

(1) 1단계 : 문제 및 목표 설정

문제 및 목표 설정은 문제해결 프로세스의 가장 우선 단계로서 해결해야 하는 과제를 명확하게 이해하고 핵심적인 문제를 정리하여 구체적으로 제시하는 것이다. 이를 위해서는 해결해야 하는 문제의 목표가 무엇인지 명확히 할 필요가 있다.

예를 들어 '신제품 인지도를 상승시키자'라는 목표를 설정했을 때 어느 정도를 상승시켜야 하는지, 언제까지 완료해야 하는지 알 수가 없다. 이처럼 목표가 명확하지 않을 때에는 이에 대한 실행계획도 구체적일 수 없다. 따라서 목표는 다음과 같은 3가지의 구성 요소를 갖는다.

목표의 3대 요소
- 무엇을(대상의 구체화)
- 어느 수준까지(도달 수준의 구체화)
- 언제까지(기간의 구체화)

사례 목표의 정의

"2020년 12월까지 신제품 인지도를 전년도 대비 30% 상승"

- 무엇을 → 신제품 인지도를
- 어느 수준까지 → 전년도 대비 30% 상승
- 언제까지 → 2020년 12월까지

(2) 2단계 : 이슈(Issue) 세분화

이슈 세분화는 문제의 원인이 되는 이슈를 세분화하는 단계로 문제의 원인이 될 수 있는 모든 내용을 찾아서 세부적으로 나누는 것이다. 이슈 세분화 단계에서는 MECE(Mutually Exclusive, Collectively Exhaustive) 사고기법을 이용해 현재 상황을 분석하고, 문제의 원인을 상세히 나열할 수 있다.

이슈 세분화를 통해 원인을 파악하기 위해서는 먼저 문제의 원인이 될 수 있는 요인 전체를 추출하여 대분류, 중분류, 소분류로 구성한다. 이후 각각의 원인에 대해 다시 세분화하여 전반적인 원인을 알 수 있게 나열한다.

예를 들어, 매출하락에 대한 원인을 파악하기 위하여 '판매 수량이 줄어든 것'과 '판매마진이 줄어든 것'을 대분류로 분류를 하고 이후 중분류로 각각의 원인을 세분화한다. 판매 수량이 줄어든 것은 '시장 규모의 축소'와 '점유율의 축소'로 구분하고, 판매마진이 줄어든 것은 '제품 가격의 하락'과 '대리점 마진 상승'으로 구분한다. 이후 각각의 이슈에 대한 원인을 소분류로 나열할 수 있다. 이와 같이 이슈 세분화는 주어진 상황이나 문제의 원인이 될 수 있는 요인을 상세하게 나누는 것이다.

사례 매출 하락 원인의 이슈를 세분화

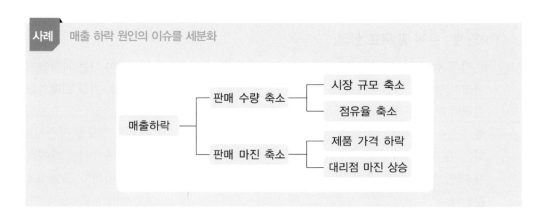

(3) 3단계 : 주요 이슈(Issue) 선발

기업은 인력, 자원, 시간 등이 유한하기 때문에 적은 시간과 비용, 노력으로 효율적인 문제해결이 필요하다. 이를 위해서는 파레토 법칙을 활용하여 문제의 80% 이상이 원인이 되는 핵심 이슈를 찾는 것이 중요하다.

주요 이슈 선발 단계는 파레토 법칙에 의해 중요한 이슈를 선별하여 우선적으로 고려하는 단계로 가장 중요한 원인에 집중할 수 있다. 이 단계를 통해 문제해결을 효율적으로 할 수 있으며 문제의 핵심을 찾아 집중적으로 원인을 분석할 수 있다.

사례 매출 하락 원인의 주요 이슈 선발

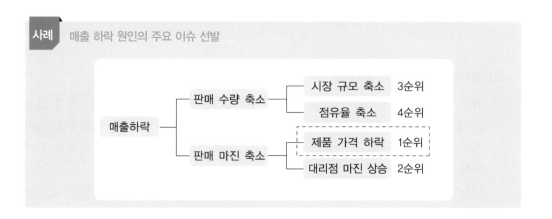

💬 파레토 법칙

이탈리아 경제학자 파레토(Vilfredo Pareto)가 개미, 벌 등의 자연현상을 연구하면서 발견한 후 이를 경영, 경제 쪽에 적용하여 정립한 법칙으로 전체 결과의 80%가 전체 원인의 20%에서 일어난다는 것이다. 파레토 법칙은 '80 대 20 법칙'과 같은 용어이다.

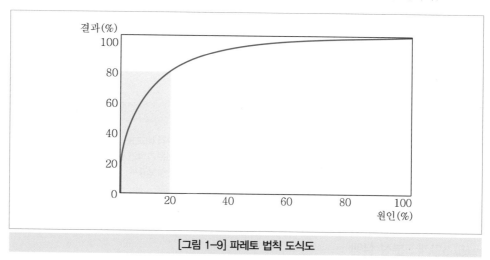

[그림 1-9] 파레토 법칙 도식도

사례 파레토 법칙
• 국민의 20%가 전체 부동산의 80%를 차지한다.
• 백화점의 주요 고객 20%가 전체 매출 80%에 해당하는 쇼핑을 한다.
• 20%의 핵심인력이 80%의 생산성을 낸다.
• 20%의 인기 제품에서 80%의 매출액이 나온다.

(4) 4단계 : 가설 및 작업계획(Work Plan) 수립

가설 및 작업계획 수립 단계에서는 3단계에서 도출한 핵심원인을 가설로 설정한 후 세부적인 작업계획을 수립하여 가설을 검증해나가는 단계이다.

가설은 실제 활동인 정보수집이나 분석을 실행하기 전에 그 과정이나 결론을 사전에 추정하는 것이다. 가설을 설정하여 진행할 경우 시간 및 경영자원의 낭비를 막을 수 있고 논리적인 문제해결을 위한 접근이 가능하다.

가설이 설정되면 작업계획을 수립하여 작업계획서를 작성한다. 작업계획서는 작업의 효율적인 진행을 위해 분석내용, 자료원, 최종결과물, 책임자, 기한 등 구체적인 사항을 기록한 것을 말한다. 해결과제의 범위가 큰 경우에는 분기별, 월별, 일별로 기간을 선정한 세부적인 작업계획서가 필요하다.

💬 작업계획 수립에 포함할 내용

- 분석내용(Analysis Activities)
- 자료원(Source)
- 최종결과물(End Product)
- 책임자(Responsibility)
- 기한(Timing)

사례 작업계획 수립

가설	분석내용	자료원	최종결과물	책임자	기한
A사의 매출 하락은 제품 가격의 하락에 원인이 있다.	A사 판매가 경쟁사 판매가	• 온 · 오프라인 가격표 • 판매원 인터뷰 시장관찰	• 가격 비교표 • 전문가의견서 관찰보고서	OO부장	2020년 12월 30일까지

(5) 5단계 : 분석 실행

정해진 작업계획에 따라 자료를 수집하여 분석하는 단계이다. 이 단계는 시간이 가장 많이 소요되며 여러 자료원을 통해 세부적인 분석이 필요하다.

자료는 일반적으로 1차 자료와 2차 자료로 나뉜다. 1차 자료는 문제해결을 위한 조사목적으로 당사자가 직접 수집한 자료를 말한다. 따라서 1차 자료는 사전에 존재하지 않는 자료로 조사자가 직접 수집하여 분석해야 하기 때문에 시간과 비용이 많이 소요된다. 또한 설문조사, 인터뷰, 실험 등을 직접 진행해야 하기 때문에 전문적인 지식이 필요하다.

2차 자료는 문제해결을 위한 조사목적이 아닌 이미 존재하고 있는 자료를 말한다. 2차 자료는 타인이나 기업, 관공서에 의해 이미 존재하는 자료로서 단시간에 많은 양의 자료를 수집하고 분석할 수 있다. 따라서 시간과 비용을 절약할 수 있으며 정부 및 기관 등에서 발행하는 자료를 이용할 시에는 공신력을 얻는다.

|표 1-1| 분석 실행 단계에서의 1 · 2차 자료

구분	1차 자료	2차 자료
특징	• 조사자가 직접 조사한 자료 • 사전에 존재하지 않는 자료 • 자료 수집에 많은 시간 소요 • 자료 수집에 많은 비용 소요 • 수집에 관한 지식 필요	• 이미 존재하는 자료 • 시간과 비용 등 경제성이 높음 • 개인이 수집할 수 없는 방대한 자료 • 정부 및 타인에 의해 발행 • 공신력이 높음
종류	설문조사, 면접, FGI, 실험, 동영상 촬영, 사진 촬영 등	인터넷 검색 자료, 서적, 신문, 잡지, 통계청 자료, 협회발간지 등

(6) 6단계 : 해결방안 도출

해결방안 도출 단계는 문제해결 6단계의 마지막 단계로 최종적으로 해결방안을 탐색하고 선정한다. 여기에서는 이전 단계의 분석된 자료를 토대로 근본적인 문제의 원인을 파악하여 효율적인 해결방안을 모색하기 위해 창의적인 아이디어 발상이 필요하다. 따라서 문제해결 6단계 중에서 가장 창의력을 요구하는 단계로 개인의 아이디어보다 그룹의 아이디어를 통해 문제해결방안을 설정하는 것이 좋다.

문제해결을 위한 창의적인 아이디어 발상기법은 브레인스토밍(Brainstorming), 브레인라이팅(Brain Writing), 스캠퍼(SCAMPER) 등이 있다.

❸ 창의적 아이디어 발상기법

1. 브레인스토밍(Brainstorming)

아이디어를 도출하는 방법에는 여러 가지가 있는데, 그중 가장 대표적인 것이 브레인스토밍(Brainstorming)이다.

> Brainstorming = Brain(뇌) + Storming(폭풍)

브레인스토밍은 직역하면 '두뇌의 폭풍'이라는 뜻으로, 한 가지 문제를 다수의 사람들이 토의해 각자의 의견을 자유롭게 말하는 가운데 생각지도 못했던 독창적인 아이디어가 도출되도록 하는 창조적 집단사고법이다.

1941년 알렉스 오스본(Allex F. Osborn)에 의해서 고안된 아이디어 발상법으로 현재까지 가장 널리 사용되고 있다. 브레인스토밍은 여러 명이 모여 자유로운 사고를 통해 아이디어를 창출하는 기법으로 다음과 같은 원칙이 있다.

(1) 브레인스토밍의 4대 원칙

① 비판 엄금
② 자유분방한 사고
③ 수량 중시
④ 결합 개선

브레인스토밍을 진행할 때는 상대방의 의견에 비판을 해서는 안 된다. 상대방을 비판할 경우에는 회의 참가자들의 사고가 경직되어 의견을 제시하는 것이 어렵다. 따라서 브레인스토밍에서는 비판이 없는 자유분방한 사고를 통해 다량의 아이디어를 얻는 것이 중요하다. 브레인스토밍은 다양한 아이디어를 얻는 과정에서 해결책을 찾을 수 있고 아이디어와 아이디어를 결합하거나 개선해 더 나은 해결책을 도출할 수 있다.

(2) 브레인스토밍에서 사용하지 말아야 할 용어들

① 그건 말이 되지 않는다.
② 현실성이 떨어진다.
③ 가능성이 없다.
④ 예전에 안 됐다.
⑤ 상식적으로 생각하라 등 부정적인 언어들

2. 브레인라이팅(Brain Writing)

브레인라이팅은 브레인스토밍의 또 다른 버전으로 말로 하는 것보다 글로서 아이디어를 나타내는 것이다.

> Brain Writing = Brain(뇌) + Writing(쓰기)

브레인라이팅은 직역하면 '두뇌의 생각을 글로 쓰는 것'으로 이 방식은 종이에 글을 쓰면서 타인의 의견에 의견이 모아져 점점 많아지는 형태의 방식이다. 상급자와 하급자 간에 자유로운 아이디어 회의가 자리를 잡지 못하고 있을 경우 활용하면 성과가 높은 아이디어 창출기법이다. 브레인라이팅은 비언어적인 접근방법을 사용하여 사소한 말다툼이나 분쟁을 방지할 수 있고, 참가자 수에 제한이 없어 다수가 원활하게 창의적인 아이디어를 제시할 수 있다.

(1) 브레인라이팅의 장점

① 말을 하지 않기 때문에 다툼이 없음
② 상대방을 존중하고 마음의 상처를 주지 않음
③ 서로 간의 마찰 방지
④ 단시간에 대량의 아이디어 창출
⑤ 발전된 아이디어를 수집
⑥ 참여자 수의 제한이 없음

3. 스캠퍼(SCAMPER)

스캠퍼는 아이디어 발상을 시작할 때 사고의 영역을 사전에 제시해 주어 구체적인 틀 안에서 빠르게 회의를 진행할 수 있다. 따라서 스캠퍼는 체크리스트를 활용한 방식으로 미리 정해진 기준에 따라 해당 내역을 체크하며 아이디어를 생산해 내는 것이다.

스캠퍼는 'SCAMPER' 7개 영문의 첫 글자를 따서 만들어진 것으로 좀 더 제한된 사고의 틀에서 단계적인 아이디어 생산을 가능하게 한다. 따라서 스캠퍼를 이용할 때에는 S, C, A, M, P, E, R의 순으로 그 단어가 제시하는 내용으로 아이디어를 도출해 나간다. 브레인스토밍과 브레인라이팅이 더 넓고 다양한 생각을 하도록 하는 것에 반해 스캠퍼는 제한된 틀을 활용한다는 것이 가장 큰 차이점이다.

SCAMPER는 다음과 같이 7개의 핵심 단어를 이용하여 아이디어를 도출한다.

- S – 대체(Substitute)
- C – 결합(Combine)
- A – 적합화(Adapt)
- M – 변경(Modify)
- P – 다른 용도(Put to Other Uses)
- E – 제거(Eliminate)
- R – 반전(Reverse)

스캠퍼는 7가지 단어의 특징에 맞추어 제품, 서비스 등의 메인 기능이나, 속성, 특징들을 변환시켜 활용할 수 있다. 이 방법을 통하면 브레인스토밍에 비해 비교적 제한된 생각의 틀에서 다양한 아이디어를 생각해 낼 수 있다는 장점이 있다.

1 국제영문계약

1. 계약의 의미

계약이란 일정한 법률 효과(Legal Obligation)의 발생을 목적으로 한 당사자 간의 합의 (Agreement)로써 성립하는 모든 법률행위를 말한다.

우리는 항상 여러 형태의 계약을 맺으며 생활을 영위하고 있다. 계약은 넓은 의미에서

① 재산권의 변동을 목적으로 하는 재산계약

② 혼인, 입양 등 신분관계의 변동을 목적으로 하는 신분계약

③ 소유권 이전 계약 등 물권의 변동을 목적으로 하는 물권계약

④ 채권의 발생을 목적으로 하는 채권계약으로 나눌 수 있다.

좁은 의미에서는 단순히 채권계약, 즉 매매계약, 임대차계약 등을 말한다.

2. 국제계약(International Private Contract)의 의의

국제계약이라 함은 서로 다른 국가 영역에 영업소를 둔 당사자 간의 국제상거래를 말한다. 매매계약이 국제적 성격을 갖기 위해서는 다음의 두 가지 요건이 충족되어야 하며 (2)의 ①, ②, ③ 요건은 이 중 어느 하나만 충족되면 국제성이 인정된다(ULIS : Uniform Law on the International Sale).

(1) 상이한 국가 영역 내에 영업소(Place of Business) 보유

(2) ① 상이한 국가 간의 국제물품운송이 있어야 하고

② 상이한 국가 영역에서의 청약과 승낙이 이루어져야 하며

③ 청약과 승낙이 행하여진 국가 이외의 다른 국가 영역에서의 물품 인도가 있어야 한다.

3. 국제계약의 특성

국제 간의 거래도 주로 물품매매계약이나 도급계약 등 국제계약에 의해 이루어지고 있다. 오늘날의 국제거래는 영미법 국가들이 주도하고 있기 때문에 주로 영어를 사용하여 계약서를 작성하고 영미법원칙이 적용된다.

국제계약은 국내계약과는 다른 다음과 같은 여러 가지 특성을 갖는다.

① 상이한 언어, 문화, 상관습

② 거리와 시간의 원격성

③ 상이한 법률제도, 관세제도

④ 상이한 화폐와 외환관리제도

참고 국제계약의 특성

국제계약은 서로 다른 국가와 환경에서 이루어지므로 적용법률의 문제 등 국내계약과는 다른 여러 문제들이 제기되고 있으며 이러한 여러 특성들을 감안하여 계약을 체결하고 문제를 해결하여야 한다.
- 어느 나라의 법률을 적용할지 준거법 조항을 삽입해야 한다.
- 법 적용의 불확실성으로 당사자 자치의 원칙 및 상관습이 존중된다.
- 주권적 간섭문제로 통상관계법 규제 완화와 자유화가 요구되고 있다.
- 계약에 관한 분쟁은 주로 제3자의 중재(Arbitration)로 해결한다.
- 신용장 통일규칙 등 보통거래약관이 널리 이용되는 추세이다.

4. 국제계약의 성립

계약이 성립하려면 당사자 간의 서로 대립하는 수개의 의사표시의 합치, 즉 합의가 반드시 있어야 한다. 이러한 합의는 반드시 명확하고 최종적(Certain and Final)이어야 한다.

영미법의 경우에 합의가 법적 구속력을 갖는 계약의 효력을 나타내기 위해서는 그 합의가 약인(Consideration)을 수반하는 것이거나 또는 일정한 방식을 갖춘 것이어야 한다.

합의의 개념은 계약을 체결하려는 당사자 상호 간 의사의 일치를 의미한다. 이러한 합의는 일방 당사자가 상대방의 청약을 승낙할 경우에 성립한다.

(1) 청약(Offer)의 의의

국제계약의 성립 여부를 판단하기 위해서는 일방 당사자가 확정청약을 하였는지 또는 상대방이 그 청약을 승낙하였는지 확인해야 한다.

① 청약이란 계약의 성립을 목적으로 하는 확정적인 의사표시로서 특별한 방식이 필요하지 않으며, 구두나 서면 또는 행위로 할 수 있다.

② 청약은 상대방이 승낙하면 즉시 합의로 전환되어 청약자를 법적으로 구속한다는 것을 명시적 또는 묵시적으로 표시한 것을 의미한다.

(2) 승낙(Acceptance)의 의의

승낙이란 청약에 따라 계약을 성립시킬 목적으로 피청약자가 청약자에 대하여 행하는 의사표시로 청약자가 제시한 방법에 따라 동의의 의사 표시를 행하여야 하며 무조건적인 것이어야 한다.

조건부승낙이나 조건을 변경시킨 승낙은 청약을 거절한 것으로 본다.

1) 영미법 국가의 약인(Consideration)이론

① 영미법 계통의 국가에서는 계약내용을 서면에 기재하고 약속자가 서명날인할 것을 요구하는 날인증서(Seald Deed)에 의하지 않는 단순계약(Simple Contract)과 증여계약 등은 약인이 있음으로써 비로소 유효하다.

② 약인 문제는 계약서에 다음과 같은 문언을 삽입하여 해결한다. "In consideration of mutual covenants and promises herein setforth, it is agreed as follows."

③ 국제계약에서 약인이 문제되는 경우는 드물지만 약인이 존재해도 영미법상 사기방지법(Statue of Frauds)에 의하여 서면으로 작성하지 않는 보증계약, 토지의 매매계약, 500달러 이상의 물품매매 계약, 이행기간이 1년 이상 걸리는 계약은 강제집행이 불가능하다.

2) 제조물 책임법(Product Liability)

① 제조물책임(Product Liability)이라 함은 제조물의 결함(Defect)으로 인하여 타인의 생명·신체나 재산에 손해가 발생한 경우에 제조자의 과실 유무에 관계없이 소비자에게 발생한 손해를 배상하도록 하는 제도를 말한다.

② 결함제조물로 인한 손해에 대하여는 특별책임으로서 무과실 책임을 인정하는 것이 세계적인 경향이라고 할 수 있다.

③ 미국의 제조물 책임소송에서는 징벌적 손해배상이 널리 인정되고 있다.

④ 기업에게는 제품의 안전성 확보에 드는 비용과 PL보험 가입비 등이 비용부담으로 작용하여 제조원가에 영향을 미칠 것으로 생각된다.

⑤ 미국에 수출하는 업체에게 닥칠 수 있는 징벌적 배상금은 보험으로 커버되지 않기 때문에 새로운 비용부담이 발생할 수 있다.

⑥ PL과 관련된 클레임이나 소송사건은 갈수록 복잡해지고 장기화되는 추세이므로 소송의 승패에 관계없이 처리 과정에서 엄청난 비용과 인력자원이 낭비되고 있다.

⑦ 우리 민법은 손해배상 책임을 지는 자를 안 날부터 3년간, 제조물을 공급한 날부터 10년 이내에 이를 행사하지 아니하면 시효로 인하여 소멸한다(2002년 7월 1일부터 시행).

5. 국제계약의 효력 발생요건

- 청약과 승낙의 합치, 즉 합의 및 약인(영미법 국가)이 있어야 한다.
- 당사자가 계약체결할 능력, 즉 권리능력 및 행위능력을 보유해야 한다.
- 계약체결방식이 요구되는 경우 그 방식을 갖추어야 한다.
- 계약내용이 확정성, 가능성, 적법성을 갖추고 사회적 타당성을 가지고 있어야 한다.
- 당사자 간에 착오나 사기와 같은 합의의 존재를 부인할 사유가 없어야 하며 의사와 표시가 일치하고 의사표시에 하자가 없어야 한다.
- 계약내용이 강행규정이나 공서양속에 반하지 않고 비양심적(Unconscionable)이지 않아야 한다.
- 필요한 경우 정부의 인허가를 받아야 하며 등기, 등록이나 대내적 필요절차로 당사자 회사의 이사회 결의 등을 이행하여야 한다.

(1) 계약이 무효로 되는 경우

① 상대방이 안 비진의 의사표시에 의한 계약

② 통정 허위표시에 의한 계약

③ 불공정한 계약

④ 의사 무능력자의 법률행위

⑤ 강행법규 위반이나 반사회질서의 법률행위

(2) 계약이 취소로 되는 경우

① 무능력자, 미성년자의 법률행위

② 기나 강박에 의한 의사표시에 의한 계약

③ 착오에 의한 의사표시에 의한 계약

6. 계약의 해제(Cancelation), 해지(Termination)

계약의 해제란 유효하게 성립하고 있는 계약의 효력을 일방적 의사표시에 의하여 계약이 성립하지 않았던 상태로 복귀시키는 행위이다.

■ 계약이 이행되지 않았다면 이행할 필요가 없으며 이미 이행된 채무는 원상회복한다. 즉, 원상회복의무가 발생한다. 계약의 해지란 유효하게 성립하고 있는 계속적 계약의 효력을 일방적 의사표시에 의하여 장래에 향하여 소멸시키는 단독 행위이다.

■ 계속적 채권관계를 발생시키는 계약(임대차, 고용 등)의 경우만을 대상으로 한다. 해지의 경우 계약의 효력을 장래에 향하여만 소멸시킨다. 따라서 이행을 완료한 부분은 그대로 유효하다. 즉, 원상회복의무를 부담하지 않는다.

참고 분쟁 발생 시 법적 절차

• 증빙자료의 확보 : 계약서, 영수증, 내용증명, 증인, 서류, 이메일
• 보전처분(가압류나 가처분) : 상대방의 재산처분을 사전방지(부동산, 채권 등 대상)
• 소송절차나 중재, 조정에 의한 합의
• 강제집행 : 부동산 강제경매, 채권압류, 판결, 조정 후 10년간 재산추적

---

7. 국제계약의 당사자(Corporate Party)

(1) 국제계약의 당사자는 자연인, 법인, 국가, 국가기관, 국제기구, 그 대리인 등 국제거래의 복잡성과 규모의 크기로 법인의 역할이 크다.

(2) 계약체결의 자격

① 자연인 내지 개인인 경우에는 미성년자나 금치산자 등은 계약을 체결할 수 없다.

② 법인인 경우 자국법상 유효한 법인으로 존속하고 있는지 그 여부를 확인할 필요가 있다.

※ 서류상 회사(Paper Company) 또는 자회사(Subsidiary)인 경우 모회사로부터 이행보증(Performance Guarantee)을 꼭 받아야 한다.

(3) 단체의 경우 조합(Association)이나 개인회사(Sole Proprietorship)는 계약을 체결할 자격이 없다.

※ 파트너십(Partnership)의 경우 파트너의 이름으로 계약을 체결하는 것을 금하는 국가도 있다.

(4) 서명권자가 법인의 대표권이 있는지 반드시 확인할 필요가 있다.

(5) 모회사 또는 자회사의 신용이나 기술에 의존하여 계약체결 시는 모회사나 자회사를 계약 당사자에 포함시키든지 계약이행에 대하여 보증책임을 부담하도록 규정할 필요가 있다.

8. 국제계약의 적용규범

(1) 준거법

당사자 간의 합의나 각국의 섭외사법에 따라 결정되는데, 합의 시는 미국, EU 등 선진국 법이 준거법으로 선택되는 경우가 많다.

(2) 당사자 약정

국제계약은 상이한법제 등 이질국가 간의 거래로 통일적인 규율이 어렵다. 따라서 약당사자의 자유의사, 즉 당사자의 합의(약정)를 가장 존중하게 되는데, 이를 "당사자 자치의 원칙" 또는 "계약자유의 원칙(Freedom of Contract)"이라고 한다.

(3) 계약자유의 원칙

사적 자치는 개인이 자기결정에 의하여 법률관계를 형성할 수 있다고 하는 것이다. 따라서 계약에 의한 법률관계의 형성은 법의 제한이 없는 한 당사자의 자유의사에 맡겨져야 하며, 법도 그러한 자유의 결과를 승인해야 한다는 원칙을 계약자유의 원칙이라 하며, 이는

① 계약체결의 자유
② 계약내용 결정의 자유
③ 계약방식의 자유
④ 계약상대방 선택의 자유를 포함한다.

그러나 계약의 자유가 무제한 인정되는 것은 아니며 계약자유의 원칙에 따르는 역기능을 해소하기 위하여 각국은 계약체결에 적극적으로 개입하여 계약의 자유를 제한하게 된다. 미국의 무역관계법(US Trade Regulation Law), 독점규제법(Anti Trust Law) 증권거래법(Securities Law)도 대표적인 예이다(계약자유의 원칙).

(4) 국제관습 및 관습법

① 국제무역거래에 종사하는 모든 사람이 승인하고 준수하려고 하는 거래양식을 국제무역관습 또는 국제 상관습이라고 한다.
② 국제상관습은 묵시적으로 승인한 국가나 당사자에 한하여 유효하다.
③ 그러나 국제상 관습법은 당사자가 원하지 않아도 당연히 적용된다.

(5) 지정준거법

'법률행위 성립 및 효력에 관해서 당사자가 준거법을 지정하지 아니하거나 또는 당사자의 의사가 분명하지 않을 때에는 행위지(계약 체결지) 법에 의한다'라고 규정하여 추정의사주의를 취하고 있다. 이 법은 국제계약을 규율하는 가장 강력한 규범이 된다.

(6) 국제계약법원의 적용순서

국제계약의 경우 당사자의 약정, 조약, 국제관습, 관습법, 국내법 중 강행법규가 최우선으로 적용된다. 따라서 국제법원의 적용순서는 다음과 같다.
① 조약 또는 국가법 중 강행규정
② 국제계약조항
③ 국제상관습법
④ 상법 중 임의규정
⑤ 민법 중 임의규정

(7) 계약체결 시 주의사항

1) 당사자 확인
    ① 본인과의 계약
        • 신분증 확인
        • 법정 대리인의 동의서
        • 사업자 등록증
    ② 대리인과 계약
        • 위임장 보유 시 인감증명, 신분증 확인
        • 위임장 없이 본인 인감증명과 인감 이용
    ③ 본인 이름으로 계약 시(모두 본인에게 대리권 위임 확인 필요)
    ④ 계약체결능력 확인, 법인 신용평가 조회
        • 권리능력, 행위능력 조회
        • 신용정보 조회

2) 계약내용
    ① 불리한 조항은 발생 가능성 고려해 신중하게 검토
    ② 계약내용은 충분히 검토 후 결정
    ③ 약관계약은 당사자 요구사항 추가 삽입

9. 계약서(Contract)

계약자유의 원칙에 따라 계약서작성은 필수요건이 아니다.

(1) 국가나 공공기관과 계약 시 계약서 작성을 생략할 수 있는 경우

① 각서, 합의서, 협정서, 승낙서 , 청구서, 운송장, 당사자 간 통지문 등으로 대체 가능한 경우

② 계약금액이 소액인 경우

③ 매수인이 즉시 대금납부 후 물품을 인수할 경우

④ 약관에 의한 계약, 전기, 수도 등과 같이 성질상 계약서 작성이 불필요한 경우

(2) 계약서 작성이 반드시 필요한 경우

① 계약체결의 증거가 필요하거나 다툼을 피할 목적인 경우 계약서 작성이 필요하다.

② 건설도급계약의 경우 계약내용을 명백히 하기 위해 일정한 사항은 반드시 서면으로 명시가 필요하다.

(3) 계약서 작성 시 주의사항

① 합의내용은 계약서 작성으로 분쟁 발생을 대비하고 증빙자료로 활용

② 계약서는 명백하고 자세히 작성(계약 불이행 시 이행청구나 손해배상규정 삽입 필요) : 법률용어 대신 쉬운 용어로 작성

③ 계약서 작성 불가 시 증인을 세우거나 녹음 등 방법 모색

④ 기명날인과 자필 서명, 인감증명 첨부

※ 선량한 풍속에 반하거나 불법적 내용인 경우 계약무효로 이행청구 불가

② 플랜트 실무영어

1. English Contract의 작성원칙

(1) 국제영문계약서의 특징

긴 문장, 계약서 특유의 말씨(전통 고수), 어려운 어구

(2) 교체 불가능한 법률어구

정관, 악의, 약관, Consideration, Arrangement

(3) 대체 가능한 것

Herein, Hereof, Hereby > Above, Below 등

(4) 생략 가능한 것

Do, Said, The Same, Such, Whatsoever 등

2. 국제표준계약서

(1) FIDIC 표준계약서

① Federation Internationale des Ingenieurs Conseil

② International Federation of Consulting Engineers

③ 국제컨설팅엔지니어연합회

(토목공사 : 1957 초판, ---1999)

(기전공사 : 1963 초판, ---1999)

(설계시공 : 1995 초판, ---1999)

(2) 영국의 표준계약서

① ICE표준계약서 토목공사용(Institution of Civil Engineers)

② JCT표준계약서 건축공사용(Joint Contract Tribunal)

③ GC/Works/1 : 정부발주의 대규모 건축, 토목공사용

④ NHBC 표준계약서 소규모 민간주택공사용

(3) 매매/임대차 계약서 필수 기재사항

① 거래 당사자의 인적사항

② 물건의 표시, 인도일시

③ 계약금액 및 지급일 등 지급에 관한 사항

④ 권리 이전 내용(매매, 임대차)

⑤ 계약의 조건이나 기한이 있는 경우 그 조건 또는 기한

⑥ 계약일 외 기타 약정사항

(4) 공사도급/용역 계약서 필수 기재사항

① 공사(용역)명

② 계약금액 및 지급일, 계약보증금 등 지급에 관한 사항

③ 물가변동으로 인한 계약금액조정방법

④ 하자담보 책임기간, 하자보수 보증금률

⑤ 지체상금률, 착공연월일, 준공연월일

⑥ 계약일, 당사자 주소, 상호, 대표자 외 기타 약정사항

(5) Plant Contract 의 주요 조건

구분	계약조항
General Part	Notice/Effectiveness/Duration/Definition/Amendment
Legal Part	Applicable Law/Arbitration/Confidentiality/Force Maijeure/Delay/Assignment/ Entire Agreement/Liquidated Damages
Commercial Part	Price/Terms of Payment/Delivery/Incoterms
Item Part	Products/Deliverables/Seller's/Buyer's obligation/Warranty/Indemnification

(6) Agreement와 Contract

Agreement는 당사자 간의 합의의 존재를 증명하는 문서인 반면 Contract는 자격 있는 당사자, 합의의 목적, 당사자 간 약인의 존재, 권리의무의 상호성이 요구된다는 점에서 구분될 수 있다.

(7) Letter of Intent(L/I, LOI)

① 발주자가 본 계약체결 전에 도급자에게 공사의 사전준비(자재구매, 정부허가) 등을 위해 발행하는 의향서
② 금액 및 정산방식, 관련 조건, 서류, 공사기산일, NTP 등 명기

(8) Power of Attorney(POA)

위임장 POA는 계약을 체결하거나 어떤 법률행위를 수행할 권한을 위임했음을 증명하는 문서로서 우리나라의 위임장에 해당한다.

3. English Letter의 작성

기본적 요소	부가적 요소
• Letterhead(서두/발신처)	• Reference Number(문서번호)
• Date(발신일)	• Attention(수신인)
• Inside Address(수신처)	• Subject(주제)
• Salutation(첫인사)	• Identification Marks(작성자)
• Body of the Letter(본문)	• Enclosure Notation(유첨)
• Complementary Close(끝인사)	• Carbon－Copy Notation(사본)
• Signature(서명)	• Postscript(추신)

4. English Letter의 작성원칙

(1) Clearness(명확)

(2) Conciseness(간결)

(3) Correctness(정확)

(4) Courtesy(예의)

(5) Character(개성)

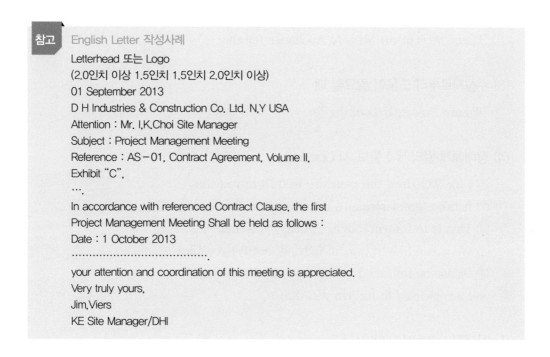

참고　English Letter 작성사례
Letterhead 또는 Logo
(2.0인치 이상 1.5인치 1.5인치 2.0인치 이상)
01 September 2013
D H Industries & Construction Co. Ltd. N.Y USA
Attention : Mr. I.K.Choi Site Manager
Subject : Project Management Meeting
Reference : AS－01, Contract Agreement, Volume Ⅱ,
Exhibit "C",
….
In accordance with referenced Contract Clause, the first
Project Management Meeting Shall be held as follows :
Date : 1 October 2013
……………………………….
your attention and coordination of this meeting is appreciated.
Very truly yours,
Jim.Viers
KE Site Manager/DHI

5. English Letter의 작성 시 유의사항

난해한 용어나 은어는 삼가는 것이 좋다. 그러나 계약의 해석, Claim, Disputes 와 관련된 내용은 법률 용어를 써야 한다.

| 표 1–2 | English Letter 작성 시 표현법

난해한 표현	쉬운 표현
Prior to, Subsequent to	Before, After
Remunerate	Pay
Endeavor	Try
Thanking you in Advance	I Would Appreciate
as to	Of, About
In Regards to	About
In the Final Analysis	Finally

6. English Letter Opening의 표현방법

(1) 내용이 좋은 경우

"Please Accept my Heartfelt Thanks to you for…."

"Let me, First of all, Express my Sincere Thanks to you for…."

(2) 내용이 좋지 않을 경우

"We Sincerely Apologize for the Delay in Replying to…."

"Please Accept my Sincere Apologies for the…."

(3) 수신자로부터 도움이 필요할 때

"We are Presently Looking for…."

(4) 상대에게 알리거나 통보 시 Opening

① I (or We) Have the pleasure to inform you that….

② It takes great pleasure to inform you that….

③ This is to inform (advise, notify) you that….

④ We would like to inform (advise, notify) you that….

⑤ Please be informed (or advised, notified) that….

⑥ I am pleased to inform you that….

(5) 상대편 Letter에 대한 회신 Opening

① With reference to your letter of Dec 21, 2019 regarding….

② Further to your letter of Sep 15, 2019 regarding….

③ We refer to your fax of Dec 16, 2019 concerning….

④ Thank you very much for your letter of Dec 16, 2019.

7. English Letter Closing의 일반적 표현방법

- Your best and kind attention to this (matter) will be greatly appreciated.
- We hope you will give your best and kindest consideration.
- We look forward to your best and kindest consideration.
- We should be very glad if you could….
- Anticipating your favorable response to this matter.

- Please reply before the end of this week so that we could….
- We look forward to hearing from you before the end of this month.

(1) 상대방의 지원, 조치, 협조를 요청하는 Closing

① It would be very much appreciated if you could….
② Your kind attention to this matter would be much appreciated.
③ Your prompt action in this matter would greatly help us in setting.
④ We anticipate your favorable consideration in this matter.
⑤ Thank you in advance for your assistance in this matter.
⑥ Your close cooperation will be appreciated.
⑦ Your attention and action will be appreciated.

(2) 발신자의 지원, 협조를 다짐하는 Closing

① If there is any (other) way in which we can be of service to you, please feel free to contact me.
② If you are in need any assistance from me, do not hesitate to contact me at your convenience.
③ Please feel free to give us a call if I could be of any help to you in….
④ Please be assured that we are always at your service.
⑤ Please understand that we are prepared to….

8. E-mail의 기능/작성방법

(1) E-mail은 중요한 Communication 수단으로 해외 현장에서는 일상적인 업무연락뿐만 아니라 영업단계부터 Engineering, Project의 완공까지 오히려 Letter나 Fax보다 널리 사용된다.
(2) E-mail은 신속하여 앞으로도 널리 활용될 것이다.
(3) E-mail의 문체는 구어체에 가깝기 때문에 Letter보다 가볍게 느껴진다.
(4) 작성방법은 일반서신과 비슷하나 신속성과 정확성을 요구하기 때문에 읽고 쓰기에 쉬운 용어를 구성해야 한다.

9. Meeting

(1) Meeting Types

① Pre bid Meeting
② Kick off Meeting/Pre Construction Meeting
  • Internal Kick off Meeting
  • External Kick off Meeting
③ Weekly/Monthly Progress/Coordination Meeting
④ Special Meeting
⑤ Management Meeting

(2) Preparations for Meeting

① Attendant 파악(인원수, 당사자 여부, 전문지식 정도)
② Place of Meeting
③ 충실한 회의자료
④ 회의의 취지와 목적설명
⑤ Agenda
⑥ 유머감각

(3) Minute of Meeting(MOM), 회의록

계약의 협상과 이행과정에서 생기는 각종 합의사항과 향후의 해결 방향에 대한 내용은 회의록을 통해 문서화해 두고 업무 수행 시나 최종 계약서의 작성 시에 참고하는 게 좋다. 회의록 작성 시는 다음과 같은 사항을 유념할 필요가 있다.

① 가급적 회의록은 아군이 작성하도록 한다(미국에서 회의를 하여도 회의록 작성은 자기 직원을 시킨다).
② 상대방이 회의록을 작성하게 되었다면 가능한 한 휴식시간을 자주 가지면서 우리 측도 꼼꼼이 검토하도록 한다.
③ 회의록에 이해가 되지 않는 부분이 있다면 부연 설명을 요구한다.
④ 서로 별도의 회의록을 작성해 회의 종료 후에 이를 통합하는 것도 좋은 방법이 될 수 있다.
⑤ 합의내용은 "It has been agreed that a company performs… before delivery" 와 같이 현재 완료형으로 작성한다.
⑥ 회의 중 차후 대안을 제시한다든가 해결하기로 한 내용은 "A issues is to be presented by ABC company"와 같이 to 부정사를 써서 작성한다.
⑦ 새로운 내용이 논의된 경우 정확한 정황과 함께 내용을 기록한다.
⑧ 참석자의 소속, 직위, 명단을 기록하고 회의록을 작성하여 회람 후 이름 옆에 서명하도록 한다.

CHAPTER

02

프로젝트
매니지먼트

프로젝트 매니지먼트

사업관리 개요

---

1 프로젝트 관리 개요

[1] 프로젝트 관리 Framework

미국이나 유럽 등 선진국에서 프로젝트 관리 지침서나 기준서를 작성하여 적용하고 있으며, 많은 학자, 전문가 및 실무자들이 워크숍, 세미나, 논문 발표 등을 통하여 프로젝트 관리의 방법 및 프로세스를 지속적으로 발전시켜 오고 있다. 여기서 국제적으로 통용되고 있는 선진국의 Project Management에 대한 지침서나 기준서를 조망하는 것이 훨씬 더 가치가 있을 것으로 보인다. 미국 PMI(Project Management Institute)에서 PMBOK® Guide를 출판하였으며, 유럽의 IPMA(International Project Management Association)에서는 ICB(IPMA Competence Baseline)를 출판하여 각국의 여건에 맞게 보완 적용하도록 하고 있다. 또한 영국의 OGC(Office of Government Commerce)에서 PRINCE2를 발표하여 본국은 물론 타국에서 확대 적용하도록 하고 있다.

2006년도에는 다수의 프로젝트를 관리하는 프로그램 관리와 전사적 프로젝트 관리인 포트폴리오 관리 서적이 출판되면서 단위 프로젝트 관리(Project Management)에서, 프로그램 관리(Program Management), 포트폴리오 관리(Portfolio Management)를 통해 기업의 전략과 연계되어 투자효율을 극대화하려는 경영전략이 대두되었다.

즉, 전략목표를 달성하기 위하여 여러 후보 프로그램이나 프로젝트 중에서 가장 적합한 프로그램이나 프로젝트를 선택하여 관리할 필요가 있고, 선택된 프로그램 또는 프로젝트는 프로그램 매니저나 프로젝트 매니저에 의하여 관리(프로그램 관리와 프로젝트 관리)되는 구조이다.

최근에는 기업의 경영을 프로젝트화하여 추진하는 경향에 따라 'Management by Projects(프로젝트에 의한 경영)'라는 표현도 나오고 있다. 즉, Organizational Project Management를 정의하면서 전략 목표를 달성하기 위하여 포트폴리오 관리, 프로그램 관리, 그리고 프로젝트 관리를 유기적으로 적용할 수 있을 것이다. 그러나 본서에서는 PMBOK® Guide 제6판을 기준으로 프로젝트 관리에 대한 개념을 정확히 이해하는 데 중점을 두고 있으며, 경영환경 변화와 프로젝트 관리 필요성, 프로젝트 관리 연혁 및 특성, 프로젝트 관리 조직, 프로젝트 관리 프로세스 등 프로젝트 관리 Framework에 대해 기술하고자 한다.

1. 경영환경 변화와 프로젝트 관리의 필요성

21세기 접어들면서 국내외 산업여건은 국제화 내지 선진화되고 있으며, 특히 국내시장이 개방되면서 기업의 경영환경은 국제 경쟁력 제고의 필요성이 절실히 요구되고 있는 실정이다. 다시 말해, 기업의 경영환경은 변화가 요구되며, 결과적으로 새로운 경영 패러다임으로의 전환이 불가피함을 실감할 수 있다. 여기서 기업의 경영환경 변화와 이에 따른 문제점 및 대응전략에 대해 [그림 2-1]과 같이 기술해 본다.

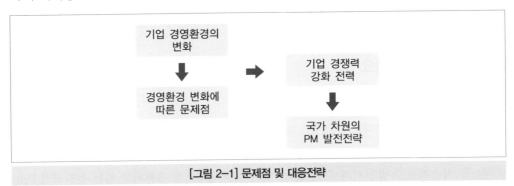

[그림 2-1] 문제점 및 대응전략

(1) 기업 경영환경의 변화

기업의 경영환경은 다양하게 변화되어가고 있다. 즉, 기업 간의 국제 경쟁우위체제 확립, 고객 요구사항의 급격한 증가, 급격한 기술혁신 등 경영환경의 변화와 새로운 가치창조를 위한 경영 패러다임의 변화현상을 볼 수 있다.

1) 경영환경의 변화

① 글로벌 환경에서의 기업 경쟁

기업의 경영환경은 국내외 시장의 개방에 따른 국제 경쟁 우위를 요구하고 있다. 특히, 이웃나라인 중국의 발전하는 모습은 머지않아 국제적 경쟁에 있어 지대한 영향을 미칠 것으로 사료된다. 국제경쟁에서 우위를 차지하기 위해서는 기업의 경영혁신은 물론 새로운 변화를 모색해야 할 것이다.

② 고객 요구사항의 급격한 증가

프로젝트 수행에 있어 발주자의 요구사항이 구체화되고, 기능이나 성능 등 품질 측면에서 더욱더 구체적이며 많은 요구사항을 제시하고 있다.

③ 급속한 기술혁신

국내외 IT산업을 비롯해 건설, 엔지니어링, 제조 등 산업의 전반적인 기술이 과거 어느 때보다도 급속도로 발전 내지 개발되고 있다.

④ 경영환경의 불확실성 증가

IMF 환경하에서 대다수의 기업이 살아남기 위한 전략으로 구조조정을 통한 경영혁신을 시도해 왔으며, 시대의 변화에 따른 경영환경은 점점 더 불확실한 상황에서의 경영이 불가피하게 되었다.

2) 새로운 경영 패러다임으로의 전환

이와 같은 경영환경의 변화에 대응하기 위해서는 보다 새로운 경영 패러다임으로의 전환이 요구된다.

① 기업은 협력과 가치창조를 통한 새로운 시장과 고객창조

국제적 기업경쟁은 상호 협력을 근간으로 파트너십 관계를 유지하며, 새로운 가치창조와 새로운 시장 개척 및 새로운 고객을 만들어 가는 과정의 연속으로 변화되고 있다.

② 과학적인 학습과정을 통해 지식과 기술개발

과거에도 과학적인 방법으로 지식과 기술발전을 시도해 왔으나 오늘날의 지식과 기술에 대한 학습과정은 보다 과학적이고 체계적인 방법론이 요구되고 있다.

③ 경영자의 사고 패턴이 분석적인 측면에서 통합적인 관점으로 전환

과거 경영자가 분석적인 관점에서 기업의 경영을 시도하였다면 이제는 기술과 경영 모든 측면에서 통합적인 차원으로 전환해야 하는 여건에 처해 있다.

3) 기업의 비즈니스 환경의 변화

① 비즈니스의 프로젝트화로 프로젝트 수량 증가

과거에는 기업의 비즈니스와 프로젝트를 구분해서 관리하는 개념이었으나, 21세기 들어 프로젝트 관리를 통한 경영개선으로 경영 마인드가 변화됨에 따라 가능한 모든 비즈니스를 프로젝트화하여 관리하는 프로젝트 위주의 관리 형태로 변화하고 있다. 따라서 프로젝트 수가 대폭 증가하여 보다 체계적이며 조직적인 관리를 필요로 하고 있는 추세이다.

② 포트폴리오 관리를 통한 전사적 투자 효율성 제고

비즈니스의 프로젝트화로 프로젝트의 수는 급격히 증가하고, 이에 대한 투자의 효율성 제고를 위한 포트폴리오 관리가 필요하다. 다시 말해, 프로젝트별 성과 및 수익성 분석을 통해 전사적 측면에서 계속적으로 추진할 것인지에 대한 의사결정을 할 수 있는 제도적 장치가 필요하다.

③ 프로젝트 요구사항의 증가 및 그 특성이 복잡해짐

프로젝트 추진에 있어 당초 계약범위의 증가는 물론 프로젝트의 특성이 지속적으로 구체화되고 복잡하게 진행되어 가는 실정이며, 일정 및 원가 목표에 대한 이해관계자(Stakeholder)들의 압력이 더욱 거세지고 있는 형편이다.

④ 프로젝트의 환경이 단순히 양적으로만 변화하는 것이 아니라 질적으로 더욱 복잡해짐

요구사항의 변화에 의해서 프로젝트를 둘러싼 환경의 불확실성은 더욱 커지고 있으며, 기술적·관리적 복잡성이 커지면서 프로젝트 위험요인이 더욱 증가되고 있다. 따라서 프로젝트 관리자나 프로젝트팀만의 노력으로는 효과적인 관리가 거의 불가능한 상황으로 프로젝트가 전개되고 있다.

⑤ 프로젝트 관리 방법론의 변화

과거의 프로젝트가 투자의 효용을 전제로 추진되었다면 오늘날의 프로젝트는 성과 관리를 통해 프로젝트의 포트폴리오를 관리하는 추세로 전환되고 있는 실정이다. 비즈니스의 프로젝트화로 프로젝트 수가 많아지는 데 따라 전체 프로젝트의 통합적인 현황정보관리가 요구되고 있으며, 더욱이 국내외 모든 프로젝트에 대한 현황정보를 경영층에서 또는 관련 이해관계자가 활용하여 의사결정을 하기 위한 웹 환경에서의 통합정보관리가 필수적인 요소로 나타나고 있다. 또한 과거 단위 프로젝트 관리 기준에서 기업 차원의 전체 프로젝트를 통합관리하는 방향으로의 전환은 물론, 과거 프로젝트 경험을 토대로 일부 경험인력에 의해 수행되는 전통적인 관리방식에서 탈피하여 체계화된 프로젝트 관리지식과 논리적이고 과학적인 관리시스템을 근간으로 프로젝트를 추진해야 하는 환경에 처해 있다. 모든 프로젝트는 실패할 수 있다. 그러나 얼마나 그 실패를 줄이느냐 하는 것이다. 과거에는 프로젝트의 실패가 어느 정도 용납될 수 있었으나 앞으로는 보다 명문화함으로써 실패의 정도를 감소시키려 하는 추세이다.

(2) 기업 경영환경 변화에 따른 문제점

위에서 기술한 기업의 경영환경 변화와 새로운 경영 패러다임으로의 전환, 그리고 기업 비즈니스의 프로젝트화 추진 등 변화에 따른 여러 가지 문제점이 있겠으나 여기서는 프로젝트 관리 측면에서 주요 문제점에 대해 기술해 본다.

1) 기업의 프로젝트 관리에 대한 일반적인 문제점

① 전통적 방법에 의한 업무수행 고수

지금까지 대부분의 기업은 변화에 대한 회피와 경영환경 변화에 부정적이며, 국제환경 변화에 둔감한 반면 주인의식 역시 미흡한 측면을 엿볼 수 있다. 특별한 문제가 없는 한 과거의 제도와 경험을 바탕으로 관련 업무를 수행하려는 경향을 가지고 있다.

② 프로젝트 추진에 대한 경영환경 취약

비즈니스의 프로젝트화에 적합한 프로젝트 관리 역량이 미흡한 한편, 불합리한 프로젝트 관리시스템이라든가 경영층을 지원할 수 있는 전사적 프로젝트 관리 조직의 역할 부족 등을 들 수 있다.

③ 포트폴리오 관리에 따른 투자의 효율성 부족

투자의 우선순위 기준이 모호하고, 원가분석 및 투자전략 등의 불확실성하의 투자비의 적정성이 미흡하다. 따라서 프로젝트 성과관리를 통한 포트폴리오관리를 체계적으로 수행하지 못하는 것이 현실이다.

2) 프로젝트 관리 역량 부족

① 프로젝트 관리자가 보유하고 있는 프로젝트 관리지식 및 경험의 부족과 프로젝트를 수행하는 조직원들의 관리 역량이 부족한 것이다. 프로젝트를 책임지고 있는 프로

젝트 관리자나 프로젝트 팀원이 프로젝트 관리에 대한 개념과 관리도구를 활용하여
프로젝트를 추진할 수 있는 능력이 미흡하다는 것이다.

② 다음으로 프로젝트 관리를 지원할 수 있는 프로젝트 관리시스템(Project Management
System)으로서 프로젝트 관리의 기준이 될 수 있는 지침 및 절차와 프로젝트 관리
프로세스를 전산화한 전산시스템이 제대로 갖추어져 있지 못한 실정이며, 일부 시
스템이 구축되어 있어도 그것을 제대로 활용할 수 있는 역량이 되어 있지 못하다고
볼 수 있다.

(3) 프로젝트 관리(PM)를 통한 기업의 경쟁력 강화전략

기업의 경영환경 변화에 따른 문제점에 대응할 수 있는 다양한 전략이 있을 수 있겠지만
프로젝트에 의한 경영에 대비할 수 있는 전략이 우선되어야 할 것이다. 즉, 전사적으로 프
로젝트 관리를 체계적이며 효율적으로 수행할 수 있는 전사적 차원의 프로젝트 관리 역량
이나 제도적 장치와 이를 통한 경쟁력 우위를 확보할 수 있는 기업의 전략이 필요할 것이
다. 여기서 전사적 프로젝트 관리(Enterprise Project Management)에 대한 전략에 대
해 [그림 2-2]와 같이 기술해 본다.

1) 프로젝트 관리 역량개발

전사적 차원의 프로젝트 관리 역량을 확보하기 위해서는 우선적으로 단위 프로젝트를
체계적으로 관리할 수 있는 프로젝트 관리자(Project Manager)와 프로젝트를 수행하
는 팀원의 역량을 향상시키는 것이 필요하다. 다시 말해, 프로젝트 관리자나 프로젝트
팀원이 프로젝트 단계별로 어떤 일을 해야 하며, 최종적으로 어떤 결과물을 창출해야
할 것인지에 대한 목표를 분명히 인식하고(대부분의 프로젝트에서 기술적인 업무를 의
미), 또한 프로젝트 관리에 대한 정확한 개념을 가지고 관련 업무를 수행할 수 있는 능
력을 말한다.

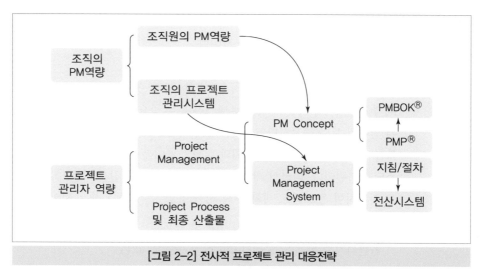

[그림 2-2] 전사적 프로젝트 관리 대응전략

이러한 프로젝트 관리 역량 개발을 위한 방법으로는 교육이 우선이라 할 수 있다. 우리나라에는 아직까지 프로젝트 관리에 대한 개념을 대표할 수 있는 그런 지침이나 지식체계가 없는 실정이다. 따라서 선진국에서 적용하고 있는 프로젝트 관리 지식체계(미국 PMI의 PMBOK(Project Management Body of Knowledge), 또는 유럽 IPMA (International Project Management Association)의 ICB(IPMA Competence Baseline), 그리고 영국 OGC(Office of Government Commerce)의 PRINCE2 등을 바탕으로 교육을 통해서 또는 미국 PMI(Project Management Institute)에서 인증하는 프로젝트 관리 전문가 자격증(PMP : Project Management Professional) 취득을 통해서 프로젝트 관리에 대한 정확한 개념을 가지고 프로젝트를 수행할 수 있는 역량을 개발하는 것이 우선이라고 할 수 있다. 즉 단위 프로젝트 관리 역량은 물론이고, 전사적으로 모든 직원이 프로젝트 관리에 대한 역량을 확보하는 것이 필수적이다.

2) 프로젝트 관리시스템 구축 및 관리강화

다음으로 기업의 조직에 적합한 전사적 프로젝트 관리시스템(지침 및 절차와 전산시스템)을 구축하고, 이를 단위 프로젝트에 적용할 수 있는 제도적 장치를 마련하는 것이다. 프로젝트를 체계적으로 관리하여 프로젝트 목표를 성공적으로 달성하기 위한 핵심 프로젝트 관리시스템으로는 다음과 같은 것을 들 수 있다.

① 프로젝트 관리 지침/절차 수립

프로젝트에서 적용하는 용어와 양식 및 프로세스를 통일하여 전사적으로 프로젝트를 일관성 있게 수행할 수 있는 기준과 절차를 의미하는 것이다.

② 프로젝트 관리 전산시스템 확보

프로젝트 관리는 프로세스에 의해 수행되며, 수많은 정보와 자료의 관리가 필수적이다. 따라서 이와 같은 반복되는 프로세스와 정보 및 자료에 대한 체계적이며 일관된 관리를 위해서는 전산화가 불가피하다. 보다 사용하기 쉽고 관련 업무별 프로세스가 잘 반영된 전산시스템을 전사적 차원에서 확보하고 이를 적용하여 모든 프로젝트를 추진함으로써 일관된 프로젝트 관리는 물론 당초 계획한 프로젝트 목표를 성공적으로 달성할 수가 있는 것이다.

③ 프로젝트 관리 계획 수립 기준 및 표본 확보

프로젝트 관리는 일반적으로 착수, 계획, 실행, 통제 및 종료의 다섯 개의 프로세스로 추진된다. 이 다섯 개의 프로세스가 모두 중요하겠지만 그중에서도 계획에 관련된 업무가 보다 중요하다고 볼 수 있다. 당초 수립된 계획대로 실행될 수 있는 정확도를 가진 계획을 수립하여 계획과 실적의 차이를 최소화할 수 있다면 통제 업무는 감소되기 마련이다. 따라서 계획 수립에 관련된 다음과 같은 기준이나 표본(Template)을 확보하여 프로젝트 계획 수립 시 활용할 수 있도록 하는 것이다.

예 • 작업분류체계(WBS) 작성기준 및 표본
　　• 관리기준 일정표(Schedule) 작성기준 및 표본
　　• 기타 프로젝트 관리 계획 수립 기준정보 등

3) 프로젝트 관리 오피스(PMO : Project Management Office) 운영

프로젝트를 체계적이며 효율적으로 관리하기 위해서는 전사적인 프로젝트 관리 조직의 확보 및 운영이 무엇보다도 중요하다. 프로젝트에 참여하는 조직원들 모두가 프로젝트 관리 개념을 정립하고, 일관된 프로젝트 관리시스템을 활용하여 소관 프로젝트를 수행할 수 있는 전사적 및 단위 프로젝트 중심의 관리 조직을 확보하고, 책임과 권한을 가지고 소임을 다하도록 해야 할 것이다. 다시 말해, 전사적 차원에서 프로젝트 관리시스템과 기준 및 표본 등을 확보하여 각 부서에서 공히 사용할 수 있도록 하고, 단위 프로젝트의 추진 현황과 성과를 분석하여 경영층에 보고할 수 있는 전사적 차원의 프로젝트 관리 조직과, 단위 프로젝트를 관리할 수 있는 조직을 확보 운영하는 것이 필수적이라고 볼 수 있다.

위와 같이 전사적 차원에서 프로젝트 관리 역량을 확보하고 프로젝트 관리시스템을 구축하여 프로젝트 관리기준 및 표본 등을 활용하여 모든 프로젝트를 추진한다면 단위 프로젝트의 성공은 물론 프로젝트 관리에 대한 성숙도 향상과 궁극적으로 프로젝트 관리 문화가 전사적으로 정착될 수 있을 것이다. PMO는 다음과 같은 기능을 보유하고 있다.

① PMO는 프로젝트에 관련된 지배구조의 프로세스 표준화와 자원, 방법론, 도구, 기법을 공유하는 관리구조이다.
② PMO의 책임은 프로젝트 관리 지원에서부터 직접 프로젝트 관리까지의 책임을 부여할 수 있다.
③ 조직에서 PMO의 형태에 따라 프로젝트에 대한 영향 및 통제의 정도가 다르다.
  • 지원형 : 프로젝트 지원 업무 수행(템플릿, 실무관행, 훈련, 정보 등 제공)
  • 통제형 : Supporting과 Directive를 적절히 조정
  • 지시형 : 프로젝트 관리에 직접 참여하여 통제업무 수행
④ PMO는 프로젝트에 조직의 전략 목표가 반영되도록 관련 정보와 데이터를 통합 관리하고, 포트폴리오, 프로그램, 프로젝트 사이를 조정
⑤ PMO는 경우에 따라 사업 목표 달성을 위해 프로젝트의 종료 및 의사결정을 하는 통합 이해관계자로서의 권한 보유, 자원 공유 및 조정

| 표 2-1 | 프로젝트 관리와 PMO의 차이점

구분	프로젝트 관리	PMO
관리자의 책임	프로젝트에 주어진 제약 내에서 프로젝트 목표 달성	보다 좋은 사업 목표의 달성을 위한 잠재적 기회 예측
자원 활용	최상의 프로젝트 목표를 달성해 할당된 프로젝트 자원을 통제	모든 공유된 자원의 이용을 최적화
관리범위	작업 패키지의 산출물에 대한 범위, 일정, 원가, 품질을 관리	공유된 자원의 이용 최적화
성과 관리	프로젝트 진척도와 기타 프로젝트의 구체적 정보를 보고	프로젝트들의 전사적 관점에서 통합된 보고

⑥ PMO의 기능 및 역할과 프로젝트와의 관계를 그림으로 표현하면 [그림 2-3]과 같다.

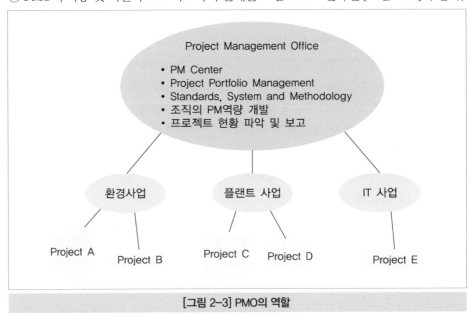

[그림 2-3] PMO의 역할

(4) 국가적 차원의 프로젝트 관리 발전방향

국제표준기구인 ISO(International Standard Organization)에서 2012년 PM 표준인 ISO 21500을 발표하였다. 우리나라도 국가 PM 표준을 수립하고 있는 것으로 알고는 있지만, 아직까지 프로젝트 관리에 대한 구체적인 기준이나 지침/절차 등이 제도적으로 확립되어 있지 못한 것이 현실이다. 이와 같은 상황에서 기업의 국가경쟁력을 제고하고 국제화에 대응하기 위해서는 보다 체계적이고 모든 기업에서 공히 적용 가능한 제도적 장치가 필요하다. 따라서 다음과 같이 프로젝트 관리에 대한 지식과 기법 등을 저변 확대할 수 있는 기관이나 정부의 지원이 요구되는 것이다.

1) 프로젝트 관리기관의 활성화

세계적으로 유명한 프로젝트 관리기관으로 미국의 PMI(Project Management Institute)나 유럽의 IPMA(International Project Management Association), 그리고 영국의 APMG(Association of Project Management Group) 등을 들 수 있다. 이들은 모두 비영리기관으로 프로젝트 관리 저변 확대를 위해 조직된 기관이다. 우리나라에는 PM협회(KPMA ; Korea Project Management Association)와 PM학회(Korea Society of PM)가 있어 그와 같은 사명을 가지고 관련 업무를 수행하고 있지만 여러 가지 측면에서 보완되어야 할 것이 많이 있다고 본다. 산업계와 학계 및 연구기관이 협력체제를 이룬 가운데 보다 실질적이고 현실적으로 백업해 줄 수 있는 그런 기관으로의 면모를 갖추고 국가적인 차원에서 소임을 다하도록 활성화할 필요가 있다.

2) 민간 주도 정부 지원의 프로젝트 관리 제도화

우리나라 고유의 프로젝트 관리지침이나 절차를 수립하고 모든 기업에서 동일한 기준 하에 프로젝트를 수행하도록 함으로써 국가적인 차원에서 일관성 있고 체계적인 프로젝트 관리 문화를 이룩할 수 있을 것이라 생각한다. 미국의 경우도 국방성이나 에너지성에서 사용하고 있는 프로젝트 관리지침이나 제도를 국가적인 차원에서 PMI가 통합하여 PMBOK라는 가이드라인을 수립하고 자국뿐만 아니라 국제적으로 통용될 수 있도록 하고 있는 것이다. 더욱이 PMBOK를 기준으로 프로젝트 관리 자격증을 인증해주는 제도까지 만들어 실행하고 있다. 우리도 프로마트를 정부가 지원하여 우리나라 실정에 적합한 프로젝트 관리 지침이나 가이드라인을 수립하고 이를 기준으로 프로젝트 관리 자격증을 부여할 수 있도록 하는 국가적인 차원의 프로젝트 관리제도를 수립할 필요가 있겠다.

3) 산학연 공동의 프로젝트 관리 협력체계 구축

21세기 들어 정보화 사회로 접어들면서 수많은 정보의 교환과 급속한 기술 발전으로 모든 것이 하루가 달리 변화되고 있는 실정이다. 프로젝트 관리에 대한 방법론이나 기법 등의 발전에 부응할 수 있고 세계적인 추세에 따라갈 수 있도록 산업계와 학계 및 연구소가 공동의 목표를 가지고 새로운 프로젝트 관리기법 등을 개발하여 국제적으로 경쟁 우위에 설수 있도록 프로젝트 관리를 발전시켜야 할 것이다.

2. 프로젝트 관리 연혁 및 프로젝트 특성

프로젝트의 시작은 고대 이집트의 피라미드 공사부터 시작되었다고 생각할 수 있으며, 근대적 프로젝트는 제2차 세계대전 당시 미국의 맨해튼 프로젝트로 알려져 있다. 핵무기를 개발하여 전쟁을 하루라도 빨리 종결시키기 위해서는 보다 합리적이고 체계적인 관리방법이 필요했던 것이다. 이와 같은 목적에 따라 시간과 원가 위주의 관리방법이 개발되었으며, 미국의 경우 국방성(DOD)이나 에너지성(DOE) 등 정부 주도의 프로젝트에 일관성 있게 적용할 수 있도록 시간/원가통제기준(C/SCSC ; Cost/Schedule Control System Criteria)을 개발 및 적용하게 되었다.

1969년 PMI가 설립된 이후 C/SCSC를 근간으로 프로젝트 관리영역을 확장하여 현재의 PMBOK(Project Management Body of Knowledge)를 개발하여 범용적으로 적용하게 되었다. 또한 유럽에서는 1965년 IPMA(International Project Management Association)을 설립하고 ICB(IPMA Competence Baseline)란 프로젝트 관리기준을 개발하여 각 회원국에서 활용할 수 있도록 하였다.

(1) 국내외 프로젝트 관리기관

1) PMI(Project Management Institute)
① 1969년 미국에서 비영리단체로 설립된 세계적인 PM 전문기관
② 현재 북미주를 중심으로 207개국의 회원이 약 47만 명

③ 설립 목적 : 우주항공, 자동차, 건설, 정보기술, 의약, 통신 등 전 산업 분야의 프로젝트 관리의 전문가 양성

④ 프로젝트 관리 지식체계(PMBOK)
- PMI에서 발표한 프로젝트 관리 분야의 범용적 표준체계
- 1987년 PMBOK 초판 발표
- 1996년 PMBOK 새로운 Edition 발표
- 2001년 PMBOK 2000년판 발표(2003년 3월부터 적용~2005년 9월까지)
- 2004년 PMBOK 2004년(3rd)판 발표(2005년 10월부터 적용)
- 2008년 PMBOK 2008년(4th)판 발표(2009년 10월부터 적용)
- 2013년 PMBOK 2013년(5th)판 발표(2013년 8월부터 적용)
- 2017년 PMBOK 2017년(6th)판 발표(2018년 3월부터 적용)
- 2021년 초 PMBOK 2020년(7th)판 발표 예정

⑤ Program Management, Portfolio Management, OPM3(Organizational Project Management Maturity Model) 등에 대한 관리기준을 개발하여 제공

⑥ 프로젝트 관리 전문가 자격증인 PMP(Project Management Professional) 인증제도 운영
- 1984년부터 PMBOK를 기준으로 PM 전문가 자격증 인증
- 객관식 200문제 중 61% 정도 취득하면 합격
- 2020년 현재 전 세계 207개국에 약 77만 4,000명의 PMP 인증

2) IPMA(The International Project Management Association)
① 1965년 유럽(스위스 취리히)에서 INTERNET란 이름의 비영리단체로 설립 후 IPMA로 개명
② 각 나라별 프로젝트 관리 단체의 연합으로 구성
③ 현재 유럽을 중심으로 약 70개국의 회원국에서 약 8만 명 보유
④ 설립 목적 : 우주항공, 자동차, 건설, 정보기술, 의약, 통신 등 전 산업 분야의 국가별 프로젝트 관리의 전문성 발전 및 프로젝트 관리 정보 제공
⑤ 프로젝트 관리 역량 기준(ICB : IPMA Competence Baseline) 등을 개발 및 제공하고 각 국가별로 NCB(National Competence Baseline)를 수립
⑥ 프로젝트 관리 전문가 자격증은 국가별로 PM 역량에 따라 A, B, C, D 등급의 레벨별 프로젝트 관리 전문가 자격 인증

3) APMG(Association of Project Management Group)
① 영국 정부 OGC(Office of Government Commerce)에서 설립
② 2009년 PM 방법론 PRINCE2 5판 발표(2018년부터 시험 중단)
③ 현재 영국 등 많은 국가에서 사용

4) AIPM(Australian Institute of Project Management)

① 1978년 호주에서 비영리단체로 설립

② 현재 유럽을 중심으로 약 3,000명의 회원 보유

5) 아시아 지역의 프로젝트 관리기관

① JPMA(Japan Project Management Association)
- 일본에서 2002년에 설립, 100여 개의 회원사로 구성
- P2M(Project and Program Management) 발간
- P2M을 기준으로 PMP 자격증 인증

② PMRC(Project Management Research Committee)
- C-PMBOK : 중국형 PMBOK(2002년 발간)
- IPMBOK : 중국 IT 산업의 전문지침서(2004년 발간)

③ KPMA(Korea Project Management Association)
- 1991년에 비영리단체로 설립된 국내 PM 전문기관
- 현재 단체 및 개인 회원사 중심으로 약 70여 단체 회원사와 6,000명의 회원 보유
- 설립 목적 : 자동차, 건설, 정보기술, 의약, 국방, 통신 등 전 산업 분야의 프로젝트 관리의 역량 향상 및 관련 정보 제공
- 매년 정기 심포지엄 및 올해의 프로젝트상 시상
- 프로젝트 관리 전문가 양성을 위한 PM교육, 회지 발간, PM 정보 제공 등

6) 국내 프로젝트 관리현황

1970년대 중동 국가들의 건설 프로젝트를 수주하여 미국의 프로젝트 관리시스템(C/SCSC수준)을 적용하면서부터 시작되었다고 볼 수 있다. 그러나 당시의 프로젝트 관리는 발주자의 요구에 따라 계약조건을 만족시켜 주는 정도에 불과했다.

국내에서 프로젝트 관리에 대한 개념을 가지고 프로젝트를 추진하게 된 것은 아마도 1980년대부터라고 볼 수 있다. 당시 건설 프로젝트를 중심으로, 일정, 원가, 품질, 자재 및 자료관리 위주의 관리시스템을 구축하여 프로젝트를 수행한 것이다.

1990년대에 들어오면서부터 프로젝트 관리에 대한 필요성이 점점 대두되면서 1991년 우리나라 최초로 프로젝트경영협회(KPMA : Korea Project Management Association)가 발족되면서 보다 활발하게 전 산업 분야로 확대되었다.

프로젝트 관리 전문가 자격증인 PMP 숫자의 증가현황을 보아도 알 수 있드시 1993년경까지만 해도 전 세계적으로 약 5,000명 정도이며, 우리나라는 미국에서 직접 2명(한전, 한국전력기술㈜ 각 1명)이 취득한 정도로 매년 완만하게 증가하던 것이 1990년대 중반 이후 해마다 급격하게 증가하게 되었다. 28년이 지난 현재 전 세계적으로 약 77만 4,000명, 우리나라도 1만 2,000여 명에 달하게 되었다.

최근 국내 공공기관 및 대기업을 비롯해서 중소기업까지 프로젝트의 성공을 위해 조직의 프로젝트 관리역량 향상과 관리시스템을 구축하여 체계적으로 프로젝트를 관리하

려는 추세라고 볼 수 있다.

또한 단위 프로젝트 관리 개념에서 다수의 프로젝트를 관리하는 프로그램 관리(Program Management)와 전사적으로 투자의 효율을 제고하기 위한 포트폴리오 관리(Portfolio Management)를 시도하고 있는 단계에 이르게 되었다.

(2) 프로젝트 특성과 프로젝트 관리

1) 프로젝트(Project)

프로젝트는 기업의 일상적인 사업(On-going Business)과 구별하고 있다. 즉, 주어진 기간과 예산 및 품질 등의 목표를 설정하고 그 목표에 달하는 제품, 서비스 등의 결과물을 창출해 내는 활동으로 정의하며, [표 2-2]와 같은 특성을 가지고 있다.

| 표 2-2 | 프로젝트의 특성

구분	내용
일시적인 노력 (Temperary Endeavor)	사업의 명확한 시작과 종료가 존재
유일한 결과물 (Unique Result)	사업이 종료되면 이전에 수행한 적이 없는 유일한 제품, 서비스 또는 결과물 창출
점진적 구체화 (Progressive Elaboration)	사업이 단계별로 진행되면서 점점 더 업무가 치밀하고 구체화되어 가는 현상

① 프로젝트 생애주기(Project Life Cycle)

프로젝트는 정해진 기간 내에 결과물을 창출해야 하며, 점진적으로 구체화되는 특성이 있으므로 프로젝트 착수부터 종료 시까지를 몇 개의 단계로 나누어 단계별 수행할 업무를 정의하고 체계적으로 관리할 필요가 있다. 이렇게 프로젝트를 몇 개의 단계로 나누어 놓은 것을 프로젝트 생애주기라고 한다. 프로젝트 생애주기는 프로젝트 유형별로 다를 수 있으며, 일반적으로 [표 2-3]과 같은 단계를 정하여 프로젝트를 관리할 수 있다.

| 표 2-3 | 프로젝트 생애주기

프로젝트 유형		프로젝트 생애주기(단계)
건설		계획 – 설계 – 구매 – 시공 – 시운전
제조		계획 – 설계 – 구매 – 제조 – 시험
IT		계획 – 분석 – 설계 – 구현 – 시험 – 전환
국방	개발	소요제기 – 선행연구 – 탐색개발 – 체계개발 – 시험평가 – 양산
	조달	소요제기 – 선행연구 – 조달(제안, 시험평가, 협상, 공급) – 설치 – 시험
R&D		계획 – 특허 – 설계 – 공장건설 – 생산 – 시험
		계획 – 개념정립 – 시제품개발 – 시험평가 – 양산
		계획 – 자료수집 – 분석/평가 – 방안수립 – 보고

※ 제품의 생애주기(Product Life Cycle)는 프로젝트 생애주기를 포함하여 구성된다.

② 프로젝트 주요 업무

프로젝트의 주요 업무를 대별하면 [표 2-4]와 같이 프로젝트 최종 결과물 창출을 위한 프로젝트 단계별 수행업무와 프로젝트 단계별 수행업무에 대해 공통적으로 수행되는 관리적 업무로 구분할 수 있다.

| 표 2-4 | 프로젝트 단계별 주요 업무

프로젝트 단계	최종 결과물 창출을 위한 프로젝트 단계별 수행 업무(기술적 업무)	프로젝트 단계별 또는 전체 프로젝트 업무에 공통적으로 수행되는 업무(관리적 업무)
계획 단계	기본계획서	프로젝트 전체 또는 단계별 공통적 업무 범위관리 시간관리 원가관리 품질관리 … 등
분석 단계	고객 요구분석서, 시스템 분석서 등	
설계 단계	기본설계서, 상세설계서 등	
구매 단계	구매 규격서 작성, 입찰, 계약 등	
구현(시공) 단계	프로그램 개발, 기초공사, 설치 등	
시험(시운전)	시스템 시험, 통합시험, 검사 등	

2) 프로젝트 관리

프로젝트의 요구사항을 만족시키기 위하여 지식, 기능, 도구 및 기법을 프로젝트 활동에 적용시키는 것이다. 미국 PMI의 프로젝트 관리 지식체계(PMBOK) 제6판에서는 프로젝트 관리를 아래와 같이 10개의 영역으로 구분하고 각 영역별로 관리 프로세스와 기법 및 산출물을 정의하고 있다.

① 프로젝트 통합관리(Project Integration Management)

② 프로젝트 범위관리(Project Scope Management)

③ 프로젝트 일정관리(Project Schedule Management)

④ 프로젝트 원가관리(Project Cost Management)

⑤ 프로젝트 품질관리(Project Quality Management)

⑥ 프로젝트 자원관리(Project Resource Management)

⑦ 프로젝트 의사소통관리(Project Communication Management)

⑧ 프로젝트 리스크 관리(Project Risk Management)

⑨ 프로젝트 조달관리(Project Procurement Management)

⑩ 프로젝트 이해관계자 관리(Project Stakeholder Management)

또한 프로젝트 관리 영역별로 관리를 체계적으로 수행하기 위해 49개의 프로세스로 정의하고 있으며, 이들 프로세스를 착수(Initiating), 기획(Planning), 실행(Executing), 감시(Monitoring and Controlling), 종료(Closing)의 5개의 프로세스그룹으로 묶어 [표 2-5]와 같이 정의하고 있다.

| 표 2-5 | 프로세스 그룹별 주요 업무 및 산출물

프로세스 그룹	주요 업무	주요 산출물
착수	프로젝트를 착수시키는 프로세스	프로젝트 기본계획서, 프로젝트 실행지시서 등 프로젝트 착수에 관련된 산출물
기획	프로젝트 추진계획을 수립하는 업무 프로세스	WBS 작성, 일정표 작성, 예산 수립, 품질계획 수립 등 계획에 관련된 산출물
실행	프로젝트 계획을 실행하는 업무 프로세스	프로젝트 실행지시서, 실적보고서 등 계획 실행에 결과에 대한 산출물
감시	계획 대비 실적 차이 분석과 변경조치 관련 업무 프로세스	성과보고서, 변경요청서 등 계획 대비 실적 차이 관련된 산출물
종료	프로젝트 종료 관련 업무 프로세스	계약종결보고서, 프로젝트 종료보고서 등 프로젝트 종료에 관련된 산출물

3) 프로젝트 관리 영역별 프로세스와 프로젝트 관리 프로세스 그룹과의 매트릭스
  ① PMI의 프로젝트 관리 지식체계(PMBOK)에 기술되어 있는 프로젝트 관리 영역과 프로젝트 관리 프로세스의 매핑 테이블은 다음과 같으며 각 프로세스 그룹에서 프로세스는 상호 연관관계를 가지고 수행된다[그림 2-4 참조].
    • 착수 프로세스 그룹 : 2개 프로세스
    • 기획 프로세스 그룹 : 24개 프로세스
    • 실행 프로세스 스룹 : 10개 프로세스
    • 감시 프로세스 그룹 : 12개 프로세스
    • 종료 프로세스 스룹 : 1개 프로세스

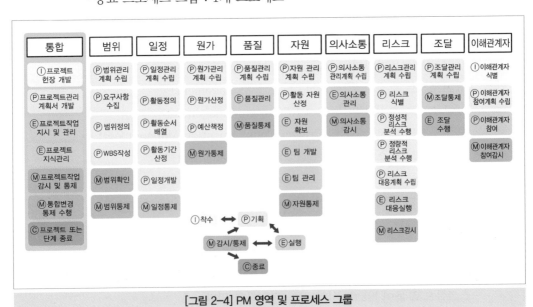

[그림 2-4] PM 영역 및 프로세스 그룹

4) 프로젝트 특성과 프로젝트 관리

프로젝트는 위에서 기술한 바와 같이 일반 비즈니스와 달리 3가지 특성을 가지고 있다고 하였으며, 이들 특성에 따른 프로젝트 관리 업무를 좀 더 구체적으로 기술하면 다음과 같다. 첫째, 프로젝트는 일시적인 업무이므로 시작과 끝이 분명해야 하고, 끝이 나면 반드시 산업별로 아래와 같은 최종 결과물을 창출해야 한다.

- 건설 프로젝트 : 건물, 구조물, 플랜트, 설비 등
- IT 프로젝트 : 시스템(Enterprise Resource Planning, Knowledge Management System 등)
- 연구개발 프로젝트 : 신제품, 연구보고서 등
- 제조 프로젝트 : 조선, 제약, 기자재 등
- 국방 프로젝트 : 무기체계, 전투기, 잠수함, 전차 등

둘째, 이때 창출되는 결과물은 대체적으로 유일하다고 볼 수 있다. 예를 들어, 동일한 규격의 플랜트를 건설하는 프로젝트라도 설치되는 위치와 환경의 차이에 따라 설계서의 내용이나 구조가 다를 수밖에 없다는 말이다. 마지막으로 프로젝트는 점진적으로 구체화되는 특성에 따라 프로젝트가 진행되면서 점점 구체화되고, 수행해야 할 업무가 많아진다는 것이다. 따라서 프로젝트는 단계를 정해 놓고 단계별로 해야 할 업무를 체계적으로 관리하지 않으면 일정지연과 원가초과 등 프로젝트 목표 달성에 실패할 수밖에 없는 특성을 가지고 있다. 산업별로 프로젝트 단계는 서로 다를 수 있으며, 일반적으로 단계를 정의하면 아래와 같다.

- 건설 프로젝트 : 계획, 설계, 구매, 시공, 시운전
- IT 프로젝트 : 계획, 분석, 설계, 구현, 시험, 전환
- 연구개발 프로젝트 : 계획－설계－개발－시험(또는 계획－자료 수집－분석－방안－보고)
- 제조 프로젝트 : 계획－설계－구매－제조－시험
- 국방 프로젝트 : 소요제기－선행연구－탐색개발－체계개발－시험－양산

[그림 2-5], [그림 2-6]과 같이 각 단계에서 수행될 업무를 정의하고 정의된 업무를 빠짐없이 수행하게 되면 별 문제 없이 최종 결과물이 산출될 것이다. PMBOK에서는 각 단계별 업무 수행과정에서 생산되는 산출물을 중간산출물(Deliverable)이라 한다. 이와 같이 프로젝트 단계별로 수행되는 업무를 살펴보면, 최종결과물의 기능과 성능 등 요구사항의 목표를 달성하기 위한 기술적인 업무(프로젝트 결과물 위주의 업무)와 정해진 기간, 예산, 품질 등의 목표달성을 위한 관리적인 업무로 구분할 수 있다. 그런데 우리나라의 기술수준은 한마디로 세계적인 수준이다. 조선기술, 반도체, 인터넷 등은 세계 제일의 수준이며, 가전제품, 철도, 전력 등의 사업도 국제적 수준이라 볼 수 있다. 따라서 기술적인 역량은 어느 정도 확보되어 있다고 볼 수 있다. 이에 비해 관리에

대한 역량은 아직까지 미흡한 상태이다. 이제 우리는 관리에 대한 역량을 향상시켜 기술과 관리가 잘 조화를 이루는 가운데 프로젝트를 추진함으로써 프로젝트 목표달성은 물론 국제 경쟁에서 우위를 차지할 수 있을 것이다. 따라서 여기서는 프로젝트 관리에 대해서만 중점적으로 기술하고자 한다. 그러나 우리나라에는 아직까지 프로젝트 관리에 대한 기준이나 지침 등이 없는 실정이다. 따라서 국제적으로 통용되고 있는 미국 PMI의 프로젝트 관리지식체계(PMBOK)의 개념을 많이 활용하였다.

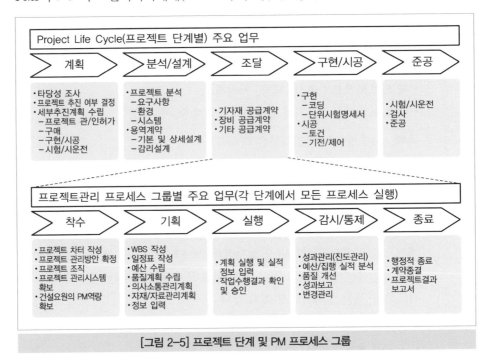

[그림 2-5] 프로젝트 단계 및 PM 프로세스 그룹

위에서 기술한 바와 같이 프로젝트 관리에 대해 영역별로 구분하여 좀 더 구체적으로 설명하면 다음과 같다.

먼저 프로젝트 단계별로 어떤 일을 해야 할 것인지를 정의하고 하나도 빠짐없이 수행되도록 관리하는 것을 범위관리(Scope Management)라 하고, 범위관리의 대표적인 산출물이 작업분류체계(WBS ; Work Breakdown Structure)이다.

이렇게 정의된 업무를 그 단계에서 주어진 시점에서 반드시 완성시킬 수 있도록 관리하는 것이 일정관리(Schedule Management)이다. 시간관리의 대표적인 산출물은 일정표(Schedule)이다. 여기서 말하는 일정표는 그 일정대로 업무를 수행할 수 있는 일정표를 의미하는 것이다. 수립된 일정계획대로 실행될 수 없는, 한 달 내지 두 달 만에 개정되어야 하는 그런 일정표는 일정표라 할 수 없을 것이다.

프로젝트를 수행하기 위해서는 자원(Resource)이 있어야 한다. 기본적으로 자원에는 인력, 자재, 장비의 세 가지가 있다. 자원은 바로 돈이다. 즉, 자원을 가장 적게 투입하여 프로젝트를 수행해야 프로젝트 원가가 적게 든다. 프로젝트에 꼭 필요한 자원만 투입되도록 관리하는 것이 원가관리(Cost Management)이다. 원가관리의 핵심 산출물은 적정예산(Budget)이다. 적정예산이란 수립된 예산으로 프로젝트를 수행함에 있어 너무 많지도 않고, 너무 적지도 아니함을 의미하는 것이다.

프로젝트의 최종 결과물은 고객의 요구사항에 부합해야 한다. 프로젝트 최종결과물에 대한 고객의 요구를 만족시키기 위해서는 프로젝트 단계별로 생산되는 중간산출물에 대한 품질관리가 필수적이다. 즉, 최종결과물에 대한 품질을 보증할 수 있는 품질관리(Quality Management)가 필요하다.

프로젝트를 수행하기 위해서는 자원이 필요하다고 했다. 자원 중 자재나 장비는 규격대로 구입해서 사용하면 큰 문제가 없으나, 인적자원은 관리 여하에 따라 효과 면에서 엄청난 차이가 난다. 프로젝트는 팀에 의해 추진된다. 프로젝트팀의 역량을 최대한 발휘할 수 있도록 관리하는 것이 자원관리(Resource Management)이다. 인적자원관리의 핵심은 팀 개발(Team Development)이라 할 수 있다.

프로젝트를 수행함에 있어 단계별로 수많은 자료와 정보가 발생된다. 이와 같이 발생된 정보와 자료는 프로젝트를 추진하기 위해 참여하는 모든 사람들, 즉 프로젝트 이해관계자에게 공유되어야 한다. 프로젝트 이해관계자가 관련 정보와 자료를 공유함으로써 기술적, 관리적인 간섭사항의 조정이 가능하며, 결과적으로 프로젝트 문제점을 사전에 파악하여 조치가 가능할 것이다. 프로젝트의 정보와 자료를 공유하기 위해서는 이해관계자관리(Stakeholder Management)와 의사소통관리(Communication Management)가 필요하다. 이해관계자관리의 핵심은 이해관계자의 기대사항을 충족시켜 주는 것이며, 의사소통관리의 핵심은 정보와 자료의 공유라 할 수 있다.

프로젝트는 계획단계에서 프로젝트 목표와 미래에 수행해야 할 업무계획을 수립하고, 그 계획에 따른 프로젝트 목표달성을 위해 계획을 실행하는 것이다. 그런데 모든 계획은 미래를 예측하고, 가정하여 수립할 수밖에 없는 것이다. 예측과 가정에 의한 계획은 프로젝트 목표달성에 차질을 가져올 여지가 있다. 하지만 가능한 당초 수립된 목표를 달성할 수 있도록 계획과 목표달성의 저해요인, 즉 리스크를 미리 미리 발췌하여 조치해 가는 리스크 관리(Risk Management)가 필요하다. 리스크 관리의 핵심은 리스크 요소의 발췌와 이에 대한 적절한 대응책이다.

프로젝트를 수행하기 위해서는 자원이 필요하다고 이미 언급하였다. 그런데 프로젝트를 추진하는 대부분의 기업은 충분한 자원을 보유하고 있지 못한 실정이다. 따라서 부족자원은 외부에서 지원(Outsourcing)받을 수밖에 없다. 필요한 자원을 외부로부터 지원받기 위해서는 조달관리(Procurement Management)가 필요하다. 조달관리의 핵심은 계약자 선정이라 할 수 있다. 즉, 당해 프로젝트를 수행할 수 있는 역량이 있어야 하고, 가격이 적정해야 하며, 재무구조가 튼튼하여 프로젝트를 끝까지 수행할 수 있는 계약자가 선정되어야 한다.

프로젝트를 수행하기 위해서는 모든 프로젝트 계획 수립은 물론, 계획의 실행과 계획 실행과정에서 발생되는 제반 변경사항 등이 통합관리되어야 한다. 다시 말해, 프로젝트 기술적인 업무와 관리적인 업무가 적절히 통합 관리되어 부서 및 계약사 상호 간에 발생될 수 있는 간섭사항을 사전에 해결할 필요가 있다. 즉, 프로젝트 통합관리 (Integration Management)가 필요하다. 통합관리를 위해서는 프로젝트 착수와 계획, 실행, 감시, 종료 등의 프로세스별로 통합된 산출물을 작성하여 관리되어야 한다. 또한 건설산업 프로젝트에서는 프로젝트 수행상 발생될 수 있는 여러 가지 재해예방을 위한 안전관리(Safety Management)와 프로젝트 추진과 관련된 오염방지 및 생태계 유지 등을 위한 환경관리(Environment Management)가 필요하다[그림 2-6 참조].

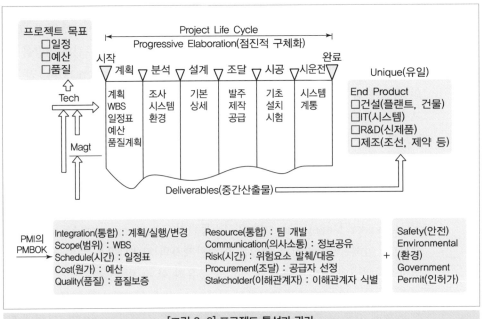

[그림 2-6] 프로젝트 특성과 관리

5) 프로젝트 관리의 기본 모델

프로젝트 관리의 기본 모델은 다음 [그림 2-7]과 같다. 즉, 프로젝트 관리에서 가장 먼저 정의되어야 할 것이 WBS(Work Breakdown Structure)이다. WBS는 프로젝트에서 수행해야 할 업무를 계층적으로 분류한 것이며, 최하위 레벨을 작업패키지(Work Package)라고 한다. 프로젝트에서 해야 할 업무인 작업패키지가 정의되면 그 업무를 누가 할 것인가에 대한 책임할당을 해야 한다. 다음으로 각각의 작업패키지를 언제까지 완료해야 할 것인가에 대한 계획이 일정표이며, 자원을 얼마나 투입하여야 할 것인가가 예산이 될 것이다. 또한 각각의 작업 패키지에 대한 품질, 리스크 등이 관리되어야 할 것이며, 주기별로 진행상황이 관리되어야 할 것이다.

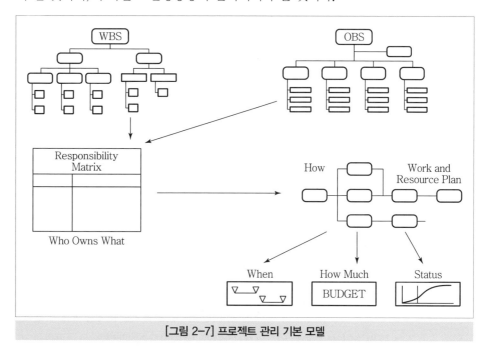

[그림 2-7] 프로젝트 관리 기본 모델

6) 프로젝트 관리, 프로그램 관리 및 포트폴리오 관리의 기본구조

[그림 2-8]과 같이 전사적 프로젝트 관리, 즉 포트폴리오 관리를 통해 경영전략 목표를 달성할 수 있을 것이며, 프로그램 관리를 통해 본부나 사업단별 목표달성을 추진하고, 프로젝트 관리를 통해 단위 프로젝트 목표를 달성해야 할 것이다.

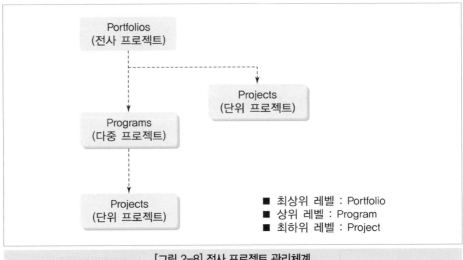

[그림 2-8] 전사 프로젝트 관리체계

(3) 프로젝트 관리자의 역량 및 역할

1) 프로젝트 관리자의 역량

① 프로젝트 최종 결과물 창출과 관련된 업무(시스템 개발 등 기술적 업무)를 수행해야 할 것이다.
  • 최종 결과물 분석, 설계, 구현(개발, 시공), 시험(개발방법론)
  • 최종 결과물 개발기준(용어, 양식 등)

② 프로젝트 단계 또는 생애주기 동안의 관리적 업무를 수행해야 할 것이다.
  • 일정, 원가, 품질, 의사소통 등 관리적 업무
  • 프로젝트 현황 파악 및 문제점 보고

③ 프로젝트 팀의 역량을 최대한 발휘할 수 있도록 팀의 역량개발이 필요할 것이다.
  • 팀원들이 보유능력의 120% 역량을 발휘하도록 관리
  • 갈등관리, 동기부여 등

2) 프로젝트 관리자의 책임과 역할

프로젝트 관리자는 일에 대한 욕구, 팀의 욕구, 개인의 욕구를 만족시켜 주어야 할 책임이 있으며 다음과 같은 역할을 수행해야 한다.

① 통합자(Integrator)

② 의사소통자(Communicator)

③ 지도자/지시, 방향 설정자(Leader/Directive)

④ 의사결정권자(Decision Maker)

⑤ 분위기 창출자(Climate Creator or Builder)
  • 아버지 모습(Team's Father Figure)

- 깨진 관계의 개선자(Mender of Fractured Relationships)
- 촉진자(Expediter)

3. 프로젝트 성공 및 실패요인 분석

프로젝트 추진과 관련된 성공 및 실패요인을 분석하여 성공요인은 장려하고 실패요인을 감소시켜 프로젝트 목표를 성공적으로 달성하는 것이 필요하다.

(1) 성공적인 프로젝트란?

① 고객에게 만족을 주는
② 예정된 납기에 제품 및 서비스를 전달하는
③ 승인된 예산, 인원, 범위 내에서 성공적으로 완료된
④ 팀원에게 기술/지식의 향상을 가져다 주는
⑤ 회사 경영에 기여할 수 있는 프로젝트이다.

(2) 프로젝트 성공 · 실패요소 분석

Standish Group에서 100개의 성공요소를 분류하고, 유형별로 그룹화한 것으로 경영층의 지원, 사용자 참여, 프로젝트 관리자의 경험, 명백한 사업목표, 최소한의 범위 등이 핵심요소로 작용한다.

| 표 2-6 | 프로젝트 성공요소 분류

성공요소 그룹	성공요소(성공요소 100개 중에 포함되는 수)
Executive Supports	SF 18
User Involvement	SF 16
Experienced Project Manager	SF 14
Clear Business Objectives	SF 12
Minimized Scope	SF 10
Standard Software Infrastructure	SF 8
Firm Basic Requirement	SF 6
Formal Methodology	SF 6
Reliable Estimate	SF 5
Other Criteria 적정 마일스톤(Milestone), 적절한 계획, 능력 있는 직원, 프로젝트 소유권	SF 5
[주] SF : Success Factor	

| 표 2-7 | 프로젝트 실패 · 성공요인

실패요인	성공요인
• 불분명한 목표 • 경영층의 지원 부족 • 프로젝트 통합의 비효율성 • 부적절한 재정 투입 • 사업 우선순위의 잦은 변경 • 초기 가정(Assumption)의 오류 • 비효율적 팀 • 효과적 의사소통체계 부족	• 팀원 간, 프로젝트 조직 간 협조적 관계 • 조직의 효율적 구조와 통제성 • 프로젝트의 유일성, 중요성, 투명성 • 성공요소의 규정 및 공유 • 경쟁 및 예산에 대한 압력 • 초기단계에서의 과도한 낙관성 견제 • 지속적인 내부 역량 개발

(3) 해외 건설 프로젝트의 성공 사례 분석

1) 핵심 성공요인

① 수주 및 계약 단계부터 전사(재무, 경영지원, 연구소 등)의 적극적 참여로 계약적 리스크 배제, 리스크 조기 발견 및 대처

② 프로젝트 조직 조기 발족

③ 장기간 소요 항목(Long Lead Item)의 조기 발주

④ 발주처로부터 설계 조기 승인 유도

⑤ 기자재 제작단계에서 순회점검을 통한 적기 납품 유도

⑥ 프로젝트 초기부터 Coordinator를 현지에 파견하여 발주처와 계약자 간 문제 해소

⑦ 프로젝트팀의 현지 상주(설계, 구매, PM)

⑧ 하자보증 기간에 문제점 집중관리

⑨ 현지 문화에 대한 이해 노력/지역 전문가 활용

2) 현지 문화 이해

① 파견 직원 전원에 대해 현지 언어 교육(약 2개월)
  • 가능한 현지어로 의사소통
  • 개인 안전의 필수 조건
  • 발주처의 좋은 인식으로 업무효율 증대

② 현지 조직을 최대한 이용한 현장관리
  • 신속 통관을 위해 세관원 초빙 통관 업무교육 등으로 프로젝트 이해 증진
  • 현지 경찰 이용 안전 지원
  • 일용직에 현지 인력을 최대한 활용함으로써 일체감 조성

③ 행사를 이용한 공동운명체 의식 강화
  • 매월 안전 이벤트 시행
  • 현지어 안전책자 발간
  • 현장 행사 시 발주처 및 관공서 인력 초빙으로 공동체 의식 제고

④ 지역 전문가 최대한 활용

3) 프로젝트 성공에 따른 성과
  ① 팀원의 회사 신뢰도 제고
  ② 발주처의 신뢰도 인증 및 후속 프로젝트 약속
  ③ 회사 경영전략회의에서 Best Practice로 발표
  ④ 사내 프로젝트 관리시스템 경진대회 우승
  ⑤ 참여 직원의 보너스 및 승진 혜택
  ⑥ 현지 시장의 성공적 교두보 역할

[2] PM에 대한 조직의 문화와 형태

PM에 대한 조직의 문화, 형태, 구조와 프로젝트 관리 성숙도 등은 프로젝트 수행에 커다란 영향을 준다.
- 조직의 문화와 형태는 프로젝트 목표 달성에 막대한 영향
- 조직 문화 규범 : 업무 수행 접근방법, 승인방법, 작업지시자
- 대부분의 조직은 유일한 문화 개발
  - 비전, 가치, 규범, 신뢰, 기대치 공유
  - 규정, 정책, 방법, 절차
  - 동기부여 및 보상시스템
  - 리스크 범위
  - 계층 및 권한 관계
  - 작업윤리 및 작업환경
- 조직의 문화는 기업환경요인
- PM은 프로젝트에 영향을 줄 수 있는 조직의 문화 및 형태의 차이점을 이해하고 있어야 한다.

1. PM에 대한 조직의 형태

PM 조직 형태로는 기능 조직, 매트릭스 조직, 프로젝트 전담 조직, 그리고 복합 조직으로 구분할 수 있다.

(1) 기능 조직(Functional Organization)

① 전통적인 조직형태로 [그림 2-9]와 같다.
② 상위레벨 조직 구성원은 전문가 그룹(생산, 영업, 기술, 회계 등)
③ 하위레벨은 기능단위로 구성(토목, 건축, 기계, 전기 등)

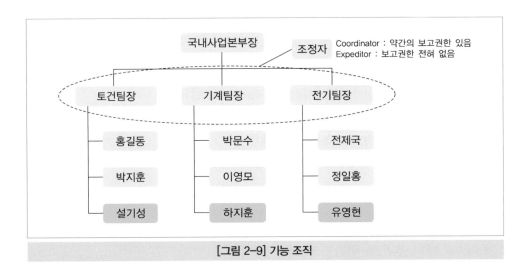

[그림 2-9] 기능 조직

(2) 매트릭스 조직(Matrix Organization)

① 기능 조직과 프로젝트 전담 조직의 혼합 형태로 [그림 2-10]과 같다.

② 프로젝트 관리자와 기능관리자의 보고 권한 및 관리 주체에 따라 Weak, Balanced, Strong 매트릭스로 구분한다.

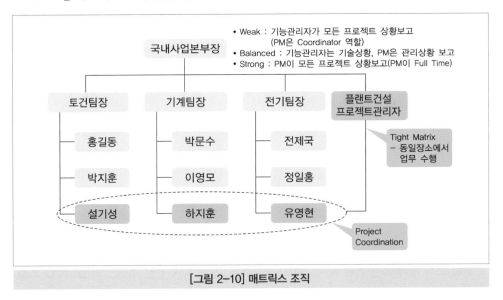

[그림 2-10] 매트릭스 조직

(3) 프로젝트 전담 조직(Projectized Organization)

① 프로젝트 전담 조직으로 [그림 2-11]과 같다.

② PM이 전권을 가지고 프로젝트 업무를 수행한다.

③ 동일 장소의 팀 효과를 얻기 위해 가끔 가상의 협력기법(Virtual Collaboration Technique)을 사용한다.

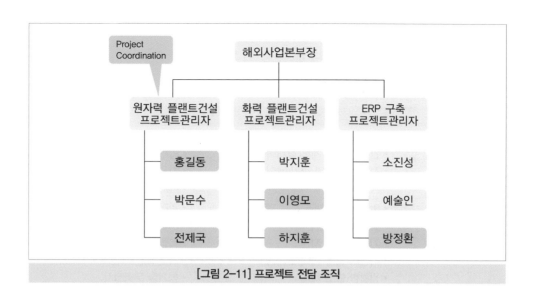

[그림 2-11] 프로젝트 전담 조직

(4) 복합 조직(Composite Organization)

하나의 팀원이 2개 이상의 프로젝트 업무를 수행하는 매트릭스 조직 형태로 [그림 2-12]와 같다.

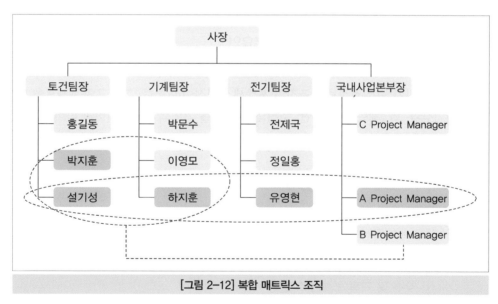

[그림 2-12] 복합 매트릭스 조직

(5) 조직 형태별 장단점

조직 형태별 장점과 단점을 구체적으로 기술하면 [표 2-8]과 같다.

| 표 2-8 | 조직 형태별 장단점

조직 형태	장점	단점
기능 조직	• 가장 보편적인 조직이며 안정적 • 간편한 보고 계통(결재의 편의) • 전문가 집단의 관리 용이	• 기능 또는 분야 업무에 치중 • 업무 우선순위 결정의 타당성 부족 • 자원 부족 시 혼란 • PM 경험의 축적 미흡
매트릭스 조직	• 명확한 프로젝트 목표 제시(PM 제시) • 효과적인 자원관리 • 기능 조직의 지원 • 자원의 활용 극대화 가능 • 원활한 협조 체계 • 정보의 원활한 흐름	• 관리 인력 중복 • One Man Two Bosses • 복잡성 • 자원 배분의 문제 • 철저한 운영절차
프로젝트 전담 조직	• 프로젝트 관리의 효율성 • 프로젝트의 집착 • 높은 커뮤니케이션 효율	• 프로젝트 종료 후 인적 배치문제 • 기능의 전문성 결여 • 비효율적인 자원과 중복설비

2. 조직의 프로세스 자산 및 기업의 환경요인

프로젝트 성공에 영향을 줄 수 있으며, 사용 가능한 정책, 절차, 지침과 교훈, 리스크 데이터, 일정, 획득가치 등 실적정보를 조직의 프로세스 자산이라 한다. 그리고 프로젝트에 영향을 주는 정치상황, 법, 제도, 시장여건, 조직의 문화 등을 기업의 환경요인이라 하며, 보다 더 구체적으로 기술하면 다음과 같다.

(1) 조직의 프로세스 자산(Organizational Process Assets)

프로젝트 추진 시 직접 활용 가능한 정보 및 자료로서 조직에서 보유하고 있는 것을 조직의 프로세스 자산이라 한다.

1) 프로세스 및 절차(Processes & Procedures) 등
   ① 착수 및 기획 프로세스 활용
   - 조직의 프로세스 및 절차를 프로젝트의 특정 요구에 적합하게 보완하기 위한 기준 및 지침 등
   - 조직의 정책(인적자원, 윤리, 품질, 의사소통 등)
   - 표준지침, 작업지시서, 제안서평가기준, 성과측정기준
   - 템플릿(WBS, 리스크, 일정네트워크도, 계약서 등)
   - 조직구성에 대한 지침 및 기준

② 실행, 통제 및 종료
- 변경통제절차서
- 재무회계 통제절차서(보고시기, 원가코드, 표준계약조항 등)
- 문제점 및 결함 관리절차서
- 의사소통절차서
- 리스크 통제 절차서
- 프로젝트 종료지침서 및 요구사항 등

2) 공유 가능한 정보 및 데이터베이스
① 프로세스 성과측정 데이터베이스(데이터 수집 및 측정 정보)
② 프로젝트 실적 파일(범위, 일정, 원가, 품질, 성과측정기준선 등)
③ 과거 실적정보 및 교훈적 지식기반(프로젝트 기록물 및 문서)
④ 문제점 및 결점관리 데이터베이스
⑤ 형상관리 지식기반 데이터베이스(표준, 정책, 절차 등의 변경)
⑥ 재무회계 데이터베이스

(2) 기업의 환경요인(Enterprise Environment Factors)

프로젝트 업무 수행 시 고려해야 할 프로젝트 주변 여건을 기업의 환경요인이라 하며 다음 과 같다.

1) 프로세스 및 절차(Processes & Procedures) 등
프로젝트 성공에 긍정적 · 부정적 영향을 주는 프로젝트 내 · 외 주변 환경요인은 다음 과 같다.
① 조직의 문화, 조직구조, 조직의 프로세스
② 정부 및 산업표준(규정, 행위코드, 제품표준, 품질표준 등)
③ 기업 내 기존 설비 등(기 보유 설비 및 장비)
④ 보유 인적자원(기량, 분야, 지식 등)
⑤ 인사행정지침
⑥ 기업의 작업권한시스템(Work Authorization System)
⑦ 시장 여건
⑧ 이해관계자의 리스크 범주
⑨ 정치 분위기
⑩ 조직의 의사소통 채널
⑪ 상업용 데이터베이스(표준원가 산정데이터, 국제 리스크 데이터베이스)
⑫ PMIS(일정도구, 형상관리시스템, 정보 수집 및 배포시스템, 온라인시스템 등 자동화 도구)

3. 프로젝트 이해관계자 및 지배구조(Governance)

이해관계자는 프로젝트의 의사결정, 활동, 결과물에 영향을 주는 조직, 그룹 및 개인을 의미하며, 지배구조는 프로젝트 이해관계자의 요구사항 및 목표를 조절하여, 조직의 목표 달성과 성공적인 이해관계자 관리를 하는 것이 핵심이다. 또한 지배구조는 조직으로 하여금 사업전략과 프로젝트를 연계하여 프로젝트 결과물의 가치를 극대화하고, 일관성 있는 프로젝트 관리가 가능하도록 하는 것이다.

(1) 프로젝트 이해관계자(Project Stakeholder)

① 조직 내·외에서 프로젝트와 관련된 모든 멤버
② 프로젝트 관리자는 성공적인 결과물을 확인하기 위해 이해관계자의 영향과 기대사항을 관리
③ 스폰서, 고객 및 사용자, 판매자, 사업파트너, 조직의 그룹, 기능관리자 등

(2) 프로젝트 지배구조(Project Governance)

① 프로젝트 지배구조는 프로젝트 생애주기를 포함하여 조직의 지배구조 모델과 연계된 감시 기능
② 프로젝트 지배구조는 프로젝트 관리를 위한 구조, 프로세스, 의사결정 모델, 도구, 역할 및 책임 등을 제공하여 프로젝트가 성공할 수 있도록 통제 및 지원
③ 프로젝트 지배구조를 위해 PMO의 의사결정 역할과 이해관계자를 포함
④ 프로젝트 지배구조의 틀에 포함되는 요소
  • 프로젝트 프로세스 및 산출물 승인 기준
  • 프로젝트에서 발생되는 문제 해결, 물가상승 등에 대한 프로세스
  • 프로젝트 팀과 조직 그룹, 외부 이해관계자 사이의 관계
  • 프로젝트 조직표 및 역할 정의
  • 의사소통 프로세스 및 절차
  • 프로젝트 의사결정 프로세스
  • 프로젝트 지배구조와 조직의 전략과의 연계
  • 프로젝트 생애주기 접근방법 등

[3] 프로젝트 관리 프로세스 및 프로세스 그룹

1. 프로젝트 관리 프로세스(Process) 개요

PM은 프로젝트 요구사항을 만족하기 위한 활동으로 기량, 도구, 기법 등 지식을 적용해야 하며, 지식 적용을 위해서는 적절한 프로세스의 효과적 관리가 필요하다. 프로세스란 사전 정의된 제품, 결과물 또는 서비스 목표를 달성하기 위해 내부적으로 연계되어 수행되는 활동들을 말한다.

(1) 프로젝트 성공을 위한 PM과 프로젝트팀 고려사항

① 프로젝트 목표달성에 요구되는 적절한 프로세스 선택
② 요구사항 만족을 위해 이미 정의되어 있는 접근방법 사용
③ 이해관계자와 계약 및 적절한 의사소통체계 수립, 유지
④ 이해관계자의 요구 및 기대에 부응하기 위한 요구사항들
⑤ 프로젝트 최종 결과물 생산을 위해 범위, 일정, 원가, 품질, 자원, 리스크의 절충

(2) 프로젝트 프로세스의 구분

① 프로젝트 관리 프로세스 : 생애주기 동안의 효과적인 업무 흐름
② 제품 위주의 프로세스 : 프로젝트 결과물 생산 프로세스

(3) PM 프로세스는 모든 산업 분야에 적용

PM과 프로젝트팀은 해당 프로젝트 여건에 적절한 프로세스를 선정하고, 프로세스 그룹핑 및 적용수준을 결정할 책임이 있다.

2. 프로젝트 관리 프로세스 그룹

PM Process Group은 프로젝트 단계가 아니며, PMBOK에서는 10개 영역에 대한 49개의 프로젝트 관리 프로세스를 다음과 같이 5개의 그룹으로 구분하여 프로젝트 관리업무를 수행한다고 기술되어 있다.

① 착수(Initiating) : 프로젝트 또는 단계의 정의 및 시작에 대한 승인을 득하기 위해 수행되는 프로세스들
② 기획(Planning) : 프로젝트 범위와 목표를 설정하고, 목표달성을 위해 요구되는 프로세스들
③ 실행(Executing) : 프로젝트 목표달성을 위해 프로젝트 관리계획에서 정의된 업무를 수행하는 프로세스들

④ 감시 및 통제(Monitoring and Controlling) : 프로젝트 수행 성과와 진도를 추적, 검토하고 필요 시 변경하는 데 요구되는 프로세스들
⑤ 종료(Closing) : 프로젝트 단계 또는 프로젝트를 공식적으로 종결하기 위해 수행되는 프로세스들

Project Management Process의 상호작용을 위한 기본적인 개념은 Deming의 P－D－C－A(Plan, Do, Check, Act) Cycle과 유사하게 한 Cycle의 결과가 다음 Cycle의 Input 요소가 된다[그림 2-13 참조].

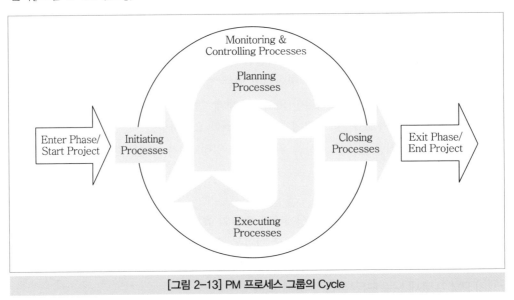

[그림 2-13] PM 프로세스 그룹의 Cycle

PM Process 그룹은 Project Life Cycle의 하나의 Phase 내에서 존재할 수 있고, 전체 Phase에 걸쳐 존재할 수 있다[그림 2-14 참조].

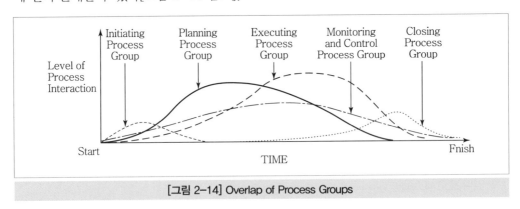

[그림 2-14] Overlap of Process Groups

PM Process 그룹은 프로젝트가 스폰서에 의해 착수되고, 프로젝트 관리자와 계약사에 의해 진행되면서 상호 연계되어 Cycle을 이루면서 수행된다.
PM 영역과 프로세스 그룹의 Mapping Table은 [표 2-9]와 같다(각 프로세스에 부여되어 있는 번호는 PMBOK Chapter별 프로세스 번호이다).

| 표 2-9 | PM 영역과 프로세스 그룹의 Mapping Table

Process Area	Project Management Process Groups				
	Initiation (2)	Planning (24)	Executing (10)	Controlling (12)	Closing (1)
Integration	Develop Projec Charter (4.1)	Develop Project Management Plan (4.2)	Direct and Manage Project Work (4.3) Manage Project Knowledge (4.4)	Monitor and Control Project Work (4.5) Perform Integrated Change Control (4.6)	Close Project or Phase (4.7)
Scope		Plan Scope Management (5.1) Collect Requirements (5.2) Define Scope (5.3) Create WBS (5.4)		Validate Scope (5.5) Control Scope (5.6)	
Schedule		Plan Schedule Management (6.1) Define Activities (6.2) Sequence Activities (6.3) Estimate Activity Durations (6.4) Develop Schedule (6.5)		Control Schedule (6.6)	
Cost		Plan Cost Management (7.1) Estimate Costs (7.2) Determine Budget (7.3)		Control Costs (7.4)	
Quality		Plan Quality Management (8.1)	Manage Quality (8.2)	Control Quality (8.3)	
Resource		Plan Resource Management (9.1) Estimate Activity Resources (9.2)	Acquire Resources (9.3) Develop Team (9.4) Manage Team (9.5)	Control Resources (9.6)	
Communication		Plan Communications Management (10.1)	Manage Communications (10.2)	Monitor Communications (10.3)	
Risk		Plan Risk Management (11.1) Identify Risks (11.2) Perform Qualitative Risk Analysis (11.3) Perform Quantitative Risk Analysis (11.4) Plan Risk Responses (11.5)	Implement Risk Responses (11.6)	Monitor Risks (11.7)	
Procurement		Plan Procurement Management (12.1)	Conduct Procurements (12.2)	Control Procurements (12.3)	
Stakeholder	Identify Stakeholders (13.1)	Plan Stakeholder Engagement (13.2)	Manage Stakeholder Engagement (13.3)	Monitor Stakeholder Engagement (13.4)	

프로젝트 관리 프로세스 그룹별로 보다 구체적인 내용에 대해 PMBOK에서는 다음과 같이 기술하고 있다.

(1) 착수 프로세스 그룹(Initiation Process Group)

① 프로젝트 또는 단계의 착수 권한을 위임받음으로써 새로운 프로젝트 및 기존 프로젝트의 단계를 정의하는 프로세스들로 구성된다[그림 2-15 참조].

② 프로젝트 초기 범위 정의 및 재원 위임

③ 프로젝트 전체 결과물에 영향을 주는 이해관계자 식별 및 등록

④ PM 지명, 프로젝트 현장 승인으로 프로젝트를 공식적으로 인정

⑤ 착수 프로세스의 핵심 목표는 프로젝트 목표와 이해관계자의 기대사항을 조정

⑥ 착수 프로세스 그룹은 프로젝트 착수 전에 조직의 프로그램 및 포트폴리오 관리에서도 수행 가능

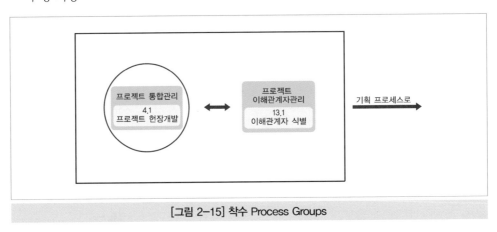

[그림 2-15] 착수 Process Groups

(2) 기획 프로세스 그룹(Planning Process Group)

① 프로젝트 목표달성을 위한 전체 업무범위와 요구되는 활동들의 계획을 수립하는 프로세스들로 구성된다[그림 2-16 참조].

② 프로젝트 관리를 위해 수행되어야 할 제반계획 개발

③ 기획 프로세스 그룹의 산출물은 프로젝트 관리계획을 비롯하여 프로젝트 관리 영역별 관리계획서

④ 프로젝트 실행 및 통제 프로세스에서 발생되는 변경으로 인한 갱신은 각종 프로젝트 관리계획에 커다란 영향을 줌

⑤ 따라서 프로젝트 관리계획 수립은 모든 이해관계자가 참여하여 계획대로 실행 가능한 계획이 수립되도록 노력과 시간을 투입(가능한 변경을 최소화)

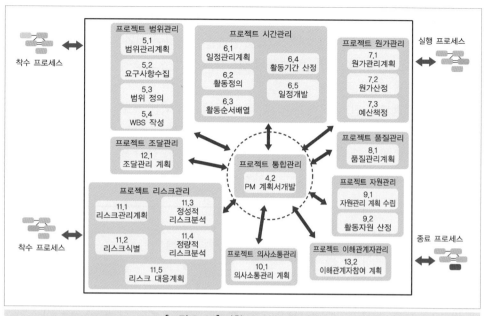

[그림 2-16] 기획 Process Groups

(3) 실행 프로세스 그룹(Executing Process Group)

① 프로젝트 관리계획에 정의된 업무 수행 프로세스들로 구성된다[그림 2-17 참조].
② 이해관계자 기대사항과 자원의 통합관리 및 조정
③ 계획 실행 결과를 기준으로 계획 재수립

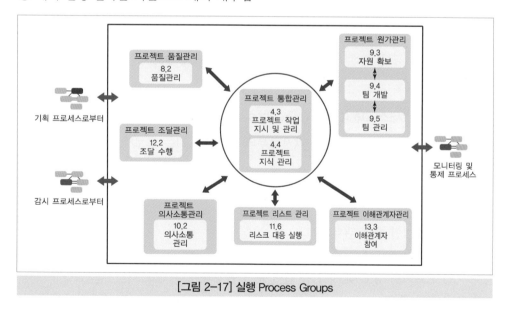

[그림 2-17] 실행 Process Groups

(4) 감시 프로세스 그룹(Monitoring and Controlling Process Group)

① 프로젝트 관리계획과 계획의 실행 결과를 비교하여 성과를 측정하고, 성과 차이가 있을 시 원인분석, 조치, 변경 등의 업무를 수행하는 프로세스들로 구성된다[그림 2-18 참조].

② 프로젝트의 진도 및 성과 검토, 추적 등에 요구되는 프로세스

- 변경 통제, 시정조치 및 예방활동 추천
- 프로젝트 관리 기준선에 따른 프로젝트 활동의 감시 및 통제
- 통합변경 통제를 통해 꼭 필요한 변경만 되도록 통합변경 통제

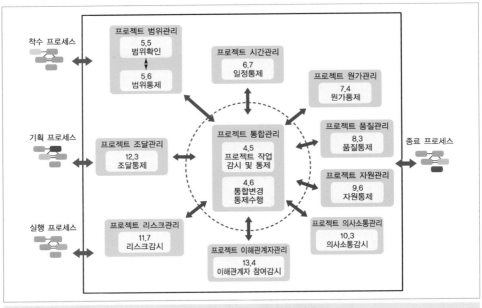

[그림 2-18] 감시 Process Groups

(5) 종료 프로세스 그룹(Closing Process Group)

① 모든 계약이 종결되고 고객으로부터 승인을 득하는 프로세스로 구성된다[그림 2-19 참조].

② 후속 프로젝트 검토

③ 프로젝트 문제점 기록

④ 교훈적인 자료 문서화

⑤ 조직의 프로세스 자산 갱신

⑥ 프로젝트 정보 및 자료 등 관련 문서 현행화

⑦ 조달 종료

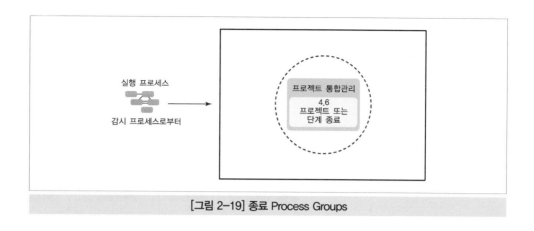

[그림 2-19] 종료 Process Groups

2 프로젝트 관리 영역별 핵심 개념

제1장에서 기술한 프로젝트 관리 영역별, 각각의 프로세스별로 보다 더 구체적인 관리방법과 관리해야 할 핵심 산출물에 대해 보다 정확한 개념을 가지고 관련 업무를 수행할 수 있도록 핵심적인 사항을 기술해 본다. 프로젝트 관리 영역에 포함되어 있는 모든 프로세스는 기준정보(Inputs), 도구 및 기법(Tools and Techniques), 산출물(Outputs)의 구조로 되어 있으나, 본서에서는 각 프로세스별 산출물 위주의 핵심사항만 기술한다.

[1] 프로젝트 통합관리(Integration Management)

프로젝트 관리 프로세스 내에서 여러 가지 프로세스 및 관리활동을 적절히 식별, 정의, 조합, 통일 및 통합 조정하는 데에 필요한 프로세스와 제반 활동으로 다음과 같은 업무를 포함한다[그림 2-20 참조].

- 고객 및 이해관계자의 요구와 기대에 성공적으로 부응하기 위한 통합 활동
- 자원과 노력이 적기 적소에 투입되어 문제 발생을 사전 방지
- 개별 프로젝트 관리 프로세스 상호 간의 통합
- 부서 간, 계약사 간 간섭사항 통합관리
- 프로젝트 관리의 통합관리의 주요 활동
  - 프로젝트 범위 분석, 검토, 정의 및 결과물의 요구 수준 달성 확인(품질목표)
  - 식별된 정보를 프로젝트 관리계획에 반영
  - WBS 준비 및 프로젝트 관리계획에 따라 프로젝트가 수행되도록 적절히 통제
  - 프로젝트 성과 확인 및 측정
- 프로젝트 통합관리 프로세스(PMBOK Chapter 4 기준)

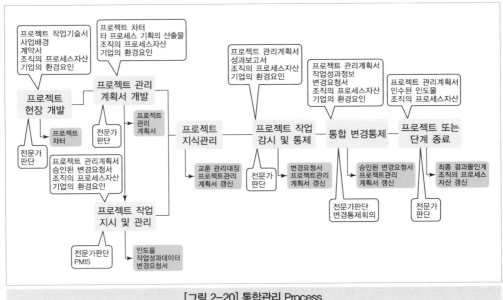

[그림 2-20] 통합관리 Process

- 프로젝트 헌장 개발(Develop Project Charter)
  프로젝트가 공식적으로 착수할 수 있도록 권한을 위임하는 문서를 작성하는 프로세스
- 프로젝트 관리계획 개발(Develop Project Management Plan)
  프로젝트 관리계획을 수립하는 프로세스
- 프로젝트 작업 지시 및 관리(Direct and Manage Project Work)
  프로젝트 작업을 지시하고 관리하는 프로세스
- 프로젝트 지식관리(Manage Project Knowledge)
  프로젝트에서 습득한 지식으로 조직의 운영업무, 향후 프로젝트 또는 단계를 지원
- 프로젝트 작업 감시 및 통제(Monitoring and Control Project Work)
  프로젝트 계획과 작업 수행 실적을 비교하여 성과를 측정하고, 차이가 있을 때 조치 및 변경하는 프로세스
- 통합 변경통제(Perform Integrated Change Control Scope)
  프로젝트 변경 요청서를 검토하여 반드시 변경이 필요한 변경만 하도록 조치하는 프로세스
- 프로젝트 종료(Close Project or Phase)
  프로젝트 최종 결과물을 인계하는 프로세스

1. 프로젝트 헌장 개발(Develop Project Charter)

- 프로젝트가 공식적으로 착수할 수 있도록 권한을 위임하는 문서를 작성하는 프로세스이다.
- 프로젝트 수행을 위하여 조직의 자원을 활용할 수 있는 권한을 가진 프로젝트 관리자를 지정한다.

- 프로젝트 자금을 지원하는 외부의 스폰서 또는 프로젝트 착수자에 의해 작성된다.
- 프로젝트 헌장 개발은 프로젝트 영역과 착수에 대해 잘 정의된 경영층의 공식적인 기록물을 작성하는 것이다.
- 프로젝트 헌장은 요구조직(경영층)과 프로젝트 수행조직 사이의 협력관세가 수립된다.
- 외부 프로젝트의 경우는 공식적인 계약에 의해 협약(Agreements)이 수립되며, 내부적으로 수주통보서 등이 프로젝트 헌장으로 이용된다.

(1) 프로젝트 헌장(Project Charter) 개발 프로세스의 주요 산출물

1) 프로젝트 차터(Project Charter)
경영층에서 작성하여 프로젝트를 착수시키는 기본적 문서로서 다음과 같은 사항을 포함한다.
① 프로젝트 목적 및 당위성
② 측정 가능한 프로젝트 목표 및 관련 성공기준
③ 개략적 요구사항
④ 프로젝트 개요
⑤ 개략적 리스크
⑥ 개략적 마일스톤 일정
⑦ 개략적 예산
⑧ 프로젝트 승인 요구사항(승인에 대한 의사결정권자)
⑨ 프로젝트 관리자 지정, 책임 및 권한 부여
⑩ 프로젝트 헌장 승인자 또는 재정지원자(Sponsor)의 권한 및 성명

2. 프로젝트 관리계획서 개발(Develop Project Management Plan)

- 모든 관리영역별 계획을 조정, 준비 및 정의하여 포괄적인 프로젝트 관리계획으로 통합하는 프로세스이다.
- 프로젝트 관리계획은 프로젝트 실행, 감시, 통제 및 종료 방법을 정의하고 있으며, 프로젝트의 복잡도나 적용영역에 따라 내용이 달라질 수 있다. 또한 프로젝트 관리계획은 통합변경 프로세스 실행을 통해 점진적으로 구체화되며, 일반적으로 다음과 같은 업무를 포함하고 있다.
  • 프로젝트 관리 생애주기 및 단계별 적용 프로세스
  • 프로젝트 팀에 의해 정의 및 결정된 프로젝트 관리 세부 프로세스로 프로젝트 관리 프로세스, 각 프로세스의 실행 레벨, 프로세스별로 적용되는 도구 및 기법 등
- 프로세스의 목표달성을 위해 사용되는 작업방법
- 변경관리계획(변경의 감시 및 통제방법)과 형상관리계획 및 방법
- 성과 측정기준선의 적용 및 유지방법
- 이해관계자 간의 요구사항 및 의사소통방법 등

(1) 프로젝트 관리계획 개발(Develop Project Management Plan) 프로세스의 주요 산출물

1) 프로젝트 관리계획서

프로젝트 관리계획서는 하나 이상의 영역별 계획으로 구성되며, 다음과 같은 사항을
포함한다.

① 범위, 일정 및 원가 성과 기준선
② 범위관리계획
③ 요구사항 관리계획
④ 일정관리계획
⑤ 원가관리계획
⑥ 품질관리계획
⑦ 프로세스 개선계획
⑧ 인적자원 관리계획
⑨ 의사소통 관리계획
⑩ 리스크 관리계획
⑪ 조달관리계획
⑫ 이해관계자 관리계획

3. 프로젝트 작업 실행 및 지시(Direct and Manage Project Work)

■ 프로젝트 목표달성을 위하여 프로젝트 관리계획에 정의된 업무수행과 승인된 변경을 실행
하는 프로세스로 다음과 같은 업무를 수행한다.
• 프로젝트 목표 달성을 위한 활동 실행
• 프로젝트 팀원의 교육 및 훈련
• 자원 획득 및 관리
• 계획된 방법론 및 표준의 실행
• 프로젝트 산출물의 작성, 통제, 확인
• 프로젝트 리스크 관리 및 리스크 대응활동 실행
• 판매자 및 공급자 관리
• 프로젝트 범위, 계획, 환경의 변경 승인
• 이해관계자 간 의사소통체계 수립 및 실행
• 프로젝트 관리실태 및 예측정보 수집 및 보고
• 프로젝트 이해관계자 및 계약관리
• 프로세스 개선활동 실행과 교훈적인 자료 수집 및 문서화
■ 프로젝트 관리자(프로젝트 팀)는 계획된 프로젝트 활동의 실행을 지시하고, 프로젝트 내에
존재하는 기술적인 부분과 조직 간의 여러 가지 간섭사항을 관리하며, 프로젝트 계획의 실
행결과물을 생산한다.

■ 프로젝트 작업 수행정보 제공 등 다음과 같은 업무수행 요구
   • 프로젝트 관리계획에 따라 기대하는 프로젝트 성과를 달성할 수 있도록 시정조치 수행
   • 프로젝트에서 잠재적으로 부정적 결과를 초래할 확률을 감소시키기 위한 예방활동 승인
   • 품질 프로세스에서 발견된 제품의 결점에 대한 보수요청서 승인

(1) 프로젝트 관리작업 실행 및 지시(Direct and Manage Project Work) 프로세스의 주요 산출물

   ### 1) 인도물(Deliverables)
   프로젝트 또는 단계를 완성하기 위해 생산되어야 할 유일하면서도 확인 가능한 제품, 결과물, 서비스

   ### 2) 작업성과 데이터(Work Performance Data)
   프로젝트 진행과정에서 주기적으로 수집된 정보 및 자료
   ① 산출물 상황
   ② 일정 진도율
   ③ 원가 실적

   ### 3) 변경요청서(Change Requests)
   프로젝트 관리 팀에 의해 승인 및 실행된 변경요청서
   ① 시정조치(Corrective Actions)
   ② 예방조치(Preventive Actions)
   ③ 결함 수정(Defect Repair)
   ④ 갱신(Updates)

4. 프로젝트 지식관리(Manage Project Knowledge)

프로젝트 지식관리는 프로젝트 목표를 달성하고 조직의 학습에 기여할 수 있도록 기존 지식을 활용하고 새로운 지식을 만들어가는 프로세스이다. 이 프로세스의 주요 이점은 이전 조직의 지식을 활용하여 프로젝트 결과를 산출하거나 개선하고, 프로젝트에서 습득한 지식으로 조직의 운영업무, 향후 프로젝트 또는 단계를 지원할 수 있다는 점이다. 프로젝트 전반에 걸쳐 이 프로세스가 수행된다.

(1) 프로젝트 지식관리(Manage Project Knowledge)의 주요 산출물

   1) 교훈 관리대장(Lessons Learned Register)
   2) 프로젝트 관리계획서 업데이트(임의의 구성요소)
   3) 조직 프로세스 자산 업데이트

5. 프로젝트 작업 감시 및 통제(Monitoring and Control Project Work)

프로젝트 관리계획에 정의된 성과 목표달성을 위해 진도를 추적, 검토 및 보고하여 프로젝트 이해관계자가 계획 대비 실적 현황 이해 및 예측하도록 하는 프로세스로서 다음과 같은 업무를 포함한다.

- 프로젝트 계획 대비 실적 비교
- 시정조치 및 예방활동을 위한 성과 평가
- 적절한 리스크 대응을 위한 리스크 요소 분석
- 프로젝트에 관련한 정보에 대한 시점별 정확성 유지
- 프로젝트 상황, 진도 및 예측에 대한 보고서 제공
- 승인된 변경요청서의 실행 감시

(1) 프로젝트 감시 및 통제(Monitoring and Control Project Work) 프로세스의 주요 산출물

1) 변경요청서(Change Requests)
   ① 시정조치(Corrective Actions)
   ② 예방활동(Preventive Actions)
   ③ 결점 보수(Defect Repair)

2) 작업성과 보고서(Work Performance Reports)
   프로젝트 작업성과를 나타내는 문서 또는 전자파일 형태의 보고서

3) 프로젝트 관리계획서 갱신(Project Management Plan updates)
   ① 일정, 원가, 품질계획 등
   ② 범위, 일정, 원가 기준선의 갱신

6. 통합변경 통제 수행(Perform Integrated Change Control)

프로젝트 착수부터 종료까지 발생되는 모든 변경사항을 통합 통제하는 프로세스로 다음과 같은 변경관리 활동을 포함한다.

- 발생된 모든 변경사항 검토
- 승인된 변경의 실행에 장애가 되는 요인
- 변경요청서의 승인 및 거절
- 승인된 변경사항 관리
- 추천된 시정조치 및 예방활동의 검토 및 승인
- 승인된 변경을 기준으로 범위, 일정, 원가 및 품질요구사항 통제 및 갱신
- 요청된 변경의 영향에 대한 문서화
- 결함 수정의 검사활동

■ 프로젝트 형상 통제 : 변경 통제 프로세스 및 산출물의 규격에 초점을 둔 변경 통제
■ 변경통제위원회(Change Control Board)를 활용하여 프로젝트 변경요청 승인 또는 기각 결정

(1) 통합변경 통제 수행(Perform Integrated Change Control) 프로세스의 주요 산출물

1) 승인된 변경요청서(Approved Change Requests)

① 변경요청서는 변경통제시스템에 따라 프로젝트 관리자 또는 프로젝트 팀원에 의해 처리
② 승인된 변경요청서는 프로젝트 지시 및 실행 프로세스에 따라 처리
③ 모든 변경현황은 프로젝트 문서 갱신의 일부로 변경목록을 갱신해야 함
④ 프로젝트 관리계획서 갱신(Project Management Plan Updates)

2) 변경 목록(Change Log)

프로젝트에서 승인 및 거절된 변경요청서 목록

7. 프로젝트 또는 단계 종료(Close Project or Phase)

프로젝트 또는 프로젝트 단계를 공식적으로 종료하기 위하여 프로젝트 관리 프로세스 그룹의 모든 활동을 최종화하는 프로세스로 다음과 같은 업무를 포함한다.
■ 고객 및 스폰서에 의해 공식적으로 프로젝트 종료를 위한 절차 수립
• 프로젝트 단계 또는 프로젝트 목표달성 및 프로젝트 작업의 완료 확인
• 프로젝트 단계 및 종료에 대한 절차 수립
• 프로젝트 완료와 관련된 문서 등 검토
■ 프로젝트 또는 단계 종료를 위해 필요한 모든 활동 수행
• 프로젝트 단계 또는 프로젝트 완료 확인을 위한 활동
• 프로젝트 결과물 인계를 위해 필요한 모든 활동
• 프로젝트 교훈적 자료, 프로젝트 성패에 대한 감사, 기록물 수집을 위해 필요한 활동

(1) 프로젝트 또는 단계 종료(Close Project or Phase)의 주요 산출물

1) 최종제품, 서비스 또는 결과물(Final Product, Service, or Result) 인계

2) 조직 프로세스 자산 갱신(Organizational Process Assets updates)

프로젝트 통합관리에서 생성된 정보와 자료, 그리고 여러 가지 문제점에 대한 조치 결과를 정리한 교훈적인 자료를 반영하여 조직의 프로세스 자산을 갱신한다.
① 공식 수락 문서
② 프로젝트 파일
③ 프로젝트 단계 또는 종료문서
④ 선례정보

[2] 프로젝트 범위관리(Scope Management)

프로젝트를 완성하기 위해 필요한 모든 작업 및 반드시 필요한 작업들만 포함되도록 해야 하며, 프로젝트에 무엇이 포함되어야 하는가? 또는 포함되지 않아야 하는가? 즉, 역무범위(Project Scope)를 정의하는 것으로, 범위관리 프로세스는 PMBOK Chapter 5에 다음과 같이 6개로 정의한다[그림 2-21 참조].

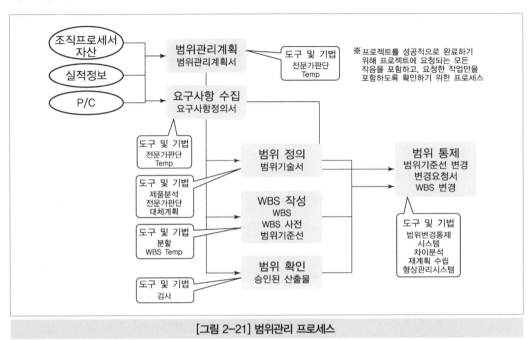

[그림 2-21] 범위관리 프로세스

- 범위관리계획서 수립(Plan Scope Management)
  프로젝트 범위관리방법을 정의하여 문서로 범위관리계획을 수립하는 프로세스
- 요구사항 수집(Collect Requirements)
  프로젝트 목표를 충족하기 위하여 이해관계자의 요구사항을 정의하고 문서화하는 프로세스
- 범위 정의(Define Scope)
  향후 프로젝트 결정의 기반이 되는 상세한 프로젝트 범위기술서를 개발하는 프로세스
- 작업분류체계 작성(Create WBS)
  주요 프로젝트 인도물과 프로젝트 작업을 보다 작고, 관리 가능한 구성요소로 세분
- 범위 확인(Validate Scope)
  완료된 프로젝트 인도물을 고객이 공식적으로 인수하는 프로세스
- 범위 통제(Control Scope)
  프로젝트 범위에 대한 변경을 통제하는 프로세스

1. 범위관리계획(Plan Scope Management)

프로젝트 범위관리계획은 프로젝트 범위를 정의, 개발, 감시, 확인 및 통제하는 방법을 문서화하여 범위관리계획서를 작성하여 프로젝트 범위관리의 방법에 대한 지침과 방향을 제공하는 프로세스이다.

(1) 범위관리계획(Plan Scope Management) 프로세스의 주요 산출물

1) 범위관리계획서(Scope Management Plan)

프로젝트 범위를 정의, 개발, 감시, 통제 및 확인하는 방법 등으로 구성되며, 범위관리계획에 포함된 내용은 다음과 같다.

① 프로젝트 상세 범위기술서 준비 프로세스
② WBS 작성 프로세스
③ WBS 승인 및 유지관리 프로세스
④ 완성된 인도물의 공식적인 승인방법에 대한 프로세스
⑤ 상세 범위기술서의 변경 요청에 대한 통제 프로세스
⑥ 통합 변경통제 프로세스와 연계에 대한 프로세스

2) 요구사항관리계획서(Requirement Management Plan)

프로젝트를 통해 요구사항의 분석, 문서화 및 관리하는 방법을 기술하며, 요구사항 관리계획의 구성 내용은 다음과 같다.

① 요구사항 수집활동에 대한 계획, 추적, 보고방법
② 형상관리 활동
③ 요구사항의 우선순위화 프로세스
④ 제품에 대한 기준 척도
⑤ 요구사항 추적에 대한 구조

2. 요구사항 수집(Collect Requirements)

프로젝트 목표달성을 위하여 이해관계자의 요구사항을 수집 및 문서화하는 프로세스로, 프로젝트 제품을 포함하여 범위 정의 기준을 제공하고, 요구사항과 기대사항은 개략계량적으로 문서화가 필요하다. 요구사항을 구체적으로 분류하면 다음과 같다.

■ 사업 요구사항(Business Requirements) : 조직의 사업전략과 연계된 요구사항
■ 이해관계자 요구사항
■ 결과물 요구사항(Solution Requirements) : 제품의 형상, 기능 및 특성에 관련된 요구사항(기능적 · 비기능적 요구사항)
■ 변이 요구사항(Transition Requirements) : 임시적 요구사항, 훈련, 상황의 변화

■ 프로젝트 요구사항 : 활동 및 프로세스
■ 품질 요구사항 : 인도물의 품질수준 달성

(1) 요구사항 수집(Collect Requirements) 프로세스의 주요 산출물

1) 요구사항 문서(Requirement Documentation)

개별 요구사항이 프로젝트를 통해 기업의 사업목표를 달성시킬 수 있는 방법이 기술되어 있으며, 요구사항은 상위레벨에서 시작하여 점진적으로 구체화되고, 핵심 이해관계자에게 측정, 추적, 완료, 일관성, 인수 가능해야 한다. 요구사항 정의서 포함 내용은 다음과 같다.

① 사업요구사항
② 추적 가능한 사업 및 프로젝트 목표
③ 수행 조직의 사업 규정
④ 조직의 원칙
⑤ 이해관계자 요구사항
⑥ 타 조직 영역에 대한 영향
⑦ 내 · 외부 수행 조직의 참여자에 대한 영향
⑧ 이해관계자 의사소통 및 보고서 요구사항
⑨ 결과물 요구사항
⑩ 기능적 및 비기능적 요구사항
⑪ 기술 및 표준의 일치에 대한 요구사항
⑫ 지원 및 훈련 요구사항
⑬ 품질 요구사항

2) 요구사항 추적 매트릭스(Requirement Traceability Matrix)

프로젝트 생애주기를 통해 당초 요구사항과 변경 요구사항을 추적하는 테이블로 다음과 같은 사항을 포함한다.

① 사업 요구, 기회, 목적, 목표에 대한 요구사항
② 프로젝트 목표에 대한 요구사항
③ 프로젝트 범위 및 WBS 인도물에 대한 요구사항
④ 제품 설계에 대한 요구사항
⑤ 제품 개발에 대한 요구사항
⑥ 시험 전략 및 시험시나리오에 대한 요구사항
⑦ 상세 요구정의를 위한 상위레벨의 요구사항

3. 범위 정의(Define Scope)

프로젝트와 제품에 대한 세부 기술서를 개발하는 프로세스로 수집된 프로젝트 요구사항이 프로젝트, 서비스 및 결과물에 포함되는지 그 여부를 최종적으로 결정하여 범위기술서에 포함해야 한다. 상세한 프로젝트 범위기술서의 준비는 프로젝트 성공에 매우 중요하며, 프로젝트 착수시점에서 주요 인도물과 가정 및 제약사항을 포함하여 기술된다. 범위 정의 프로세스는 프로젝트 생애주기 동안 반복적으로 실행되는 프로세스이다.

(1) 범위 정의(Define Scope) 프로세스의 주요 산출물

1) 프로젝트 범위기술서(Project Scope Statement)

프로젝트 범위, 주요 인도물, 가정 및 제약사항 등을 기술한 문서로서 프로젝트 및 제품에 대한 범위를 포함한다.

① 제품 범위명세서 : 프로젝트 헌장 및 요구정의서에 기술된 프로젝트 결과물의 특성을 보다 구체화

② 인수기준 : 프로젝트 인도물의 인수 전 달성해야 할 요구조건

③ 프로젝트 인도물 : 프로젝트 단계별 인도물 및 제품, 서비스, 결과물

④ 프로젝트 제외사항 : 미포함사항

⑤ 프로젝트 제약사항 : 예산, 지정일자, 마일스톤 등 프로젝트 제약사항

⑥ 프로젝트 가정사항 : 기획 프로세스에서 고려되는 요소로서 잠재적 영향 등 기술

4. 작업분류체계 작성(Create Work Breakdown Structure)

프로젝트 인도물 및 업무를 계층적으로 분류하는 프로세스로, WBS 작성은 인도되어야 할 구조적인 모습을 제공하며, 프로젝트 목표달성을 위해 프로젝트 팀에 의해 수행되는 전체 업무범위를 계층적으로 분류한 것이다. WBS의 최하위레벨의 업무를 작업패키지(Work Package)라 하며, 여러 개의 활동을 포함한다.

(1) WBS 작성(Create Work Breakdown Structure) 프로세스의 주요 산출물

1) 범위기준선(Scope Baseline)

승인된 상세 프로젝트 범위기술서, WBS, WBS 사전을 의미한다.

① 프로젝트 범위기술서(Project Scope Statement) : 범위 정의 산출물

② 작업 분류체계(Work Breakdown Structure)

㉠ 프로젝트 범위 전체를 구성하고, 정의하는 프로젝트 요소들의 인도물 중심의 계층적 분류 구조

㉡ WBS는 작업패키지와 분류코드(Code of Accounts)로 구분된 유일한 식별자(Unique Identifier)에 대한 통제단위(Control Account)를 설정함으로써 최종화된다.

ⓒ 통제단위는 범위, 일정, 원가의 통합성과측정(EVM)을 위한 관리 포인트로 WBS에서 선택된 관리 포인트이다.

ⓔ 하나의 통제단위는 하나 이상 여러 개의 작업패키지를 포함한다.

ⓜ 최하위 항목은 Work Package로 호칭된다.

③ 작업분류체계 사전(WBS Dictionary)

작업분류체계를 구성하는 각 요소를 설명하는 문서이며, 구성요소의 범위기술서, 정의된 인도물에 관한 간략한 설명, 관련 활동 목록(Activity List), 이정표 목록 (Milestone List), 담당 조직, 개시일과 종료일, 소요자원, 원가 산정치, 담당자 및 연락처, 품질요구사항, 관련 기술 참조 등이 포함된다.

5. 범위 확인(Validate Scope)

완료된 프로젝트 인도물을 공식적으로 승인하는 프로세스로 프로젝트의 개별 인도물을 확인하여 최종 결과물의 승인 기회가 증가하므로 프로젝트 목표달성이 가능하다. 품질통제 프로세스에서 검증된 인도물은 고객 또는 스폰서의 검토와 공식적인 승인을 통해 만족 여부를 확인한다. 범위 확인은 인도물을 고객이 승인하는 프로세스이며, 품질 통제는 인도물이 품질 요구사항에 적합하도록 승인 이전에 조치하는 프로세스이다.

(1) 범위 확인(Validate Scope) 프로세스의 주요 산출물

1) 인수된 인도물(Accepted Deliverables)

① 고객 또는 스폰서가 공식적으로 승인한 승인기준에 달성된 인도물이다.

② 고객 또는 스폰서로부터 받은 공식적 승인 문서는 프로젝트 또는 단계를 종료하는 것이다.

2) 변경 요청서(Change Requests)

① 프로젝트 범위 검증의 결과로서 변경 요청이 일어난다.

② 통합변경통제 프로세스에 따라 검토되고 조치된다.

3) 작업성과 정보(Work Performance Information)

프로젝트 인도물의 진행현황 및 완료, 승인현황 정보

6. 범위 통제(Control Scope)

범위 변경통제는 프로젝트 및 제품의 상황을 감시하고, 범위기준선의 변경을 관리하며, 프로젝트의 범위기준선이 유지되도록 하는 프로세스로 모든 변경 요청서를 확인하고, 시정조치, 예방활동이 통합변경통제 프로세스를 통해 실행된다. 범위 변경은 타 통제 프로세스와 통합되어 조치되어야 한다.

(1) 범위 통제(Control Scope) 프로세스의 주요 산출물

1) 작업성과 정보(Work Performance Information)
① 범위기준선 대비 수행되고 있는 상황에 관련된 정보이다.
② 변경의 범주, 범위 차이, 변경 원인, 원가 및 일정에 주는 영향, 향후 범위 성과에 대한 예측 관련 정보이다.

2) **변경요청서(Change Requests)**
① 범위성과분석은 범위기준선 및 타 프로젝트 계획의 변경요청 결과를 초래한다.
② 변경요청은 예방활동, 시정조치, 결점 보수 등을 포함한다.
③ 변경요청은 통합변경통제 프로세스에 따라 처리된다.

[3] 프로젝트 일정관리(Schedule Management)

프로젝트의 일정 목표달성을 위해 실행 가능한 일정계획을 수립 및 실행하는 데 요구되는 프로세스들로서, PMBOK Chapter 6에 다음과 같이 6개의 프로세스로 정의한다[그림 2-22 참조].

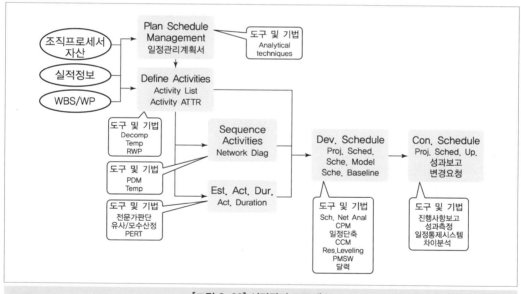

[그림 2-22] 시간관리 프로세스

▪ 일정관리계획(Plan Schedule Management)
  프로젝트 일정을 계획, 개발, 관리, 실행, 통제를 위한 정책과 절차 및 문서화
▪ 활동 정의(Define Activities)
  프로젝트 인도물을 생산하기 위해 수행하는 구체적인 활동 식별 및 문서화
▪ 활동 순서 배열(Sequence Activities)
  활동들 간의 의존 관계 식별 및 문서화

- 활동기간 산정(Estimate Activity Durations)
  산정된 자원으로 개별 활동들을 완료하는 데 필요한 작업기간 산정
- 일정 개발(Develop Schedule)
  일정계획을 수립하기 위한 활동순서, 기간, 소요자원, 일정 제약을 분석
- 일정 통제(Control Schedule)
  프로젝트 일정에 대한 변경을 관리하고 프로젝트 진척을 감시

1. 일정관리계획 수립(Plan Schedule Management)

프로젝트 일정의 계획, 개발, 관리, 실행, 통제를 위한 정책과 절차 및 문서화를 수립하고 프로젝트 일정이 프로젝트 전체 기간 동안 어떻게 관리될 것인지 방향과 안내를 제시하는 프로세스이다.

(1) 일정관리계획 수립(Plan Schedule Management) 프로세스의 주요 산출물

1) 일정관리계획서(Schedule Management Plan)
   ① 프로젝트 일정 모델 개발 : 프로젝트 일정 개발에 사용될 일정관리방법론 및 일정관리 도구를 정의한다.
   ② 정확도 수준 : 현실적인 기간 산정치의 수용 정도
   ③ 측정단위 : 각 자원의 사용 정도(일별, 주별, 미터, 리터, 킬로미터 등)
   ④ 조직의 절차 사용 : WBS는 일정관리계획의 기본자료를 제공한다.
   ⑤ 프로젝트 일정 모델 유지보수 : 프로젝트 실행 시 진척관리와 일정갱신방법 등을 정의한다.
   ⑥ 일정통제 한계 : 계획과 실적의 차이를 관리하는 방법을 정의한다.
   ⑦ 일정성과 측정 규칙을 정의한다.
   - 완료기준(%)
   - 통제단위(Control accounts) : 프로젝트 일정 성과측정을 위한 관리단위
   - 획득가치관리(EVM ; Earned Value Management) 적용기법 규칙
   ⑧ 다양한 보고서 작성방법 정의
   ⑨ 일정관리에 사용되는 각종 프로세스의 문서화 방법 등을 정의한다.

2. 활동 정의(Define Activities)

활동 정의는 프로젝트 인도물 제작을 위해 수행되어야 할 작업을 식별하고 문서화하여 프로젝트의 목표달성에 알맞게 활동을 정의하는 프로세스이다.
- 활동 정의는 WBS의 작업패키지(Work Package)에서 인도물들을 식별한다.

■ 작업 패키지는 프로젝트 작업의 산정, 일정표 작성, 실행, 그리고 통제에 대한 기초를 제공하기 위한 일정활동(Schedule Activity)으로 호칭되는 보다 작은 요소로 분할된다.

(1) 활동 정의(Define Activities) 프로세스의 주요 산출물

1) 활동 목록(Activity List)

① 프로젝트의 범위에 필요치 않은 활동들을 포함하지 않도록 WBS의 작업패키지를 보다 세분하여 활동목록을 정의한다.

② 프로젝트 팀원이 작업 수행방법을 이해할 수 있도록 작업 범위(Scope of Work) 기술과 활동 식별자(Identifier)를 포함한다.

2) 활동 속성(Activity Attributes)

① 활동과 연관된 다중 속성의 특성을 정의한다.

② 다양한 보고서 작성 시, 일정 활동에 대한 선택, 분류, 정렬에 이용된다.

③ 활동 식별자, 활동 코드, 활동 설명, 선/후행 활동, 논리적 관계, 지연 및 선도, 자원 요건, 목표 일자, 가정 및 제약을 포함한다.

④ 활동의 책임자, 지역이나 위치, 활동 타입 등을 포함한다.

3) 마일스톤 목록(Milestone List)

① 필수요건(계약사항) 또는 선택적(선례정보, 프로젝트 요구사항) 인지를 표시한다.

② 마일스톤들은 일정 모델에 사용되며, 기간은 표시되지 않는다.

3. 활동순서 배열(Sequence Activities)

활동들 간의 논리적 관계를 규정하고 문서화하여 활동을 순서대로 배열하는 프로세스이다.

■ 규정된 활동을 달성 가능한 일정 작성을 위한 선행관계, 그리고 추후 개발을 위한 선도 및 지연을 포함한 논리적 순서를 식별한다.

• 일반적으로 컴퓨터의 도움을 받아 수행

• 소규모의 프로젝트에서는 수작업이 효과적

• 수작업과 컴퓨터를 이용한 자동화 기법을 적절히 조합

■ 활동목록상의 각 활동에 관한 선행 활동과 후속 활동을 설정한다.

활동 간의 선후 관계를 도형화, 즉 네트워크로 표현하는 기법을 사용하여 활동을 프로젝트 일정 네트워크도로 표시한다.

(1) 활동순서 배열(Sequence Activities) 기법

1) 선후행도형법(PDM ; Precedence Diagramming Method)

활동들을 노드 또는 사각형 박스에 나타내고, 노드를 화살표로 연결하여 활동 간의 관계를 도식화한 것으로 Activity−On−Node(AON)라고도 한다. 선후행 도형법의 4가지 선후행 연계 형태는 다음과 같다.

① 종료−개시관계(FS ; Finish−to−Start)
② 종료−종료관계(FF ; Finish−to−Finish)
③ 개시−개시관계(SS ; Start−to−Start)
④ 개시−종료관계(SF ; Start−to−Finish)

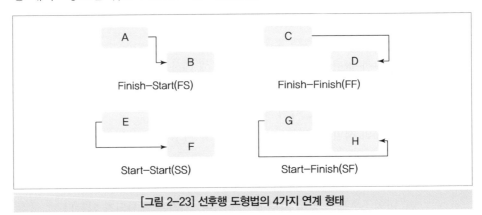

[그림 2-23] 선후행 도형법의 4가지 연계 형태

2) 선도 및 지연(Leads and Lags)

① 선도(Lead) : 활동 연계 시 [그림 2−24]와 같이 후속 활동을 일정 기간만큼 가속시킬 수 있는 기간 값을 나타낸다.

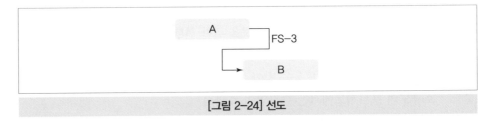

[그림 2-24] 선도

② 지연(Lag) : 활동 연계 시 [그림 2−25]와 같이 후속 활동을 일정 기간만큼 지연시킬 수 있는 기간 값을 나타낸다.

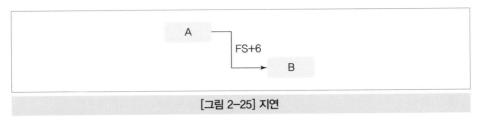

[그림 2-25] 지연

(2) 활동순서 배열(Sequence Activities) 프로세스의 주요 산출물

    1) 프로젝트 일정 네트워크도(Schedule Network Diagrams)

        ① 프로젝트를 구성하는 활동들의 논리적 관계를 도식적으로 표현(수작업 또는 컴퓨터를 통하여 작성 가능)한 것이다.

        ② 순서 결정방법에 대한 요약 설명과 특이한 순서는 상세한 설명이 요구된다.

4. 활동기간 산정(Estimate Activity Duration)

각 활동들을 완료하는 데 필요한 작업 노력(Work Effort)의 양을 기준으로 활동기간을 산정하는 프로세스이다.

- 단위활동의 수행기간(Number of Work Periods)을 산출하는 과정이다.
- 투입되는 자원의 양을 가정하여 산정한다.
- 이전 과정에서의 산출물, 데이터베이스 활동 수행에 필요한 자원의 소요량, 과거의 경험 등을 근거로 활동별로 수행에 필요한 기간을 산출한다.
- 기간 산정을 위한 필요 정보
  활동의 작업 범위, 필요 자원의 종류, 산정된 자원의 양, 자원 가용성에 대한 자원달력
- 프로젝트 관리 소프트웨어 이용
  - 프로젝트 달력과 자원달력을 정의
  - 일정 활동은 프로젝트 달력과 할당된 자원달력에 의해 작업 수행

(1) 활동기간 산정(Estimate Activity Duration) 기법

    1) 전문가 활용(Expert Judgment)

        ① 과거의 실전경험에 근거한 전문가의 판단을 가능한 활용한다.

        ② 전문가의 지원이 없는 활동기간 산정은 불확실성과 리스크를 내포할 수 있다.

    2) 유사 산정(Analogous Estimating)

        ① 이전의 유사한 일정활동을 기초로 향후 활동을 산정한다.

        ② 프로젝트에 대한 상세 정보가 한정되어 있을 때 사용이 가능하다.

        ③ 유사 산정법은 과거 정보와 전문가의 판단에 의존한다.

    3) 모수 산정(Parametric Estimating)

        ① 작업요구량 : 엔지니어링/설계에서 정의한 특정 활동군(Work Category)별 도면 수, 케이블 생산량(Meters of Cable), 철강 톤 수 등이 있을 때

        ② 도면당 소요시간, 시간당 케이블 생산량 등 단위 생산성(Productivity Unit Rate)을 산정하여 다음과 같이 활동기간을 산정한다.

> **활동기간 = 작업요구량 × 단위생산성**

4) 3점 산정(Three-Point Estimating)

① 활동기간 산정의 정확도는 리스크의 양을 고려하여 개선된다.

② 다음과 같이 3가지 형태의 산정치의 평균값을 이용한다.

- ㉠ 보통치(Most Likely) : 할당된 자원에 의해 실질적인 기대 시간
- ㉡ 낙관치(Optimistic) : 최상의 시나리오 경우의 산정치
- ㉢ 비관치(Pessimistic) : 최악의 시나리오 경우의 산정치

③ 평균 시간 = (P + 4M + O)/6

5) 예비 분석(Reserve Analysis)

① 일정계획 실행상의 리스크를 고려 전체 프로젝트에 대한 예비기간(Contingency Reserve, Time Reserve, Buffer)을 분석한다.

② 산정된 활동기간의 일정비율(%), 고정된 작업기간으로 설정, 또는 정량적 일정 리스크 분석으로 개발된다.

③ 부분이나 전체에 적용되며, 추후에 감소 또는 제거한다.

④ 가정 및 기타 관련 데이터는 반드시 문서화한다.

(2) 활동기간 산정(Estimate Activity Duration) 프로세스의 주요 산출물

1) 활동기간 산정치(Activity Duration Estimates)

① 활동을 완료하는 적절한 기간의 수량적 측정치이다.

② 가능한 결과를 범위구간으로 표현한다.

- 2주±2일
- 3주가 초과될 가능성 15%(작업이 3주 이내에 완료될 확률 85%)

5. 일정 개발(Develop Schedule)

프로젝트 일정계획대로 수행이 가능한 일정표를 개발하는 프로세스이다.

- 프로젝트 활동의 계획된 시작일과 종료일이 결정된다.
  - 프로젝트 일정의 결정에 앞서 종종 반복 수행
  - 기간 산정과 자원 산정 검토
  - 일정 개발은 작업 진도, 프로젝트 관리계획 변경, 사라지거나 발생된 리스크 사건 등을 통하여 프로젝트에서 지속되어야 한다.
- CPM(Critical Path Method) 일정계산 기법과 자원의 평준화 기법을 주로 사용한다.
- 활동이 많은 경우 대부분 프로젝트 관리 소프트웨어를 사용한다.

(1) 일정 개발(Develop Schedule)기법

  1) 일정 네트워크 분석(Schedule Network Analysis)

    일정 개발 모델과 다양한 분석적 기법의 프로젝트 일정 개발기법이 있다.

    ① 주공정법(Critical Path Method), 주공정 사슬법(Critical Chain Method), 가정 상황(What-If) 분석, 자원 최적화(Resource Optimization) 등의 기법을 활용한다.

    ② 일정 단축 분석 등에 사용될 경로수렴과 경로확산 식별에 주의해야 한다.

  2) 주공정법(CPM ; Critical Path Method)

    ① CPM은 듀퐁과 Remington Rand에 의해서 1950년대에 개발한 기법이다.

    ② 전진계산과 후진계산을 통하여 시작일과 종료일을 계산하는 모델링 기법이다.

    ③ 전진계산(Forward Pass)

      ㉠ 최초의 활동부터 오른쪽으로 0부터 시작하여 활동별 기간을 더해 나가되, 선행 활동이 2개 이상인 활동은 해당 활동에 도달하는 여러 가지 경로 중에서 가장 늦은 값을 가진 경로를 선택한다.

      ㉡ 각 활동별 가장 빠른 시작일자(Early Start)와 가장 빠른 완료일자(Early Finish)가 계산된다.

      ㉢ 주 공정 경로상에 있는 활동들을 Critical Activity라고 한다.

    ④ 후진계산(Backward Pass)과 종합

      ㉠ 전진계산이 끝나면 최종활동부터 역으로 시작일과 종료일 계산을 수행한다.

      ㉡ 이때에는 후속활동이 2개 이상인 경우 가장 빠른 값을 가진 경로를 선택하여 그 값을 기준으로 한다.

      ㉢ 가장 늦은 시작일자(Late Start)와 가장 늦은 완료일자(Late Finish)를 계산한다.

    ⑤ CPM의 초점은 어떤 활동들이 최소의 일정상 여유를 갖고 있는지를 결정하기 위한 여유시간(Float)을 계산하는 것이다.

    ⑥ 프로젝트 최종 완료날짜를 지연시키는 여유가 총여유(Total Float)이며, -(음), 0, +(양)으로 일정의 유연성을 나타낸다.

    ⑦ 후속작업의 빠른 시작날짜(ES)를 지연시키지 않는 여유가 자유여유(Free Float)이다.

  3) 주공정연쇄법(Critical Chain Method)

    ① 자원제약하의 프로젝트 일정을 조정하는 일정 네트워크 분석기법이다.

    ② 일정표 작성 프로세스

      ㉠ 네트워크 다이어그램 작성 및 주공정 식별 후, 자원 가용성이 들어간 주공정 연쇄(Critical Chain)를 결정한다.

      ㉡ 그 결과에 대한 일정은 일반적으로 변경된 주공정을 가진다.

③ 비작업 일정활동인 기간 버퍼(Duration Buffer) 관리를 통해 일정 목표달성을 시도한다.

　㉠ 버퍼 일정활동 추가 후, 늦은 시작/종료일로 일정을 결정한다.

　㉡ 전체여유(Total Float) 대신, 버퍼 활동기간 및 일정활동의 자원을 관리한다.

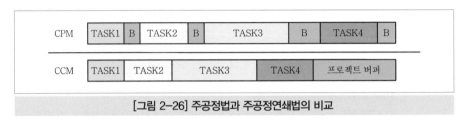

[그림 2-26] 주공정법과 주공정연쇄법의 비교

4) 자원 최적화 기법(Resource Optimization Techniques)

　① 자원 평준화(Resource Leveling)

　　㉠ 자원 제약성이 고려된 자원 재조정 과정이다.

　　㉡ 자원 평준화 이후 일반적으로 초기 프로젝트 일정이 지연되는 경향이 있다.

　② 자원 조정(Resource Smoothing)

　　㉠ 주공정이 변경되지 않고, 일반적으로 프로젝트 종료일자가 연기되지 않도록 자원을 조정한다.

　　㉡ Free Float 이내에서 지연 및 재조정된다.

　　㉢ 모든 자원 조정을 원활하게 하지 못한다.

5) 모델링 기법(Modeling Techniques)

　① What-if Scenario Analysis

　　㉠ 프로젝트 목표에 대한 긍정적인 또는 부정적인 영향을 예측하는 기법이다.

　　㉡ 프로젝트 상황(중요 부품 배달 지연, 설계기간 지연, 파업 등)에 대한 영향 완화를 위한 대응계획과 비상계획을 준비한다.

　② Simulation

　　각 활동에 대한 가능한 결과들의 확률분포가 먼저 정의되고, 전체 프로젝트의 결과에 대한 Random Number로 확률분포를 계산하는 Monte Carlo 분석방식이다.

6) 선도 및 지연(Leads and Lags)

　① 부적절한 선도 및 지연은 일정을 왜곡시킬 수 있다.

　② 실행 가능한 프로젝트 일정을 위해 일정 네트워크 분석 시 기간 값을 조정한다.

7) 일정 단축(Schedule Compression)

　① 프로젝트 범위 변경 없이 프로젝트 일정을 단축시키는 방법이다.

② 공정 압축법(Crashing)

    ㉠ 최소한의 부가 원가로 최대한의 기간 단축을 위해 자원과 기간의 상관관계를 분석하는 기법이다.

    ㉡ 주공정경로의 작업들에 대하여 자원 추가 투입으로 일정을 단축하는 방법이다.

    ㉢ 반드시 실행 가능한 대안들을 도출해 내는 것은 아니며 종종 직접비가 증가될 수 있다.

③ 공정중첩단축법(Fast Tracking)

    ㉠ 보통 순차적으로 행해지는 활동들을 동시에 수행하는 방법이다.

    ㉡ Fast-tracking은 일반적으로 재작업을 해야 하는 리스크가 증가될 수 있다.

8) 일정계획 도구(Scheduling Tool)

  PM 소프트웨어는 일정계획 수립을 위하여 필요한 계산을 자동화 및 대안분석이 가능하다.

(2) 일정 개발(Develop Schedule) 프로세스의 주요 산출물

1) 일정기준선(Schedule Baseline)

  ① 해당 이해관계자로부터 승인된 프로젝트 일정관리의 기준이 된다.

  ② 일정 차이 발생을 확인하기 위하여 작업의 실제 시작일과 종료일이 비교된다.

2) 프로젝트 일정표(Project Schedule)

  ① 세부 활동에 대한 계획상의 시작일과 완료일을 나타낸다.

  ② 자원할당이 결정되기 전까지는 예비 일정표라 할 수 있다.

  ③ 일반적으로 프로젝트 계획이 완성되기 이전에 작성한다.

  ④ Master Schedule과 같은 요약된 형태부터 더욱 상세한 일정까지 작성 레벨별로 작성된다.

  ⑤ 프로젝트 일정은 도표 형식으로 제시될 수도 있으나, 여러 가지 형태들을 적절히 조합하여 도식적으로 나타내는 경우가 더 많다.

3) 프로젝트 일정표 형식

  ① 프로젝트 일정 네트워크 다이어그램(Project Schedule Network Diagrams)[그림 2-27 참조]

  ② 바-차트(Bar Charts, Gantt Charts)

    ㉠ 활동기간 및 활동의 시작일과 종료일을 보여 주는 Gantt Charts. 이해하기 쉽고, 경영진 발표에 자주 사용된다.

    ㉡ 요약활동(Hammock Activity)으로 표현될 수 있다.

  ③ 마일스톤 차트(Milestone Charts, Similar to Bar Charts)

    Gantt 차트와 비슷하나 주요 산출물들과 핵심적인 영역에 대한 일정상의 시작일과 완료일을 규정한 중간관리일정표이다.

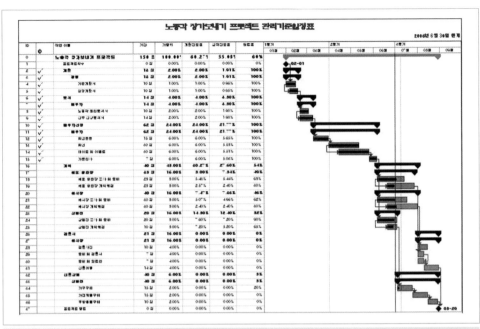

[그림 2-27] Sample CPM 일정표

6. 일정 통제(Control Schedule)

일정통제는 프로젝트 일정 기준선에 대한 변경을 관리하고 통제하는 프로세스로 일정 통제와 관련된 업무는 다음과 같다.

- 프로젝트 일정의 현재 상태를 결정하고,
- 일정변경을 유발시키는 요소에 대한 영향파악을 하며
- 일정에 대한 변경 여부를 결정하고, 변경이 발생했을 때 실제 변경사항을 관리한다. 일정 통제는 다른 통제프로세스들과 통합되어야 한다.

(1) 일정 통제(Control Schedule) 프로세스의 주요 산출물

1) 작업성과 정보(Work Performance Information)

WBS 요소에 대한 일정 차이(Schedule Variance) 및 일정 성과 지수(Schedule Performance Index)는 문서화 및 이해관계자에게 정보를 제공한다.

2) 일정 예측치(Schedule Forecasts)

① 작업성과 정보에 기반한 일정 상태를 파악하여
② 현재 작업 진척도에 따라 향후 일정을 예측할 수 있다.

3) 변경 요청서(Change Requests)

③ 진도 보고 검토에 따른 일정 변이 분석, 성과 측정 결과, 그리고 프로젝트 일정 모델 수정으로 프로젝트 일정 기준선에 대한 변경 요청이 발생된다.

④ 프로젝트 관리계획의 다른 요소와 조정이 요구될 수도 있으며, 통합 변경 통제에서 검토 및 처리된다.

[4] 프로젝트 원가관리(Cost Management)

프로젝트를 승인된 예산 범위 내에서 완료할 수 있도록 원가를 산정하고, 예산을 결정하며, 원가를 통제하는 프로세스[그림 2-28 참조]로 다음과 같은 사항을 고려해야 한다. 원가관리는 PMBOK Chapter 7에 4개의 프로세스로 정의되어 있다.

- 프로젝트 원가관리에 대한 이해관계자 요구사항 고려
- 프로젝트 활동을 완료하는 데 요구되는 자원에 대한 비용을 기준
- 프로젝트 최종 결과물 생산에 투입되는 원가는 프로젝트 결정에 영향
- 프로젝트 설계 검토 횟수의 제약은 프로젝트 원가는 절감할 수 있으나 제품의 운영 원가 증가 초래
- 프로젝트 최종결과물의 예상되는 재무적인 성과 및 경제성 분석
  - 투자비 회수기간
  - 할인된 현금흐름
  - 투자회수율 및 내부수익률
- 원가에 미치는 영향은 프로젝트 초기에 가장 크며, 초기 범위정의가 중요
- 프로젝트 원가산정, 예산결정, 원가통제에 필요한 기준선이 설정된 원가관리계획서 작성
- 원가관리 프로세스
  - 원가관리계획 수립(Plan Cost Management)
    프로젝트 원가산정, 예산결정 및 예산 통제를 위한 정책과 절차 및 문서화하는 프로세스
  - 원가산정(Estimate Activity Cost)
    프로젝트의 최적 예산을 결정하기 위해 활동별 자원을 기준으로 원가를 추정하는 프로세스
  - 예산 결정(Determine Budget)
    프로젝트 활동들의 수행에 필요한 예산 배정 및 원가기준선을 설정하는 프로세스
  - 원가 통제(Control Cost)
    활동별 예산 대비 집행실적을 비교하여 원가 성과를 분석하고 조치하는 프로세스

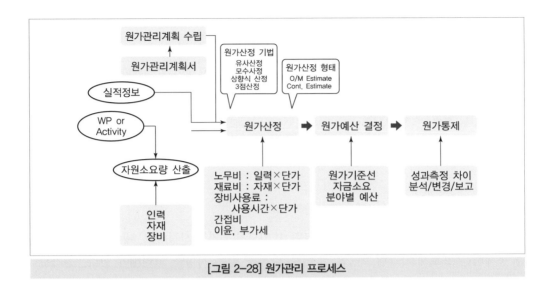

[그림 2-28] 원가관리 프로세스

1. 원가관리계획 수립(Plan Cost Management)

프로젝트 원가계획, 관리, 지출 및 통제를 위한 정책, 절차 및 문서를 작성하는 프로세스로 프로젝트 원가관리방법에 대한 지침과 방향을 제공한다.

(1) 원가관리계획 수립(Plan Cost Management) 프로세스의 주요 산출물

1) 원가관리계획서(Cost Management Plan)

① 자원 산정 단위 : 인력(MH, MD, MW, MM), 수량단위(미터, 리터 등), 통화단위 등을 포함한다.

② 정밀도의 수준(100.49~100, 995.59~1000) 및 정확도의 수준(±10%)을 포함한다.

③ 조직의 절차와의 연계(WBS, Organizational Accounting System과의 연계) 관계를 기술한다.

④ 통제 허용범위(원가 차이에 대한 허용범위)를 포함한다.

⑤ 성과측정방법(EVM ; Earned Value Management)에 대해 기술한다.

ⓐ 통제단위(Control Account, 일정과 원가의 통합 성과 측정 기준이 되는 WBS 레벨)

ⓑ 획득가치(Earned Value) 산출방법

ⓒ 성과 정보 산출방법(Cost Variance, Cost Performance Index, Estimate at Complete 등)

ⓓ 보고서 양식

⑥ 원가관리 프로세스 및 기타 자금전략, 환율 대응 등을 포함한다.

2. 원가 산정(Estimate Costs)

프로젝트 수행에 필요한 작업활동별 자원을 기준으로 가능한 정량적 근거하에 원가 근사치를 산정하는 프로세스로 다음과 같은 사항을 고려해야 한다.

- 원가 산정 시는 다양한 원가 변경요인을 고려
- 제조와 구매와 대여, 자원 공유 등 원가 절충(Trade off) 및 리스크 고려
- 원가 산정 시는 통화단위도 고려
- 원가 산정의 정확도는 프로젝트 진행에 따라 증가됨
- 타 영역으로부터의 기준정보 및 자료가 근간이 됨
- 설계단계의 추가작업은 개발, 운영원가 감소 가능성 보유
- 활동별 원가 산정요소 : 인건비, 자재, 장비, 서비스, 물가상승, 예비비

(1) 원가 산정(Estimate Costs) 기법

1) 전문가 판단(Expert Judgment)

원가 산정에 영향을 주는 임률, 재료비, 물가상승률, 리스크 요소 등에 대해 전문가의 유사 프로젝트 경험과 환경, 정보, 방법 등을 활용한다.

2) 유사 산정(Analogous Estimating) : 하향식 방법

① 초기단계에서 제한된 정보하에서 전체 프로젝트의 개략적 원가를 산정하는 방법이다.
② 과거 유사 프로젝트 원가를 기초로 한다.
③ 프로젝트의 유사성과 관련한 전문가의 판단이 필요하다.

| 표 2-10 | Analogous Estimating의 장단점

장점	단점
• 단기간에 산정 가능(Quick) • 세부 업무의 식별 불필요 • 최저 산정원가 • 총 사업원가 산정	• 낮은 정확도(Less Accurate) • 프로젝트에 대한 제한된 정보하에 원가 산정 • 상당한 경험 요구

3) 모수 산정(Parametric Estimating)

① 수학적 모델에 프로젝트 특성을 반영하여 원가를 산정하는 방법이다.
② 관련 선행자료와 기타 변수(평당단가, 본당단가)의 통계적 자료를 사용한다.
③ 시스템 성과 또는 프로젝트(설계) 특성에 근거한다.
④ 모델 개발에 사용되는 과거 실적정보가 정확할 때 신뢰도가 높다.
⑤ 쉽게 계량화 가능한 매개변수 모델을 사용한다.

4) 상향식 산정(Bottom-up Estimating)

① 개별 작업 단위로 원가를 산정하고, 프로젝트 원가를 요약하는 방법이다.

② WBS의 작업 패키지 레벨에서 산정한다.

③ 상세 정도는 신뢰성 확보와 견적원가의 Trade-off를 고려하여 결정한다.

| 표 2-3 | Bottom-up Estimating의 장단점

장점	단점
• 높은 정확도(More Accurate) • 프로젝트 상세분석의 기준 제시 • 원가통제의 기준 제시	• 시간 및 원가가 많이 소비 • 팀 간의 중복 산정 경우 발생 • 프로젝트에 대한 완벽한 이해 필요

5) 삼점 산정(Three-point Estimating)

불확실성과 리스크를 고려하여 일점(Single-point) 원가 산정의 정확도를 개선한 것으로 PERT(Program Evaluation Review and Technique) 원가산정기법이라고도 한다.

$$원가 산정치 = (O + 4M + P)/6$$

O : 낙관치(Optimistic), M : 최빈치(Most likely), P : 비관치(Pessimistic)

6) 예비비 분석(Reserve Analysis)

① Contingency Reserve 또는 Contingency Allowance라고 한다.

   ㉠ 불확실성에 대비하여 원가 산정치의 몇 %로 산정, 또는 계량적 산정을 한다.

   ㉡ 프로젝트 산출물에 대한 재작업이 예상되지만, 재작업의 양은 현재 산정 곤란하다.

   ㉢ 원가 기준선에 포함된다.

② Management Reserve(관리 예비비)

   ㉠ 프로젝트 범위 이내의 예상되지 못하는 불확실성에 대비한 경영진의 원가 통제 목적의 예비비이다.

   ㉡ 원가 기준선에 포함되지 못한다.

(2) 원가산정(Estimate Costs) 프로세스의 주요 산출물

1) 활동 원가 산정치(Activity Cost Estimates)

① 활동별 정량적 원가산정 보고서이다.

② 활동별 자원소요량, 노무량, 단가, 금액, 통화단위 등을 포함한다.

③ 재료비, 노무비, 하도급, 간접비, 예비비, 이윤, 물가상승, 이자 등 원가요소별로 산정한다.

참고
- 재료비＝자재×단가
- 노무비＝노무량×단가
- 장비비＝장비 수량×사용료
- 경비＝간접비, 이윤 등

2) 산정기준(Basis of Estimates)

① 원가 산정방법 및 작업범위 설명서 등 산정 근거 자료를 문서화한 것이다.

② 가정 및 제약사항에 대한 근거를 포함한다.

③ 가능한 산정치에 대한 정확도의 범위를 표시(10,000±10%)한다.

3. 예산 결정(Determine Budget)

개별활동 또는 작업패키지별로 산정된 원가를 합산하여 승인된 원가 기준선을 설정하는 프로세스이다.

- 프로젝트 성과측정 기준선 설정
- 관리 예비비(Management Reserve) 미포함
- 프로젝트 실행을 위해 승인된 자금으로 편성

(1) 예산결정(Determine Budget) 프로세스의 주요 산출물

1) 원가기준선(Cost Baseline)

① 연도별, 분기별, 월별 등 기간별 예산(Time－Phased Budget)을 Curve로 나타낸다.

② 프로젝트 성과 측정, 감시 및 통제의 기준이 된다.

③ 대규모 프로젝트에서는 다수의 원가기준선을 보유할 수 있다[원가기준선, 현금흐름(Cash Flow) 등].

2) 프로젝트 자금 요구사항(Project Funding Requirements)

원가기준선에 따라 프로젝트 총 자금 및 주기별 소요자금 요구사항을 포함한다.

총 자금 소요금액＝원가기준선＋관리 예비비

4. 원가 통제(Control Costs)

- 프로젝트 예산 대비 편차/변경 항목을 검증하는 프로세스로 다음과 같은 사항을 포함한다.
  - 원가는 복합적 요인으로 구성, 즉 타 부문(일정, 품질 등)과 연계관리에 대한 사항
  - 다른 프로세스와 완전하게 통합

■ 원가 통제활동(Activities of Project Cost Control)
- 원가기준선의 변경을 일으키는 요소들의 영향분석
- 변경 요청서의 승인 여부 확인
- 실제적으로 발생된 변경관리
- 원가 초과가 프로젝트 총예산 및 승인된 자금의 초과 여부 확인
- 원가성과 감시
- 모든 적절한 변경과 변경결과가 원가기준선에 반영되는지 확인
- 관련 이해관계자에게 변경사항 통지

(1) 원가 통제(Control Costs)기법

1) 획득가치관리(Earned Value Management)

① 획득가치(Earned Value)를 기준으로 성과측정을 위해 사용되는 기법으로 [그림 2-29]와 같이 그래프로 나타낼 수 있다.

② 프로젝트 성과 측정 및 평가를 위해 범위, 일정, 원가의 통합 성과측정이 요구된다.

③ 프로젝트 기간별로 통합기준선 대비 성과측정을 한다.

④ 3가지 성과측정 기준요소
- ㉠ PV(Planned Value) : 계획된 일에 대하여 편성/배정된 예산(계획가치)
- ㉡ EV(Earned Value) : 수행한 일에 대한 계량적 평가예산(기성, 획득가치)
- ㉢ AC(Actual Cost) : 수행한 일에 대하여 투입/집행된 실적(실제 발생원가)

⑤ 성과 차이 및 성과지수 계산공식
- ㉠ CV(Cost Variance : 원가 차이)$=EV-AC$
- ㉡ SV(Schedule Variance : 일정 차이)$=EV-PV$
- ㉢ SPI(Schedule Performance Index) : 일정성과도 지수, EV/PV
- ㉣ CPI(Cost Performance Index) : 원가성과도 지수, EV/AC
- ㉤ BAC(Budget at Completion) : 프로젝트 초기 예산
- ㉥ 누적 CPI(Cumulative CPI) : 기간별로 계산된 누적 CPI
- ㉦ Good!$=$Variance 0 이상($+$), Index 1.0 이상
- ㉧ SV %$=$(SV/PV)$\times100$, %Completion$=$(EV/BAC)$\times100$
- ㉨ CV %$=$(CV/EV)$\times100$, %Over/Under$=$(AC$-$EV)/EV$\times100$
- ㉩ TCPI(To Complete Performance Index : 완료 예정 성과지수)

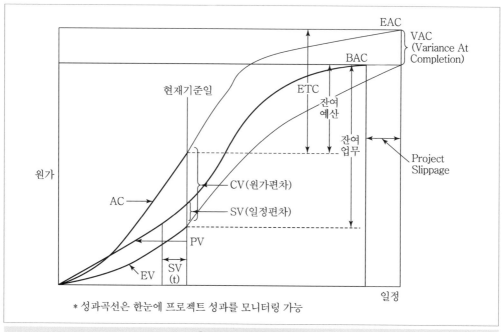

[그림 2-29] 원가기준선

2) 원가예측(Cost Forecasting)
   ① 원가예측 시점의 가용 가능한 정보를 근간으로 프로젝트 미래를 예측하는 것이다.
   ② 예측은 프로젝트 성과정보를 기준으로 실행한다.
   ③ ETC(Estimate To Complete) 예측
   현재까지의 작업성과 및 자원의 생산성을 고려하여 잔여 작업에 대한 원가를 재산 정한다.
   ④ EAC(Estimate At Completion) 예측
   • 프로젝트 전체 활동을 완료하는 데 소요되는 작업량 또는 원가 산정치이다.

$$EAC = AC + ETC$$

   • 현재 변경된 원가 이외의 추가 원가 변경은 없을 것이라는 전제하에 총 원가를 예측한 것이다.

$$EAC = AC + (BAC - EV)$$

   • 현재의 성과지표가 미래에도 동일하게 작용할 것이라는 전제하에 총 원가를 산정한 것이다.

$$EAC = BAC/CPI$$

- 당초 예산 대비 총 예산 예측치의 차이를 분석한 것이다.
- VAC(Variance At Completion)＝BAC－EAC

(2) 원가 통제(Control Costs) 프로세스의 주요 산출물

1) 작업성과 정보(Work Performance Information)

작업 패키지 또는 통제단위별 CV, SV, CPI, SPI 등에 대한 성과보고서이다(이해관계자에게 배포).

2) 원가 예측치(Cost Forecasts)

성과측정을 기준으로 완료시점의 총 원가를 재추정(EAC)하여 이해관계자와 공유하도록 한 것이다.

3) 변경요청서(Change Requests)

① 성과측정 결과를 기준으로 프로젝트 원가 변경을 요청한다.
② 통합변경통제 프로세스를 통해 변경을 검토한다.

[5] 프로젝트 품질관리(Quality Management)

1. 품질관리의 정의

프로젝트 품질관리는 프로젝트 수행 조직에서 프로젝트가 요구사항을 충족할 수 있도록 품질정책, 품질목표, 품질책임사항을 결정하는 프로세스 및 활동들을 포함한다. 품질관리는 PMBOK Chapter 8에 품질계획, 품질보증, 품질통제 프로세스로 정의되어 있다[그림 2-30 참조].

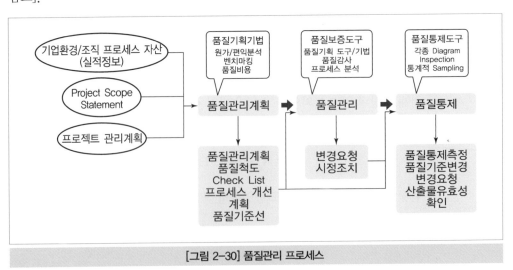

[그림 2-30] 품질관리 프로세스

2. 품질관리의 개요

(1) 전체 기간에 적절히 수행된 지속적인 프로세스 개선활동과 더불어 정책 및 절차를 통해 품질관리시스템을 수행한다.

(2) 제품 또는 프로젝트 품질 요구사항을 충족하지 못하면 일부 또는 전체 프로젝트 이해관계자에게 상당히 부정적인 결과를 초래할 수 있다.

(3) 예를 들면

　① 고객의 요구사항을 충족하기 위해 프로젝트 팀이 초과 근무하는 경우 직원 간 마찰, 오류 또는 재작업 발생률이 증가한다.

　② 프로젝트 일정 목표에 맞추기 위해 예정된 품질 검사를 급하게 서두르면 오류를 제대로 확인하지 못한다.

(4) 데밍의 계획 – 시행 – 검토 – 조치(Plan – Do – Check – Act) 주기가 품질 개선의 기본이다.

3. 품질관리계획(Plan Quality Management)

(1) 품질관리계획의 정의

　프로젝트와 해당 인도물에 대한 품질 요구사항 및 기준을 식별하고, 품질 요구사항에 부합하는 방법에 대해 문서화하는 프로세스이다.

(2) 품질관리계획 프로세스의 주요 내용

　① 적절한 품질표준을 식별하고 이를 만족시킬 방법, 수단, 책임, 검증절차 등을 결정한다.

　② 품질계획은 나머지 프로젝트 기획 프로세스와 병행하여 수행해야 한다.

　③ 예를 들어, 식별된 품질 표준을 충족하기 위하여 제품에 대한 변경이 요구되는 경우, 원가 또는 일정 조정, 계획에 미치는 영향에 대한 상세한 리스크 분석이 필요하다.

(3) 품질관리계획기법

　1) 7가지 기본 품질 도구(Seven Basic Quality Tools)[그림 2-31 참조]

　　① 인과도(Cause – and – effect Diagrams)

　　② 흐름도(Flowcharts)

　　③ 점검표(Check Sheets)

　　④ 파레토 다이어그램(Pareto Diagrams)

　　⑤ 막대그래프(Histograms)

　　⑥ 통제도(Control Charts)

　　⑦ 산포도(Scatter Diagrams)

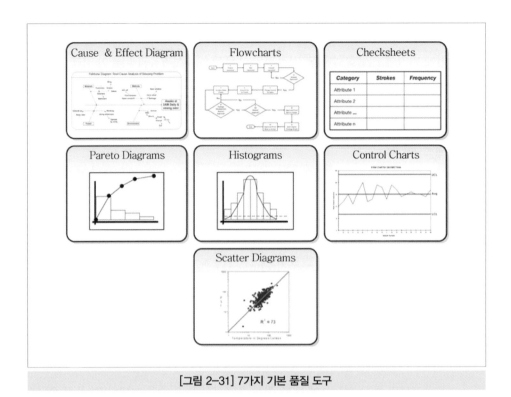

[그림 2-31] 7가지 기본 품질 도구

(4) 품질관리계획(Plan Quality Management) 프로세스의 주요 산출물

1) 품질관리계획서(Plan Quality Management)

① 프로젝트 관리팀이 조직의 품질정책을 어떻게 구현할 것인지에 대한 방법이 기술되어 있다.

② 전체 프로젝트 관리계획의 일부분 또는 부속계획이다.

③ 품질관리계획에는 프로젝트 각 단계(개념, 설계, 시험)별로 초기의 결정이 옳았다는 것을 보증하는 데 필요한 내용을 포함하고 있어야 한다.

④ 프로젝트 초기결정의 품질 개념, 설계, 시험절차가 정확함을 보증하기 위한 노력으로 독립적인 검토가 수행되어야 한다.

2) 프로세스 개선계획서(Process Improvement Plan)

① 전체 프로젝트 관리계획의 부속계획이다.

② 낭비적이고 비부가가치적인 활동 식별을 촉진하여 고객의 기대치를 증대시키는 다음과 같은 프로세스의 분석과정을 상세히 기술한다.

ㄱ 프로세스 경계(Process Boundaries) : 목적, 프로세스의 시작/종료, 입력과 출력 관계

ㄴ 프로세스 구성(Process Configuration) : 프로세스 간의 흐름도 작성

ㄷ 프로세스 측정기준(Process Metric) : 프로세스의 상태에 대한 통제 유지

ⓔ 개선된 성과에 대한 목표치(Targets for Improved Performance) : 프로세스 개선활동 가이드

3) 품질 척도(Quality Metrics)

① 품질 통제 프로세스를 통해 어떤 것을 어떻게 측정할 것인가를 매우 구체적인 표현으로 기술한 운영상의 정의(Operational Definition)이다.

② 품질을 측정하는 객관적이며 구체적인 기준치를 설정하여 QA, QC 프로세스에서 사용한다.

예 결함밀도(Defect Density), 고장률(Failure Rate), 가용성(Availability), 신뢰도(Reliability), 시험범위(Test Coverage)

4) 품질 점검 목록(Quality Checklists)

① 요구되는 일련의 단계들이 수행되었음을 검증하는 데 사용되는 구조적 도구이다.

② 일부 응용 분야에서는, 전문가협회 혹은 상용서비스 제공자들로부터 점검표를 얻을 수 있다.

③ 품질 점검 목록은 품질 통제 프로세스에서 점검결과를 기록하기 위하여 사용된다.

4. 품질관리(Manage Quality)

(1) 품질관리 정의

품질 통제 측정치로부터 품질 요구사항과 결과를 감시하여, 적절한 품질기준과 운영상의 정의가 적용되고 있음을 보장하는 프로세스이다.

(2) 품질관리 프로세스의 주요 내용

① 모든 이해관계자의 기대에 부응하기 위해 필요한 프로세스를 준수하고 있음을 보증하며, 프로젝트 인도물이 품질요구사항을 충족하고 있는지에 관해 확신을 제공하는 활동을 포함한다.

② 품질 보증 수행 프로세스는 지속적 프로세스 개선의 길잡이로 사용된다.

③ 지속적 프로세스 개선을 통해 낭비를 줄이고 가치를 부가하지 않는 활동을 제거함으로써, 프로세스의 수행 효율과 효과를 개선할 수 있는 사항을 포함한다.

(3) 품질관리(Manage Quality)기법

1) 품질관리 및 통제계획 수립 프로세스의 도구 및 기법을 사용하며, 그 외 다음과 같은 도구를 사용한다.

① 동족유형 도형법(Affinity Diagram)

② 내부연계 도형(Interrelation-ship Digraghs)

③ Tree Diagram

④ 우선순위 매트릭스(Prioritization Matrices)

⑤ 일정 네트워크 도형(Activity Network Diagrams)

2) 품질 감사(Quality Audits)

① 프로젝트의 활동이 조직/프로젝트의 정책, 프로세스, 절차와 일치하는지 구조적/독립적으로 검토하는 행위이다.

② 프로젝트에 사용 중인 정책, 프로세스, 절차 중 비효율적이거나 비효과적인 부분을 식별하는 것이 목표이다.

③ 품질 감사는 일정에 따르거나 무작위적일 수도 있으며, 적절히 훈련된 내부 감사인 혹은 제삼자에 의해 수행될 수 있다.

3) 프로세스 분석(Process Analysis)

① 목적 : 조직과 기술적 개선 기회 식별을 위하여

② 방법 : 프로세스 개선계획에 규정된 절차에 따라서

③ 조사 대상 : 프로세스 수행 중 겪은 문제, 제약사항, 비부가가치적 활동 등이다.

④ 분석을 통한 예방활동 : 근본원인에 대한 분석, 문제와 상태를 분석하기 위한 특수한 기법, 문제를 유발시킨 내재된 원인 결정 등을 통해 유사한 문제의 재발 예방활동을 수행한다.

(4) 품질관리(Manage Quality) 프로세스의 주요 산출물 : 변경 요청서(Change Requests)

품질 개선은 모든 프로젝트에서 이해관계자의 부가 편익을 주기 위하여 프로젝트를 수행하는 조직의 정책, 프로세스, 절차의 효과성과 효율성을 증대시키는 활동(즉, 변경)을 포함한다.

5. 품질 통제(Control Quality)

(1) 품질 통제 정의

품질활동 수행 결과를 감시하고 기록하여, 성과를 평가하고 필요한 변경을 제시하는 프로세스이다.

(2) 품질 통제 프로세스의 주요 내용

① 프로젝트 결과에는 원가 성과, 일정 성과 등의 프로젝트 관리 결과와 인도물이 포함된다.

② 품질 통제활동은 프로세스 또는 제품의 품질이 열악한 원인을 식별하여 제거하기 위한 조치를 권장하거나 직접 수행한다.

③ 프로젝트 관리팀에서 통계적 품질 통제 업무, 특히 표본 추출과 확률에 대한 실무 지식을 갖추고 있어야 한다.

④ 예방(Prevention, 프로세스 자체 오류 방지)과 검사(Inspection, 고객에게 오류 전달 방지)

⑤ 허용한도(명시된 허용 결과 범위)와 통제 한계(프로세스가 통제를 벗어남을 표시할 수 있는 한도)

(3) 품질 통제(Control Quality)의 기법

1) 7가지 기본 품질 도구(Seven Basic Quality Tools)
① 인과도(Cause-and-effect Diagrams)
② 흐름도(Flowcharts)
③ 점검표(Check Sheets)
④ 파레토 다이어그램(Pareto Diagrams)
⑤ 막대그래프(Histograms)
⑥ 통제도(Control Charts)
⑦ 산포도(Scatter Diagrams)

2) 통계적 표본 추출(Statistical Sampling)
① 조사를 위하여 모집단의 일부를 선택하여 표본을 추출한다.
② 적절한 샘플링은 품질 통제 원가를 절감해 준다.

3) 검사(Inspection)
① 결과가 표준에 순응하는지를 판정하기 위해 이루어지는 측정, 조사(Examining), 시험, 검토(Review), 정밀검토(Peer Review), 감사(Audit), 워크스루(Walkthrough) 등으로도 불린다.
② 결함 수정(Defect Repair) 확인에도 사용된다.

(4) 품질통제(Control Quality) 프로세스의 주요 산출물

1) 품질 통제 측정치(Quality Control Measurements)
품질 통제 측정치는 품질 통제활동을 통한 결과물로 품질보증(QA)으로 피드백되어 프로젝트 수행 조직의 품질표준과 프로세스를 분석하는 용도로 사용된다.

2) 확인된 변경(Validated Changes)
변경되거나 수정된 항목은 재검사(Reinspected)되어 의사결정이 이루어지기 전에 승인(Accept)되거나 기각(Reject)되며, 기각된 항목은 재작업이 요구된다.

3) 검증된 인도물(Verified Deliverables)
① 품질 통제의 목표는 인도물의 정확성을 결정하는 것이다.
② 품질 통제 프로세스의 실행 결과는 당연히 확인된 인도물이다.

4) 작업성과 정보(Work Performance Information)

다양한 통제 프로세스로부터 수집된 성과자료이며, 내용에 따라 분석되고 분야별 관계성을 기반으로 통합된다. 예를 들면, 기각 원인, 재작업 요구 및 프로세스 조정 등의 프로젝트 요구사항 충족에 관한 정보를 포함하고 있다.

5) 변경 요청서(Change Requests)

제안된 시정 혹은 예방활동이 프로젝트의 변경을 요하는 경우 통합 변경통제 프로세스에 정의된 절차에 따라 변경 처리된다.

[6] 프로젝트 자원관리(Resource Management)

■ 자원관리 정의

프로젝트 자원관리는 프로젝트 팀을 구성하여 관리하고 인도하는 프로세스로 구성된다[그림 2-32 참조].

■ 자원관리 프로세스의 주요 내용

- 프로젝트 팀원은 배정된 역할 및 책임뿐만 아니라 프로젝트의 기획 및 의사결정에 깊이 참여해야 한다.
- 팀원의 조기 참여는 기획프로세스에서 전문성을 높이고 프로젝트에 대한 사명 강화를 유도한다.
- 프로젝트 진행에 따라 프로젝트 팀원의 유형과 수가 변경된다.
- 자원관리는 PMBOK Chapter 9에 자원관리계획 수립, 활동자원 산정, 자원 확보, 팀 개발, 팀 관리, 자원통제의 프로세스로 기술되어 있다.

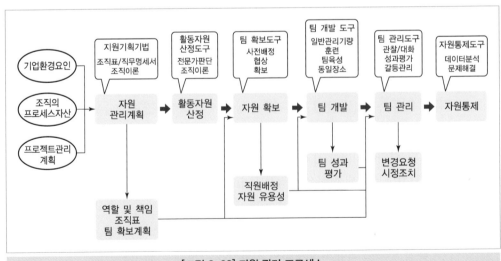

[그림 2-32] 자원 관리 프로세스

1. 자원관리계획 수립(Plan Resource Management)

- 자원관리계획 수립의 정의

  프로젝트 역할, 책임사항, 필요한 기량, 보고관계를 식별하여 문서화하고, 직원관리계획을 작성하는 프로세스이다.

- 자원관리계획 수립 프로세스의 주요 내용

  - 프로젝트 역할 및 책임사항, 프로젝트 조직도, 그리고 직원 확보 및 해제 시기 등을 포함한 직원관리계획을 명시한다.
  - 교육 필요성 확인, 팀 구축전략, 인정 및 보상 프로그램 계획, 규정 준수 관련 사항, 안전 이슈, 조직의 직원관리계획에 미치는 영향 등을 기술한다.
  - 프로젝트 성공에 필요한 기량을 갖춘 인적자원을 결정하고 식별하는 데 사용된다.
  - 희소성이 있거나 제한적인 인적자원에 대해서는 가용성 또는 경쟁사항을 충분히 고려해야 한다.
  - 동일한 역량이나 기량의 인적자원을 놓고 여러 개의 프로젝트가 경쟁 시, 프로젝트의 원가, 일정, 리스크, 품질 및 기타 영역에 영향을 미친다.
  - 이러한 요인을 고려하여 계획하고, 다양한 자원옵션을 개발해야 한다.

(1) 자원관리계획(Plan Resource Management)의 기법

  1) 조직도 및 직무기술서(Organizational Charts and Position Descriptions)

  ① 명백한 담당자 할당, 팀원의 역할 및 책임을 분명히 파악하는 데 목적이 있다.

  ② 계층구조형 도표(Hierarchical−Type Charts)로 WBS, OBS(Organizational Break down Structure), RBS(Resource Breakdown Structure) 등을 기술한다.

  ③ 매트릭스형 도표(Matrix−Based Charts)로 RAM(Responsibility Assignment Matrix)으로 정의한다[그림 2−33 참조].

  ④ 텍스트형 역할표(Text−oriented Formats)로 책임, 권한, 역량, 자질 등을 기술한다.

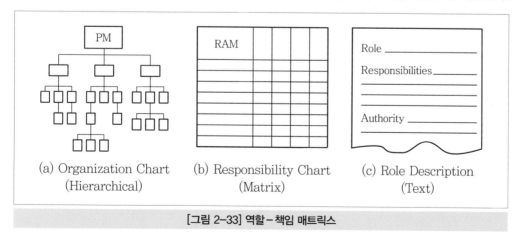

(a) Organization Chart (Hierarchical) (b) Responsibility Chart (Matrix) (c) Role Description (Text)

[그림 2−33] 역할−책임 매트릭스

(2) 자원관리계획 수립(Plan Resource Management) 프로세스의 주요 산출물

1) 자원관리계획서(Resource Management Plan)

① 역할과 책임(Roles & Responsibilities) 정의

- 역할(Role) : 프로젝트에서 수행해야 할 기능적인 업무(프로젝트 범위 정의)에 대해 정의한다.
- 책임(Responsibility) : 프로젝트 활동을 수행할 업무와 의무사항을 책임배정 매트릭스(Responsibility Assignment Matrix)에 기술한다.
- 권한(Authority) : 프로젝트 업무 수행을 위한 자원관리, 의사결정, 승인 등에 대한 권한을 기술한다.
- 역량(Competency) : 프로젝트의 제약조건하에서 배정된 업무를 완료하는 데 요구되는 역량 및 기량을 기술한다.

② RAM(Responsibility Assignment Matrix)

- 책임 배정 매트릭스, 작업 배정표
- LRC(Linear Responsibility Chart), CRA(Clear Responsibility Assignment)라고도 한다.
- 작업분류체계(WBS)와 조직분류체계(OBS)가 매트릭스로 결합된 작업 패키지(Work Package)별로, 수행할 책임과 권한을 가진 담당자를 나타내는 차트이다.

③ 프로젝트 조직도(Project Organization Charts)

- 프로젝트 팀원과 보고 체계를 나타내는 도표
- 공식적 또는 비공식적, 상세 또는 광범위할 수 있음

④ 직원관리계획서(Staffing Management Plan)

- 프로젝트에 인적자원을 투입하는 시점을 명시한 문서
- 공식적 또는 비공식적, 상세 또는 광범위하게 규정될 수도 있음
- 자원 획득 계획
- 자원달력 : 투입 일정
- 팀 해체 계획 : 팀 해체방법과 시점
- 교육의 필요성
- 인지 및 보상 : 명백한 인지 및 보상 기준 및 시스템
- 순응(정부 규정, 노동조합 계약, 인적자원정책)
- 안전정책 및 절차서(재해리스크 등록부)

2. 활동 자원 산정(Estimate Activity Resources)

- 활동 자원 산정 정의

  산정 비용과 같은 다른 프로세스와 밀접하게 조정되는 프로세스이다.

- 활동 자원 산정 프로세스의 주요 내용

  - 건설 프로젝트 팀은 지역 건축 법규를 숙지할 필요가 있다. 그러한 지식은 종종 지역 판매자들로부터 쉽게 구할 수 있다. 내부 자원 풀에 특이하거나 전문화된 공사에 대한 경험이 부족한 경우 기술, 컨설턴트를 위한 추가 비용이 현지 건물 법규 지식을 확보하는 가장 효과적인 방법이 될 수 있다.

  - 자동차 디자인 팀은 최신 자동조립기법을 숙지할 필요가 있다. 필요한 지식은 컨설턴트를 고용하거나, 로봇공학에 관한 세미나에 디자이너를 파견하거나, 또는 프로젝트 팀의 일원으로서 제조업 출신의 사람을 포함시키는 것으로써 얻을 수 있다.

(1) 활동 자원 산정(Estimate Activity Resources)의 기법

1) 전문가 판단(Expert Judgment)

팀 및 물리적 자원계획 수립과 산정에 전문지식 또는 교육을 보유한 개인 또는 그룹으로부터 전문지식을 고려해야 한다.

2) Bottom-up 산정(Bottom-up Estimating)

팀과 물리적 자원은 활동수준에서 산정된 후 작업 패키지, 통제 계정 및 요약 프로젝트 수준에 대한 산정치를 개발하기 위해 통합된다.

3) 아날로그 산정(Analogous Estimating)

아날로그 산정은 이전 유사 프로젝트의 자원에 관한 정보를 미래 프로젝트의 산정 기준으로 사용한다. 빠른 추정방법으로 사용되며 프로젝트 관리자가 WBS의 몇 가지 최상위 수준만 식별할 수 있을 때 사용할 수 있다.

4) 매개변수 산정(Parametric Estimating)

매개변수 산정은 과거 데이터와 프로젝트 매개변수에 기초하여 활동에 필요한 자원 양을 계산하기 위해 과거 데이터와 기타 변수 사이의 알고리즘 또는 통계적 관계를 이용한다.

5) 데이터 분석(Data Analysis)

이 프로세스에서 사용되는 데이터 분석기법에는 대안분석이 포함되지만 이에 국한되지는 않는다. 대안분석은 프로젝트의 실행 및 수행에 사용할 옵션이나 접근방식을 선택하기 위해 식별된 옵션을 평가하는 데 사용된다. 많은 활동들은 성취에 대한 여러 가지 선택권을 가지고 있다. 대안분석은 프로젝트 수행을 위한 최상의 솔루션을 제공한다.

6) 프로젝트 관리 정보 시스템(PMIS)

프로젝트 관리 정보 시스템에는 자원 풀의 계획, 구성 및 관리, 자원 산정치 개발에 도움이 될 수 있는 자원관리 소프트웨어가 포함될 수 있다. 소프트웨어의 정교함에 따라 리소스 분석 구조, 리소스 가용성, 리소스 비율 및 다양한 리소스 달력을 정의하여 리소스 활용도를 최적화하는 데 도움을 줄 수 있다.

7) 회의(Meeting)

프로젝트 관리자는 업무담당자와 계획회의를 개최하여 활동별 필요한 자원, 노력수준(LoE), 팀 자원의 숙련도 및 필요한 재료의 수량 등을 추정할 수 있다. 이 회의의 참석자는 필요에 따라 프로젝트 매니저, 프로젝트 스폰서, 선정된 프로젝트 팀원, 선정된 이해관계자 등을 포함할 수 있다.

(2) 활동 자원 산정(Estimate Activity Resources) 프로세스의 주요 산출물

1) 자원분석 구조(Resource Breakdown Structure)

리소스 분석 구조는 범주 및 유형별로 리소스를 계층적으로 나타낸 것이다. 자원 범주의 예는 노동, 자재, 장비 및 소모품을 포함하지만 이에 국한되지는 않는다. 자원 종류에는 프로젝트에 적합한 기술수준, 등급수준, 필수 인증 또는 기타 적절한 정보가 포함될 수 있다. 리소스 관리계획에서는 리소스 분류 구조를 사용하여 프로젝트의 범주화를 안내했다. 이 프로세스에서는 자원을 획득하고 감시하는 데 사용되는 완성된 문서다.

2) 프로젝트 문서 업데이트(Project Documents Updates)

이 프로세스를 수행한 결과 업데이트될 수 있는 프로젝트 문서에는 다음이 포함된다.

- 활동 속성(Activity Attributes) : 리소스 요구사항에 따라 업데이트된다.
- 가정 로그(Assumption Log) : 필요한 자원의 종류와 양에 관한 가정으로 업데이트된다. 또한, 단체 교섭 협정, 지속적인 운영시간, 계획 휴가 등을 포함한 모든 자원 제약을 입력한다.
- Lessons Learned Register : 학습된 경험 등록서는 자원 산정치를 개발하는 데 효율적이고 효과적인 기법으로 그리고 효율적이거나 효과적이지 않은 기법에 대한 정보로 갱신될 수 있다.

3. 자원 확보(Acquire Resources)

■ 자원 확보 정의

　가용 인적자원을 확인하여 프로젝트 활동을 완료하는 데 필요한 팀을 구성하는 프로세스이다.

■ 자원 확보 프로세스의 주요 내용

　• 프로젝트 팀 구성 시 '조직정책'을 따른다.

　• 프로젝트 관리팀에서 프로젝트 팀원의 선정에 대한 직접적인 통제권 보유 여부를 기술한다.

　• 단체협약, 하도급업체 직원의 활용, 매트릭스 환경, 내부 또는 외부 보고 관계 등의 이유로 보유할 수도 또는 못할 수도 있다.

　• 가용 인적자원 확인 및 프로젝트 임무완수에 필요한 팀 구성에 필요한 요소를 고려해야 한다.

　• 제약사항, 경제적 요인 또는 다른 프로젝트의 사전 배정 등으로 인해 적임자를 투입할 수 없는 경우, 역량이 낮은 대체 인적자원을 배정하는 것이 필요하다.

(1) 자원 확보(Acquire Resources) 프로세스의 주요 산출물

1) 프로젝트 팀원 배정(Project Staff Assignment)

① 적정 직원이 신뢰성 있게 배정된 경우 프로젝트는 인원이 선발된 것이라 할 수 있다.

② 인원은 프로젝트 필요에 따라 풀 타임, 파트 타임, 혹은 변동적으로 배정될 수 있다.

2) 자원달력(Resource Calendars)

① 특정한 각 자원을 사용하는 날짜와 사용하지 않는 날짜를 지정한 작업일과 휴무일을 보여 주는 달력이다.

② 프로젝트와 자원 달력은 작업과 자원이 허용되는 기간을 식별한다.

4. 팀 개발(Develop Team)

■ 팀 개발 정의

　프로젝트 성과를 향상시키기 위해 팀원들의 역량과 팀원 간 협력, 전반적인 팀 분위기를 개선하는 프로세스이다.

■ 팀 개발 프로세스의 주요 내용

　• 우수한 팀 성과와 프로젝트 목표달성을 위한 팀 개발방법을 기술한다.

　• 프로젝트 성과 향상을 위해 이해관계자의 능력을 증진시킨다.

　• 프로젝트 관리자의 주요한 책임사항

　　ㅡ 팀워크를 조장하는 환경을 조성해야 한다.

　　ㅡ 프로젝트 팀을 식별, 구축, 유지 및 지도하고, 동기를 부여하며, 격려하는 기량을 갖추어야 한다.

- 프로젝트 관리 팀은 문화의 차이를 이해하여 프로젝트 전체 생애 주기에 걸쳐 프로젝트 팀을 개발 및 유지하는 데 주력하고, 상호 신뢰 속에서 협력하는 환경을 조성해야 한다.
- 프로젝트 팀 개발 목적
  - 팀원의 기량, 기술적 역량, 전체 팀 환경 및 프로젝트 성과를 향상시킬 수 있다.
  - 원가 절감, 일정 단축, 품질 개선을 꾀하는 동시에 프로젝트 인도물을 완성하는 능력을 배양하기 위해 팀원의 지식과 기량을 향상시킨다.

(1) 팀 개발(Develop Team)의 기법

1) 일반관리기량(General Management Skills)

① 다음과 같은 일반관리 기량은 팀 개발에 특히 중요하다.
  - ㉠ 효과적인 의사소통 기량
  - ㉡ 조직의 영향력을 줄 수 있는 기량
  - ㉢ 리더십 및 동기 부여 기량
  - ㉣ 문제점 해결 기량 등

② 갈등관리(Conflict Management)

프로젝트 관리자가 적절한 관리기법을 사용하여 피할 수 없는 분쟁을 해소하여 프로젝트 목표달성을 지향하는 데 사용되는 프로세스이다.

  - ㉠ 프로젝트에서 갈등의 주요 원인
    - 업무의 우선순위(Project Priorities)
    - 행정적 절차(Administrative Procedures)
    - 기술능력(Technical Opinions & Performance Trade-off)
    - 자원(Resources)
    - 원가(Cost)
    - 일정(Schedules)
    - 구성원의 개성/성격(Personality)
  - ㉡ 갈등해결의 5가지 방법
    - 철수(Withdrawal) : 갈등에 대한 소극적 대처
    - 양보/수용(Smoothing) : 갈등에 대해 수용 또는 양보
    - 절충(Compromising) : 갈등에 대해 적절히 조정
    - 강요(Forcing) : 갈등에 대해 강압적으로 대처
    - 문제해결/대처(Problem Solving/Confrontation) : 갈등에 적극적 대처

③ 동기부여(Motivation)이론

  - ㉠ 매슬로의 욕구 5단계 : 인간의 다양한 욕구로 자아실현, 존경, 사회적 욕구, 안전 욕구, 생리적 욕구의 5단계 욕구이론이다.
    - 자아실현(Self Actualization) : 자신의 잠재적 능력을 최대한 개발해 이를 구현하고자 하는 욕구

- 존경(Esteem) : 존경을 받고 싶어하는 욕구
- 사회적 욕구(Social needs) : 참여의 욕구
- 안전 욕구(Security Needs) : 주위로부터 안전에 대한 욕구
- 생리적 욕구(Physiological Needs) : 의식주에 대한 욕구
    ⓛ 맥그리거의 X, Y 이론
- Theory X(부정적)
- 싫은 일은 기피, 문제해결이나 창의적 업무 기피
- Maslow's의 욕구 중 하위의 욕구충족이 강하다.
- 개인적 이해에 관심, 변화를 싫어한다.
- 일반 작업자들은 책임지기 싫어하고 지시받기를 바란다.
- 일을 시키기 위해 강압적(위협)으로 지휘해야 한다.
    ⓒ Theory Y(긍정적)
- 동기가 부여되거나 작업여건이 좋으면 좋은 성과
- 중요한 책임에 대한 욕구
- 일반작업자는 개인 향상과 존경의 기회를 찾는다.
- 지휘받지 않는 자발적인 참여에 의해 높은 생산성을 얻는다.

2) 교육(Training)

직원교육은 프로젝트 팀의 역량을 신장하기 위해 고안된 모든 활동들을 포함한다.

3) 팀 구축 활동(Team-Building Activities)

① 팀 성과를 구체적이고/일차적으로 향상시키기 위한 관리 및 개인적 조치들을 포함한다.

② 기획과정에서의 비관리 팀원들의 참여, 갈등을 드러내고 처리하는 데 기반이 되는 규칙의 수립 등의 많은 조치들은 팀 성과를 신장시키는 이차적인 효과를 가져온다.

③ 팀 빌딩 프로세스 예(PMI)

    ㉠ 팀 빌딩 계획

    ㉡ 팀원 확보 위한 협상

    ㉢ 착수회의 개최

    ㉣ 팀원에게 확인받음

    ㉤ 의사소통체계 구축

    ㉥ 경영층 지원 획득

    ㉦ 지속적인 프로젝트 팀 운영

    ㉧ 보상과 인정체계 제시

    ㉨ 효과적인 팀 갈등관리

    ㉩ 바람직한 프로젝트 리더십 구현

(2) 팀 개발(Develop Team) 프로세스의 주요 산출물

　1) 팀 성과 평가서(Team Performance Assessment)

　　① 직원교육, 팀 조성, 동일장소 배치 등과 같은 노력이 구현됨에 따라, 프로젝트 관리
　　　팀에서 프로젝트 팀의 효율에 대한 공식적 또는 비공식적인 평가를 수행할 수 있다.

　　② 팀의 효율 평가에 쓰이는 지표는 다음과 같다.

　　　㉠ 개개인의 직무수행효율을 높여줄 수 있는 기량 개선사항

　　　㉡ 팀워크 향상에 도움이 되는 역량 개선사항

　　　㉢ 감소된 직원 이직률

　　　㉣ 팀원들이 정보와 경험을 개방적으로 공유하고 서로 협력하여 전체 프로젝트 성
　　　　과를 개선하도록 증대된 팀 결속력

5. 팀 관리(Manage Team)

■ 팀 관리 정의

프로젝트 성과를 최적화하기 위하여 팀원의 성과를 추적하고, 피드백을 제공하며, 문제점
을 해결하고, 변경을 관리하는 프로세스이다.

■ 팀 관리 프로세스의 주요 내용

• 관리팀은 팀의 행동을 관찰하고, 갈등을 관리하며, 이슈를 해결하고 팀원의 성과를 평가
한다.

• 팀 관리의 결과로, 변경 요청이 제출되고, 인적자원계획이 갱신되며, 이슈가 성과 평가에
사용될 투입물이 제공되며, 습득한 교훈이 조직의 자료베이스에 추가된다.

• 팀 관리에는 팀워크를 촉진하고 팀원의 노력을 통합하여 팀 성과를 높일 수 있는 다양한
관리기량이 필요하다.

• 팀 관리에는 의사소통, 갈등관리, 협상, 리더십에 중점을 두고 다양한 기량을 통합하는 일
이 수반된다.

(1) 팀 관리(Manage Team)의 기법

　1) 관찰 및 대화(Observation & Conversation)

　　① 프로젝트 팀원의 태도와 업무를 지속적으로 감시하기 위해 활용한다.

　　② 산출물 및 업무수행 성과에 대한 진도를 지표로 감시한다.

　2) 프로젝트 성과 평가(Project Performance Appraisals)

　　① 프로젝트 기간, 복잡도, 조직의 정책, 인력계약요건, 규칙적인 의사소통 및 품질 등
　　　을 기준으로 평가(공식, 비공식)한다.

　　② 프로젝트 성과평가를 통해 팀원의 역할 및 책임 재확인, 문제해결 등을 수행한다.

3) 갈등관리(Conflict Management)

① 성공적인 갈등관리는 큰 생산성과 긍정적인 작업 연관 관계를 유지한다.

② 갈등의 원천은 심각한 자원, 일정, 업무의 우선순위, 개인의 속성 등이다.

③ 갈등해소방법에 영향을 주는 요소로는 갈등의 중요성, 시간제약, 담당자의 직급, 동기부여 등이다.

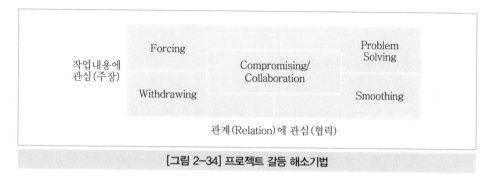

[그림 2-34] 프로젝트 갈등 해소기법

4) 대인관계 기량(Interpersonal Skills)

① 프로젝트 관리자는 팀원들과 적절한 상호관계 및 상황을 분석하기 위해 기술, 개인 및 개념의 조합 기량이 필요하다.

② 프로젝트 관리자가 종종 활용하는 대인관계 기량의 사례는 다음과 같다.

㉠ 리더십(Leadership) : 높은 성과를 얻기 위해 팀을 변화시키고, 생기를 줄 수 있는 리더십이 필요하다.

㉡ 팀의 영향력(Influencing)을 줄 수 있는 기량
  - 명백한 표현과 설득력의 기량
  - 적극적이고 효과적인 청취의 기량
  - 여러 가지 상황에 대처할 수 있는 기량
  - 중요 문제해결을 위한 관련 정보의 수집 및 상호 신뢰의 기량

㉢ 효과적인 의사결정(Effective Decision Making) 역량
  - 목표 중심
  - 의사결정 프로세스 추종
  - 환경요인 연구
  - 가용 정보 분석
  - 팀원의 개인 자질 개발
  - 팀의 창의성 자극
  - 리스크 관리

(2) 팀 관리(Manage Team)의 주요 산출물

  1) 변경요청서(Requested Changes)

    ① 팀원 변경은 프로젝트 계획 수행에 영향을 준다.

    ② 팀원 문제는 일정 지연, 원가 초과의 원인이 되며, 프로젝트 계획달성에 장애가 된다. 따라서 변경 요청이 필요하다.

6. 자원 통제(Control Resources)

- **자원 통제 정의**

  프로젝트에 할당되고 할당된 물리적 자원을 계획대로 사용할 수 있도록 보장하는 과정이다. 자원의 계획 대비 실제 활용도를 모니터링하고 필요에 따라 시정 조치를 취한다.

  이 프로세스의 주요 이점은 할당된 자원이 적시에 그리고 적소에 프로젝트에 사용 가능하고 더 이상 필요하지 않을 때 방출되도록 하는 것이다.

- **자원 통제 프로세스의 주요 내용**

  - 모든 프로젝트 단계와 프로젝트 수명 주기 전체에 걸쳐 지속적으로 수행되어야 한다.
  - 프로젝트에 필요한 자원은 적시, 적소 및 적정금액이 할당 및 배정되어야 한다.
  - 자원 통제 프로세스는 장비, 자재, 시설 및 인프라와 같은 물리적 자원과 관련이 있다.
  - 팀 구성원이 팀 관리 프로세스에서 처리된다.
  - 자원 통제기법은 프로젝트에서 가장 자주 사용되는 기법이다.
  - 특정 프로젝트나 일부 응용 분야에 유용할 수 있는 다른 많은 것들이 있다.
  - 자원 할당을 업데이트하려면 현재까지 사용된 실제 리소스와 아직 필요한 리소스를 알아야 한다.

(1) 자원 통제(Control Resources)의 기법

  1) 데이터 분석(Data Analysis)

    이 프로세스에서 사용할 수 있는 데이터 분석기술에는 다음이 포함된다.

    - 대안 분석(Alternatives Analysis) : 대안을 분석하여 자원 활용의 편차를 시정하기 위한 최선의 해결책을 선택할 수 있다.

    - 비용 편익 분석(Cost-Benefit Analysis) : 프로젝트 편차의 경우 비용 측면에서 최선의 시정 조치를 결정하는 데 도움이 된다.

    - 성과 검토(Performance Reviews) : 계획된 자원 활용을 실제 자원 활용과 측정, 비교, 분석한다.

    - 트렌드 분석(Trend Analysis) : 프로젝트가 진행됨에 따라 프로젝트 팀은 현재 성과 정보를 기반으로 한 추세 분석을 사용하여 향후 프로젝트 단계에서 필요한 자원을 결정할 수 있다.

2) 문제해결(Problem Solving)

프로젝트 관리자가 자원 통제 프로세스 중에 발생하는 문제를 해결하는 데 도움이 되는 일련의 도구를 사용할 수 있다. 프로젝트 관리자는 다음을 포함하는 문제해결을 위한 체계적인 단계를 사용해야 한다.

- 문제 식별(Identify the Problem) : 문제를 규정
- 문제 정의(Define the Problem) : 작고 관리하기 쉬운 문제로 나눔
- 조사(Investigate) : 데이터를 수집
- 분석(Analyze) : 문제의 근본 원인을 찾음
- 해결(Solve) : 사용 가능한 다양한 솔루션 중에서 적합한 솔루션을 선택
- 해결책 확인(Check the Solution) : 문제가 해결되었는지 확인

3) 개인 및 팀 기술(Interpersonal and Team Skills)

'부드러운 기술'이라고도 하는 대인관계 및 팀 기술은 개인의 역량이다.

4) 프로젝트 관리정보시스템(Project Management Information System)

자원 관리 또는 자원 활용을 모니터링하는 데 사용될 수 있는 스케줄링 소프트웨어를 포함할 수 있으며, 이는 적절한 시간과 장소에서 올바른 활동에 적절한 자원이 작용하고 있음을 보장하는 데 도움이 된다.

(2) 자원 통제(Control Resources) 프로세스의 주요 산출물

1) 작업 성과 정보(Work Performance Information)

프로젝트 활동 전반에 걸친 자원 활용과 자원 요구 및 자원 할당을 비교하여 프로젝트 작업이 어떻게 진행되고 있는지에 대한 정보가 포함된다. 이 비교는 해결해야 할 자원 가용성의 차이를 보여 줄 수 있다.

2) 변경 요청(Change Requests)

자원 통제 프로세스 수행의 결과로 변경 요청이 발생한 경우 또는 권장, 시정 또는 예방 조치가 프로젝트 관리계획 및 프로젝트 문서 구성요소에 영향을 미칠 때 프로젝트 관리자가 변경 요청을 제출해야 한다.

3) 프로젝트 관리계획 업데이트(Project Management Plan Updates)

프로젝트 관리계획에 대한 변경은 변경 요청을 통해 조직의 변경관리 프로세스를 거친다. 프로젝트 관리계획에 대한 변경 요청이 필요한 구성요소에는 다음과 같다.

- 자원관리계획(Resource Management Plan) : 자원관리계획을 갱신하여 프로젝트 자원관리에 관한 실제 경험을 재구축한다.
- 일정기준(Schedule Baseline) : 프로젝트 자원의 관리방식을 재구축하기 위해서는 프로젝트 일정의 변경이 필요할 수 있다.

- 비용기준(Cost Baseline) : 프로젝트 자원의 관리방식을 재구축하기 위해서는 프로젝트 비용 기준선의 변경이 필요할 수 있다.

4) 프로젝트 문서 업데이트(Project Documents Updates)

이 프로세스를 수행한 결과 업데이트될 수 있는 프로젝트 문서는 다음과 같다.

- 가정 로그(Assumption Log) : 장비, 재료, 공급품 및 기타 물리적 자원에 관한 새로운 가정으로 업데이트할 수 있다.
- 이슈 로그(Issue log) : 이 프로세스의 결과로 제기된 새로운 이슈는 이슈 로그에 기록된다.
- Lessons Learned Register : 자원 물류, 스크랩, 활용도 분산, 자원 분산에 대응하는 데 사용되었던 시정 조치 등을 효과적으로 관리하는 기법으로 업데이트할 수 있다.
- 물리적 자원 할당(Physical Resource Assignments) : 물리적 자원 할당은 동적이며 가용성, 프로젝트, 조직, 환경 또는 기타 요인으로 인해 변경될 수 있다.
- 자원 분석 구조(Resource Breakdown Structure) : 프로젝트 자원이 사용되는 방식을 재반영하기 위해서는 자원 분류 구조에 대한 변경이 필요할 수 있다.
- 위험 등록(Risk Register) : 자원 가용성, 활용 또는 기타 물리적 자원 위험과 관련된 새로운 위험으로 업데이트된다.

[7] 프로젝트 의사소통관리(Communication Management)

- 의사소통관리 정의

프로젝트 의사소통관리는 프로젝트 정보의 생성, 수집, 배포, 저장, 검색 그리고 정보 및 자료의 공유가 적시에 적절히 수행되도록 하기 위해 필요한 프로세스이다[그림 2-35 참조]. 의사소통관리는 PMBOK Chapter 10에 3개의 프로세스로 기술되어 있다.

- 의사소통관리 프로세스의 주요 내용
  • 성공적인 의사소통에 필요한 인력과 정보 간의 중요한 연결을 제공한다.
  • 프로젝트 관리자는 프로젝트 팀, 이해관계자, 고객 및 스폰서와의 의사소통에 많은 시간을 사용할 수도 있다.
  • 프로젝트와 관련된 모든 사람은 의사소통이 프로젝트에 전반적으로 미치는 영향에 대해 알고 있어야 한다.

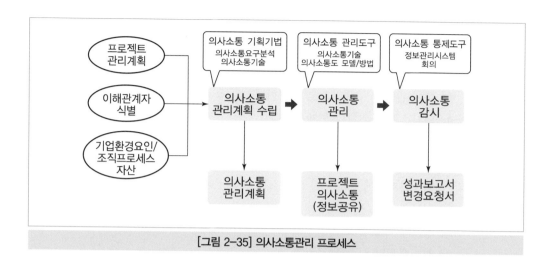

[그림 2-35] 의사소통관리 프로세스

1. 의사소통관리계획 수립(Plan Communication Management)

■ 의사소통관리계획의 정의

이해관계자의 정보 욕구 및 요구사항과 함께 가용한 조직 자산을 기반으로 프로젝트 의사소통에 대한 적절한 접근방안 및 계획을 개발하는 프로세스이다.

■ 의사소통관리계획 수립 프로세스의 주요 내용

• 의사소통관리계획 수립은 프로젝트 이해관계자의 정보요구와 의사소통 요구를 결정한 것으로 계획단계에서 수립되고, 생명주기 내에서 지속적 · 정기적으로 검토하며, 인적자원 관리계획과 밀접히 연계된다.

• 예를 들어, 정보 요구자, 필요한 정보의 종류, 필요한 시기, 정보전달방법 및 제공자 등이 포함된다.

• 이해관계자 분석, 성과보고, 수행경험 및 교훈의 문서화와 같은 프로젝트 관리기량뿐만 아니라 의사소통 모델, 매체의 선택, 의사소통기법 등 의사소통에 관한 일반적 경영관리 도구 및 기법도 필요하다.

• 대부분의 프로젝트에서 의사소통관리계획은 프로젝트 관리계획을 개발하는 시기 등과 같이 매우 조기에 수행되며, 이를 통해 시간 · 예산 등의 해당 자원을 의사소통활동에 할당할 수 있다.

(1) 의사소통관리 수립(Plan Communication Management) 프로세스의 주요 산출물

1) 의사소통관리계획서(Communications Management Plan)

① 의사소통관리계획의 주요 내용

㉠ 이해관계자와의 의사소통 시 요구사항(프로젝트 정보 요구)을 포함한다.

㉡ 필요한 정보를 모으고 저장하는 방법 등 정보수집체계를 제공한다.

　　　　ⓒ 누구에게 어떠한 방법으로, 언제, 어떤 정보를 전달할 것인가에 대한 정보전달 체계를 제공한다.

　　　　ⓔ 일반적으로 정보의 형식, 내용, 상세 정도, 일반적인 관례 및 범위 등 전달할 정보에 관하여 구체적으로 설명한다.

　　　　ⓜ 의사소통 시행계획을 제공한다.

　　② 의사소통관리계획은 프로젝트 현황 회의, 프로젝트 팀 회의, 전자회의, 전자메일을 위한 지침 등을 포함하며, 의사소통관리계획의 속성에 대한 사례는 다음과 같다.

　　　　㉠ 이해관계자에게 배포될 의사소통 목록

　　　　㉡ 정보의 배포 목적

　　　　㉢ 정보의 배포 빈도

　　　　㉣ 정보배포의 시작/완료일자

　　　　㉤ 정보의 형식/정보전달방법

　　　　㉥ 정보배포에 대한 책임소재 등

2. 의사소통관리(Manage Communications)

■ 의사소통관리 정의

전체 프로젝트 생애주기에 걸쳐 의사소통을 감시하고 통제하여 프로젝트 이해관계자 정보 욕구의 충족을 보장하는 프로세스이다.

■ 의사소통관리 프로세스의 주요 내용

• 주요 이점으로 프로젝트 이해관계자 간에 효율적이며 효과적인 의사소통 흐름을 촉진한다.

• 적절한 시기에 프로젝트의 이해관계자들에게 그들이 필요한 정보를 제공한다.

• 수립된 의사소통관리계획을 충실히 이행하되, 돌발적인 정보 요청에 대처할 수 있어야 한다.

■ 효과적인 의사소통기법 및 고려사항

• 송수신자 모델(Sender-Receiver Model)

• 매체의 선택(Choice of Media) : 문서 및 구두, 공식 및 비공식 등

• 문체 형태(Writing Style) : 수동 및 능동, 문장구조, 글씨체 등

• 회의관리기법(Meeting Management Style)

• 프레젠테이션 기법(Presentation Techniques)

• 촉진기법(Facilitation Techniques) : 의견 일치 및 장애해결 등

(1) 의사소통관리(Manage Communications) 프로세스의 주요 산출물

1) 프로젝트 의사소통(Project Communications)

　　① 의사소통관리 프로세스는 정보의 생성, 배포, 수신, 인지 및 이해를 위해 요구되는 활동이다.

② 프로젝트 의사소통의 예

성과보고서, 인도물 상황보고서, 일정진도보고서, 원가지출보고서 등
③ 프로젝트 의사소통에 영향을 주는 요인의 예

메시지의 긴급도 및 영향도, 전달방법, 보안등급

3. 의사소통 감시(Monitor Communications)

■ 의사소통 감시 정의

의사소통 감시 프로세스는 프로젝트 이해관계자의 정보 요구 충족을 보장하기 위해, 전체 프로젝트 생애주기에 걸쳐 의사소통을 감시 및 통제하는 프로세스이다.

■ 의사소통 감시 프로세스의 주요 내용

• 프로젝트의 목표달성을 위해 자원을 어떻게 사용하고 있는지 등에 관해 이해관계자들에게 프로젝트 수행 정보를 제공한다.
• 핵심 이점은 어떤 시간대이든 모든 의사소통 참여자 간의 최적 정보 흐름을 보장하는 데 있다.
• 의사소통 감시 프로세스는 의사소통관리계획 수립이나 프로젝트 의사소통관리 프로세스의 반복(Iteration)을 유발할 수 있다.
• 이슈나 핵심성과지표(KPI ; Key Performance Indicator)와 같은 특정 의사소통요소는 즉각적인 개정을 유발한다.

(1) 의사소통 감시(Control Communications) 프로세스의 주요 산출물

1) 작업성과 정보(Work Performance Information)
① 작업성과 정보는 성과 자료를 체계화하고 요약한 것이다.
② 일반적으로 다양한 이해관계자들이 요구하는 적정 수준의 프로젝트 상황 정보 및 진도 정보를 제공한다.

2) 변경 요청서(Change Requests)
① 의사소통 감시 프로세스는 필요 시 조정 및 중재가 요구된다.
② 프로젝트 성과분석 결과에 따라 변경요청서를 발행하고 변경 통제 프로세스에 따라 처리한다.
㉠ 원가산정치, 일정표, 자원소요량, 리스크
㉡ 프로젝트 계획서 조정
㉢ 권고된 시정조치
㉣ 권고된 예방활동

[8] 프로젝트 리스크 관리(Risk Management)

- 프로젝트에서 리스크의 식별, 분석, 대응, 통제 행위와 관련된 프로세스[그림 2-36 참조] 로서 프로젝트 리스크 관리 목적은 긍정적인 이벤트의 영향과 확률은 증가시키고, 부정적 이벤트의 영향과 확률은 감소시키는 것이다. 리스크 관리는 PMBOK Chapter 11에 7개의 프로세스로 기술되어 있다.
- 리스크 관리의 개별 프로세스는 모든 프로젝트 또는 단계에서 발생하며, 리스크는 미래에 존재하는 것으로 적어도 프로젝트 목표(범위, 일정, 원가, 품질 등) 중 하나에 영향을 준다.
- 리스크의 원인은 가정사항, 제약사항, 긍정적·부정적 결과를 초래하는 조건들로서, 부정적 리스크 조건에는 미숙한 프로젝트 관리 실무, 통합관리시스템 부재, 동시다발 프로젝트, 통제 불가능한 외부 참여자에 대한 의존성 등이 있다.
- 프로젝트 성공을 위해서 조직은 프로젝트 생애주기에 걸쳐 긍정적이고 적극적인 태도로 대응해야 한다.

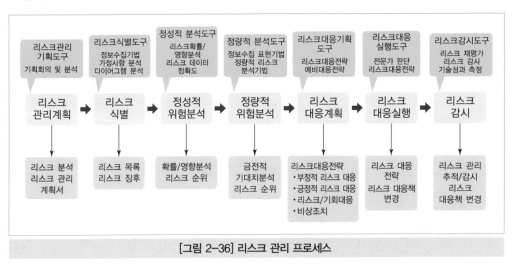

[그림 2-36] 리스크 관리 프로세스

1. 리스크 관리계획 수립(Plan Risk Management)

- 리스크 관리계획은 프로젝트 리스크 관리활동의 실행방법을 정의하는 프로세스로서, 주의 깊고 명백한 계획 수립은 5개의 다른 리스크 관리 프로세스에 대한 성공 확률을 향상시킨다.
- 리스크 관리계획은 리스크 관리의 수준, 형태, 투명도 등이 조직에 대한 프로젝트의 중요성과 리스크 관리에 알맞은 것인지를 확인하는 것이 중요하다.
- 리스크 관리계획은 리스크 관리활동에 대한 충분한 자원과 시간을 제공해 주며, 리스크 평가에 대한 합의된 기준을 수립하는 데 있어서 아주 중요하다.

(1) 리스크 관리계획 수립(Plan Risk Management) 프로세스의 주요 산출물

1) 리스크 관리계획서(Risk Management Plan)
   ① 리스크 관리구조와 수행방법을 기술한 것이다.
   ② 리스크 관리계획서의 내용
      ㉠ 리스크 관리방법론(Methodology)
      ㉡ 리스크 관리역할 및 책임(Roles & Responsibilities)
      ㉢ 리스크 관리 예산책정(Budgeting)
      ㉣ 리스크 관리 시점(Timing)
      ㉤ 리스크 범주(rIsk Category) : 리스크 식별을 위한 사전 준비, 리스크 분류체계
         이용
      ㉥ 리스크 확률 및 영향 정의(Definition of Risk Probability and Impact)
      ㉦ 확률-영향 매트릭스(Probability and Impact Matrix)
      ㉧ 이해관계자 허용범위(Revised Stakeholder'S Tolerance)
      ㉨ 보고서 형식(Reporting Formats)
      ㉩ 리스크 관리 실적 추적(Tracking)
   ③ 리스크 확률 및 영향 정의(Definition of Risk Probability and Impact)[표 2-12 참조]
      ㉠ 확률 척도
         • 상대적 척도(Relative Scale) : 매우 낮음, 낮음, 보통, 높음, 매우 높음
         • 일반적 척도(General Scale) : 0.1, 0.3, 0.5, 0.7, 0.9
      ㉡ 영향 척도(위협에 대한 부정적 영향 및 기회에 대한 긍정적 영향)
         • 상대적 척도(Relative Scale) : 매우 낮음, 낮음, 보통, 높음, 매우 높음
         • 수치적 척도(Numeric Scale) : 0.05, 0.1, 0.2, 0.4, 0.8

| 표 2-12 | 리스크 영향 척도

프로젝트 목표	매우 낮음 0.05	낮음 0.1	보통 0.2	높음 0.4	매우 높음 0.8
원가	사소한 증가	5% 미만 원가 증가	5~10% 원가 증가	10~20% 원가 증가	20% 초과 원가 증가
일정	사소한 일정 지연	5% 미만 일정 차질	5~10% 전체 프로젝트 일정 차질	10~20% 전체 프로젝트 일정 차질	20% 이상 전체 프로젝트 일정 차질
범위	거의 인식할 수 없는 정도 범위 축소	범위의 사소한 영역이 영향을 받음	범위의 주요 영역에 영향이 있음	고객이 인정할 수 없는 범위 축소	프로젝트 최종 목적물이 쓸모 없음
품질	거의 인식할 수 없는 정도 품질 저하	일부 엄격한 기능만 영향을 받음	고객의 승인이 필요한 품질 저하	고객이 인정할 수 없는 품질 저하	프로젝트 최종 목적물이 쓸모 없음

2. 리스크 식별(Identify Risks)

- 프로젝트에 영향을 미칠 수 있는 리스크를 결정하고, 리스크별 특성을 문서화하는 프로세스로 프로젝트 팀이 리스크를 예견할 수 있도록 기존 리스크들과 지식/능력을 문서화해야 한다.
- 리스크 식별 활동 참가자
  프로젝트 관리자, 프로젝트 팀원, 리스크 관리 팀, 고객, 외부 프로젝트팀의 해당 전문가, 최종사용자, 타 프로젝트 관리자, 이해관계자, 리스크 관리 전문가 등이다.
- 리스크 식별은 프로젝트 생애주기 동안 새로운 리스크로 인해 반복적으로 수행한다.

(1) 리스크 식별(Identify Risks) 프로세스의 주요 산출물

1) 리스크 등록부(Risk Register)

① 리스크 등록부는 프로젝트 관리계획의 요소이다.

② 리스크 식별의 결과가 최초로 들어가나, 점차 나머지 모든 리스크 관리 프로세스의 결과를 포함하여 기술된다.

  ㉠ 식별된 리스크 목록 : 근본 원인과 불확실한 가정을 포함한 식별된 리스크를 포함한다.

  ㉡ 잠재적 대응 목록 : 리스크 식별 동안 식별되는 대응방안으로 리스크 대응 기획에 이용된다.

  ㉢ 리스크의 근본 원인

  ㉣ 리스크 카테고리 갱신

3. 정성적 리스크 분석 수행(Perform Qualitative Risk Analysis)

- 리스크 발생 확률과 영향의 평가를 통해 식별된 리스크 항목의 우선 순위를 지정하는 프로세스로 프로젝트 관리자가 불확실성의 수준을 낮추고, 우선순위가 높은 리스크에 초점을 둔다.
- 리스크의 상대적 확률 및 발생 가능성, 발생 시 프로젝트 목표에 미치는 영향, 대응시간대와 원가/일정/범위/품질에 대한 제약과 연관된 리스크 허용 한도 등을 고려한 우선순위를 평가한다.
- 리스크 대응계획 수립을 위한 신속하고 원가 효율이 높은 우선순위 결정 수단을 제공한다.
- 리스크의 긴급성 및 정보의 질도 중요한 고려사항이 된다.

(1) 정성적 리스크 분석(Perform Qualitative Risk Analysis)의 기법

1) 리스크 확률 및 영향 평가(Risk Probability and Impact Analysis)

① 식별된 각 리스크를 정성적으로 확률 및 영향을 평가한다.

② 리스크 확률은 리스크 발생 가능성이며, 리스크 영향은 프로젝트 목표에 미치는 결과이다.

③ 확률 및 영향 매트릭스(Probability and Impact Matrix)
확률과 영향을 통해 향후 정량적 분석과 대응을 위한 리스크 등급을 결정한다[그림 2-37 참조].

④ 우선순위 평가에는 자료조사표(Look-up Table)나 확률-영향 매트릭스를 사용한다.

⑤ 위협이 높은 리스크(적색)는 우선적 조치 및 적극적 대응전략, 낮은 리스크(초록색)는 사전 대응조치보다는 감시 목록 또는 우발사태 예비에 추가한다.

Probability and Impact Score for a Specific Risk					
Probability	Risk Score = P×I				
0.9	0.05	0.09	0.18	0.36	0.72
0.7	0.04	0.07	0.14	0.28	0.56
0.5	0.03	0.05	0.10	0.20	0.40
0.3	0.02	0.03	0.06	0.12	0.24
0.1	0.01	0.01	0.02	0.04	0.08
	0.05	0.10	0.20	0.40	0.80
	Impact on an Objective (e.g.cost, time, or scope)(Ratio Scale)				

[그림 2-37] 리스크 확률과 영향 매트릭스

2) 리스크 자료의 품질평가(Risk Data Quality Assessment)
① 리스크 관리 데이터가 리스크 관리에 유용한 정도를 평가
② 리스크에 대한 이해의 정도, 자료의 정확성, 수준, 신뢰성 및 무결성(Integrity)

3) 리스크 범주화(Risk Categorization)
불확실성을 많이 받는 부분을 결정하기 위한 리스크를 카테고리화한다.
① 리스크 근원(Source)에 의한 범주 : RBS(Risk Breakdown Structure)
② 영향을 받는 프로젝트 영역별 범주 : WBS
③ 기타 유용한 범주 : Project Phase

4) 리스크 긴급성 평가(Risk Urgency Assessment)
① 얼마나 빠른 시간 내에 대응이 요구되는가를 평가한다.
② 우선 순위 지표에 포함되는 요소는 대응 시급성, 리스크 징후와 경고신호, 리스크 등급 등이다.
③ 리스크 긴급성 평가를 확률-영향 매트릭스로부터 결정된 리스크 등급과 결합하여 최종 리스크 심각도 등급(Risk Severity Rating)을 제시한다.

(2) 정성적 리스크 분석(Perform Qualitative Risk Analysis) 프로세스의 주요 산출물

    1) 리스크 등록부 갱신(Risk Register Updates)

        ① 개별 리스크의 확률 및 영향의 평가

        ② 리스크 순위와 점수

        ③ 리스크 긴급성 정보 또는 리스크 범주

        ④ 추가 분석 및 대응을 요구하는 리스크 목록

        ⑤ 우선순위가 낮은 리스크 감시 목록

4. 정량적 리스크 분석 수행(Perform Quantitative Risk Analysis)

- 식별된 리스크가 전체 프로젝트 목표에 미치는 영향을 금전적 가치로 분석한다.
- 프로젝트의 불확실성을 줄이기 위한 의사결정을 위해 정량적 리스크 정보를 생성한다.
- 정성적 분석에 의해 프로젝트 완료 요구에 영향을 미치는 것으로 우선순위가 지정된 리스크에 대해 정량적 리스크 분석을 수행한다.
- 일반적으로 정성적 분석 후에 정량적 분석을 진행하며, 시간 및 예산 가용성 기술 등의 필요성에 따라 결정된다.
- 프로젝트 전체 리스크를 줄이기 위해 리스크 통제의 일부로 반복되어야 하며, 추세 결과에 따라 관리활동의 가감을 결정한다.

(1) 정량적 리스크 분석(Perform Quantitative Risk Analysis)의 기법

    1) 민감도 분석(Sensitivity Analysis)

        ① 프로젝트에 가장 큰 영향을 미치는 잠재적 리스크를 결정한다.

        ② 각 프로젝트 요소가 목표에 미치는 영향의 정도를 시험한다.

        ③ 높은 불확실성을 갖는 변수(리스크)들의 영향과 상대적인 중요도를 비교한 토네이도 다이어그램을 이용한다.

    2) 금전적 기댓값 분석(Expected Monetary Value Analysis)

        ① 미래의 시나리오에 대한 평균적 결과를 통계적 개념으로 금전적 가치로 분석한다.

        ② EMV = 가능한 결과의 금전적 가치 × 발생 확률

        ③ 의사결정트리 분석에 주로 이용

(2) 정량적 리스크 분석(Perform Quantitative Risk Analysis)의 주요 산출물

    1) 프로젝트 문서 갱신(Project Documents Updates)

        ① 리스크 등록부 등의 정보를 갱신한다.

        ② 프로젝트의 확률론적 분석(Probabilistic Analysis of the Project) 결과를 반영한다.

㉠ 신뢰수준과 함께 달성 가능한 일정/원가 예측치 갱신

　　　㉡ 리스크 허용 한도 내에서 적용 가능한 원가 및 시간에 대한 우발사태 예비 갱신

　③ 원가 및 시간 목표달성 확률을 갱신한다.

　　현재 계획의 일정/원가 등에 대한 프로젝트 목표달성 가능성 갱신

　④ 정량화된 리스크 우선순위 목록 갱신

　　프로젝트에 가장 큰 위협, 또는 가장 큰 기회가 될 수 있는 리스크들을 그 영향의 크기와 함께 포함한다.

　⑤ 정량적 리스크 분석결과의 추세

　　　㉠ 반복적인 분석이 진행되면서 리스크 대응에 영향을 미치는 결론을 도출하는 추세가 명확해진다.

　　　㉡ 일정/원가/품질/성과 등의 선례 정보는 정량적 리스크 분석을 통해 확인된 지식을 반영한다.

5. 리스크 대응계획 수립(Plan Risk Responses) 및 실행(Implement Risk Responses)

- 프로젝트 목표에 대한 위협요소는 감소시키고 기회요소를 증대시키기 위한 대안과 조치를 개발하는 프로세스로 필요에 따라 자원과 활동들을 예산/일정/프로젝트 관리계획에 추가하여 그 우선순위에 의해 리스크를 처리한다.
- 합의되고 자금이 지원되는 각 리스크 대응을 책임질 사람을 식별하고 배정한다.
- 리스크 대응은 리스크 우선순위에 의해 중요도와 비례해서 실질적이고 시의적절하며 원가 효율적인 대응방안을 선택한다.

(1) 리스크 대응계획(Plan Risk Responses)의 기법

리스크 대응전략은 단독전략 또는 여러 가지 통합전략을 선별하고, 필요시 기본전략과 보조전략 구현을 위한 조치 개발한다. 또한 선택된 전략의 효과가 충분하지 못하거나 수용 가능한 리스크가 발생할 경우에 대비한 대비계획(Fallback Plan)도 개발해야 한다.

1) 부정적 리스크 또는 위협에 대한 전략

　① 회피(Avoid)

- 위협을 완전히 제거하기 위해 프로젝트 계획서를 변경하는 조치이다.
- 프로젝트 관리자는 프로젝트 목표를 리스크 영향권에서 고립시키거나, 위태로운 목표를 변경한다(일정 연장, 전략 변경, 범위 축소 등).
- 극단적 회피전략은 프로젝트를 중단하는 것이다.
- 프로젝트 초기에 발생하는 리스크에 대해서는 요구사항 규명, 정보 입수, 의사소통 개선, 전문가 확보를 통해 회피할 수 있다.

② 전가(Transfer)
  - 위협으로 인한 부정적 영향에 대응하기 위해 제3자에게 리스크를 전가하는 것이다.
  - 대부분 리스크전가는 리스크를 받아들이는 상대에 대한 보상지불을 수반한다(보험, 이행보증, 각종 보증).
  - 특정 리스크에 대한 책임을 제3자에게 전가시키기 위해 계약방식을 활용한다.
  - 원가정산 계약은 구매자에게, 확정금액 계약은 판매자에게 리스크를 전가하는 것이다.

③ 완화(Mitigate)
  - 수용 가능한 한계로 부정적 리스크 사건의 확률 및 결과를 감소시킨다.
  - 리스크 완화 조치 : 단순한 프로세스 채택, 더 많은 테스트 수행, 안정적인 공급업체 선정
  - 리스크 발생 확률이 감소되도록 상황 변경 : 시제품 규모의 모델에서 확대함에 따른 리스크 감소

④ 수용(Accept)
  - 프로젝트 팀이 리스크를 인정하고 발생 전까지 어떤 조치도 하지 않는 대응전략이다.
  - 프로젝트 관리계획에 대해 변경할 수 없거나, 원가에 대해 효과적이지 못하거나 적절한 대응전략이 없을 경우에 수용하는 것이다.
  - 수동적 수용은 문서화 외에 어떤 조치도 하지 않으며, 능동적 수용전략은 리스크 처리를 위한 시간, 자본/자원을 포함한 우발사태 예비비를 반영한다.

2) 긍정적 리스크 또는 기회에 대한 전략
  ① 활용(Exploit)
    - 기회의 확실한 실현을 위해 긍정적 영향을 갖는 리스크에 대해 선택 가능한 전략이다.
    - 기회가 절대적으로 발생하도록 함으로써 특정 상위 리스크와 연관된 불확실성을 제거할 방법을 모색
    - **예** 최초 계획보다 낮은 원가를 제공하거나, 완료 시점을 단축을 위해 가장 유능한 자원을 프로젝트에 할당
  ② 공유(Share)
    - 프로젝트 기회를 가장 잘 잡을 수 있는 제3자에게 소유권 전부나 일부를 할당한다.
    - 리스크 공유 협력사, 팀, 특수 목적의 회사, 합작회사(Joint Venture) 등
  ③ 증대(Enhance)
    - 기회의 영향/확률 증가 전략, 긍정적 영향을 이끄는 주요 동인을 식별하고 극대화하여 발생 확률을 증가시킨다.

- 기회의 원인을 촉진/강화하는 방안 모색, 상황을 유발하는 요인(Trigger)의 표적화 및 강화

    예 조기 종료를 위해 활동 자원을 보충하여 기회를 증대시킨다.

④ 수용(Accept)

수용이란, 수반되면 활용하지만 적극적으로 추구하지는 않는다.

3) 우발사태 대응전략(Contingency Response Strategy)

① 특정 사건이 발생될 경우에만 사용될 전략을 개발한다.

② 계획을 실행해야 하는 예고가 충분하다고 믿는 경우, 사전 정의된 특정 조건에서만 실행될 대응계획을 수립한다.

③ 우발사태 대응을 유발하는 사건들은 정의되고 추적한다.

④ 우발사태계획(Contingency Plan) 또는 대체계획(Fallback Plan)이라 부른다.

(2) 리스크 대응계획(Plan Risk Responses) 프로세스의 주요 산출물

1) 리스크 등록부 갱신(Risk Register Updates)

리스크 대응 프로세스에서 적정 대응책이 선택되고, 합의되어 리스크 등록부에 포함된다.

① 식별된 리스크, 관련 설명, 영향을 받는 프로젝트 분야, 원인, 프로젝트 목표에 미칠 수 있는 영향 등을 갱신한다.

② 리스크 책임자 및 배정된 책임사항 등을 갱신한다.

③ 우선 순위화된 프로젝트 리스크 및 정량적 분석 프로세스 결과물을 갱신한다.

④ 합의된 대응전략을 포함한다.

⑤ 선택된 대응전략을 구현하기 위한 특정 조치

⑥ 리스크 발생요인, 징후, 리스크 발생을 경고하는 신호

⑦ 예산과 일정 활동, 우발사태 계획 및 실행을 촉진시키는 요인

⑧ 비상조치계획, 대체계획, 잔존/2차 리스크

2) 프로젝트 관리계획 갱신(Project Management Plan Update)

① 일정관리계획서

일정 자체 갱신, 자원부하 및 평준화 관련한 허용한도(Tolerance)나 행위 등을 변경한다.

② 원가관리계획서

㉠ 우발사태예비 사용방법, 예산전략, 원가회계/추적/보고 관련한 허용한도나 행위 변경

㉡ 품질관리계획서

㉢ 요구사항문서 갱신, 품질 보증/통제 관련한 허용한도나 행위 변경

③ 조달관리계획서

대응 결과로 제작 – 구매 결정 또는 계약 유형 수정과 같은 전략변경사항 반영

④ 인적자원관리계획서

㉠ 인적자원계획서에 속한 팀원관리계획서의 조직구조 및 자원적용 변경 반영

㉡ 자원 부하 갱신, 팀원 배정 관련 허용한도나 행위 변경

⑤ 범위 기준선

대응 결과로 새로운 작업(또는 생략된 작업, 수정된 작업)으로 인한 변경 반영

⑥ 일정 기준선 및 원가 기준선

6. 리스크 감시(Monitor Risks)

■ 리스크 대응계획 구현, 식별된 리스크 추적, 잔존 리스크 감시, 신규 리스크 식별, 리스크 프로세스의 효과를 평가하는 프로세스로 리스크 대응의 최적화를 위해 생애주기 동안 리스크 접근 효율성을 개선하는 것이다.

■ 리스크 감시의 목적
- 프로젝트 가정사항의 유효성이 지속되는지 여부
- 평가된 리스크의 변경 또는 철회 가능성 여부 분석
- 리스크 관리정책 및 절차 준수 여부
- 현재 리스크 평가에 따른 일정/원가 우발사태 예비 수정 필요성 여부

■ 리스크 감시는 대체전략 선택, 우발사태 또는 대비계획 실행, 시정조치, 프로젝트 관리계획 수정이다.

(1) 리스크 감시(Monitor Risks) 프로세스의 주요 산출물

1) 작업성과 정보(Work Performance Information)

프로젝트 의사결정의 지원과 의사소통을 위한 메커니즘을 제공한다.

2) **변경 요청서(Change Requests)**

① 우발사태계획 또는 우회작업(Work Around) 실행 결과로 변경요청이 발생한다.

② 권장 시정 조치(Recommended Corrective Actions)

우발사태계획 및 우회작업계획 포함

③ 권장 예방 조치(Recommended Preventive Actions)

[9] 프로젝트 조달관리(Procurement Management)

- 프로젝트 조달관리는 프로젝트 수행하기 위해 프로젝트 팀 외부로부터 필요한 제품, 서비스 또는 결과를 구입하거나 획득하는 프로세스이다[그림 2-38 참조]. 조달관리는 PMBOK Chapter 12에 3개의 프로세스로 기술되어 있다.
- 프로젝트 조달관리는 계약 및 구매주문서 행정 처리를 위한 계약관리 및 변경통제 프로세스를 포함한다.
- 조달관리는 구매자와 판매자 간의 법적 문서, 즉 계약서를 포함하는 계약 프로세스로 계약 당사자 상호 간에 법적으로 구속된다.
- 판매자는 공급하고 구매자는 대가를 보상
- 조달계약은 계약일반조건과 판매자가 공급할 규격 정의
- 조달관리를 위해서 계약전문가, 구매전문가, 기술전문가의 지원이 필요하다.
- 구매자를 Client, Customer, Prime Contractor, Contractor, Acquiring Organization, Service Requestor, Purchaser 등으로 호칭된다.
- 판매자는 Contractor, Subcontractor, Supplier, Vendor, Service Provider 등으로 호칭된다.
- 판매자 관리의 핵심 포인트
  - 구매자는 고객으로 프로젝트의 핵심 이해관계자
  - 판매자는 전체 프로젝트 관리 차원에서 조달관리 업무 수행
  - 계약 일반조건은 판매자의 프로젝트 관리 프로세스의 주요 기준(Inputs) 정보가 될 수 있다.

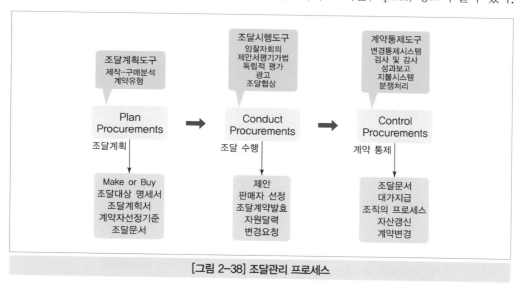

[그림 2-38] 조달관리 프로세스

1. 조달관리계획 수립(Plan Procurement Management)

- 조달관리계획의 수립은 프로젝트 구매결정사항을 문서화하고, 구매방식을 규정하며, 유력한 판매자를 식별하는 프로세스로 외부 지원의 획득 여부, 획득할 품목, 획득방법, 요구되는 획득량, 획득 시기 등을 결정한다.
- 획득하는 각 품목에 대해 조달관리계획부터 조달종료까지 수행한다.
- 조달관리계획 수립 동안 프로젝트의 일정 요구사항이 전략에 영향을 미친다.
  - 일정 개발, 활동자원 산정, 제작－구매 결정과 통합된다.
- 조달관리계획 수립에서는 각 제작－구매 결정에 수반되는 리스크를 고려해야 하며, 리스크를 고려한 계약 유형도 검토해야 한다.

(1) 조달관리계획(Plan Procurement Management)의 기법

1) 제작－구매분석(Make－or－buy Analysis)

① 프로젝트 팀에서 특정 제품 또는 서비스를 직접 만들 수 있는지 또는 외부에서 조달하여야 하는지를 판단하는 데 사용된다.

② 예산 제약이 제작－구매 결정에 영향을 줄 수 있다.

분석 시 구매와 관련한 직접원가와 구매프로세스를 관리하기 위한 간접원가까지 모두 포함하여야 한다.

③ 리스크 공유를 위해 구매 분석 시 적절한 계약 형태를 고려

④ 제작－구매 의사결정 시 고려사항

　㉠ 직접 · 간접 원가(Cost)

　㉡ 자체 공급능력 : 기술, 인력, 지적재산권

　㉢ 공급자의 가용능력(Supplier Availability)

　㉣ 작업 통제에 대한 수준

　㉤ 사업구조에 따른 필요

(2) 조달관리계획 수립(Plan Procurement Management) 프로세스의 주요 산출물

1) 조달관리계획서(Procurement Management Plan)

① 조달문서 개발부터 계약종결 시까지 조달 프로세스를 관리하는 방법이 기술되어야 한다.

② 조달관리계획서에 포함될 사항은 다음과 같다.

　㉠ 프로젝트에 적용될 계약 유형

　㉡ 리스크 관리 이슈

　㉢ 독립 산정 사용 여부와 독자적 산정치가 평가기준으로 필요한지 여부

　㉣ 수행 조직에 조달 담당 부서가 있는 경우, 프로젝트 관리팀과의 역할 및 책임의 분담

ⓜ 표준화된 조달 문서

ⓗ 여러 공급업체 관리

ⓢ 일정 관리, 성과보고 등의 다른 프로젝트 측면에 맞춰 조달 조율

ⓞ 계획된 조달에 영향을 미치는 제약 및 가정사항

ⓩ 구매에 필요한 리드타임과 프로젝트의 일정 간의 조정

ⓒ 제작－구매 결정을 활동자원 산정 및 일정개발 프로세스와 연결

ⓚ 각 계약에 따른 인도물 예정일을 설정하고, 일정개발 및 통제 프로세스에 맞춰 조정

ⓣ 프로젝트의 일부 리스크 완화를 위해 이행보증 또는 보험계약 등의 요구사항 식별

ⓟ WBS 개발 및 유지관리와 관련하여 판매자에게 제시할 지시사항 설정

ⓗ 작업 조달/계약 기술서에 사용될 양식과 형식을 설정

㉮ 선별된 적격 판매자가 있을 경우 해당 판매자 식별

㉯ 계약관리 및 판매자 평가에 사용할 조달 지표

2) 조달작업기술서(Procurement Statement of Work)

① 조달작업기술서(Statement of Work)는 프로젝트 범위기준선으로부터 개발되며, 프로젝트 범위 중에 관련 계약서에 포함될 부분만 정의한다.

② 잠재적 판매자가 조달항목들을 공급할 수 있는지를 판단할 수 있을 만큼 충분히 상세한 수준으로 기술한다.

③ 작업 기술서에 포함되는 정보

㉠ 판매자가 납품하여야 할 제품, 서비스 또는 결과물에 대하여 기술하므로 사양, 수량, 품질수준, 성능 데이터, 이행기간, 작업 위치 및 기타 요구사항

㉡ 성과 보고, 사후 프로젝트 운영 지원 등의 필요한 2차적 서비스에 대한 설명

3) 조달 문서(Procurement Documents)

① 잠재적 판매자들에게 제안요청을 하는 데 사용되는 문서이다.

② 입찰(Bid, Tender) 혹은 견적(Quotation)이라는 용어는 주로 상용제품 또는 표준화된 제품을 구매할 때 사용되는 반면, 제안서(Proposal)는 기술적 기량과 기술적 접근법이 주된 고려사항인 경우에 사용된다.

③ 조달 문서의 유형

㉠ 정보요청서(RFI ; Request For Information)

㉡ 입찰초청서(IFB ; Invitation For Bid)

㉢ 제안요청서(RFP ; Request For Proposal)

㉣ 견적요청서(RFQ ; Request For Quotation)

㉤ 입찰고지서(tender notice), 협상초청서(Invitation for Negotiation), 계약자 초기 응답(Contractor Initial Response)

④ 조달 문서를 잘 작성함으로써 얻을 수 있는 기대효과는 다음과 같다.
  ㉠ 판매자들의 제안서 내용을 보다 쉽게 비교할 수 있음
  ㉡ 제안서 완성도를 높임(구매자의 요구사항에 대한 이해도를 높여줌)
  ㉢ 보다 정확한 견적을 가능하게 해줌
  ㉣ 본 프로젝트 수행 시 변경 횟수를 줄여줌

4) 공급자 선정기준(Source Selection Criteria)
  ① 제안서의 등급이나 점수를 부여하는 데 사용되는 객관적 · 주관적 기준이다.
  ② 평가기준은 종종 조달문서에 포함된다.
  ③ 즉시 가용한 제품은 가격이 주된 기준이 되지만, 그렇지 않다면 다음과 같은 기타 선정기준을 식별하여 문서화한다.
    ㉠ 요구조건에 대한 이해도
    ㉡ 전체 원가나 생애주기 원가
    ㉢ 기술적 역량
    ㉣ 리스크
    ㉤ 관리 접근방식
    ㉥ 기술적 접근방식
    ㉦ 보증
    ㉧ 재정적 역량
    ㉨ 생산 능력 및 관심
    ㉩ 사업 규모 및 종류
    ㉪ 판매자의 과거 성과
    ㉫ 참고자료
    ㉬ 지적 재산권
    ㉭ 소유권

2. 조달 수행(Conduct Procurements)

- 조달 수행은 대상 판매자를 모집(판매자 입찰), 판매자 선정, 계약을 체결하는 프로세스로, 수립된 계약을 통해 내부 및 외부 이해관계자의 기대에 부응한다.
- 조달 수행에서 팀은 입찰서나 제안서를 받고, 사전에 정의된 선정기준을 적용하여 작업 수행 능력과 자격을 갖춘 판매자를 선정한다.
- 중요 조달 품목에 대하여 예비 심사단계에서 일차적 심사를 하거나, 판매자 모집 및 응찰 평가를 반복한다.
- 판매자 평가에 사용되는 도구 및 기법은 단독 또는 조합해서 사용하며, 가중치 시스템을 사용할 수 있다.

(1) 조달 수행(Conduct Procurements)의 기법

　1) 입찰자 회의(Bidder Conferences)
　　① 제안서 작성 전에 잠재적 판매자들과 가지는 회의
　　② 모든 잠재적 판매자들이 조달(기술적·계약적 요구사항)에 대해 분명하고 공통된 이해를 얻도록 보증한다.

　2) 제안서 평가기법(Proposal Evaluation Techniques)
　　① 사전 정의된 가중치에 따라 평가하여 공급자를 선정한다.
　　② 제안서 평가기법으로 선별 시스템을 채택할 수도 있으며, 판매자 등급 시스템을 거쳐 만들어진 데이터를 이용할 수도 있다.

　3) 독립 산정(Independent Estimates)
　　① 조달 조직은 제안된 응찰에 대한 기준값으로 사용할 산정치를 독자 산정한다.
　　② 판매자가 구매 대상 업무/제품에 대한 정확한 이해 평가를 위해 구매 조직에서 사전에 독립적으로 추정하여 차이가 큰 업체를 제거하는 방법이다.

(2) 조달 수행(Conduct Procurements) 프로세스의 주요 산출물

　1) 선정된 판매자(Selected Sellers)
　　선정된 판매자란 제안서/입찰 평가 결과 가장 우수하게 제안 또는 입찰한 판매자이다.

　2) 계약서(Agreements)
　　① Contract라고도 하며, 계약서는 쌍방 구속력이 있는 법적 합의서이다.
　　② 계약서에 포함되는 항목
　　　㉠ 작업기술서 또는 인도물, 일정 기준선
　　　㉡ 성과 보고, 이행 기간
　　　㉢ 역할과 책임, 판매자의 이행 장소
　　　㉣ 가격, 지불 조건, 인도 장소
　　　㉤ 검사 및 인수기준, 보증
　　　㉥ 제품 지원, 책임의 제한, 수수료와 유보금
　　　㉦ 위약금, 인센티브, 보험 및 이행 증권
　　　㉧ 하도급 계약자 승인, 변경 요청 처리
　　　㉨ 조기 종결(Termination) 및 대안적 분쟁해결방식(ADR ; Alternative Dispute Resolution)

3. 조달 통제(Control Procurements)

- 조달 통제는 조달 관계를 관리하고, 계약의 이행을 감시하며, 필요사항을 변경 및 수정하는 프로세스로, 법적 계약의 약관에 따른 판매자와 구매자의 성과가 조달 요구사항을 충족하도록 하는 것이다.
- 일반적으로 계약관리를 프로젝트 조직과 분리하여 조달행정기능으로 관리한다.
- 조달 통제는 계약관리업무에 적절한 프로젝트 관리 프로세스를 적용하는 일과 그 결과물들을 프로젝트 전반적 관리에 통합한다.
  - 프로젝트 작업 지시 및 관리
  - 품질 통제 수행
  - 통합 변경 통제 수행
  - 리스크 통제

(1) 조달 통제(Control Procurements) 프로세스의 주요 산출물

  1) 작업성과 정보(Work Performance Information)
   ① 차후에 클레임이나 새로운 조달을 지원하기 위해 현재 혹은 잠재적 문제를 식별하기 위한 기준이다.
   ② 공급업체 성과보고에 의해, 개선된 예측/리스크 관리/의사결정 등이 지원되는 조달 이행에 대한 조직의 지식이 증가한다.
   ③ 조달 조직에게, 공급업체로부터 예상하고 받은 인도물 추적을 위한 메커니즘을 제공하는 계약 준수 보고를 포함한다.

  2) 변경요청서(Change Requests)
   ① 조달관리 프로세스 결과, 프로젝트 관리계획서나 프로젝트 일정, 조달관리계획서와 같은 부속 계획서에 대한 변경 요구가 발생한다.
   ② 변경 요청은 통합변경 통제 프로세스를 통하여 검토와 승인 처리된다.

[10] 프로젝트 이해관계자 관리(Stakeholder Management)

- 이해관계자관리 기본개념
  - 프로젝트에 영향을 주는 조직이나 모든 사람들을 식별하고, 그들의 관심사, 참여 및 프로젝트 성공에 대한 영향 등의 정보를 관리하는 프로세스이다[그림 2-39 참조]. 이해관계자관리는 PMBOK Chapter 13에 4개의 프로세스로 기술되어 있다.
  - 프로젝트 이해관계자에 대한 접근방법, 참여시기, 참여레벨 등에 대한 전략을 수립하여 프로젝트에 주는 긍정적 영향을 극대화하고 부정적 영향을 최소화한다.

- 프로젝트 이해관계자를 프로젝트 초기에 식별하고 그들의 관심사와 기대사항, 영향 등을 분석하는 것이 프로젝트 성공의 핵심이다.
  - 이해관계자 식별(Identify Stakeholders) : 프로젝트에 참여하여 영향을 주는 모든 사람, 그룹, 조직 식별 및 관련 정보를 문서화하는 프로세스
  - 이해관계자 참여계획(Plan Stakeholder Engagement) : 프로젝트 수명기간 동안 이해관계자의 요구사항, 관심사 및 잠재 영향을 효과적으로 관리할 수 있는 적정한 전략을 수립하는 프로세스
  - 이해관계자 참여관리(Manage Stakeholder Engagement) : 이해관계자의 요구사항, 기대사항을 달성하기 위한 업무 및 의사소통 등을 수행하는 프로세스
  - 이해관계자 참여감시(Monitor Stakeholder Engagement) : 이해관계자 전략 및 계약 수행을 감시하고 통제하는 프로세스

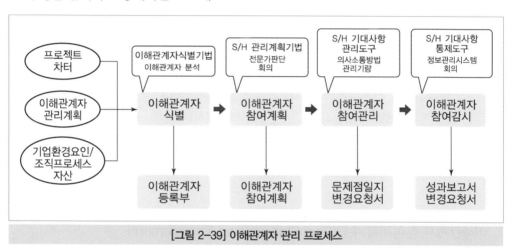

[그림 2-39] 이해관계자 관리 프로세스

1. 이해관계자 식별(Identify Stakeholders)

- 프로젝트에 영향을 주는 조직이나 모든 사람들을 식별하고, 그들의 관심사, 참여 및 프로젝트 성공에 대한 영향 등의 정보를 문서화하는 프로세스이다.
- 프로젝트 이해관계자는 고객, 스폰서, 수행조직, 프로젝트에 적극적으로 참여하는 대중 등 모든 사람들이다.
- 프로젝트 이해관계자는 조직 내에서 서로 다른 레벨과 권한을 보유하고 있으며, 프로젝트 조직 외부에 있을 수 있다.
- 프로젝트 이해관계자를 프로젝트 초기에 식별하고 그들의 관심사와 기대사항, 영향 등을 분석하는 것이 프로젝트 성공의 핵심이다.
- 프로젝트 이해관계자에 대한 접근방법, 참여시기, 참여레벨 등에 대한 전략을 수립하여 프로젝트에 주는 긍정적 영향을 극대화하고 부정적 영향을 최소화한다.

(1) 이해관계자 식별(Identify Stakeholders) 프로세스의 기법

1) 이해관계자 분석(Stakeholder Analysis)

① 프로젝트 수행과정에서 고려되어야 할 이해관계자의 관심사를 결정하기 위한 정성적·정량적 정보의 수집 및 분석하는 프로세스이다.

② 이해관계자의 관심사, 기대사항, 영향 및 프로젝트 목표 관련 사항을 다음과 같이 분석한다.

ㄱ 1단계 : 모든 잠재적 이해관계자 및 관련 정보 식별(역할, 부서, 관심사, 지식수준, 기대사항, 영향 정도), 기타 이해관계자는 면담을 통해 분석

ㄴ 2단계 : 이해관계자의 잠재적 영향을 확인하여 전략적 접근(권한/관심사 관계표, 권한/영향 관계표, 영향/임팩트 관계표, 돌출모델)

ㄷ 3단계 : 다양한 상황에서 이해관계자가 어떻게 반응하는지 평가

(2) 이해관계자 식별(Identify Stakeholders) 프로세스의 주요 산출물

1) 이해관계자 등록부(Stakeholder Register)

이해관계자 등록부에는 다음과 같은 정보가 포함된다.

① 개인 정보 : 이름, 직책, 위치, 프로젝트에서의 역할, 계약정보

② 평가 정보 : 주요 요구사항, 주요 기대사항, 잠정적 영향, 단계별 핵심 관심사

③ 이해관계자 분류 : 내·외부, 지원/중립/반대 등

2. 이해관계자 참여계획 수립(Plan Stakeholders Engagement)

▪ 프로젝트 생애주기 동안 프로젝트 성공에 잠정적 영향, 관심사, 요구사항 등의 분석을 기준으로 이해관계자의 계약을 효과적으로 관리하기 위한 적정전략을 수립하는 프로세스이다.

▪ 이해관계자 참여계획은 이해관계자의 기대사항과 궁극적으로 프로젝트 목표달성을 위하여 효과적인 이해관계자 계약관리방법 개발 및 전략을 수립한다.

▪ 프로젝트 팀과 이해관계자 간의 관계 유지 관리를 통해 이해관계자의 기대사항 및 요구사항을 만족시킨다.

(1) 이해관계자 참여계획(Plan Stakeholders Engagement)의 기법

1) 회의(Meeting)

프로젝트 팀과 전문가의 회의를 통해 이해관계자가 요구하는 기대사항의 수준을 정의한다.

2) 분석기법(Analytical Techniques)

프로젝트를 성공적으로 완료하기 위해 이해관계자의 계획 대비 현재의 기대사항 수준을 비교할 필요가 있다.

① 방심(Unaware) : 프로젝트의 잠재적 영향을 모르고 있음
② 저항(Resistance) : 프로젝트의 잠재적 영향, 변화에 대한 영향을 알고 있으나 부정적임
③ 중립(Neutral) : 프로젝트에 저항이나 지원에 대해 중도적임
④ 지원(Supportive) : 프로젝트의 변화에 대한 지원과 잠재적 영향을 알고 있으며 긍정적임
⑤ 선도(Leading) : 프로젝트의 잠재적 영향을 알고 프로젝트 성공을 확인하기 위해 적극적으로 협력

(2) 이해관계자 참여계획(Plan Stakeholders Engagement) 프로세스의 주요 산출물

1) 이해관계자 참여계획서(Stakeholder Engagement Plan)

① 이해관계자를 효과적으로 관리하는 데 요구되는 참여전략을 정의한 문서이다.
② 이해관계자 참여계획서 내용
　㉠ 핵심 이해관계자의 요구사항 수준
　㉡ 이해관계자의 변경의 영향 및 범위
　㉢ 이해관계자 간의 잠재적인 중첩 및 내부관계 식별
　㉣ 프로젝트 현 단계에서 이해관계자의 의사소통 요구사항
　㉤ 이해관계자에게 배포될 정보(언어, 양식, 내용, 상세 정도 등) 및 배포 주기

3. 이해관계자 참여관리(Manage Stakeholder Engagement)

- 프로젝트 생애주기 동안 프로젝트 이해관계자의 기대 및 요구사항 만족을 위해 의사소통 및 관련 작업을 하는 프로세스이다.
- 프로젝트 성공을 위해 이해관계자의 지원을 증가시키고, 저항을 감소시키는 프로세스이다.
- 이해관계자 기대사항 관리활동
  - 이해관계자의 기대사항을 지속적으로 확인하기 위해 프로젝트의 적절한 단계에서 이해관계자의 참여를 약속한다.
  - 프로젝트 목표달성을 위해 협상과 의사소통을 통해 이해관계자의 기대사항을 관리한다.
  - 향후 예측되는 잠재적 관심사를 기술한다.
  - 식별된 문제점을 해결한다.
- 이해관계자가 조기에 프로젝트 목표, 편익, 리스크 등을 명백히 이해하도록 함으로써 프로젝트 성공확률을 증가시킨다.

(1) 이해관계자 참여관리(Manage Stakeholder Engagement) 프로세스의 주요 산출물

   1) 문제점 로그(Issue Log)

     새로운 문제점 도출 및 현안 문제점 해결 등 문제점 기록부를 갱신한다.

   2) 변경요청서(Change Requests) 발급

4. 이해관계자 참여감시(Monitor Stakeholders Engagement)

- 프로젝트 이해관계자의 관계를 감시하고, 관리전략 및 기대사항에 대한 계획을 조정하는 프로세스이다.
- 프로젝트 환경에서 이해관계자 기대사항 관리활동의 효과와 효율을 증가시킨다.

(1) 이해관계자 참여감시(Monitor Stakeholders Engagement) 프로세스의 주요 산출물

   1) 작업성과 정보(Work Performance Information)

     ① 프로젝트 관리 분야별 통제 프로세스에서 수집되어 분석 및 통합된 성과 데이터

     ② 작업성과정보는 의사소통 프로세스를 통해 순환된다.

     ③ 인도물의 상황, 변경요청서의 실행상황, 완료시점의 예측치 등이다.

   2) 변경요청서(Change Requests)

     ① 시정조치 : 프로젝트 계획대로 향후 성과가 기대되는 변경사항으로 바로 조치가 가능한 것이다.

     ② 예방활동 : 향후 부정적인 성과가 발생할 확률을 감소하기 위한 활동이다.

1 안전관리 개요

1. 안전관리의 정의

건설공사 모든 과정에 내포되어 있는 위험한 요소의 조기발견 및 예측으로 재해를 예방하려는 안전활동을 말한다. 따라서 안전관리활동을 통하여 위험이 발생하지 않도록 해야 하며, 발생이 되더라도 피해를 입지 않도록 해야 하고 만일 재해로 진전되더라도 피해가 최소화되도록 해야 한다.

2. 안전관리의 목적

(1) 인도주의를 근본으로 한 인명존중
(2) 기업의 경제적 손실 예방
(3) 생산성 향상 및 품질 향상
(4) 사회적 신뢰성 향상
(5) 사회복지의 증진

3. 용어의 정의

(1) 위험 : 근로자가 물체나 환경에 의해서 부상이나 질병이 될 수 있는 잠재상태를 말한다.
(2) 안전 : 사람의 사망, 상해 또는 설비나 재산의 손실, 상실의 요인이 전혀 없는 상태, 즉 재해, 질병, 위험 및 손실로부터 자유로운 상태를 말한다.
(3) 사고 : 고의성이 없는 불안전한 행동이나 불안전한 상태가 원인이 되어 인명이나 재산상의 손실을 가져오는 사건을 말한다.
(4) 아차사고 : 무인명상해(인적 피해) 또는 무재산손실(물적 피해)의 사고를 말한다.
(5) 재해 : 안전사고의 결과로 인하여 사망, 부상 또는 질병에 걸리거나 재산의 손실이 발생한 결과를 말한다.
(6) 중대재해 : 산업재해 중 사망 등 재해의 정도가 심한 것으로서 다음의 재해 중 하나 이상에 해당하는 재해를 말한다.
① 사망자가 1인 이상 발생한 재해
② 3개월 이상의 요양을 요하는 부상자가 동시에 2인 이상 발생한 재해
③ 부상자 또는 직업성 질병자가 동시에 1인 이상 발생한 재해

4. 안전사고와 재해의 분류

(1) 안전사고

① 인적 사고 : 사고 발생이 직접 사람에게 상해를 주는 것
  ㉠ 사람의 동작에 의한 사고
    떨어짐(추락), 부딪힘(충돌), 끼임(협착), 넘어짐(전도), 무리한 동작 등
  ㉡ 물체의 운동에 의한 사고
    맞음(낙하, 비래), 무너짐(붕괴, 도괴) 등
  ㉢ 접촉, 흡수에 의한 사고
    감전, 이상온도 접촉, 유해물질 접촉 등
② 물적 사고 : 경제적 손실을 초래하는 것
  ㉠ 화재로 인한 자재의 파손 등
  ㉡ 폭발로 인한 구조물의 파손 등
  ㉢ 강우로 인한 자재의 파손 등

(2) 재해

① 자연적인 재해(천재) : 전체 재해의 2%
  ㉠ 천재지변에 의한 불가항력적인 재해로 사전에 방지는 불가능하나 예측을 통해 피해를 경감할 수 있도록 해야 한다.
  ㉡ 지진, 태풍, 홍수, 번개, 이상기온, 강설, 가뭄 등이 있다.
② 인위적인 재해(인재) : 전체 재해의 98%
  ㉠ 인위적인 사고에 의한 재해로 예방이 가능하다.
  ㉡ 건설재해, 교통재해, 공장재해 등

5. 재해 발생 메커니즘

(1) 발생과정

재해는 '간접원인'인 기술적 · 교육적 · 관리적 원인과 '직접적 원인'인 불안전한 상태, 불안전한 행동에 의해 발생되어 물적 · 인적 손실을 수반한다.

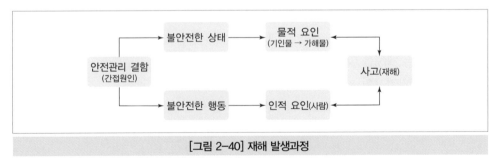

[그림 2-40] 재해 발생과정

(2) 재해의 발생원인

1) 간접원인

재해의 가장 깊은 곳에 존재하는 재해원인

① 기술적 원인(Engineering)

기술상의 불비에 의한 것으로 모든 기술적 결함이 포함

② 교육적 원인(Education)

안전에 관한 지식부족, 경험부족, 교육 불충분 등이 포함

③ 관리적 원인(Enforcement)

안전에 대한 책임감 부족, 안전조직 결함, 인원배치 · 작업지시 부적당 등이 포함

2) 직접원인

시간적으로 사고 발생에 가장 가까운 원인

① 불안전한 상태(물적 원인)

사고 발생의 직접적인 원인으로 작업장의 시설 및 환경불량

② 불안전한 행동(인적 원인)

직접적으로 사고를 일으키는 원인으로 인간의 불안전한 행위

③ 천후 요인(불가항력적인 천재지변)

지진, 태풍, 홍수, 번개 등의 불가항력적인 요인

6. 재해 발생의 연쇄성 이론

(1) 하인리히(H. W. Heinrich)는 재해의 발생은 언제나 사고요인의 연쇄반응의 결과로 발생된다는 연쇄성 이론(Domono's Theory)을 제시하였으며, 불안전한 상태(10%)와 불안전한 행동(88%)을 제거하면 사고는 예방이 가능하다고 주장하였다.

> 재해 구성 비율＝1 : 29 : 300

① 330회 사고 가운데 사망 · 중상 1회, 경상 29회, 무상해사고 300회의 비율로 발생
② 재해의 배후에는 상해를 수반하지 않는 방대한 수(300건/90.9%)의 사고가 발생
③ 300건의 사고, 즉 아차사고의 인과가 사업장의 안전대책의 중요한 부분이다.

(2) 버드(F. E. Bird)는 손실 제어요인(Loss Control Factor)이 연쇄반응의 결과로 재해가 발생된다는 연쇄성 이론(Domino's Theory)을 제시했으며, 철저한 관리와 기본 원인을 제거해야만 사고예방이 된다고 강조했다.

> 재해 구성 비율＝1 : 10 : 30 : 600

① 641회 사고 가운데 사망 또는 중상 1회, 경상(물적 · 인적 손실) 10회, 무상해사고(물적 손실) 30회, 상해도 손실도 없는 사고가 600회의 비율로 발생
② 재해의 배후에는 상해를 수반하지 않는 방대한 수(630건/98.2%)의 사고가 발생
③ 630건의 사고, 즉 아차사고의 인과가 사업장의 안전대책의 중요한 부분이다.

7. 재해예방 이론

(1) 재해예방의 4원칙(H. W. Heinrich)

① 손실우연의 법칙
재해손실은 사고발생시 사고대상의 조건에 따라 달라지므로 재해손실은 우연성에 의해 결정된다.
② 원인 계기의 법칙
재해 발생은 반드시 원인이 있다.
③ 예방 가능의 원칙
재해는 원칙적으로 원인만 제거하면 가능하다.
④ 대책선정의 원칙
재해 예방을 위한 가능한 안전대책은 반드시 존재한다.

(2) 재해(사고)예방 기본원리 5단계

① 제1단계 : 조직(안전관리조직)
② 제2단계 : 사실의 발견(현상파악)
③ 제3단계 : 분석(원인분석)
④ 제4단계 : 시정책의 선정(대책수립)
⑤ 제5단계 : 시정책의 적용(실시)

8. 재해통계의 분류

안전수준 또는 안전성적을 나타내는 통계자료를 말하며 재해율에는 연천인율, 도수율, 강도율 등이 있다.

(1) 연천인율

근로자 1,000명당 1년간 발생하는 재해자 수를 말한다.

$$연천인율 = \frac{연간\ 재해자\ 수}{평균근로자\ 수} \times 1,000$$

(2) 도수율(F.R ; Frequency Rate of Injury)

발생 빈도를 나타내는 단위로 근로시간 합계 100만 시간당의 재해발생건수를 말한다.

$$도수율(F.R) = \frac{재해발생건수}{연\ 근로시간\ 수} \times 1,000,000$$

(3) 강도율(S.R ; Severity Rate of Injury)

재해의 경중 정도를 측정하기 위한 척도로 근로시간 1,000시간당 재해에 의한 근로손실 일수를 말한다.

$$강도율(S.R) = \frac{근로손실일수}{연\ 근로시간\ 수} \times 1,000$$

(4) 환산재해율

재해율 계산방법 중 재해자 수의 경우 사망자에 대하여 가중치를 5배 부여하여 재해율을 계산하는 방법을 말하며 교통사고, 고혈압 등 개인지병 및 방화에 의한 경우, 근로자 상호 간 폭행, 천재지변에 의한 경우, 사업주의 무과실, 취침, 휴식, 운동 등 작업과 관련이 없는 경우, 당해 작업과 관련 없는 제3자의 과실 등은 가중치를 부여하지 않는다.

$$환산재해율 = \frac{환산재해자\ 수}{상시근로자\ 수} \times 100$$

$$상시근로자\ 수 = \frac{연간\ 국내공사\ 실적액 \times 노무비율}{건설업\ 월평균임금 \times 12}$$

(5) 사망만인율

연간 상시근로자 1만 명당 발생하는 사망재해자 수의 비율을 말한다.

$$사망만인율(‰) = \frac{사망\ 재해자\ 수}{근로자\ 수} \times 10,000$$

❷ 산업안전보건법

1. 목적

산업안전보건에 관한 기준을 확립하고 그 책임의 소재를 명확하게 하여 산업재해를 예방하고 쾌적한 작업환경을 조성함으로써 근로자의 안전과 보건을 유지, 증진함을 목적으로 한다.

2. 주요 내용

(1) 산업재해 예방을 위한 사업주 및 근로자의 기본적 의무를 명시
(2) 산업안전 보건정책의 수립, 집행조정 및 통제 등 정부의 책무를 명시
(3) 유해 위험성이 있는 사업에 안전보건관리 책임자와 안전관리자 및 보건관리자를 선임하고 산업안전보건위원회를 설치 운영하도록 하며 안전보건관계자 및 근로자에 대한 안전보건 교육을 실시

3. 산업안전보건법령 계층 구조도

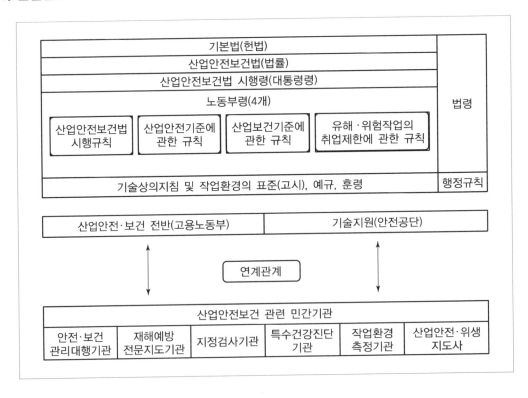

4. 안전보건관리 조직체제

라인형 기조의 관리체제 위에 상시근로자 50인 이상 사업장은 원칙적으로 라인 – 스태프 혼합형을 채택한다.

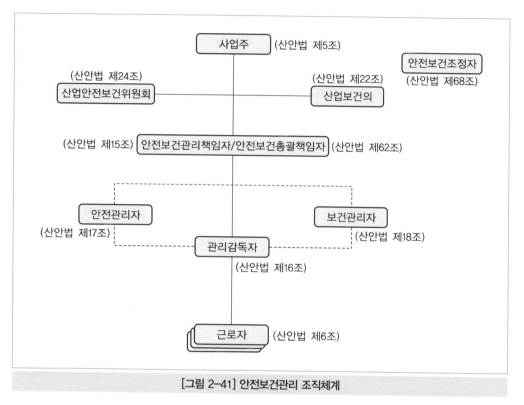

[그림 2-41] 안전보건관리 조직체계

■ 안전보건조정자 : 2개 이상의 건설공사를 도급한 건설공사발주자는 그 2개 이상의 건설공사가 같은 장소에서 행해지는 경우에 작업의 혼재로 인하여 발생할 수 있는 산업재해를 예방하기 위하여 건설공사 현장에 안전보건조정자를 두어야 한다.
안전보건조정자를 두어야 하는 건설공사는 각 건설공사 금액의 합이 50억 원 이상인 경우이다.

5. 건설업 산업안전보건위원회와 협의체 구성 및 운영

구분	산업안전보건위원회(산안위)	안전보건협의체	노사협의체
대상	120억 원(토목150억 원) 이상 건설현장	전체 건설업	산안위와 동일 (노사합의로 구성)
법적 근거	산업안전보건법 제24조, 시행령 제34~39조	산업안전보건법 제64조, 규칙 제79~82조	산업안전보건법 제75조 시행령 제63~65조
구성	• 노·사 동수 – 당해 사업대표 및 대표가 지명하는 자, 안전관리자 – 근로자대표, 명예산업안전감독관 및 근로자 대표가 지명하는 근로자 ※ 근로자대표 : 원·하도급인이 사용하는 근로자 모두를 대표하는 근로자	• 사업주로 구성 – 원·하도급사업주 전원으로 구성	• 노·사 동수 ① 근로자 위원 – 도급 또는 하도급 사업을 포함한 전체 사업의 근로자 대표 – 근로자 대표가 지명하는 명예산업안전감독관 1명 – 공사금액이 20억 원 이상인 도급 또는 하도급 사업의 근로자 대표 ② 사용자 위원 – 해당 사업의 대표자 – 안전관리자 1명 – 공사금액이 20억 원 이상인 도급 또는 하도급 사업의 사업주
회의 운영	• 3월에 1회 • 심의·의결기능	• 매월 1회 • 협의기능	• 2월에 1회 • 심의·의결 및 협의기능
논의 사항	• 산재예방계획 수립 • 안전보건관리규정 작성 및 변경 • 안전보건교육, 작업환경 및 근로자 건강관리 • 중대재해원인조사 • 산재통계 기록·유지 • 기계·기구 및 설비를 도입한 경우 안전조치 관련 사항	• 작업시작 시간 • 작업장 연락방법 및 재해발생위험 시 대피방법 등	• 산안위 및 협의체 논의사항을 모두 포함 – 현행 산안위 논의사항 : 심의·의결 – 현행 협의체 논의사항 : 협의

6. 안전보건교육

사업주는 당해 사업자의 근로자에 대하여 고용노동부령이 정하는 바에 의하여 안전보건에 관한 교육을 실시하여야 한다.

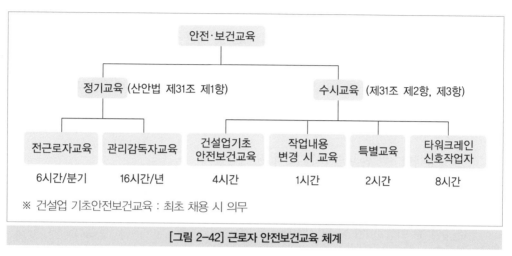

[그림 2-42] 근로자 안전보건교육 체계

| 표 2-13 | 안전보건교육 과정

교육과정	교육대상		교육시간
가. 정기교육	사무직 종사 근로자		매 분기 3시간 이상
	사무직 종사 근로자 외의 근로자	판매업무에 직접 종사하는 근로자	매 분기 3시간 이상
		판매업무에 직접 종사하는 근로자 외의 근로자	매 분기 6시간 이상
	관리감독자의 지위에 있는 사람		연간 16시간 이상
나. 채용 시의 교육	일용근로자		1시간 이상
	일용근로자를 제외한 근로자		8시간 이상
다. 작업내용 변경 시의 교육	일용근로자		1시간 이상
	일용근로자를 제외한 근로자		2시간 이상
라. 특별교육	별표 8의 제1호 라목 각 호의 어느 하나에 해당하는 작업에 종사하는 일용근로자		2시간 이상
	타워크레인 신호작업에 종사하는 일용근로자		8시간 이상
	별표 8의 제1호 라목 각 호의 어느 하나에 해당하는 작업에 종사하는 일용근로자를 제외한 근로자		• 16시간 이상 : 최초 작업에 종사하기 전 4시간 이상 실시하고 12시간은 3개월 이내에서 분할 실시 가능 • 단기간 작업 또는 간헐적 작업인 경우에는 2시간 이상
마. 건설업 기초안전 · 보건교육	건설 일용근로자		4시간

7. 산업안전보건관리비

사업주는 산업재해 예방을 위한 산업안전보건관리비를 계상하여야 하며 이를 다른 목적으로 사용하여서는 안 된다(법 제30조).

(1) 계상기준(건설업 산업안전보건관리비 계상 및 사용기준 노동부고시 2020. 1. 13)

① 발주자가 재료를 제공할 경우에 재료비를 대상액(재료비＋직접 노무비)에 포함시킬 때의 안전관리비는 재료비를 포함하지 않은 안전관리비의 1.2배를 초과할 수 없다.

$$산업안전보건관리비 - 재료비 포함 안전관리비 \leq 재료비 미포함 안전관리비 \times 1.2$$

② 대상액이 5억 원 미만 또는 50억 원 이상일 때

$$산업안전보건관리비 = 대상액 \times 법적 요율\{비율(x)\}$$

③ 5억 원 이상 50억 원 미만일 때

$$산업안전보건관리비 = 대상액 \times 법적 요율(비율) + 기초액(C)$$

④ 발주자 및 자기공사자는 설계변경 등으로 대상액의 변동이 있는 경우 산업안전보건관리비를 조정 계상

(2) 건설공사 종류 및 규모별 산업안전보전관리비 계상 기준표

대상액 공사 종류	5억 원 미만	5억 원 이상 50억 원 미만		50억 원 이상	보건관리자 선임대상
		비율(x)	기초액		
일반건설공사(갑)	2.93%	1.86%	5,349,000	1.97%	2.15%
일반건설공사(을)	3.09%	1.99%	5,499,000	2.10%	2.29%
중건설공사	3.43%	2.35%	5,400,000	2.44%	2.66%
철도 · 궤도 신설 공사	2.45%	1.57%	4,411,000	1.66%	1.81%
특수 및 기타 건설 공사	1.85%	1.20%	3,250,000	1.27%	1.38%

(3) 건설공사 산업안전보건관리비의 항목별 사용내역 및 기준(2020. 1. 13 개정)

항목	사용내용	사용할 수 없는 내역
1. 인건비 및 각종 업무수당 등	① 안전관리자 인건비 및 업무수행 출장비 ② 유도 또는 신호자의 인건비 ③ 안전담당자의 업무수행(월 급여액의 10% 이내) ④ 안전보조원 인건비	① 차량의 원활한 흐름 또는 교통통제를 위한 교통정리, 신호수의 인건비 제외 ② 안전담당자의 업무수당 외의 인건비 제외 ③ 경비원, 청소원, 폐자재처리원의 인건비 제외

2. 안전시설비 등	① 떨어짐 방지용 안전시설비 ② 낙하, 비래물 보호용 시설비 ③ 도로 내 맨홀 또는 전력구 주변 펜스 등 근로자 보호시설물 ④ 각종 안전표지에 사용되는 비용 ⑤ 위생 및 긴급피난용 시설비 ⑥ 안전감시용 케이블TV 등에 소요되는 비용 ⑦ 각종 안전장치의 구입, 수리에 필요한 비용	① 외부인 출입금지, 공사장 경계표시를 위한 가설울타리는 제외 ② 외부비계, 작업발판, 가설계단 등은 제외 ③ 도로, 확·포장공사 등에서 공사용 외의 차량의 원활한 흐름 및 경계표시를 위한 교통안전시설물은 제외 ④ 기성제품에 부착된 안전장치비용은 제외 ⑤ 가설전기설비, 분전반, 전신주 이설비 등은 제외
3. 개인 보호구 및 안전장구 구입비 등	① 각종 개인 보호구의 구입, 수리, 관리 등에 소요되는 비용 ② 안전관리자 전용 무전기 카메라 ③ 절연장화, 절연장갑, 방전고무장갑, 고무소매, 절연의, 미세먼지 마스크, 쿨토시 등 ④ 철골, 철탑작업용 고무바닥 특수화 ⑤ 우의, 터널작업, 콘크리트 타설 등 습지장소의 장화, 조임대	① 안전보건관리자가 선임되지 않은 현장에서 안전보건업무를 담당하는 현장관계자용 컴퓨터, 프린터, 카메라 등 업무용 기기 ② 작업복, 방한복, 방한장갑, 면장갑, 코팅장갑 ③ 감리원이나 외부방문객에게 지급되는 보호구
4. 사업장의 안전 진단비 등	① 사업장의 안전 또는 보건진단(산업안전보건법 제49조) ② 유해·위험방지계획서의 작성 및 심사비 (산업안전보건법 제48조) ③ 작업환경 측정비용 ④ 고소작업장 강풍 여부 측정용 풍속계 ⑤ 크레인, 리프트 등 기계기구 안전인증소요 비용 ⑥ 안전경영진단비용 및 협력업체안전관리진단비용	① 타법 적용사항 제외(건설기술관리법에 의한 안전점검 전기안전대행 수수료 등) ② 매설물 탐지, 계측, 지하수개발, 지질조사, 구조안전 검토비용은 제외 ③ 안전관리자용 안전순찰차량 구입비 제외 (안전순찰차량 유지비는 사용내역에 포함) ④ 공사도급내역서에 포함된 진단비용
5. 안전보건교육비 및 행사비 등	① 안전보건관리책임자 교육(신규 및 보수) ② 안전관리자 교육(신규 및 보수) ③ 사내 자체 안전보건교육 ④ 교육교재, VTR 등 기자재 및 초빙강사료 등 ⑤ 건설안전참여교육 프로그램 이수 또는 기초안전보고교육에 소요되는 비용 ⑥ 안전보건행사에 소요되는 비용	① 교육장 외의 냉난방 제외 ② 기공식, 준공식 등 무재해기원과 관계 없는 행사 제외 ③ 안전보건의식 고취 명목의 회식비 제외 ④ 산안법상 안전보건교육 강사자격이 없는 자가 실시한 교육비용
6. 근로자의 건강관리비 등	① 구급기재 등에 소요되는 비용 ② 근로자 건강진단에 소요되는 비용 ③ 건강관리실 설치비용 ④ 혹한·혹서기 근로자 보호를 위한 간이휴게시설 ⑤ 탈취방지를 위한 소금정제	① 일반건강진단 중 의료보험에 의해 실시되는 비용 제외 ② 이동 화장실, 급수, 세면, 샤워시설, 병원·의원 등에 지불하는 진료비 제외 ③ 정수기, 제빙기, 자외선차단용품 등 ④ 체력단련용 시설 및 운동기구 등
7. 건설재해예방 기술지도비	[건설업 산업안전보건관리비 계상 및 사용기준] 제11조의 규정에 의하여 건설재해 예방 지도기관에 지급하는 수수료	
8. 본사사용비	① 제1호 내지 제7호 사용항목 ② 본사 안전전담부서의 안전담당직원 인건비·업무수행 출장비	① 본사에 안전보건관리 전담부서가 없는 경우 ② 전담부서 소속직원이 안전보건관리 외의 다른 업무를 병행하는 경우

(4) 공사진척에 따른 안전관리비 사용기준

기성공정률	50% 이상 70% 미만	70% 이상 90% 미만	90% 이상
사용기준	50% 이상	70% 이상	90% 이상

8. 유해위험방지계획서

건설업 중 고용노동부령이 정하는 규모의 사업을 착공하려면 사업주는 공사의 착공 전일까지 유해위험방지계획서를 산업안전공단 또는 지부에 2부를 제출하여 확인 및 결과 통보(적정, 조건부 적정, 부적정)를 받아야 한다.

(1) 제출대상 사업장(산업안전보건법 제42조/시행령 제42조)

① 지상높이가 31m 이상인 건축물 또는 인공구조물, 연면적 3만m² 이상인 건축물 또는 연면적 5,000m² 이상의 문화 및 집회시설(전시장 및 동물원 · 식물원을 제외한다.) · 판매 및 운수시설 · 종교시설 · 의료시설 중 종합병원 · 숙박시설 중 관광숙박시설 또는 지하도상가 또는 냉동 · 냉장창고시설의 건설 · 개조 또는 해체(이하 "건설 등"이라 한다.)

② 연면적 5,000m² 이상의 냉동 · 냉장창고시설의 설비공사 및 단열공사

③ 최대 지간 길이가 50m 이상인 교량건설 등의 공사

④ 터널공사

⑤ 다목적댐 · 발전용댐 및 저수용량 2,000만 톤 이상의 용수전용댐 · 지방상수도 전용댐 건설 등의 공사

⑥ 깊이가 10m 이상인 굴착공사

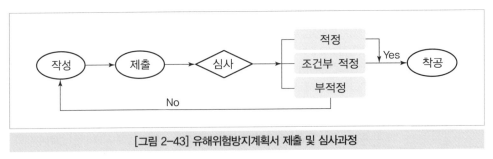

[그림 2-43] 유해위험방지계획서 제출 및 심사과정

③ 재해유형 및 안전대책

1. 건설업 재해의 특징

건설공사현장의 안전사고 발생률은 작업환경의 특수성이 옥외작업, 지형, 기후 등의 영향으로 사전재해 위험성 예측의 어려움이 있고 공정 진행에 따라 작업환경이 수시로 변동되므로 타 산업에 비하여 높은 편이며 대부분의 재해가 중·대형재해로 연결되기 때문에 인적·물적으로 많은 손실을 가져다 준다.

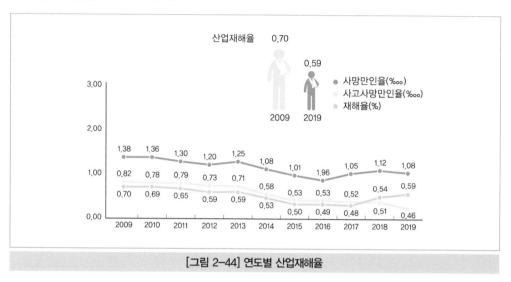

[그림 2-44] 연도별 산업재해율

2. 용어의 정의

(1) 떨어짐 : 높이가 있는 곳에서 사람이 떨어짐(구 명칭 : 추락)

(2) 넘어짐 : 사람이 미끄러지거나 넘어짐(구 명칭 : 전도)

(3) 깔림 : 물체의 쓰러짐이나 뒤집힘(구 명칭 : 전도)

(4) 부딪힘 : 물체에 부딪힘(구 명칭 : 충돌)

(5) 맞음 : 날아오거나 떨어진 물체에 맞음(구 명칭 : 낙하 비래)

(6) 무너짐 : 건축물이나 쌓여진 물체가 무너짐(구 명칭 : 붕괴 도괴)

(7) 끼임 : 기계설비에 끼이거나 감김(구 명칭 : 협착)

3. 보호구

보호구란 각종 위협으로부터 작업자를 보호하기 위한 보조기구로 작업자의 신체 일부 또는 전부에 장착하여야 하며 사용 목적에 적합하여야 한다.

(1) 보호구의 분류

1) 안전보호구

① 머리부분 보호 : 안전모

② 발보호 : 안전화

③ 손보호 : 안전장갑

④ 얼굴보호 : 보안면

⑤ 추락방지 : 안전대

2) 위생보호구

① 유해화학물질 흡입방지 : 방진마스크, 방독마스크, 송기마스크

② 눈보호 : 보안경

③ 소음차단 : 방음보호구

④ 몸 전체 방호 : 보호복

4. 건설현장 최근 5년간 재해실태

구분	전체산업					건설업				
	근로자 수	재해자 수	재해율	사망자 수	사망 만인율	근로자 수	재해자 수	재해율	사망자 수	사망 만인율
2019	18,725,160	94,047	0.50%	855	0.46	2,487,807	25,298	1.02%	428	1.72
2018	19,073,438	90,832	0.48%	971	0.51	2,943,742	26,486	0.90%	485	1.65
2017	18,560,142	80,665	0.43%	964	0.52	3,046,523	24,718	0.81%	506	1.66
2016	18,431,716	82,780	0.45%	969	0.53	3,152,859	25,701	0.82%	499	1.58
2015	17,968,931	82,210	0.46%	955	0.53	3,358,813	24,287	0.72%	437	1.30

5. 재해유형 안전대책

(1) 떨어짐(추락)재해 위험요소 및 안전대책

① 외부비계에서 작업 : 안전난간 설치

② 개구부 : 안전덮개

③ 수직승강용 사다리 미끄러짐 : 안전커버 설치

④ 철골부재 상부 이동 : 2중 안전고리 착용

(2) 무너짐(붕괴)

① 동바리 등 가설재 : 사전 구조적 안전성 검토 및 도면화

② 굴착작업 : 안식각 확보, 법면 출입통제

(3) 넘어짐, 깔림(전도)

① 자재 상·하차 시 : 작업안전지침 준수, 작업지휘자 배치

② 철골 세우기 작업 : 고정상태 확인

③ 중장비 사업 : 지반상태 확인, 아웃트리거 사용

(4) 감전

① 전동기계류 : 외함접지

② 도로횡단부 : 전선보호대

③ 고압전선 : 전선보호캡 설치

④ 용접기 : 충전부 절연조치, 외함접지

⑤ 투광등 : 외함접지 및 보호커버 설치

⑥ 가설전선 : 전선거치대 설치

⑦ 파손(절연 불량)된 용접봉 홀더는 절연이 양호한 홀더로 즉시 교체 사용

⑧ 용접기 1, 2차, 즉 케이블 접속단자의 충전부가 노출되지 않도록 교체 사용

⑨ 전등 및 전열(콘센트)회로와 같은 임시배선 전로의 전원 측에는 감전방지용 누전 차단기 설치

⑩ 여름철에는 땀이나 물기로 인해 인체저항이 떨어져 감전위험이 높으므로 건조상태 유지

⑪ 배부전반은 작업 관계자 외 조작 및 취급을 방지하기 위해 배·분전반에 잠금장치

⑫ 누전차단기 시험버튼은 작업 시작 전에 정상작동 여부를 반드시 수동 조작하여 확인

(5) 맞음(낙하, 비래)

① 근로자 출입구 : 방호선반

② 소부재 운반 : 전용 인양함

③ 와이어로프 : 소손상태 확인

④ 작업 중 또는 강풍으로 공구, 자재 비래 : 낙하물방지망 설치

(6) 화재

① 용접작업 : 불티비산방지막 설치, 소화기(제3종 분말 소화기) 배치, 인화성, 가연성 물질의 격리작업, 도장작업 장소에서 동시 작업 절대금지, 적당한 차광도를 가진 보안경 착용, 안전화 상부에 가죽 발덮개 사용

② 인화물질 인근 작업 : 소화장비 비치

③ 위험물 저장소 : 시건장치 및 화기사용 금지

④ 가스유출 : 주기적인 검사

(7) 끼임(협착)

① 중량물 운반 시 : 신호수 및 작업지휘자 배치

② 철근절곡기 작업 : 작업절차 준수 및 작업 전 이상 유무 확인

(8) 부딪힘(충돌)

중장비 작업 시 : 작업반경 내 출입금지, 후방카메라 설치, 운전원 자격 확인

(9) 질식

밀폐공간작업 : 작업 전이나 중에 산소농도 측정, CCTV 설치, 환기장치 설치

6. 주요 공종별 위험요인 및 세부안전대책

(1) 철골공사 표준작업지침

① 철골의 적치 : 다른 작업에 방해가 되지 않는 곳에 적치

② 안정성 있는 받침대 사용 : 적치될 부재의 중량을 고려해 적당한 간격으로 안정성 있는 것

③ 건립순서를 고려하여 반입 : 시공순서가 빠른 것을 상단부에 위치

(2) 재해 유형별 방지설비

유형	기능	용도, 사용장소, 조건	설비
추락방지	안전한 작업이 가능한 작업대	높이 2m 이상의 장소로서 추락의 우려가 있는 작업	비계, 달비계, 수평통로, 안전난간대
	추락자를 보호할 수 있는 것	작업대 설치가 어렵거나 개구부 주위로 난간설치가 어려운 곳	추락방지용 방망
	추락의 우려가 있는 위험장소에서 작업자의 행동을 제한하는 것	개구부 및 작업대의 끝	난간, 울타리
	작업자의 신체를 유지시키는 것	안전한 작업대나 난간설비를 할 수 없는 곳	안전대부착설비, 안전대, 구명줄
비래낙하 및 비산방지	위에서 낙하된 것을 막는 것	철골 건립, 볼트 체결 및 기타 상하작업	방호철망, 방호울타리, 가설앵커 설비
	제3자의 위해 방지	볼트, 콘크리트 덩어리, 형틀재, 일반자재, 먼저 등이 낙하비산할 우려가 있는 작업	방호철망, 방호시트, 방호울타리, 방호선반, 안전망
	불꽃의 비산방지	용접, 용단을 수반하는 작업	석면포

7. 지게차의 재해유형 및 안전대책

(1) 재해유형

① 운전자 시야불량, 무면허, 운전미숙, 과속에 의한 부딪힘(충돌)
② 경사면 또는 무게 중심 상승상태에서 급선회에 의한 넘어짐, 깔림(전도)
③ 화물 과대적재, 편하중, 지면요철 등에 의한 화물 떨어짐, 맞음(낙하)
④ 포크를 상승시킨 상태에서 고소작업 중 떨어짐(추락)

(2) 안전대책

① 지게차 사용에 대한 작업계획서를 작성하여야 함
② 지게차 사용 작업장소에 적합한 제한속도를 지정하고 운전자로 하여금 준수하도록 하여야 함
③ 지게차로 화물을 운반할 경우 운전자의 시야를 가리지 않도록 하여야 함
④ 지게차는 화물의 적재 · 하역 등의 용도로 사용하여야 함(단, 근로자가 위험해지지 않도록 조치한 경우 제외)
⑤ 조명이 확보되지 않은 작업 장소에는 지게차에 전조등과 후미등을 갖추어야 함
⑥ 지게차에는 낙하 등에 위험예방을 위해 적절한 헤드가드와 백레스트를 갖추어야 함
⑦ 앉아서 운전하는 지게차는 좌석안전띠를 설치해야 함
⑧ 자격을 갖춘 자*로 하여금 운전을 하도록 하여야 함
   * 3톤 이상 : 지게차 운전기능사, 3톤 미만 : 건설기계 조종사 면허증
⑨ 지게차 미사용 시 포크를 지면에 내려두고 보관해야 함

8. 이동식 크레인의 재해유형 및 안전대책

건설현장에서 이동식 크레인은 인양작업, 조립작업 등에 많이 사용되며 그에 따라 안전사고도 여러 가지 유형으로 많이 발생되므로, 전반적인 안전조치 및 대책을 수립한 후 작업을 실시하여야 한다.

(1) 이동식 크레인의 종류

① 트럭 크레인(Truck Crane)
② 크롤러 크레인(Crawler Crane)
③ 유압 크레인(Hydraulic Crane)

(2) 재해유형

① 연약지반상에서 지반보강재 미사용으로 인한 전도
② 급선회, 고속운전 등의 운전결함으로 인한 전도

③ 규정 이상의 중량물 인양으로 인한 도괴
④ 인양 자재 낙하에 의한 재해
⑤ Wire Rope가 특고압 전선에 접촉되어 감전

(3) 안전대책

① 과부하방지장치, 권과방지장치, 브레이크장치 등의 방호장치 부착
　　㉠ 과부하방지장치 : 정격하중 초과 시 자동적으로 경보를 발하며 동력 차단
　　㉡ 권과방지장치 : 일정 한도 이상으로 Wire Rope가 감겨서 위험상태에 이를 때 자동
　　　적으로 모터를 멈추게 하는 장치
　　㉢ 브레이크장치 작동 중 위험상태 발생 시 작동을 중지시키는 장치
② 과도한 압력상승을 방지하기 위해 안전밸브를 압력 이하로 작동되도록 조정
③ 화물을 달아 올릴 때 훅(Hook) 해지장치 사용
④ 크레인 운전은 크레인 운전면허소지자가 운전
⑤ 정격하중 이상 초과 금지
⑥ 이동식 크레인에 기재되어 있는 지브(Jib)의 경사각 준수
⑦ 근로자를 운반하거나 근로자를 달아 올린 상태에서 작업 금지
⑧ 적재물에 탑승을 금지시키고, 부득이한 경우 탑승설비 설치
⑨ 인양화물 밑에 근로자 출입 금지
⑩ 작업 시작 전에 반드시 이동식 크레인 점검
⑪ 기타
　　㉠ 연약지반에서 작업 시 깔판, 밑받침목 등의 침하방지조치를 할 것
　　㉡ 가공전선로 부근에서 작업 시 절연용 방호구 설치 및 충분한 이격거리 확보
　　㉢ 신호수 배치 및 정해진 신호에 따라 작업 실시
　　㉣ 인양화물이 요동하지 않도록 유도 Rope를 사용
　　㉤ 운전원은 화물을 매단 채 운전석 이탈 금지
　　㉥ Wire Rope는 손상, 변형이 없는 것 사용
　　㉦ 작업이 끝나면 동력을 차단시키고 정지조치를 확실히 시행

① 경제성 공학의 개요

1. 경제성 공학의 의의

인간은 누구나 살아가면서 수많은 선택의 상황에 직면하게 된다. 선택의 상황에서 최선의 선택을 하기 위해서는 판단의 기준이 필요하다. 이때 경제성 공학이 하나의 경제적인 선택기준을 제시하게 된다. 경제성 공학(Engineering Economics)이란 사업의 수행 여부를 그 사업의 경제적 타당성, 즉 경제성으로 판단하는 학문이다. 경제성 공학에서 '경제성'이란 최소의 비용으로 최대의 효과를 냄을 의미한다. '공학'이라는 용어는 주로 자연과학의 과학적 지식이나 수학적 지식을 응용하여 인간이 필요로 하는 재화를 경제적으로 창출하는 전문활동 분야를 의미한다. 이 두 용어의 의미를 종합하여 경제성 공학의 의의를 판단해보면 경제성 공학이란 의사선택에 있어서 경제적으로 유리한 방안을 찾아 경제성을 비교하여, 최선의 선택안을 결정하기 위한 이론과 기술의 총합으로 되어 있는 공학이라고 이해하면 되겠다. 따라서 경제성 공학은 경영학과도 밀접한 관련이 있는 경영과학의 한 분야이고 제조업과 서비스업 전반에 걸쳐 매우 포괄적이며 현실성을 강조하는 학문 분야이다.

전술한 바와 같이 경제성 공학에서 '경제성'이란 최소의 비용으로 최대의 효과를 냄을 의미하기 때문에 이러한 경제적 판단이 필요한 다양한 학문 분야에서 조금씩 다른 명칭으로 연구되고 있다. 먼저 경제학(Economics)에서는 경제성 공학과 유사한 개념으로 '비용편익분석(Cost-Benefit Analysis)'이라는 용어를 사용하기도 하고 회계학(주로 원가관리회계(Cost Management Accounting))에서는 '자본예산(Capital Budgeting)'이라는 용어를 사용하기도 한다. 재무학(Finance)에서도 '자본예산(Capital Budgeting)'이나 조금 더 구체적으로 '투자안의 경제성 분석'이라는 용어를 사용하며 연구되어 왔으나 그 이론 전개의 원칙과 본질에 있어서는 유사한 면이 많다고 하겠다.

또한 경제성 공학은 '공학경제'라는 학명으로도 불리는데, 이는 영어의 'Engineering Economics'를 단순히 직역한 것이고, 이 분야의 내용을 잘 반영하고 있는 명칭은 경제성 공학인 듯하다. 현재 국내에서는 두 용어를 혼용하고는 있으나 경제성 공학이라는 명칭이 좀 더 자주 사용되고 있는 것 같다.

2. 경제성 공학의 기능

(1) 최적 투자안의 선별

경제성 공학은 투자안의 경제성을 평가하여 투자 여부를 판단하는 기준으로서의 기능을 한다. 비용과 수익이 발생하는 모든 투자안을 대상으로 경제적 타당성을 평가하므로 경제적으로 가장 효율적인 투자안을 선택하도록 해준다. 투자안에는 재화나 서비스를 생산하는 설비, 공장, 기계, 시스템 등 실물투자의 전반과 자금의 조달 및 운영에 관련한 금융투자의 일부가 포함된다.

(2) 기업가치의 극대화

경제성 공학에서 경제성 판단의 제일원칙이 최소의 비용으로 최대의 수익을 내는 것이므로 이는 이익의 극대화와 동일한 효과를 내며 이는 궁극적으로 개별 경제주체(주로 기업)의 경제적 가치 극대화를 꾀하게 된다.

(3) 경제적 자원의 효율성 제고

경제성 공학을 통하여 최적의 투자안에 우선적으로 투자가 이루어지면 최소의 비용으로 최대의 수익이 가능하므로 한정된 경제적 자원이 가장 효율적으로 사용될 수 있다.

(4) 생산에 있어서 경제성 도입

기업 생산의 구체적 과성에 있어서도 경제성 공학의 개념을 도입하여 의사결정을 하게 되면 설계, 구매, 제조 등의 구체적인 생산과정에서도 효율성이 증대된다.

3. 경제성 공학의 활용 분야

경제성 공학의 활용 분야는 대단히 광범위하다. 경제성 평가가 필요한 어떠한 곳에도 사용이 가능하며 후술하는 기업의 입장에서뿐만 아니라 개인이 경제적 의사결정에서도 포괄적으로 사용이 가능하다. 국가경제에서 주된 생산 경제주체인 기업의 입장에서 경제성 공학의 활용 분야는 다음과 같은 것들이 가능하다.

(1) 투자안의 사업타당성 분석
(2) 신설비의 구입과 대체분석
(3) 프로젝트의 경제적 타당성 분석
(4) 임차와 구입의 선택
(5) 생산제품 혹은 라인의 신설 또는 폐기
(6) 생산, 외주 및 구입의 선택
(7) 원가와 생산량의 결정

(8) 설비의 경제수명의 결정

(9) 자본비용의 결정

(10) 자본 할당 문제의 결정

(11) 감가상각 및 세금 관련 문제의 결정

(12) 사업의 확장과 포기의 결정

(13) 공공사업의 경제성 분석

4. 경제성 공학의 의사결정 프로세스

경제성 공학에서 발생하는 의사결정의 과정은 다음과 같다.

(1) 문제의 인식

문제를 정확히 파악하는 단계이다. 즉, 비용이 과다하게 발생하는지, 개선이 필요한 부문은 어디인지 등에 대한 정확한 조사가 필요하다.

(2) 사업목표의 설정

제품이나 서비스의 기능향상이 목표인지 제품 제조원가의 절감이 목표인지를 설정하고 그에 따라 행동반경을 결정한다.

(3) 관련 정보의 수집 및 분석

목표에 부합하는 대안을 구하기 위한 관련 정보를 수집하고 자료들 간의 상관관계를 분석한다. 또한 현 상태에서 실행의 제한점을 찾아본다.

(4) 가능한 대안의 선별

여러 제한과 목표에 부합하는 가능한 대안을 선별한다.

(5) 판단기준의 선택

여러 대안의 순위를 판별하기 위한 기준을 선택한다.

(6) 최적 대안의 결정

최종적으로 목표에 부합하는 최적 대안을 결정한다.

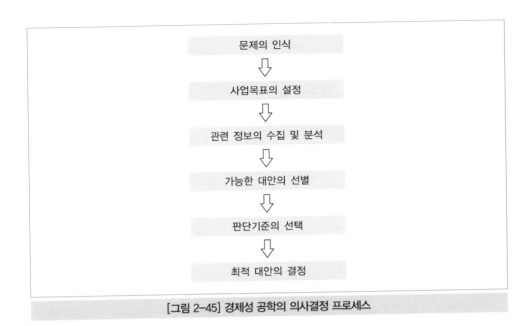

[그림 2-45] 경제성 공학의 의사결정 프로세스

2 기업투자와 경제성

1. 기업투자의 경제성 분석

앞서도 경제성 공학의 활용 분야를 간단히 살펴보았지만 경제성 공학의 많은 활용 분야 중에서도 가장 빈번하게 경제성 공학이 활용되는 분야는 기업에 있어서 투자안의 사업타당성 분석이다. 기업 투자안의 사업타당성 분석은 크게 시장분석, 생산기술분석, 재무분석, 경제성 분석의 4가지 프로세스로 이루어진다.

(1) 시장분석

제품의 시장을 분석하는 것으로써 가능한 수익의 크기를 추정한다. 시장의 크기 및 특성, 경쟁자의 파악, 미래 수요의 추정 등을 판단하여 미래에 창출 가능한 수익을 예측한다.

(2) 생산기술분석

계획된 제품 생산의 실현 가능성과 소요되는 비용을 추산한다. 제품의 기능, 필요한 기술과 공정, 규모, 설비, 공장부지 등이 고려된다.

(3) 재무분석

제품 생산을 위하여 소요되는 비용을 위한 필요자본의 규모, 자본의 조달 및 상환계획 등과 관련한 분석을 한다.

(4) 경제성 분석

최종적으로 사업에서 발생될 현금흐름을 예측하고 이에 따라 수익성을 평가하는 과정이다.

살펴본 바와 같이 기업의 핵심 과업인 사업투자 및 영업을 위해서 경영자는 사업투자에 대한 올바른 의사결정을 해야 하며 이는 기업 미래의 성패를 가르는 중요한 작업이 된다. 따라서 경영자는 사업투자에 대한 최선의 의사결정을 위해 경제성 평가를 필수적으로 실시해야 한다. 그런데 기업 투자의 경제성 평가를 실시하기 위해서는 우선 기업투자의 경제성 평가를 위한 기본자료인 제품제조원가의 개념과 재무제표를 이해하는 것이 필요하다. 따라서 이하에서는 본격적으로 투자안의 경제성평가기법을 논의하기 전에 기업의 원가 개념과 재무제표에 관하여 간략히 살펴보고자 한다.

2. 원가의 개념

(1) 원가의 개념과 구성

경제성 공학에서는 각 투자안을 실행하기 위해 투입된 자원(비용)과 투자안의 성과(수익)를 비교하여 수익과 비용의 차이가 최대인 투자안을 모색하게 되는데, 기업의 투입된 자원이 제품 또는 서비스의 원가이다. 원가를 금액으로 환산하는 것이 원가계산이며 이는 원가회계에서 이루어진다.

원가(Cost)란 특정한 생산목적을 달성하기 위해서 경영활동에 소비된 경제가치 또는 이를 화폐가치로 특정한 것을 의미한다. 원가의 구성은 생산목적을 달성하는 데 소요되는 여러 가지 비용의 총합으로 구성되며 이를 도해하면 [그림 2-46]과 같다.

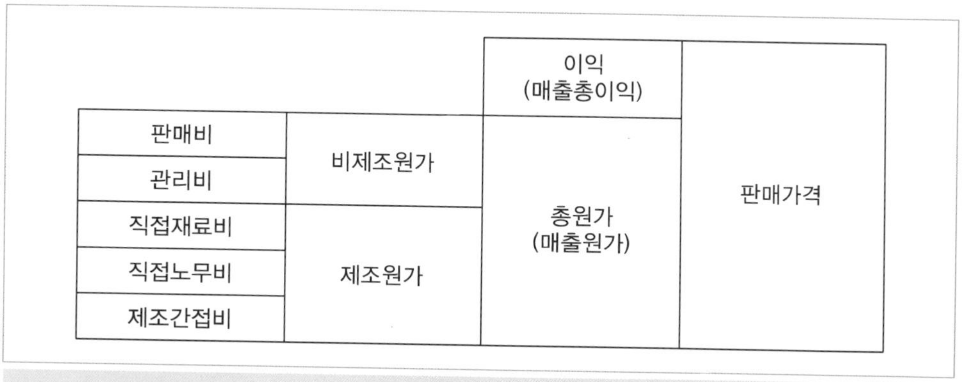

			이익 (매출총이익)	판매가격
판매비	비제조원가		총원가 (매출원가)	
관리비				
직접재료비	제조원가			
직접노무비				
제조간접비				

[그림 2-46] 원가의 구성

제품을 판매하면 이익을 계산하게 되는 근거가 되는 것이 총원가(Cost)이다. 이는 매출원가라고 불리기도 하며 제품이나 서비스를 생산 · 제공하기 위해 소요되는 모든 원가의 총합이다. 총원가는 제조원가와 판매비, 일반관리비를 합한 값이다.

(2) 원가의 분류

1) 기능에 따른 분류

기업의 경영활동은 기능에 따라 크게 제조활동과 비제조활동으로 구분된다. 제조활동이란 종업원의 노동력과 생산설비 및 기타 용역을 이용하여 원재료를 제품으로 가공하는 활동을 말하며, 비제조활동은 제조활동 이외의 판매 및 관리활동을 말한다. 따라서 원가를 기능에 따라 분류하면 제조원가와 비제조원가로 나눌 수 있다.

① 제조원가

제조원가(Manufacturing Cost)란 제품을 생산하는 과정에서 소요되는 모든 원가를 의미하며 직접재료비, 직접노무비, 직접경비, 제조간접비로 이루어진다.

- 직접재료비(Direct Materials)란 제품을 생산하기 위하여 사용되는 원재료의 원가로서 특정 제품에 직접 추적할 수 있는 원가를 의미한다. 예를 들어, 정유공장에서 사용되는 원유나 복숭아통조림에 사용되는 복숭아 등의 원가가 이에 해당된다.

- 직접노무비(Direct Labor)란 생산직 근로자에게 노동의 대가로 지급되는 원가로서 특정제품에 직접 추적할 수 있는 원가를 의미한다. 예를 들어, 선박의 건조장에서 조립작업에 종사하는 근로자에게 지급되는 시간급은 직접노무비에 해당한다.

- 제조간접비(Factory Overhead)란 직접재료비와 직접노무비 이외에 모든 제조원가를 말한다. 공장건물이나 설비의 감가상각비, 임차료, 생산설비의 운영 및 보수유지비, 전력요금, 수도요금, 생산감독자 급여, 공장사무실 운영비, 보험료, 각종 제세공과금 등이 해당된다.

② 비제조원가

비제조원가(Non－Manufacturing Cost)란 제조활동과 관계없이 판매 및 관리활동과 관련하여 발생하는 원가를 말하며, 이는 판매비와 관리비의 두 가지로 나누어진다.

- 판매비(Marketing Cost)란 고객의 주문을 받아 제품을 인도하는 과정에서 소요되는 원가를 의미한다. 판매수수료, 판매운송비, 판매부서의 운영비, 판매직원의 급여, 광고선전비 등이 해당된다.

- 관리비(Administrative Cost)란 기업조직을 유지하고 관리하기 위해 소요되는 원가를 의미한다. 사무용 본사 건물의 감가상각비, 임차료, 경영자의 급여, 사무원의 급여, 관리부서의 운용비, 전력요금, 각종 제세공과금 등이 해당된다.

다만 여기서 주의해야 할 점은 제조원가인 제조간접비와 명확히 구분해야 한다는 것이다. 같은 건물의 임차료라도 제조활동에 쓰이는 건물(공장)의 임차료라면 제조원가인 제조간접비에 해당되지만 사무용 건물의 임차료는 비제조원가인 관리비에 해당되는 것이다.

2) 추적 가능성에 따른 분류

원가는 다시 원가대상에 대한 추적 가능성에 따라 직접원가와 간접원가로 구분된다.

① 직접원가

직접원가(Direct Cost)란 특정 원가대상에 직접 추적할 수 있는 원가를 말하며, 직접재료비와 직접노무비 등이 해당된다.

② 간접원가

간접원가(Indirect Cost)란 특정 원가대상에 직접 추적할 수 없는 원가를 말하며, 제조간접비가 그 대표적인 예이다.

예를 들어, 특정 선박에 투입되는 원재료의 원가(가령 철판이나 원목)나 조립공정의 근로자의 급여는 특정 선박별로 직접 대응이 가능하나, 선박건조장의 임차료나 설비의 감가상각비는 개별 선박에 직접적으로 대응시키기가 곤란하다.

또한 어떤 원가가 원가대상에 직접적으로 추적할 수 있다고 하더라도 비용·효익 관점에서 추적의 효익이 비용보다 작으면 그 원가는 간접원가로 분류된다. 가령 자동차를 제조하는 데 사용되는 나사를 사용되는 개수별로 직접 대응시키려면 불가능한 것도 아니겠으나 이는 추적의 효익이 비용에 미치지 못한다고 보아 제조간접비로 분류하여 간접비로 처리하게 된다. 일반적으로 재료비와 노무비와 같이 중요비용만 직접비로 분류하고 나머지는 제조간접비로 처리하는 것도 이러한 이유이다. 하지만 기업이나 제품의 특성에 따라 추적의 효용이 비용을 초과한다면 일반적인 제조간접비라고 해도 직접비로 하여 개별 원가대상에 추적시키는 것이 타당하다.

제조간접비	간접 제조원가	제조원가
직접노무비	직접 제조원가	
직접재료비		

[그림 2-47] 추적 가능성에 따른 제조원가의 분류

3) 원가행태에 따른 분류

원가행태(Cost Behavior)란 조업도의 변동에 따른 원가의 변화양상을 말한다. 원가는 이러한 원가행태에 따라 변동비와 고정비로 분류할 수 있다.

① 변동비

변동비(Variable Cost)는 조업도의 변동에 따라 비례하여 금액이 변화하는 원가를 말한다. 직접재료비, 직접노무비, 소모품비, 매출액의 일정 비율로 지급되는 판매수수료 등이 변동비에 해당한다. [그림 2-48]은 변동비의 행태를 나타내는 그래프이다.

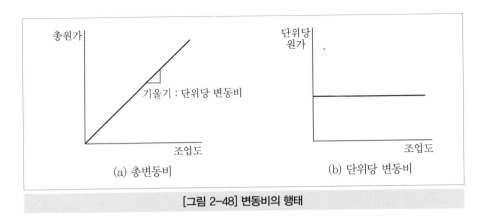

[그림 2-48] 변동비의 행태

그래프를 보면 변동비의 정의에 의해 총변동비는 조업도의 변동에 따라 비례적으로 변화하지만 단위당 변동비의 관점에서는 조업도의 변동과 관계없이 일정하다는 것을 나타낸다.

② 고정비

고정비(Fixed Cost)는 조업도가 변동하더라도 총액이 일정하게 유지되는 원가를 말한다. 임차료, 감가상각비, 보험료, 재산세 등이 고정비에 해당된다. [그림 2-49]는 고정비의 행태를 나타내는 그래프이다.

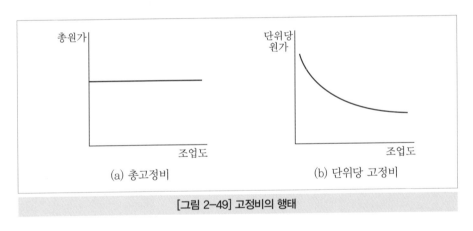

[그림 2-49] 고정비의 행태

그래프를 보면 고정비의 정의에 의해 총고정비는 조업도의 변동에 관계없이 일정하지만 단위당고정비의 관점에서는 조업도가 증가함에 따라 점차 감소함을 나타낸다. 총원가를 행태별로 분류해보면 [그림 2-50]과 같다.

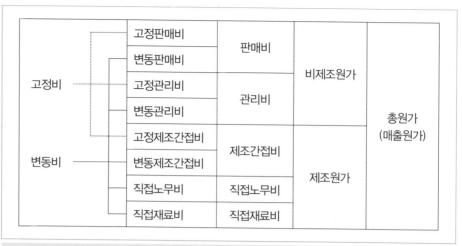

[그림 2-50] 총원가의 원가행태

[그림 2-50]을 보면 제조원가 중에 직접재료비와 직접노무비만 전부 변동비이고, 나머지 제조간접비나 판매비 및 관리비는 여러 항목으로 구성된 만큼 구성항목의 특성에 따라 변동비와 고정비로 나누어짐을 알 수 있다. 가령 제조간접비의 경우 공장의 소모품이나 윤활유 따위의 것들은 조업도가 증가함에 따라 사용금액이 같이 증가하는 변동비의 성격을 띨 것이고, 공장건물이나 공장설비의 임차료, 공장관리자의 급여와 같은 것은 조업도의 증감과 무관한 고정비의 성격을 띨 것이다.

3. 회계의 개념

(1) 회계의 개념

1) 회계의 정의

회계(Accounting)는 전통적으로 '기업의 거래를 기록하고 분류 및 요약·해석하는 기술'로 정의되어 왔다. 이는 단순히 회계의 장부기장(Book-keeping, 부기)이라는 기술적 측면만을 강조한 것이었다.

그러나 사회가 발달해감에 따라 회계에 대한 기존의 인식은 점차 변화되었다. 1966년 미국회계학회(AAA ; American Accounting Association)에서는 보고서를 통해 회계를 '정보이용자가 합리적인 판단이나 의사결정을 할 수 있도록 경제적 정보를 식별하고 측정하여 전달하는 과정'이라고 정의하였다. 이러한 정의는 회계를 단순한 기술로 보는 기존의 협소한 의미의 정의와는 달리 회계를 사회의 정보시스템의 하나로 간주하고 있는 것이다. 즉, 기존의 정의가 회계정보를 화폐적 정보와 과거에 대한 정보로 한정한 데 반해, 이 정의는 비화폐적 정보와 미래에 대한 정보도 회계정보의 범위에 포함시켰으며 의사결정 유용성(Usefulness to Decision Making)을 강조하고 있음을 알 수 있다.

여기서 의사결정 유용성이란 회계에서 제공되는 회계정보가 의사결정자들의 의사결정에 유용하여야 한다는 것을 의미하며, 최근의 현대회계에서는 이 의사결정 유용성을 재무제표의 주목적으로 보고 있다.

2) 회계정보의 이용자

전술한 회계정보를 이용하는 회계정보수요자, 즉 회계정보를 이용하여 의사결정을 하는 의사결정자는 다음과 같다.

① 주주

매입한 또는 매입할 주식을 통해 수익을 얻으려고 하는 주식투자자들은 주식의 매입과 보유 및 처분에 대한 의사결정을 하여야 하며 이러한 의사결정을 하기 위하여 기업에 관한 재무정보를 필요로 한다.

② 채권자

자금대여를 통해 이자수익을 얻으려고 하는 채권자는 특정 기업에 자금대여 여부 및 이자율의 결정을 위하여 기업에 관한 재무정보를 필요로 한다.

③ 경영자

기업의 성과평가 및 합리적인 투자결정 등을 통하여 성공적인 기업경영을 위하여 기초자료로서 기업의 재무정보를 필요로 한다.

④ 신용평가기관

주식 및 채권 투자자에게 투자 및 기업의 신용정보를 제공하기 위하여 기업의 재무정보를 필요로 한다.

⑤ 종업원

현재 자신이 속한 기업에서 계속하여 근속할 것인지의 여부 및 이직의 검토 또는 자신의 성과를 기본으로 하는 근로계약의 내용을 결정하기 위한 기초자료로서 기업의 재무정보를 필요로 한다.

⑥ 거래처

매입채무 및 기타 미지급금의 지급능력을 평가하기 위하여 기업의 재무정보를 필요로 한다.

⑦ 고객

기업과 장기간의 거래를 유지해야 할 필요가 있거나 그 의존도가 높은 경우 해당 기업의 재무적 정보를 필요로 하게 된다.

⑧ 정부 및 감독기관

기업의 이익에 대한 세금을 부과하거나 공익목적을 위하여 기업규제의 필요가 있는 경우 기업의 재무정보를 필요로 하게 된다.

⑨ 일반대중

기업의 성장 추세, 최근의 동향, 활동범위, 기업의 지역경제에 미치는 영향 등을 파악하고자 할 때 기업의 재무정보를 필요로 하게 된다.

이와 같은 회계정보이용자 중에서 경영자·종업원은 기업 내부의 정보이용자로 분류하고, 주주·채권자 정부 등과 같은 자는 기업의 외부 정보이용자로 분류한다.

3) 회계의 분류

회계는 정보이용자를 기준으로 크게 재무회계, 관리회계, 세무회계 세 가지로 분류하기도 한다.

① 재무회계

재무회계(Financial Accounting)란 외부정보이용자들의 의사결정에 유용한 정보를 제공하는 것을 목적으로 하는 회계의 분야이다. 재무회계는 기업의 과거 사건이나 거래의 결과로 나타나는 현재의 재무상태, 경영성과 및 재무상태의 변동 등을 주로 재무제표를 통하여 기업 외부의 정보이용자들에게 보고한다.

② 관리회계

관리회계(Managerial Accounting)란 기업 내부의 정보이용자들이 기업경영 등에 있어서 유용한 정보를 제공하는 것을 목적으로 하는 회계의 분야이다. 기업경영에 가장 중요한 정보 중에 하나인 원가정보를 제공하는 것을 원가회계(Cost Accounting)라고 하며, 관리회계와 따로 구분하여 원가관리회계라고도 한다. 내부의 정보이용자들을 위한 재무정보는 정보의 생산자와 수요자가 일치하기 때문에 정보이용자의 의사결정에 유용하기만 하면 정보제공의 형태에는 제한이 없이 자유롭다.

③ 세무회계

세무회계(Tax Accounting)는 기업 외부의 정보이용자 중에서도 과세관청의 세금부과의 기초가 되는 과세소득 계산하는 것을 목적으로 하는 회계 분야이다.

(2) 재무회계의 사회적 기능

재무회계는 기업의 재무상태와 경영성과에 대한 정보를 투자자와 채권자 등 외부정보이용자들에게 제공하는 것을 목적으로 한다. 이러한 정보의 제공이 기업의 이해관계자(외부정보이용자)들의 합리적인 의사결정 도움으로 인해 사회 전체의 입장에서 어떤 결과를 가져오는지 살펴본다.

1) 자원의 효율적 배분

전술한 바와 같이 인간의 욕망은 무한한 데 비해 이를 충족시킬 자원은 한정적이다. 따라서 한정적인 자원의 효율적인 이용은 반드시 필요하다. 이러한 맥락에서 재무회계는 한정적인 자원을 생산성이 높은 기업에게 먼저 배분되게 하여 사회적 자원이용의 효율성을 높여주는 기능을 수행한다. 투자자는 자신의 투자수익 극대화를 위하여 기업의 재무적 성과를 바탕으로 생산성이 높은 기업에 우선적으로 투자를 하게 될 것이므로 회계는 희소한 사회적 자원의 효율적 배분에 기여하게 되는 것이다.

2) 수탁책임에 관한 보고

소유와 경영이 분리된 현대 기업경영체계에서 주주는 경영자에게 기업의 경영을 위탁하며, 채권자 또한 자신의 자본을 회사의 경영자에게 간접적으로 위임하는 결과를 갖는다. 이러한 시스템을 통해 자본가는 스스로 기업을 운영하지 않고 전문경영자에게 자신의 자본을 관리하도록 함으로써 사회 전체적으로 볼 때 효율적인 자본의 운영이 가능하도록 하게 된다.

따라서 경영자는 주주나 채권자로부터 수탁받은 자본을 효율적으로 관리 · 경영할 책임을 지며 이를 수탁책임(Stewardship Responsibilities)이라고 한다. 또한 경영자는 수탁받은 경영책임을 효과적으로 수행하였는지 여부를 주주 및 채권자에게 보고해야 할 의무 또한 갖게 되는데, 재무회계가 이러한 수탁책임에 관한 보고의 주요 수단이 되는 것이다.

3) 합리적인 사회적 통제

현대의 고도 산업사회에서 기업의 중요성은 날로 증가하고 있으며 다양한 각도에서 기업에 관한 모니터링과 적절한 통제는 필요불가결한 것으로 받아들여지고 있다. 국가정책의 수립, 세금의 부과 및 공공요금의 책정, 노사 간 임금협상 등의 사회적 문제의 결정에 있어서도 기업의 재무회계정보는 보다 합리적인 선택을 돕게 된다.

3 재무회계의 목적과 재무제표

1. 재무회계의 목적과 재무제표

전술한 바와 같이 재무회계는 주주나 채권자 등 기업의 외부정보이용자에게 경제적 의사결정에 유용한 정보를 제공하는 것을 목적으로 하는 회계의 한 분야이다. 이러한 유용한 정보 제공을 위한 주된 수단으로 재무제표(Financial Statements)를 사용한다.

재무제표는 기업에 관한 재무적 정보를 기업 외부의 정보이용자에게 전달하는 핵심적 재무보고 수단이다. 의사결정에 유용한 재무보고를 위해서는 다양한 회계정보가 제공되어야 하며 이를 위해서 한 가지의 재무제표로는 정보전달에 한계가 있기 때문에 재무제표에는 대차대조표, 손익계산서, 현금흐름표, 자본변동표, 이익잉여금처분계산서의 형태가 있다.

(1) 대차대조표

기업의 일정시점의 재무상태를 나타내는 정태적 보고서

(2) 손익계산서

기업의 일정기간의 경영성과를 나타내는 동태적 보고서

(3) 현금흐름표

기업의 일정 기간 동안에 발생한 현금의 변동내용을 나타내는 동태적 보고서이다.

(4) 자본변동표

기업의 일정 기간 동안에 발생한 자본의 변동내용을 나타내는 동태적 보고서이다.

(5) 이익잉여금처분계산서

기업의 이익처분에 관한 내용을 나타내는 보고서이다.

이하에서는 재무제표분석에서 가장 중요하게 이용되는 재무제표인 대차대조표와 손익계산서에 대하여 살펴본다.

2. 대차대조표

(1) 대차대조표의 기본구조

대차대조표(Balance Sheet)란 일정 시점 현재 기업이 보유하고 있는 경제적 자원인 자산과 경제적 의무인 부채, 그리고 자본에 대한 정보를 제공하는 재무보고서로서 정보이용자들이 기업의 유동성, 재무적 탄력성, 수익성 및 위험 등을 평가하는 데 유용한 정보를 제공한다.

대차대조표

A사	20××년 12월 31일 현재		
유 동 자 산	×××	유 동 부 채	×××
당 좌 자 산	×××	비 유 동 부 채	×××
재 고 자 산	×××	부 채 총 계	×××
비 유 동 자 산	×××	자 본 금	×××
투 자 자 산	×××	자 본 잉 여 금	×××
유 형 자 산	×××	자 본 조 정	×××
무 형 자 산	×××	기타포괄손익누계액	×××
기타비유동자산	×××	이 익 잉 여 금	×××
		자 본 총 계	×××
자 산 총 계	×××	부 채 와 자 본 총 계	×××

[그림 2-51] 대차대조표의 예

대차대조표의 기본요소는 자산, 부채, 자본의 3요소로 구성되며, 이를 등식으로 나타내면 다음과 같다.

> 자산＝부채＋자본

① 자산(Assets) : 과거의 거래나 사건의 결과로서 현재 기업실체에 의해 지배되고 미래에 경제적 효익을 창출할 것으로 기대되는 자원
② 부채(Liabilities) : 과거의 거래나 사건의 결과로 현재 기업실체가 부담하고 있고 미래에 자원의 유출 또는 사용이 예상되는 의무
③ 자본(Shareholder'S Equity) : 기업실체의 자산 총액에서 부채 총액을 차감한 잔여액 또는 순자산으로서 기업실체의 자산에 대한 소유주의 잔여청구권

(2) 대차대조표의 기본 3요소

1) 자산

자산(Assets)이란 과거의 거래나 사건의 결과로서 현재 기업실체에 의해 지배되고 미래에 경제적 효익을 창출할 것으로 기대되는 자원이다. 자산을 대차대조표에 나타낼 때에는 정보이용자들이 이해하기 쉽도록 해당 자산의 성격을 잘 나타낼 수 있는 계정의 명칭을 사용해야 하며, 다음과 같이 일정한 순서에 따라 분류하여 나열해야 한다.

① 유동자산
유동자산이란 대차대조표일로부터 주로 1년 또는 개별기업의 정상영업주기 내에 현금화되는 자산을 의미하며 당좌자산과 재고자산이 있다.
- 당좌자산
판매과정을 거치지 않고 대차대조표일로부터 1년 이내에 현금화할 수 있는 자산으로서 현금 및 현금성자산, 단기금융상품, 매출채권, 미수금 등이 있다.
- 재고자산
판매과정을 거침으로써 대차대조표일로부터 1년 이내에 현금화할 수 있는 자산으로서 상품, 제품, 재공품, 원재료 등이 있다.
② 비유동자산
비유동자산이란 대차대조표일로부터 주로 1년 또는 개별기업의 정상영업주기 내에 현금화되지 않는 자산을 의미하며 투자자산, 유형자산, 무형자산, 기타 비유동자산이 있다.
- 투자자산
다른 회사를 지배하거나 장기적인 투자수익을 목적으로 보유하고 있는 자산으로서 장기금융상품, 매도가능증권, 장기대여금 등이 있다.
- 유형자산
영업활동에 사용할 목적으로 보유하는 물리적 형태가 있는 자산으로서 토지, 건물, 기계장치, 비품 등이 있다.
- 무형자산
영업활동에 사용할 목적으로 보유하는 물리적 형태가 없는 자산으로서 특허권, 상표권, 영업권 등이 있다.

- 기타 비유동자산

  비유동자산 중 투자자산, 유형자산, 무형자산으로 분류되지 않는 자산으로서 보증금, 장기미수금 등이 있다.

2) 부채

부채(Liabilities)란 과거의 거래나 사건의 결과로 현재 기업실체가 부담하고 있고 미래에 자원의 유출 또는 사용이 예상되는 의무를 말한다. 부채를 대차대조표에 나타낼 때에는 정보이용자들이 이해하기 쉽도록 해당 자산의 성격을 잘 나타낼 수 있는 계정의 명칭을 사용해야 하며, 다음과 같이 일정한 순서에 따라 분류하여 나열해야 한다.

① 유동부채

  유동부채란 대차대조표일로부터 만기가 주로 1년 또는 개별기업의 정상 영업주기 이내에 도래하는 부채로서 매입채무, 단기차입금, 미지급비용 등이 있다.

② 비유동자산

  비유동부채란 대차대조표일로부터 만기가 주로 1년 또는 개별기업의 정상 영업주기 이후에 도래하는 부채로서 장기차입금, 장기미지급비용 등이 있다.

3) 자본

자본(Shareholder'S Equity)이란 기업실체의 자산 총액에서 부채 총액을 차감한 잔여액 또는 순자산으로서 기업의 자산 중 주주 또는 출자자에 의하여 제공된 부분을 말하며 이는 기업실체의 자산에 대한 소유주의 잔여청구권을 의미한다. 자본을 대차대조표에 나타낼 때에는 정보이용자들이 이해하기 쉽도록 해당 자산의 성격을 잘 나타낼 수 있는 계정의 명칭을 사용해야 하며, 다음과 같이 일정한 순서에 따라 분류하여 나열해야 한다.

① 자본금

  자본금이란 주식 발생 시 발행주식의 액면금액에 해당하는 가액을 의미한다.

② 자본잉여금

  자본잉여금이란 주주 또는 출자자에 의하여 제공된 금액 중 자본금을 초과한 부분을 말하는 것으로 주식발행초과금 등이 있다.

③ 자본조정

  자본조정이란 주주와의 거래에서 발생한 것으로 자본금이나 자본잉여금으로 분류할 수 없는 부분을 말하는 것으로 자기주식 등이 있다.

④ 기타 포괄손익누계액

  기타 포괄손익누계액이란 손익계산서에 포함되지 않는 손익의 잔액을 말하는 것으로 매도가능증권평가손익 등이 있다.

⑤ 이익잉여금

이익잉여금이란 영업활동이나 재무활동 등 기업의 이익창출활동에 의하여 축적된 이익으로서 주주에게 배당금을 지급하고 남은 부분을 말하는 것으로서 법정적립금, 임의적립금, 미처분이익잉여금이 있다.

- 법정적립금
  상법 등의 법규에 의하여 의무적으로 적립하는 이익잉여금을 말한다.
- 임의적립금
  기업이 임의적으로 적립한 이익잉여금을 말한다.
- 미처분이익잉여금
  기업이 벌어들인 이익 중 배당이나 다른 이익잉여금으로 처분되지 않고 남아 있는 이익잉여금을 말한다.

| 표 2-14 | 대차대조표 계정의 분류

구분			내용
자산	유동자산	당좌자산	현금 및 현금성자산, 단기투자자산(단기금융상품, 단기매매증권, 단기대여금, 유동자산으로 분류하는 매도가능증권 및 만기보유증권), 매출채권, 선급비용, 단기이연법인세자산, 미수수익, 미수금, 선급금 등
		재고자산	상품, 제품, 반제품, 재공품, 원재료, 저장품, 기타
	비유동자산	투자자산	투자부동산, 장기투자증권(만기보유증권, 매도가능증권), 지분법적용투자주식, 장기대여금, 기타
		유형자산	토지, 설비자산, 건설 중인 자산, 기타
		무형자산	영업권, 부의영업권, 산업재산권, 개발비, 기타
		기타 비유동자산	장기이연법인세자산, 임차보증금, 장기매출채권, 장기미수금 등 투자자산 · 유형자산 · 무형자산에 속하지 않는 비유동자산
부채	유동부채		단기차입금, 매입채무, 미지급법인세, 미지급비용, 단기이연법인세부채, 기타
	비유동부채		사채, 신주인수권부사채, 전환사채, 장기차입금, 퇴직급여충당부채, 장기제품보증충당부채, 장기이연법인세부채, 기타
자본	자본금		보통주자본금, 우선주자본금
	자본잉여금		주식발생초과금, 감자차익, 자기주식처분이익, 기타자본잉여금(전환권대가, 신주인수권대가)
	자본조정		자기주식, 주식할인발행차금, 신주청약증거금, 주식선택권, 출자전환채무, 감자차손, 자기주식처분손실, 기타
	기타 포괄손익누계액		매도가능증권평가손익, 해외사업환산손익, 현금흐름위험회피파생상품평가손익, (부의)지분법자본변동, 기타
	이익잉여금		법정적립금(이익준비금, 기타 법정적립금), 임의적립금, 미처분이익잉여금

3. 손익계산서

(1) 손익계산서의 기본구조

손익계산서(Income Statement)란 일정 기간 동안의 기업의 경영성과를 나타내는 동태적 재무제표로서 기업의 이익창출능력에 관한 정보를 제공한다.

<table>
<tr><td colspan="3" align="center">손익계산서</td></tr>
<tr><td>A사</td><td align="center">20××년 1월 1일부터 12월 31일까지</td><td></td></tr>
<tr><td>매　출　액</td><td></td><td align="right">×××</td></tr>
<tr><td>매　출　원　가</td><td></td><td align="right">(×××)</td></tr>
<tr><td>매　출　총　이　익</td><td></td><td align="right">×××</td></tr>
<tr><td>판매비와관리비</td><td></td><td align="right">(×××)</td></tr>
<tr><td>영　업　이　익</td><td></td><td align="right">×××</td></tr>
<tr><td>영　업　외　수　익</td><td></td><td align="right">×××</td></tr>
<tr><td>영　업　외　비　용</td><td></td><td align="right">(×××)</td></tr>
<tr><td>경　상　이　익</td><td></td><td align="right">×××</td></tr>
<tr><td>특　별　이　익</td><td></td><td align="right">×××</td></tr>
<tr><td>특　별　손　실</td><td></td><td align="right">(×××)</td></tr>
<tr><td>법 인 세 비 용 차 감 전 순 이 익</td><td></td><td align="right">×××</td></tr>
<tr><td>법　인　세　비　용</td><td></td><td align="right">(×××)</td></tr>
<tr><td>당　기　순　이　익</td><td></td><td align="right">×××</td></tr>
</table>

[그림 2-52] 손익계산서의 예

손익계산서의 기본요소는 수익, 비용, 이익의 3요소로 구성되며, 이를 등식으로 나타내면 다음과 같다.

비용+이익＝수익

① 수익(Revenue) : 기업의 경영활동과 관련된 재화의 판매, 용역의 제공 등의 대가로 발생하는 자산의 유입 또는 부채의 감소를 말하여, 매출액, 영업외수익 등이 있다.

② 비용(Expense) : 기업의 경영활동과 관련된 재화의 판매, 용역의 제공 등의 대가로 발행하는 자산의 유출이나 사용 또는 부채의 증가를 말하며, 매출원가, 판매비와 관리비, 영업 외 비용, 법인세비용 등이 있다.

③ 이익(Income) : 기업의 수익에서 비용을 차감한 잔여액을 말한다.

손익계산서를 공시할 때에는 정보이용자들이 이해하기 쉽도록 해당 수익과 비용의 성격을 잘 나타낼 수 있는 계정의 명칭을 사용해야 하며, 위에 제시한 손익계산서의 양식과 같이 일정한 순서에 따라 분류하여 나열해야 한다. 이하에서는 손익계산서 양식의 순서에 따라 각 항목들에 관하여 간략히 살펴본다.

(2) 손익계산서의 구성요소

1) 매출액

매출액이란 기업의 주된 영업활동에서 발생한 제품, 상품, 용역 등을 제공하고 발생하는 수익을 말한다. 예를 들어, 삼성전자의 스마트폰 판매수익은 매출액이 된다. 다만 여기서 주의할 점은 기업의 주된 영업이 무엇이냐에 따라 매출액으로 분류되는 수익은 달라지게 된다는 것이며 가령 삼성전자에서는 이자수익으로 분류되는 수익이 국민은행의 입장에서는 같은 수익일지라도 매출액으로 분류된다는 점에 유의해야 한다.

2) 매출원가

매출원가란 매출을 얻기 위하여 직접적으로 소비된 원가를 의미한다. 제조기업의 경우 제품의 제조원가, 상기업의 경우 상품의 취득원가가 이에 해당된다.

3) 매출총이익

매출총이익이란 매출액에서 매출원가를 차감한 잔액으로서 기업의 매출활동을 통하여 얻은 이익을 의미한다.

4) 판매비와 관리비

판매비와 관리비란 매출원가와는 달리 매출수익을 얻기 위하여 직접적으로 발생한 원가는 아니나 매출을 위해 간접적으로 발생한 원가를 의미한다. 판매 및 관리직원의 급여, 감가상각비, 광고선전비, 매출채권의 대손상각비 등이 이에 해당된다.

5) 영업이익

영업이익은 매출총이익에서 판매비와 관리비를 차감한 잔액을 말하는 것으로서 기업의 주된 영업활동의 결과로 거두어들인 이익을 의미한다.

6) 영업 외 수익

영업 외 수익이란 기업의 주된 영업활동의 결과로 발생하는 수익 외에 부수적으로 발생하는 수익을 의미한다. 영업 외 수익에는 이자수익, 임대료수익, 유형자산처분이익 등이 해당된다.

7) 영업 외 비용

영업 외 비용이란 기업의 주된 영업활동과는 관련이 없으나 영업활동의 결과 부수적으로 발생하는 비용을 말한다. 영업 외 비용에는 이자비용, 유형자산처분손실 등이 있다.

8) 경상이익

경상이익이란 영업이익에 영업 외 수익을 가산하고 영업 외 비용을 차감한 금액으로서 기업의 영업활동의 결과 경상적·반복적으로 발생하는 이익을 의미한다.

9) 특별이익

특별이익이란 기업의 영업활동의 결과 경상적·반복적으로 발생하는 경상이익 외에 비경상적 · 비반복적으로 발생하는 이익을 의미하며, 이에는 자산수증이익, 채무면제이익, 보험차익 등이 있다.

10) 특별손실

특별손실이란 기업의 영업활동 결과에 의해 경상적 · 반복적으로 발생하는 경상손익 외에 비경상적 · 비반복적으로 발생하는 손실을 의미하며, 이에는 전쟁 · 자연재해 등으로 발생하는 손실, 법률에 의한 자산의 몰수손실 등이 있다.

11) 법인세비용 차감 전 순이익

법인세비용 차감 전 순이익이란 경상이익에 특별이익을 가산하고 특별손실을 차감한 금액으로서 기업의 손익에 대한 법인소득세를 차감하기 전의 총이익의 의미를 갖는다.

12) 법인세비용

법인을 납세의무자로 하고 법인의 소득을 과세대상으로 하는 법인세를 말하며, 이는 법인(기업)의 입장에서는 비용에 해당된다.

13) 당기순이익

당기순이익이란 법인세비용 차감 전 순이익에서 법인세비용을 차감한 금액으로 기업의 영업활동결과 모든 수익과 비용을 총계한 총이익의 의미를 갖는다.

참고

계정과목		금액
I. 매출액		5,000
II. 매출원가		3,000
1. 기초재고액	500	
2. 당기제품 제조원가 및 상품매입액	3,400	
3. 기말 재고액	900	
III. 매출총이익		2,000
IV. 판매비와 관리비		970
1. 급여 및 복리후생비	400	
2. 임차료	80	
3. 지급수수료	70	
4. 감가상각비	300	
5. 광고선전비	100	
6. 기타	20	
V. 영업이익		1,030
VI. 영업 외 수익		500
VII. 영업 외 비용		800
VIII. 경상이익		730
IX. 특별이익		45
X. 특별손실		150
XI. 법인세비용 차감 전 순이익		625
XII. 법인세		125
XIII. 당기순이익		500

4. 재무제표분석

(1) 재무제표분석의 의의

재무제표분석(Financial Statement Analysis)이란 재무제표이용자의 의사결정에 도움이 되도록 재무제표에 포함된 정보를 이용 가능한 상태로 가공하여 제공하는 것을 말한다. 재무제표분석은 기업의 과거 경영성과와 현재의 재무상태를 평가하고 미래의 수익잠재력과 관련 위험을 예측하기 위하여 수행된다.

재무제표분석은 재무제표를 바탕으로 하는 분석기법이므로 대차대조표, 손익계산서, 현금흐름표, 자본변동표, 이익잉여금처분계산서가 분석의 대상이 되지만, 이 중에서도 대차대조표와 손익계산서가 가장 중요하며 실제로 재무제표분석은 주로 이 두 가지의 재무제표를 중심으로 이루어진다.

(2) 재무제표분석의 기법

재무제표분석의 기법에는 크게 추세분석, 수직적 분석, 재무비율분석의 세 가지가 있다.

1) 추세분석

추세분석(Trend Analysis)이란 두 기 이상의 연속된 회계기간에 대해서 재무제표 항목들의 변화를 비교 · 분석하는 기법으로서 수평적 분석이라고도 한다. 이 기법은 기업의 장기간에 걸친 변화를 살펴보는 데 유리하다. 가령 일련의 회계기간 동안 기업의 매출액 성장률을 알아보는 것이 그 대표적인 예이다.

2) 수직적 분석

수직적 분석(Vertical Analysis)이란 재무제표에서 이를 구성하고 있는 각 항목 간의 상대적인 크기를 비율로서 표시해보는 기법을 말한다. 이 기법은 재무제표의 각 구성요소들이 차지하는 상대적 중요성을 살펴보는 데 유리하다. 가령 매출액 대비 매출원가비율을 파악하여 동종 산업의 타 기업과 비교해보는 수직적 분석은 정보이용자에게 여러 가지 유용한 시사점을 제공해 줄 수 있다.

3) 재무비율분석

재무비율분석(Financial Ratio Analysis)이란 재무제표상의 개별 항목 간의 비율을 산출하여 기업의 재무상태나 경영성과를 분석하는 기법을 말한다. 재무비율분석은 기업의 유동성 · 안정성 · 수익성 등을 평가하는 데 유익한 정보를 제공하므로 은행이 기업에 자금을 대출해줄 때 신용분석수단으로 많이 활용하며, 투자자들의 투자분석수단으로도 두루 활용되는 기법이다.

재무제표분석에서 재무비율분석은 가장 중요하게 사용되는 기법이므로 이하에서 다시 살펴보기로 한다.

(3) 재무비율분석

재무비율은 크게 다음의 4가지로 나누어진다.

1) 유동성 비율

유동성 비율(Liquidity Ratio)이란 기업의 단기채무에 대한 지급능력을 측정할 수 있는 재무비율분석기법으로서 대표적인 유동성 비율에는 유동비율과 당좌비율이 있다.

① 유동비율

유동비율(Current Ratio)이란 유동자산을 유동부채로 나눈 비율로서 단기채무를 상환할 수 있는 유동자산이 얼마나 되는가를 나타내는 비율이다. 유동비율을 통해 기업의 지급능력 및 신용도를 평가할 수 있으며 일반적으로 유동비율이 2 이상이면 바람직하다고 판단한다.

$$유동비율 = \frac{유동자산}{유동부채}$$

② 당좌비율

당좌비율(Quick Ratio)이란 유동자산에서 재고자산을 차감한 당좌자산을 유동부채로 나눈 비율로서 재고자산과 같은 유동성이 낮은 재고자산을 제외한 당좌자산으로만 단기채무를 상환할 수 있는 능력이 얼마나 되는지를 나타내는 비율이다. 당좌비율을 통해 기업의 지급능력 및 신용도를 엄격하게 평가할 수 있으며 일반적으로 유동비율이 1 이상이면 바람직하다고 판단한다.

$$당좌비율 = \frac{당좌자산}{유동부채}$$

2) 활동성 비율

활동성 비율(Activity Ratio)이란 기업이 얼마나 효율적으로 자산을 활용하였는지를 알 수 있는 지표로서 대표적인 활동성 비율에는 매출채권회전율과 재고자산회전율이 있다.

① 매출채권회전율

매출채권회전율(Receivables Turnover)이란 매출액을 매출채권으로 나눈 비율로서 매출채권의 현금화 속도를 나타내는 비율이다. 매출채권회전율이 높을수록 매출채권의 현금화 속도가 빠른 것으로 판단한다.

$$매출채권회전율 = \frac{매출액}{평균매출채권}$$

② 재고자산회전율

재고자산회전율(Inventory Turnover)이란 매출원가를 재고자산으로 나눈 비율로서 재고자산의 회전속도를 나타내는 비율이다. 재고자산회전율이 높을수록 재고자산의 효율적인 판매활동을 수행한 것으로 판단한다.

$$재고자산회전율 = \frac{매출원가}{평균재고자산}$$

3) 수익성 비율

수익성 비율(Profitability Ratio)이란 기업의 일정기간 동안의 수익성을 측정할 수 있는 재무비율분석기법으로서 대표적인 수익성 비율에는 매출총이익률과 매출액순이익률, 자기자본이익률이 있다.

① 매출총이익률

매출총이익률(Profit to net Sales Ratio)이란 매출총이익을 매출액으로 나눈 비율로서 기업의 판매능력, 생산효율 등을 측정하는 지표이다.

$$매출총이익률 = \frac{매출총이익}{매출액}$$

② 매출액순이익률

매출액순이익률(Net Income to net Sales Ratio)이란 당기순이익을 매출액으로 나눈 비율로서 기업의 효율성과 수익성 등을 측정하는 지표이다.

$$매출액순이익률 = \frac{당기순이익}{매출액}$$

③ 자기자본이익률

자기자본이익률(Return on Equity Ratio)이란 당기순이익을 자기자본으로 나눈 비율로서 투자된 자기자본에 대한 수익성 등을 측정하는 지표이다.

$$자기자본이익률 = \frac{당기순이익}{평균자기자본}$$

4) 안전성 비율

안전성 비율(Safety Ratio)이란 기업의 타인자본에 대한 의존도와 장기간에 걸친 지급능력 및 재무구조의 건전성을 측정할 수 있는 재무비율분석기법으로서 대표적인 안전성 비율에는 부채비율, 자기자본비율, 이자보상비율 등이 있다.

① 부채비율

부채비율(Debt to Equity Ratio)이란 총부채를 자기자본 또는 총자본(자산)으로 나눈 비율로서 타인자본과 자기자본(총자본)의 비율이 얼마나 되는가를 나타내는 비율이다. 부채비율이 높다는 것은 장기적으로 기업의 지급능력이 악화될 가능성이 있음을 의미하기 때문에 채권자가 기업의 위험을 평가하는 데 일반적으로 이용되는 재무비율분석기법이다.

$$부채비율 = \frac{총부채}{자기자본} \quad 또는 \quad 부채비율 = \frac{총부채}{총자본(자산)}$$

② 자기자본비율

자기자본비율(Debt to Equity Ratio)이란 총자본 중에서 자기자본이 차지하고 있는 비율을 나타내는 것으로 부채비율의 상대적인 개념이다.

$$자기자본비율 = \frac{자기자본}{총자본(자산)}$$

③ 이자보상비율

이자보상비율(Times Interest Earned)이란 영업이익이 부채 사용의 대가인 이자비용의 몇 배에 해당하는가를 나타내는 비율로서 기업의 부채 사용으로 인한 대가를 지급할 능력이 있느냐를 판단하는 데 사용된다. 이자보상비율이 높을수록 이자지급능력이 높은 것으로 평가한다.

$$이자보상비율 = \frac{영업이익}{이자비용}$$

5. 자본예산의 기본개념

(1) 자본예산의 의의

자본예산(Capital Budget)이란 기업의 생산설비나 기계장비와 같이 1년 이상 수익을 발생시키는 고정자산의 취득과 관련된 투자결정 및 자금의 유입과 유출에 관한 장기적 계획을 의미한다. 자본예산편성(Capital Budgeting)은 기업의 성장에 필요한 장기적인 투자계획을 수립하여 투자안에 따르는 현금흐름을 추정하고, 각 투자안의 가치를 평가하여 투자 여부를 결정하는 일련의 투자결정행위를 말한다.

자본예산이 기업에 있어서 매우 중요한 이유는 다음과 같다.

첫째, 자본예산 결정을 통한 자본지출은 자금규모가 크다. 자본예산을 통한 의사결정이 이루어지면 기업이 미래에 생산할 제품의 종류, 제품생산에 필요한 설비와 기술의 도입 및 시장전략에 이르기까지 경영 전반에 걸쳐 대규모의 자본이 투하된다. 따라서 자본예산의 결정은 해당 기업의 성패를 좌우할 정도의 중요한 사항이 된다.

둘째, 자본예산이 한 번 결정되면 수정 및 철회가 어렵다. 자본지출이 일단 이루어지고 나면 그 영향이 장기간에 걸쳐 발생하게 된다. 따라서 잘못된 투자결정을 시정하기 위해서는 막대한 비용이 지불되어야 하거나 새로운 투자안을 위한 또 다른 막대한 자본지출이 요구되는 경우가 있기 때문에 자본예산은 신중하게 결정되어야 한다.

자본예산은 일반적으로 [그림 2-53]과 같은 일련의 과정을 거쳐 이루어진다.

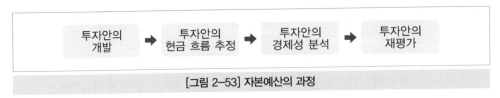

[그림 2-53] 자본예산의 과정

투자안의 개발 및 투자안의 재평가 단계는 경영학 등의 분야에서 다루게 되고, 경제성 공학에서는 투자안의 현금흐름추정과 투자안의 경제성 분석과정을 좀 더 자세히 살펴보게 된다.

(2) 투자안의 분류

투자안을 분류하는 방법에는 여러 가지가 있다. 이하에서는 투자목적에 따른 분류, 투자안 간의 상호연관성에 따른 분류, 현금흐름의 형태에 따른 분류에 대해 살펴본다.

1) 투자목적에 따른 분류

투자의 목적에 따라서 다음의 4가지 투자로 분류할 수 있다.

① 대체투자

대체투자(Replacement Investment)란 기존의 설비를 바꾸는 투자를 말한다. 대체투자는 주로 기존설비의 물리적 노후화 내지는 기술적 진부화를 원인으로 하여 이루어진다.

② 확장투자

확장투자(Expansion Investment)란 생산설비를 증설하는 투자를 의미한다. 확장투자는 제품에 대한 수요가 증가하거나 제품의 시장점유율이 상승하는 등의 원인으로 이루어진다.

③ 제품투자

제품투자(Product Investment)란 기존 제품의 개량 또는 신제품 개발을 위한 투자를 말한다.

④ 전략적 투자

전략적 투자(Strategic Investment)란 개별 기업의 상황에 따른 경영전략을 위한 투자를 의미한다. 가령 안정적인 원재료 확보를 위한 위험경감투자(Risk Reducing Investment)나 종업원이나 지역사회를 위한 복리후생투자(Welfare Investment) 등이 있다.

2) 투자안 간의 상호연관성에 따른 분류

다수의 투자안이 존재할 때 개별 투자안이 독립적으로 수행될 수도 있으나 어떤 경우에는 투자안 상호 간에 영향을 미칠 수도 있다. 투자안 간의 상호연관성에 따라 다음과 같이 투자안을 3가지로 분류할 수 있다.

① 독립적 투자

독립적 투자(Independent Investment)란 어떤 투자안의 선택이 다른 기존의 투자나 신규투자안의 현금흐름에 아무런 영향을 미치지 않는 투자를 말한다.

② 종속적 투자

종속적 투자(Dependent Investment)란 어떤 투자안의 선택이 다른 기존의 투자나 신규투자안의 현금흐름에 영향을 미치는 투자를 말한다. 종속적 투자는 다시 보완적 투자와 대체적 투자로 나눌 수 있다.

보완적 투자(Complementary Investment)란 한 투자안의 선택이 다른 투자안의 현금흐름을 증가시키는 경우를 말하며, 대체적 투자(Substitutive Investment)란 한 투자안의 선택이 다른 투자안의 현금흐름을 감소시키는 경우를 말한다.

③ 상호배타적 투자

상호배타적 투자(Mutural Exclusive Investment)는 어느 한 투자안을 선택하면 다른 투자안은 동시에 투자할 수 없는 투자안을 의미한다. 이는 대체적 투자의 극단적인 경우로서 가장 유리한 투자안 하나만을 선택해야 한다.

3) 현금흐름의 형태에 따른 분류

투자안의 현금흐름 양상에 따라 다음과 같이 3가지 투자로 분류할 수 있다.

① 대출형 투자

대출형 투자(Lending Type Investment)란 투자 초기에 순현금유출이 발생하고 그 이후에는 순현금유입만 발생하는 투자를 의미한다. 이는 마치 자금을 대출해주고 이자를 받는 것과 동일한 현금흐름을 보인다고 하여 붙여진 명칭이다.

② 차입형 투자

차입형 투자(Borrowing Type Investment)란 투자 초기에 순현금유입이 발생하고 그 이후에는 순현금유출만 발생하는 투자를 의미한다. 이는 마치 자금을 차입하고 이자를 지급하는 것과 동일한 현금을 보인다고 하여 붙여진 명칭이다.

③ 혼합형 투자

혼합형 투자(Mixed Type Investment)란 순현금유입과 순현금유출이 혼합되어 나타나는 투자를 의미한다.

6. 현금흐름의 추정

(1) 투자안에 있어서 현금흐름의 의의

투자안의 가치는 그 투자안으로부터 얻게 될 미래현금흐름의 현재가치로 측정할 수 있다. 따라서 투자안의 경제성 분석을 위해서는 투자안의 가치를 알아야 하고 이를 위해 미래에 투자안으로부터 발생될 현금흐름을 추정하여야만 한다.

경제성 분석에 있어서 특정기간 동안의 현금흐름(Cash Flow)이란 그 기간 동안의 현금유입(Cash Inflow)과 현금유출(Cash Outflow)을 차감한 순현금흐름(Net Cash Flow)을 말한다.

(2) 현금흐름 추정의 기본원칙

본격적으로 현금흐름의 추정에 관하여 살펴보기 전에 경제성 분석을 위한 현금흐름의 추정을 위해서 지켜야 할 몇 가지 기본원칙을 살펴본다. 이러한 원칙은 투자안의 가치를 평가하는 논리와 자본비용과 현금흐름 간의 관계 등을 종합적으로 고려해서 설정된 것이기 때문에 이를 이해하기 위해서는 투자안의 가치를 평가하는 논리와 자본비용과 현금흐름 간의 관계 등의 개념을 명확히 이해하는 것이 선행되어야 한다. 그러나 투자안의 가치를 평가하는 논리와 자본비용과 현금흐름 간의 관계 등을 이해하기 위해서는 현금흐름 추정의 기본원칙에 대한 이해가 필요하므로 결국 순환적인 관계를 갖게 되는 것이다. 따라서 본절에서 이해가 다소 부족하더라도 제5장과 제6장을 공부하면서 차차 이해가 가능할 것이다.

1) 납세 후 기준

경제성 분석에서는 법인세는 명백한 현금의 유출이다. 따라서 현금흐름은 법인세효과를 고려한 후의 값으로 추정해야 한다. 예를 들어, 30%의 법인세율을 적용받는 기업이 100억 원의 현금매출이 발생할 경우 매출액 100억 원의 현금유입이 발생하겠지만 매출액의 30%는 법인세로 정부에 납부해야 하기 때문에 기업의 입장에서 실제의 현금흐름 유입액은 70억 원(=100억 원-100억 원×0.3 또는 100억 원×(1-0.3))이 된다. 반대로 기업의 매출을 위해 80억 원의 영업비용을 현금지급하였다면 이는 법인세를 절감시키는 요인이 되므로, 기업의 입장에서 실제로 유출되는 현금은 56억 원(=80억 원-80억 원×0.3 또는 80억 원×(1-0.3))이 된다. 법인세법상 비용은 그 비용처리로 인한 절세액만큼의 현금유입의 효과가 있는 것이다.

2) 증분기준

투자안의 현금흐름은 그 투자안에 투자하지 않는 경우와 투자하는 경우 간의 현금흐름 차이인 증분현금흐름(Incremental Cash Flow)으로 추정하여야 한다. 어떤 신규 투자로 인해 기업의 기존 영업에 아무런 영향을 미치지 않는 독립적인 투자의 경우에는 신규 투자안 자체의 현금흐름이 곧 증분현금흐름이 된다. 그러나 신규 투자안이 기업의 기존 영업의 현금흐름에 영향을 미치는 종속적인 투자인 경우에는 신규 투자안 자체의 현금흐름뿐만 아니라 기업 전체에 새롭게 발생하는 현금흐름의 증감도 함께 고려하여야 한다. 이러한 증분현금흐름을 추정함에 있어서 주의할 사항은 다음과 같다.

① 부수적 효과

부수적 효과(Side Effects)란 새로운 투자로 인하여 기존 투자안의 현금흐름이 증가하는 효과를 말하며 이는 새로운 투자안의 현금유입에 포함시켜야 한다.

② 잠식비용

잠식비용(Erosion Cost)이란 새로운 투자로 인하여 기존 투자안의 현금흐름이 감소하는 효과를 말하며 이는 새로운 투자안의 현금유출에 포함시켜야 한다.

③ 기회비용

기회비용(Opportunity Cost)이란 특정 자원을 현재의 용도 이외에 다른 용도로 사용할 경우 얻을 수 있는 최대의 금액을 말하며, 특정 자원을 새로운 투자에 이용하는 경우 그에 따른 기회비용은 새로운 투자안의 현금유출에 포함시켜야 한다.

④ 매몰원가

매몰원가(Sunken Cost)란 과거의 의사결정에 의해 이미 발생한 원가를 말한다. 매몰원가는 신규 투자안의 채택 여부에 따라 변화하지 않기 때문에 신규 투자안의 현금흐름을 추정할 때는 고려하지 않아야 한다. 가령 신규 투자를 결정함에 있어 이미 발생한 시장조사비용, 기존 설비의 구입비 등은 매몰원가라고 할 수 있다.

3) 금융비용

자본을 사용하는 대가인 이자비용과 배당과 같은 금융비용은 투자안의 현금흐름에서 고려하지 않는다. 이는 투자안을 평가할 때 자본조달결정이 투자안의 가치에 미치는 영향은 일반적으로 할인율(자본비용)에 반영해서 평가하기 때문이다. 따라서 자본조달결정에 따라 달라지는 이자비용과 배당금의 지급 등의 금융비용은 실제로 현금이 유출되었다 하더라도 현금유출로 처리하지 않는다. 전술한 바와 같이 금융비용은 할인율에 반영하기 때문에 현금유출로 처리하면 이중으로 계산하는 결과가 된다.

이자비용을 통한 법인세의 감소액 역시 명백한 현금의 유입으로 볼 수 있지만 이 또한 할인율에 반영되기 때문에 이중계산을 막기 위해, 이자비용의 절세효과도 현금 유입으로 처리하지 않는다.

4) 감가상각비

감가상각비는 현금유출을 수반하지 않는 비용이므로 현금유출로 처리해서는 안 된다. 자본예산에서는 고정자산의 취득원가 전액을 취득시점에 현금유출로 처리한다. 감가상각은 취득원가를 고정자산의 사용기간에 걸쳐 기간배분하는 과정이므로 감가상각 처리 시 감가상각비를 현금유출로 처리하면 고정자산의 취득원가를 이중으로 계산하는 결과가 된다.

그러나 법인세가 존재할 경우에는 감가상각비를 비용처리함으로써 법인세 차감 전 순이익이 감소하므로 법인세의 현금유출을 절감시키는 효과가 있다. 이를 감가상각비의 절세효과(Tax-Shield Effect of Depreciation)라고 한다. 감가상각비로 인한 법인세 감소분은 현금흐름을 증가시키므로 감가상각비의 절세효과만큼은 현금유입으로 처리한다.

> 감가상각비의 절세효과＝감가상각비×법인세율

예를 들면, 법인세율이 30%인 경우 기업이 손익계산서에 감가상각비 100만 원을 계상하였다면 이로 인해 실제로 100만 원의 현금유출이 발생하지는 않는다. 그러나 감가상각비로 인해 법인세차감 전 순이익 100만 원이 감소하고 이로 인해 30만 원(＝100만 원×30%)을 절감하게 되는 것이다.

5) 순운전자본

순운전자본(Net Working Capital)이란 유동자산에서 유동부채를 차감한 차액이다. 이는 손익계산서상의 비용이 아니고 대차대조표상의 항목이나 순운전자본의 변화는 현금의 유·출입을 수반하므로 현금흐름에 포함되어야 한다.

> 순운전자본＝유동자산－유동부채

6) 인플레이션

투자기간 동안에 인플레이션이 예상되는 경우에는 그 영향을 현금흐름과 할인율에 일관성 있게 반영하여야 한다.

(3) 현금흐름의 추정

이제는 전술한 현금흐름 추정의 기본원칙을 바탕으로 투자안의 현금흐름을 구체적으로 살펴보자. 설명의 편의상 투자안의 현금흐름을 투자가 시작되어 진행되고 종료되는 시점별로 구분하여 각 시점별 발생하는 현금흐름을 항목별로 짚어보기로 한다.

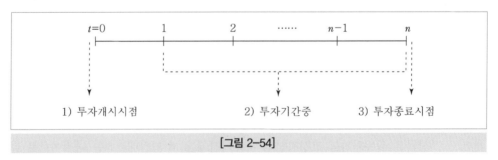

[그림 2-54]

1) 투자개시시점의 현금흐름

투자개시시점에 발생하는 현금흐름은 [그림 2-55]와 같이 구한다.

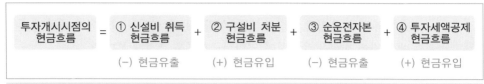

[그림 2-55] 투자개시시점에 발생하는 현금흐름 공식

① 신설비 취득으로 인한 현금흐름

신설비의 취득원가 및 취득을 위한 부대비용(운송비, 설치비 등)은 투자개시시점에 현금유출을 수반한다.

② 구설비 처분으로 인한 현금흐름

신설비 도입으로 인해 구설비의 처분이 이루어지는 경우 처분에 따른 현금유입이 이루어진다. 다만 구설비의 처분으로 인해 처분손익이 발생하는 경우 구설비 처분의 대가로 얻은 현금흐름 외에도 처분손익에 대한 법인세가 발생하므로 처분손익의 법인세효과를 추가적으로 고려하여야 한다.

> 구설비 처분으로 인한 현금흐름
> =구설비 처분가액-구설비 처분손익의 세액
> =구설비 처분가액-(구설비 처분가액-구설비 장부가액)×법인세율

③ 순운전자본 발생으로 인한 현금흐름

신설비를 취득하는 경우 그 설비를 사용하여 영업활동을 하려면 원재료 매입 등의 운전자본이 발생하게 되고 이는 현금유출을 수반한다.

④ 투자세액공제로 인한 현금흐름

세법에서는 기업이 신설비를 도입하는 투자를 할 때 일정 세액을 감면해주는 투자세액공제를 제공하는 경우가 있다. 투자세액공제(ITC ; Investment Tax Credit) 란 기업이 투자 장려를 위하여 투자액의 일정비율에 해당하는 법인세를 차감해주는 제도이며 투자세액공제가 존재하는 경우 투자로 인한 현금유출의 감소, 즉 현금유입이 발생하게 된다.

2) 투자기간 중의 현금흐름

투자기간 중에 발생하는 현금흐름은 [그림 2-56]과 같이 구한다.

[그림 2-56] 투자기간 중 발생하는 현금흐름 공식

① 영업현금흐름

전술한 바와 같이 투자안의 경제성 평가를 위해서는 회계적 이익(Accounting Income)이 아닌 현금흐름(Cash Flow)을 사용한다. 그러나 영업기간 동안의 현금 흐름의 경우 손쉽게 얻을 수 있는 성과지표가 회계적 이익이기 때문에 손익계산서에 약간에 변형을 추가하여 영업현금흐름을 추정해 본다.

먼저 영업현금흐름의 추정을 위한 약식의 손익계산서는 다음과 같다.

> **참고** 영업현금흐름의 추정을 위한 손익계산서
>
> | 손익계산서 | 약식 손익계산서 |
> |---|---|
> | 매 출 액 | 영 업 수 익 (S ; 매출액) |
> | (−) 매 출 원 가 | (−) 현금 영업 비용 (O ; 매출원가＋판관비) |
> | = 매 출 총 이 익 | (−) 비현금 영업 비용 (D ; 감가상각비) |
> | (−) 판매비와 관리비 | |
> | = 영 업 이 익 | = 영 업 이 익 (EBIT) |
> | (＋) 영 업 외 수 익 | |
> | (−) 영 업 외 비 용 | (−) 영 업 외 비 용 (I ; 이자비용) |
> | = 경 상 이 익 | |
> | (＋) 특 별 이 익 | |
> | (−) 특 별 손 실 | |
> | = 법인세비용 차감 전 순이익 | = 법인세비용 차감 전 순이익 |
> | (−) 법 인 세 비 용 | (−) 법 인 세 비 용 |
> | = 당 기 순 이 익 | = 당 기 순 이 익 |

우선 영업이익을 매출액에서 현금유출이 있는 영업비용과 현금유출이 없는 영업비용을 차감해서 구한다. 자본예산에서는 논의의 간편화를 위해 매출액은 전부 현금으로만 이루어지는 것으로 가정하고 영업비용에서는 감가상각비를 제외한 모든 비용이 현금유출이 발생하는 것으로 본다. 그리고 영업 외 비용에는 이자비용만 있는 것으로 가정하고 기타 영업 외 수익과 특별손익은 없는 것으로 본다.

이상과 같은 가정하에서 영업현금흐름은 다음과 같다.

> 영업현금흐름
> ＝현금유입－현금유출
> ＝영업수익－현금 영업비용－법인세
> ＝(영업수익－현금 영업비용)×(1－법인세율)＋감가상각비×법인세율
> ＝영업이익×(1－법인세율)＋감가상각비

앞서 현금흐름 추정의 기본원칙에서 설명한 바와 같이 이자비용 및 이자비용의 절세효과는 할인율에서 고려할 것이기 때문에 현금흐름에서는 고려하지 않는다.

② 순운전자본 증감으로 인한 현금흐름

영업시작을 위하여 투자개시 시점에 발생한 순운전자본액이 영업기간(투자기간) 중에 변동할 수 있다. 이러한 순운전자본의 증가액은 현금의 유출로 감소액은 현금의 유입으로 처리한다. [표 2-15]는 순운전자본의 증감과 현금유출입 처리를 표로 정리한 것이다.

| 표 2-15 | 순운전자본의 증감과 현금유출입 처리의 예

시점	0	1	2	3
유동자산 (예 재고자산)	100만 원	150만 원	80만 원	0만원
유동부채	0원	0원	0원	0원
순운전자본	100만 원	150만 원	80만 원	0원
순운전본 증감액	(+)100만 원	(+)50만 원	(−)70만 원	(−)80만 원
현금유출입	100만 원 현금유출	50만 원 현금유출	70만 원 현금유입	80만 원 현금유입

[표 2-15]를 보면 최초 투자개시시점의 순운전자본 발생액은 현금유출로 처리하고, 투자기간 중 순운전자본 증가액은 현금유출, 감소액은 현금유입으로 처리하며, 투자종료 시점에 순운전자본은 모두 회수되면서 잔액이 영이 되고 회수되는 순운전자본 전액을 현금유입으로 처리함을 알 수 있다.

3) 투자종료시점의 현금흐름

투자종료시점에 발생하는 현금흐름은 [그림 2-57]과 같이 구한다.

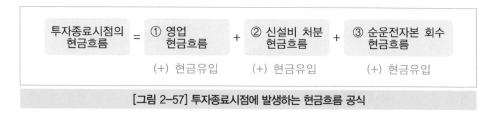

[그림 2-57] 투자종료시점에 발생하는 현금흐름 공식

① 영업현금흐름

영업현금흐름은 실제로 투자기간에 걸쳐 지속적으로 발생하나, 자본예산 현금흐름의 추정 시에는 기말에 한 번씩 발생하는 것으로 가정한다. 따라서 투자종료시점에 마지막 영업현금흐름이 발생하는지 여부를 따져보아야 한다.

② 신설비 처분으로 인한 현금흐름

투자가 종료되면 투자를 위해 도입한 신규설비는 처분된다. 따라서 신설비의 처분이 이루어지는 경우 처분에 따른 현금유입이 이루어진다. 다만 신설비의 처분으로 인해 처분손익이 발생하는 경우 신설비 처분의 대가로 얻은 현금흐름 외에도 처분 손익에 대한 법인세가 발생하므로 처분손익의 법인세효과를 추가적으로 고려하여 야 한다.

> 신설비 처분으로 인한 현금흐름
> = 신설비 처분가액 − 신설비 처분손익의 세액
> = 신설비 처분가액 − (신설비 처분가액 − 신설비 장부가액) × 법인세율

③ 순운전자본 회수로 인한 현금흐름
투자가 종료되면 일반적으로 순운전자본은 모두 회수되어 0이 된다. 따라서 투자종 료 직전의 순운전자본 잔액을 현금유입으로 처리한다.

4 경제성 분석

1. 투자안의 경제성 분석방법

전술한 내용을 바탕으로 투자안으로부터 발생할 것으로 예상되는 현금흐름을 추정하고 나면 특정 투자안의 채택 또는 기각을 결정하거나 또는 다수의 투자안들 중에 가장 유리한 투자안 을 선택하는 결정을 하게 되는데, 이러한 일련의 과정을 투자안의 경제성 분석이라고 한다. 투자안의 경제성 분석방법은 크게 비할인모형과 할인모형의 두 가지로 나눌 수 있다. 비할인 모형(Non-discounting Model)은 화폐의 시간가치를 고려하지 않는 모형으로서 회수기간법 과 회계적 이익률법이 있으며, 할인모형(Discounting Model)은 화폐의 시간가치를 고려하 는 모형으로서 순현재가치법, 내부수익률법 및 수익성지수법이 있다.

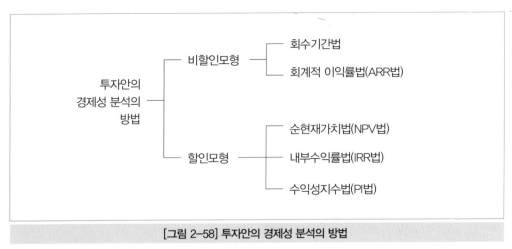

[그림 2-58] 투자안의 경제성 분석의 방법

이상과 같은 경제성 분석의 여러 가지 방법들은 동일한 투자안이라도 상반된 결과를 제시할 수 있으며 또한 각각 장점과 단점을 가지고 있다. 이론적인 관점에서 보면 일반적으로 화폐의 시간가치를 고려하는 할인모형이 비할인모형에 비하여 우수하다고 볼 수 있으나, 경영 실무에서는 간단하고 이해하기 쉽다는 비할인모형의 장점 때문에 비할인모형도 자주 사용되고 있다. 할인모형에서도 이론적으로 엄격하고 가장 우월한 평가방법은 순현재가치법이다. 이하에서는 각각의 경제성 분석의 기법들에 관하여 구체적으로 살펴본다.

(1) 회수기간법

1) 개념

회수기간법(Payback Method)은 회수기간에 의하여 투자안을 평가하는 기법을 말한다. 여기서 회수기간(Payback Period)이란 투입된 투자액을 투자안의 현금유입을 통해 회수하는 데 걸리는 기간을 말하며, 매기의 현금유입액이 균등하다고 가정할 경우 회수기간은 다음과 같이 계산된다.

$$회수기간 = \frac{투자액}{매기\ 현금유입액}$$

이 기법의 기본논리는 투입된 투자액을 신속하게 회수할 수 있는 투자안이 더 바람직한 투자안이라는 것이다. 따라서 단일투자안이나 상호독립적인 투자안을 평가할 때는 투자안의 회수기간이 기업이 설정한 목표회수기간보다 짧을 경우 투자안 채택이 이루어지고, 투자안의 회수기간이 목표회수기간보다 길 경우 투자안은 기각된다. 상호배타적 투자안을 평가할 때에는 1차로 투자안의 회수기간이 기업의 목표회수기간 안으로 들어오는 투자안을 선별한 후에 2차로 선별된 투자안 중 회수기간이 가장 짧은 투자안을 선택하면 된다.

2) 장단점

① 회수기간법의 장점
- 회수기간법은 간단하게 경제성 평가가 가능하므로 시간과 비용이 적게 든다.
- 단편적이기는 하나 산출된 회수기간을 통해 투자안의 위험도를 파악할 수 있다. 회수기간이 짧을수록 미래의 불확실성이 감소하기 때문이다.
- 회수기간 기준으로 투자를 하면 기업의 유동성 확보에 유리하다.

② 회수기간법의 단점
- 회수기간법은 회수기간 내의 현금흐름만 고려하고 투자자금의 회수가 끝난 이후의 현금흐름에는 관심을 갖지 않는다. 이러한 방법으로는 투자안을 올바르게 평가하기 어려우며 장기적으로 기업의 가치 극대화에도 바람직하지 않다.
- 회수기간법은 비할인 모형으로서 화폐의 시간가치를 고려하지 않는다.

- 목표회수기간 설정이 기업의 자의에 의하여 결정되므로 투자안의 채택과 기각의 평가가 객관성을 갖기 어렵다.

3) 할인회수기간법

회수기간법의 회수기간 내의 현금흐름에 대하여 화폐의 시간가치를 고려하지 않는다는 단점을 보완하기 위하여 고안된 할인회수기간법이 있다. 할인회수기간법(Discounted Payback Method)이란 투입된 투자액이 투자안 현금유입의 현재가치와 동일해지는 기간을 계산하여 투자안을 평가하는 기법이다. 이렇게 하면 현금흐름의 시간가치를 고려하지 않는다는 단점이 보완되나 회수기간 이후의 현금흐름을 무시함으로써 수익성을 고려하지 않는다는 단점은 여전히 남아 있게 된다.

(2) 회계적 이익률법(ARR법)

1) 개념

회계적 이익률법(ARR법 ; Accounting Rate of Return Method)은 비할인모형의 하나로서 예외적으로 현금흐름이 아닌 재무제표상의 회계적 이익을 기준으로 투자수익률을 산출하여 투자안의 경제성을 분석하는 기법이다. 회계적 이익률법의 판단기준이 되는 회계적 이익률(ARR ; Accounting Rate of Return)이란 투자안으로부터 발생할 것으로 예상되는 발생주의 회계상의 연평균수익률을 최초 총투자액 또는 연평균투자액으로 나눈 값을 의미하며 평균이익률이라고도 한다.

$$\text{회계적 이익률(ARR)} = \frac{\text{연평균 순이익}}{\text{총투자액}} \text{ 또는 } \frac{\text{연평균 순이익}}{\text{연평균 투자액}}$$

단, • NI : 순이익

• n : 투자안의 내용연수

$$\text{• 연평균수익률} = \frac{\sum_{t=1}^{n} NI_t}{n}$$

$$\text{• 연평균투자액} = \frac{\text{최초투자액} + \text{잔존가치}}{2}$$

이 기법의 기본논리는 회계적 이익률이 높은 투자안이 더 바람직한 투자안이라는 것이다. 따라서 단일투자안이나 상호독립적인 투자안을 평가할 때는 투자안의 회계적 이익률이 기업이 설정한 목표이익률보다 큰 경우 투자안 채택이 이루어지고, 투자안의 회계적 이익률이 목표이익률보다 작을 경우 투자안은 기각된다. 상호배타적 투자안을 평가할 때에는 1차로 기업의 목표이익률보다 회계적 이익률이 높은 투자안을 선별한 후에 2차로 선별된 투자안 중 회계적 이익률이 가장 큰 투자안을 선택하면 된다.

2) 장단점

① 회계적 이익률법의 장점
- 회계적 이익률법은 계산이 간편하여 손쉽게 경제성 평가가 가능하므로 시간과 비용이 적게 든다.
- 회계적 이익률법은 기업의 기존의 재무제표를 이용하여 경제성 평가가 가능하므로 복잡한 현금흐름 추정이 없어 자료수집이 용이하다.

② 회계적 이익률법의 단점
- 회계적 이익률법은 현금흐름이 아닌 회계적 이익을 이용하는 것이 약점이 된다.
- 회계적 이익률법은 비할인 모형으로서 화폐의 시간가치를 고려하지 않는다.
- 목표이익률의 설정이 기업의 자의에 의하여 결정되므로 투자안의 채택과 기각의 평가가 객관성을 갖기 어렵다.

(3) 순현재가치법(NPV법)

1) 개념

순현재가치(NPV ; Net Present Value)는 현금유입의 현재가치(PVCI ; Present Value of cAsh Inflow)와 현금유출의 현재가치(PVCO ; Present Value of Cash Outflow)의 차이를 이르는 말로서, 즉 투자로 인해 얻게 되는 현금의 현가에서 투자된 금액의 현가를 뺀 것으로 순이익에 해당하는 개념이다.

> 순현재가치(NPV) = 현금유입의 현재가치 − 현금유출의 현재가치

일반적으로 투자안의 현금흐름이 초기에 현금유출(투자)이 이루어지고 다년에 걸쳐 현금의 회수가 이루어진다(대출형 투자)고 본다면, 투자안의 현재가치는 다음과 같이 표현할 수 있다.

$$NPV = \sum_{t=1}^{n} \frac{C_t}{(1+k)^t} - C_0$$

단, • t : 시점
- C_t : t시점의 현금흐름
- n : 투자안의 내용연수
- k : 자본비용(할인율)

이 기법의 기본논리는 현금흐름의 순현재가치(NPV)가 큰 투자안이 더 바람직한 투자안이라는 것이다. 또한 순현재가치(NPV)를 구하는 산식에서도 알 수 있듯이 순현재가치법은 투자금액의 효율성보다 투자성과의 크기에 초점이 맞추어져 있다.
따라서 단일투자안이나 상호독립적인 투자안을 평가할 때는 투자안 현금흐름의 순현재가치(NPV)가 0보다 큰 경우 투자안 채택이 이루어지고, 투자안 현금흐름의 순현재

가치(NPV)가 0보다 작은 경우 투자안은 기각된다. 상호배타적 투자안을 평가할 때에는 1차로 투자안 현금흐름의 순현재가치(NPV)가 0보다 큰 투자안을 선별한 후에 2차로 선별된 투자안 중 투자안 현금흐름의 순현재가치(NPV)가 가장 큰 투자안을 선택하면 된다.

2) 장점

순현재가치법의 장점은 다음과 같다.

① 화폐의 시간가치를 반영하며 화폐의 시간가치를 계산하기 위한 할인율이 논리적으로 가장 적절하다. 이는 순현재가치법이 가정하고 있는 재투자수익률에 대한 가정이 가장 논리적이라는 의미이다. 순현재가치법의 경우 미래의 현금유입이 한계자본비용에 의하여 재투자된다고 보는 반면에 내부수익률법의 경우 투자안의 내부수익률과 동일한 수익률을 가져다주는 투자기회가 동일하게 존재할 것이라고 가정하고 있다. 한계수익률은 체감하는 것이 보다 일반적이라는 것을 감안하면 순현재가치법의 재투자수익률에 대한 가정이 보다 타당성을 갖는다.

② 순현재가치법은 투자안의 가치가산의 원리(Value Additivity Principle)가 성립한다. 따라서 두 개 이상의 투자안에 투자하는 경우 결합투자의 순현재가치를 개별 투자의 순현재가치를 더함으로써 간단하게 구할 수 있다.

③ 순현재가치법은 투자안의 투자내용연수 동안에 발생하는 모든 현금흐름을 고려한다.

④ 순현재가치법은 현금흐름과 자본비용만으로 투자안의 가치를 평가하므로 평가자의 주관이 개입될 여지가 적다.

⑤ 투자안의 순현재가치를 기준으로 개별 투자안을 선택하면 이는 기업 전체의 입장에서 기업가치를 극대화하는 선택과 동일한 선택이 된다.

(4) 내부수익률법(IRR법)

1) 개념

내부수익률법(IRR법 ; Internal Rate of Return Method)은 내부수익률에 의하여 투자안을 평가하는 기법을 말한다. 내부수익률(Internal Rate of Return)이란 현금유입의 현가(PVCI)와 현금유출의 현가(PVCO)를 일치시켜 주는 할인율로 정의되며, 초기에 투자로 인한 현금유출이 발생하고 이후에는 현금의 유입만 있는 일반적인 대출형 투자의 경우에는 투자안으로부터 예상되는 현금유입액의 현재가치를 투자액과 동일하게 해주는 할인율을 의미하게 된다. 또한 현금유입의 현가와 현금유출의 현가가 동일해지는 경우 그 투자안의 순현재가치(NPV)가 0이 되므로, 내부수익률(IRR)을 투자안의 NPV가 0이 되도록 하는 할인율로 볼 수도 있다. 이상의 정의를 만족하는 내부수익률(IRR)을 구하는 식을 정리하면 다음과 같다.

$$현금유입의 현가(PVCI) = 현금유출의 현가(PVCO)$$

$$\Rightarrow \frac{C_1}{1+IRR} + \frac{C_2}{(1+IRR)^2} + \cdots + \frac{Cn}{(1+IRR)^n} = C_0 \text{ (대출형 투자의 경우)}$$

$$\Rightarrow \sum_{t=1}^{n} \frac{Cn}{(1+IRR)^n} = C_0$$

$$순현재가치(NPV) = 0$$

$$\Rightarrow \frac{C_1}{1+IRR} + \frac{C_2}{(1+IRR)^2} + \cdots + \frac{Cn}{(1+IRR)^n} - C_0 = 0 \text{ (대출형 투자의 경우)}$$

$$\Rightarrow \sum_{t=1}^{n} \frac{Cn}{(1+IRR)^n} - C_0 = 0$$

이 기법의 기본논리는 내부수익률(IRR)이 높은 투자안이 더 바람직한 투자안이라는 것이다. 따라서 단일투자안이나 상호독립적인 투자안을 평가할 때는 투자안의 내부수익률(IRR)이 투자안의 자본비용보다 큰 경우 투자안 채택이 이루어지고, 투자안의 내부수익률(IRR)이 자본비용보다 작을 경우 투자안은 기각된다. 상호배타적 투자안을 평가할 때에는 1차로 투자안의 자본비용보다 내부수익률(IRR)이 높은 투자안을 선별한 후에 2차로 선별된 투자안 중 내부수익률(IRR)이 가장 큰 투자안을 선택하면 된다.

2) 장단점

① 내부수익률법의 장점
- 내부수익률법은 화폐의 시간가치를 고려한다.
- 내부수익률법은 투자안의 투자내용연수 동안에 발생하는 모든 현금흐름을 고려한다.
- 내부수익률(IRR)은 자본비용의 순익분기점으로서 의미를 갖는다.

② 내부수익률법의 단점
- 내부수익률(IRR)을 계산하는 것이 복잡하다. 내부수익률(IRR)을 계산하는 식은 대부분 2차 함수 이상인 경우가 대부분으로 계산이 간단하지 않다. 따라서 내부수익률(IRR)을 구하기 위해서는 컴퓨터나 공학용 계산기를 사용하고 그렇지 못한 경우에는 시행착오법이나 보간법을 사용하여 근사치를 계산하게 된다.
- 경우에 따라서(혼합형 투자의 경우)는 내부수익률(IRR)이 아예 존재하지 않거나 복수의 내부수익률(IRR)이 존재할 수도 있다. 이 경우 내부수익률(IRR)에 의한 투자안의 평가가 곤란해진다.
- 내부수익률(IRR)의 재투자가정이 지나치게 낙관적이다. 내부수익률법에서는 투자기간 동안의 현금유입액이 내부수익률(IRR)로 재투자된다는 가정이 전제되어 있는데, 현실적으로 선택된 투자안의 내부수익률(IRR)과 동일한 수익률을 가져다주는 투자기회가 미래에도 계속 존재하는 것은 아니다.
- 내부수익률(IRR)의 계산에 있어서는 가치가산의 원리가 성립하지 않는다.

- 투자안의 내부수익률(IRR)을 기준으로 개별 투자안을 선택한다고 해서 이러한 선택이 기업 전체의 입장에도 기업가치를 극대화하는 선택과 동일한 선택이 된다는 보장이 없다.
- 내부수익률(IRR)과 비교기준이 되는 최저수익률(자본비용)이 변하는 경우에는 내부수익률(IRR)을 어떤 최저수익률(자본비용)과 비교해야 하는가의 문제가 발생하므로 투자안의 평가가 곤란해진다.

(5) 수익성지수법(PI법)

1) 개념

수익성지수법(PI법 ; Profitability Index Method)이란 수익성지수에 의하여 투자안을 평가하는 기법을 말한다. 여기서 수익성지수(PI ; Profitability Index)란 투자안으로부터 발생하는 현금유입의 현재가치를 현금유출의 현재가치로 나눈 것으로 정의되며, 초기에 투자로 인한 현금유출이 발생하고 이후에는 현금의 유입만 있는 일반적인 대출형 투자의 경우에는 투자안으로부터 예상되는 현금유입액의 현재가치를 투자액으로 나누어준 값을 의미하게 된다. 수익성지수(PI)를 구하는 식을 정리하면 다음과 같다.

$$수익성지수(PI) = \frac{현금유입의\ 현재가치}{현금유출의\ 현재가치}$$

$$= \frac{\sum_{t=1}^{n} \dfrac{C_t}{(1+k)^t}}{C_0} \quad \text{(대출형 투자의 경우)}$$

단, • t : 시점
  • C_t : t시점의 현금흐름
  • n : 투자안의 내용연수
  • k : 자본비용(할인율)

이 기법의 기본논리는 수익성지수(PI)가 높은 투자안이 더 바람직한 투자안이라는 것이다. 또한 수익성지수(PI)를 구하는 산식에서도 알 수 있듯이 수익성지수(PI)는 투자금액의 단위당 현금유입액의 현가를 나타내는 일종의 효율성 지표로서 투자성과의 크기보다는 투자금액의 효율성에 초점이 맞추어져 있다.

수익성지수(PI)가 1보다 크면 현금유입의 현재가치가 현금유출의 현재가치보다 크게 되므로 단일투자안이나 상호독립적인 투자안을 평가할 때는 투자안의 수익성지수(PI)가 1보다 클 때(NPV>0) 투자안의 채택이 이루어지고, 투자안의 수익성지수(PI)가 1보다 작을 경우(NPV<0) 투자안은 기각된다. 상호배타적 투자안을 평가할 때에는 1차로 투자안의 수익성지수(PI)가 1보다 큰 투자안을 선별한 후에 2차로 선별된 투자안 중 수익성지수(PI)가 가장 큰 투자안을 선택하면 된다.

2) 장단점

① 수익성지수법의 장점

- 수익성지수법은 화폐의 시간가치를 고려하며 할인율에 대한 가정이 적절하다. 이는 수익성지수법이 가정하고 있는 재투자수익률에 대한 가정(미래의 현금유입이 한계자본비용에 의하여 재투자됨)이 타당하다는 의미이며 이는 순현재가치법 (NPV법)에서의 가정과 일치한다.
- 수익성지수법은 투자안의 투자내용연수 동안에 발생하는 모든 현금흐름을 고려한다.
- 수익성지수법은 현금흐름과 자본비용만으로 투자안의 가치를 평가하므로 평가자의 주관이 개입될 여지가 적다.

② 수익성지수법의 단점

- 수익성지수(PI)의 계산에 있어서 가치가산의 원리가 성립하지 않는다.
- 투자안의 수익성지수(PI)를 기준으로 개별 투자안을 선택한다고 해서 이러한 선택이 기업 전체의 입장에도 기업가치를 극대화하는 선택과 동일한 선택이 된다는 보장이 없다.

2. 불확실성하의 경제성 분석

(1) 불확실성의 개념

지금까지는 미래의 현금흐름과 자본비용을 확실하게 추정할 수 있다는 확실성 가정하에 투자의 경제성 분석에 대하여 논의하였다. 그러나 실제의 현실세계에서 미래에 발생할 사건에 대한 의사결정은 대부분 불확실성하에서 이루어진다. 여기서의 불확실성(Uncertainty)이란 미래의 성과가 확률분포의 형태로 발생하는 것을 의미한다. 불확실성하에서는 미래의 성과를 현재시점에서 정확하게 예상할 수 없으며, 확률분포를 통한 성과의 기댓값만을 추정할 수 있을 뿐이다. 따라서 미래에 실제의 투자성과는 추정된 기댓값과 다를 수 있으며 이러한 가능성을 위험(Risk)이라고 한다.

위험의 크기는 정의를 통해 미래의 성과가 기대된 성과와 차이, 즉 편차(Deviation)의 크기를 통해서 계량이 가능하다. 따라서 성과 확률분포인의 표준편차(Standard Deviation)를 주요한 위험측정치의 하나로 사용하고 있다.

(2) 기대수익률과 위험의 계산

1) 기대수익률

투자로 인한 투자성과를 측정하는 주요한 성과측정치에 하나는 투자의 수익률이다. 그런데 이러한 수익률은 전술한 바와 같이 불확실성이 존재하는 세상에서는 확률변수 (Random Variable)의 성격을 갖는다. 즉, 수익률은 확률분포(Probability Distribution)

를 이루고 있다는 이야기이다. 여기서 수익률의 확률분포란 미래에 발생 가능한 상황별 수익률과 그 상황이 발생할 확률 간의 관계를 의미한다.

2) 위험

전술한 바와 같이 위험(Risk)의 크기는 수익률에 대한 확률분포의 표준편차(또는 분산)로 측정할 수 있다.

표준편차(Standard Deviation)는 통계집단의 단위의 계량적 특성값에 관한 산포도를 나타내는 도수특성치로서 분산에 양(+)의 제곱근을 취하여 계산된다.

분산(Variance)은 미래에 실현될 수익률과 기대수익률 간의 편차의 제곱에 대한 기댓값으로 계산된다. 분산 또한 표준편차와 마찬가지로 통계집단의 산포도를 나타내는 도수특성치이나 그 단위가 확률변수의 단위의 제곱이 되어 직관적 이해가 어려울 때가 있다.

- 분산 $\sigma^2 = E\big[\{R_s - E(R)\}^2\big] = \sum_{s=1}^{n} \{R_s - E(R)\}^2 \cdot P_s$

- 표준편차 $\sigma = \sqrt{\sigma^2} = \sqrt{\sum_{s=1}^{n} \{R_s - E(R)\}^2 \cdot P_s}$

  단, • $E(R)$: 기대수익률
  - s : 미래에 가능한 상황
  - R_s : 상황 s에서의 수익률
  - P_s : 상황 s가 발생할 확률

(3) 불확실성하의 선택기준

모든 경제적 선택에 대한 논의를 할 때 기본으로 가정되는 공리가 하나 있다. 그것은 모든 인간은 어떤 선택의 상황에서 자신의 효용을 극대화하는 방향으로 결정을 내린다는 것이다. 그렇다면 지금까지 수많은 선택의 기법을 논의한 본서에서는 왜 이제야 이러한 점을 이야기하는 것일까? 그 이유는 미래를 확실하게 예측할 수 있는 세상에서는 이에 대한 논의가 필요가 없었기 때문이다.

우리는 지금까지 확실하게 미래의 투자성과(현금흐름)를 예측할 수 있으리라는 가정하에서 수익(순현금흐름의 현재가치) 또는 수익률(내부수익률 또는 수익성지수)이 큰 투자안을 선택함으로써 투자를 통한 효용이 극대화될 것이라고 보았다. 이는 효용의 불포화성이 전제됨을 의미한다. 다시 말해 단순히 투자로 인한 금전적인 성과만 크면 투자를 통한 효용이 극대화될 것이라는 가정이다.

그러나 불확실성이 존재하는 세상에서는 투자성과의 크기뿐만 아니라 위험에 따라서도 투자를 통한 효용이 달라질 수 있다. 따라서 아무리 투자성과가 크다 하더라도 투자에 따르는 위험이 너무 크다면 바람직한 투자안이라고 단정할 수 없게 되는 것이다. 이는 실제로 불확실성이 지배하는 현실을 사는 우리 모두가 직관적으로 이해하고 있는 부분일 것이다.

그렇다면 불확실성하에서 투자자들이 투자 시에는 어떠한 기준으로 투자를 하여야 하는가? 이에 대한 기준으로는 기대가치 극대화 기준, 기대효용 극대화 기준, 확률지배이론 등이 있다.

1) 기대가치 극대화 기준

기대가치 극대화 기준이란 투자안을 통한 기대가치가 가장 큰 투자안을 선택하는 방법이다. 투자안의 기대가치(Expected Value)란 투자를 통한 성과(현금흐름 또는 수익률)에 대한 확률분포의 기댓값을 말한다. 기대가치 극대화 기준은 간단하게 투자안을 평가할 수 있으나 수익성만을 고려할 뿐 위험을 고려하지 않기 때문에 합리적인 선택기준이라고 보기 어렵다.

2) 기대효용 극대화 기준

기대효용 극대화 기준이란 기대효용의 크기가 가장 큰 투자안을 선택하는 방법이다. 여기서 기대효용(Expected Utility)이란 효용의 기댓값으로서 미래의 각 상황별 성과(수익률)에 대한 효용에 그 상황이 발생할 확률을 곱하여 모두 더한 값이다.

기대효용 극대화 기준은 투자안의 성과뿐만 아니라 위험을 고려한 방법으로 가장 합리적인 선택기준이라고 할 수 있으나 효용의 계량화 및 주관적 효용함수 추론의 어려움 등 몇 가지 문제점으로 인해 현실적 적용에는 한계가 있다.

3) 확률지배이론

확률지배이론(Stochastic Dominance Theory)이란 투자자의 구체적인 효용함수와 관계없이 부나 수익률에 대한 확률분포와 효용함수의 일반적인 특성만을 고려하여 투자안을 평가할 수 있는 이론이다. 확률지배이론은 기대효용 극대화 기준의 한계점 중에 하나인 투자자 개인의 구체적인 효용함수를 추론하지 않고도 적용이 가능한 이론이라는 장점이 있다.

03 플랜트 Process 이해

SECTION 01 석유화학 플랜트

1 정유 플랜트

[1] 원유(Crude)

원유는 에너지원으로 의식주와 절대적인 관계를 가지고 있으며 현대사회의 혈액이라 할 수 있다. 원유의 주성분은 탄소와 수소의 화합물인 탄화수소이며 이 밖에 황, 질소, 산소 등의 화합물이 소량 함유되어 있다. 원유에는 가스 상태인 탄화수소가 용해되어 있고 이 밖에 채유할 때 진흙 상태의 물질이나 염수 등도 혼입하므로, 실제로는 집유소에서 정치하거나 분리기를 통해서 가스나 수분을 분리시킨다. 원유는 산지(유전)에 따라 성상이 다를 뿐만 아니라 같은 유정에서도 유층의 깊이에 따라 성상이 변한다. 보통은 끈기가 있고 밀도가 조밀한 액체로서 투과광선으로 보면 적갈색 내지 흑색이고, 반사광선에 대하여 녹색형광을 발휘하는 것이 많다.

1. 원유의 성분

원유는 여러 가지 탄화수소 혼합물로 황화합물, 질소화합물, 금속염류 등의 불순물을 소량 함유하고 있다. 원유의 특성은 원유를 구성하고 있는 탄화수소의 성분, 조성 비율에 따라 원유 자체의 물리화학적 성상이 달라지며 정제하여 만들어지는 제품의 수율도 달라진다. 원유의 물리적 성질을 나타내는 요소에는 비점, 비중, 점도, 응고점, 발열량 등이 있으나, 이중 많이 사용되는 것은 비점과 비중이며 일반적으로 탄소함량 비율이 많을수록 비등점, 비중 및 점도가 증가한다.

(1) 주성분

탄소 + 수소(탄화수소 Hydrocarbon)

(2) 불순물

황(S), 질소(N), 산소(O), 금속성분(니켈, 바나듐, 철, 나트륨)

2. 탄화수소의 형태

결합구조에 따른 구분		결합구조 특징	탄소원자 수	Common Name	Skeletal Formula	
Normal Paraffin	노말파라핀계	단일결합의 선형구조	C6	Normal-hexane		
Iso Paraffin	아이소 파라핀계	노말파라핀계에 가지(Branch)가 있는 구조		iso-hexane		
Olefin	올레핀계	이중결합이 있는 선형구조		Hexene		
Naphthene	나프텐계 (납센계)	단일결합의 환형(Ring) 구조		Cyclo-hexane		
Aromatic	아로마틱계 (방향족)	단일결합과 이중결합의 환형(Ring)구조 (공명구조)		Benzene		

3. 원유의 분류

(1) 원유의 단위

1) BPSD : Barrel per Stream Day
2) 1 Barrel＝0.8 Drum＝0.14 Ton
3) 1 Year＝330 Stream day(35일은 정기 보수 기간)

(2) API도에 따른 분류

1) 경질(輕質)원유 : API 34 이상
2) 중질(中質)원유 : API 30~34
3) 중질(重質)원유 : API 30 이하

$$API = \frac{141.5}{비중(@60°F)} - 131.5$$

API(American Petroleum Institute) 수치가 클수록 가벼운 원유임

(3) 화학적 성질에 따른 분류

1) 파라핀기유 : 성분 중에 파라핀계 탄화수소가 많아 휘발유의 옥탄가는 낮으나 경유분의 세탄가는 높다. 중유분은 비교적 응고점이 높아 왁스 성분을 제거함으로써 고품질의 윤활유를 제조할 수 있다.

2) 나프텐기유 : 성분 중에 나프텐계 탄화수소를 비교적 많이 함유하고 있고 아스팔트분이 많기 때문에 아스팔트기 원유라고도 부른다. 이 원유로 제조한 휘발유분은 옥탄가가 높은 반면에 경유분의 세탄가가 낮다.

3) 중간기 원유 : 위 2개 원유의 중간 성상의 원유

(4) 황 함량에 의한 분류

1) 저유황 원유 : 황성분 1% 이하

2) 중유황 원유 : 황성분 1~2%

3) 고유황 원유 : 황성분 2% 이상

[2] 정유공정

정유공정이란 지하에서 나오는 천연 그대로의 원유(Crude)를 비등점(Boiling Point)의 차이에 따라 분별증류(Fractional Distillation)하여 얻은 각각의 유분을 물리적·화학적 방법으로 정제한 후 화학약품(첨가제)을 첨가하여 각종 석유제품을 생산하는 공업을 말한다. 이러한 정유공정은 원유를 각기의 유분으로 분리시키는 증류공정(Distillation), 유분 중의 일부 성분을 화학적으로 변화시켜 고부가가치의 제품을 만드는 전화공정(Conversion), 불순물을 제거 순화하는 정제공정(Purification)으로 크게 나눌 수 있다.

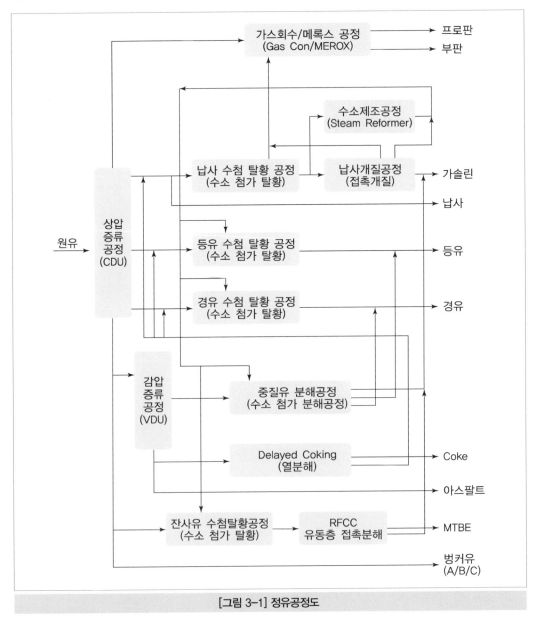

[그림 3-1] 정유공정도

1. 증류공정(Distillation)

원유의 정제에 있어서 일정한 특성을 갖는 생성물을 얻기 위하여 끓는점 차이를 이용한 증류에 의해서 여러 가지 유분으로 분리한다.

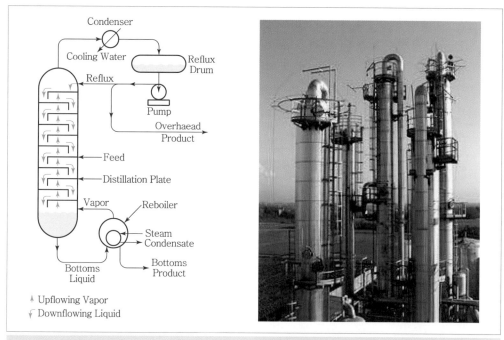

[그림 3-2] Typical Distillation Tower

(1) 탈염 공정(Desalter)

탈염기(Desalter)는 원유 중에 섞여서 공정으로 들어오는 염화물(Salt ; NaCl, CaCl₂ MgCl₂), Sludge, 고형 물질을 공정으로 들여보내기 전에 효율적으로 제거(90~95% 정도)해 줌으로써 Preheat Exchanger Tube 내의 오염, 가열로 튜브의 Coke의 형성, 증류탑 상단 및 응축기 등 장치의 부식을 감소시킨다.

1) 전기 탈염법(Electrical Desalting Process)

수만 볼트의 고전압의 전기장에 의하여 원유 중의 에멀션을 파괴하여 염수를 제거하는 방법

2) 화학 탈염법

원유 속에 항유화제(유화파괴제)를 가하여 에멀션을 파괴하여 염수를 제거하는 방법

(2) 상압증류공정(CDU ; Crude Distillation Unit)

정유공장에서 가장 근본적이면서도 중요한 공정을 증류라 할 수 있으며, 탄화수소(Hydro-carbon)의 혼합용액인 원유를 비등점 또는 휘발도(Volatility)의 차이, 즉 원유

를 끓여서 증기를 내고 응축시켜 끓는 범위에 따라 분리시키는 공정을 증류(Distillation)라 하며, 증류를 통하여 분리된 부분을 유분(Distillate of Fractionate)이라고 한다. 대기압을 보통 상압(Atmospheric Pressure)이라고 하며, 이 압력에서 원유를 증류하는 것을 상압증류(Atmospheric Distillation)라 한다. 원유의 상압증류는 석유정제의 기본으로 일반적으로 토핑(Topping)이라고 하며 가스, 납사(Naphtha), 등유(Kerosene), 경유(Diesel) 등의 유분과 잔사유(Reduced Crude) 등으로 분리하는 조작을 말한다. 상압증류공정은 정유공정 중 가장 중요하고 기본이 되는 공정으로, 증류의 원리에 의해서 원유를 가열, 냉각 및 응축과 같은 물리적 변화과정을 통하여 일정한 범위의 비점을 가진 석유 유분을 분리시키는 공정이다.

| 표 3-1 | 상압증류공정에서 생성되는 유분

유분	비점(℃)	용도(배합원료)
가스	~27	프로판, 부탄, 휘발유
직류가솔린(LSR)	27~69	휘발유, 석유화학 납사
조납사(Raw Naphtha)	69~157	휘발유, 석유화학 납사
조등유(Raw Kerosene)	157~244	항공유(JP-5, JP-8, Jet A-1), 실내등유, 보일러등유, 경유
경질가스유(LGO)	244~372	경유, 보일러등유, B-A
중질가스유(HGO)	372~384	B-A, LRFO, B-C, 경유
잔사유(Reduced Crude)	384~	B-C, LRFO, B-A, 아스팔트

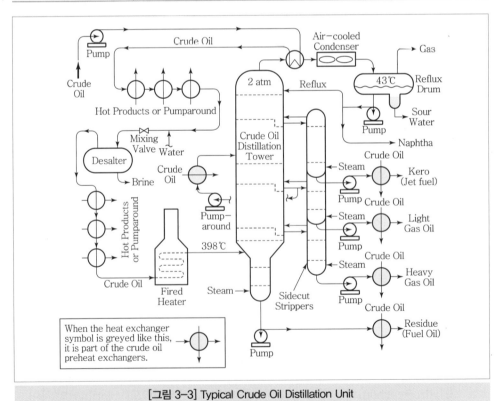

[그림 3-3] Typical Crude Oil Distillation Unit

(3) 감압증류공정(VDU ; Vacuum Distillation Unit)

상압에서 비등점이 높아 분리시키기 어려운 상압 중유를 끓기 쉽게 압력을 낮추어 비등점이 낮은 감압경질경유, 감압중질경유 및 감압중유를 탑 상부로부터 단계적으로 생산하는 공정이다. 상압증류로 증류할 수 없는 고비점 잔유(350℃ 이상)는 그대로 온도를 올리면 열분해를 일으켜 품질이 나빠지고 수율이 낮아지기 때문에 30~80mmHg 정도로 감압하여 유분의 끓는점을 낮춰서 증류하는 것이다. 상압하의 350℃의 비점을 가진 석유는 30~80mmHg 감압하에서 비점이 240℃로 되고, 550℃ 고비점 유분이라도 38mmHg 감압하에서는 분해되지 않은 상태로 회수할 수 있다. 생산된 감압경유와 감압중유는 수소첨가탈황 및 접촉분해를 위해 후속공정으로 이송된다.

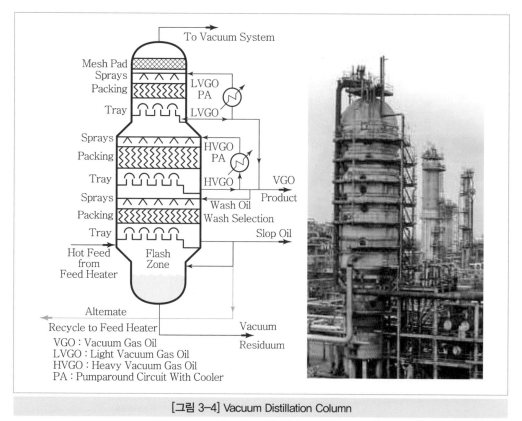

[그림 3-4] Vacuum Distillation Column

(4) 스트리핑(Stripping)

다량의 용매에 용해한 저비점인 탄화수소의 혼합물에 수증기를 불어넣어 분리하는 조작을 스트리핑이라 하며 이 장치를 스트리퍼(Stripper)라고 한다. 등유, 경우 유분이나 감압증류의 윤활유 유분은 저비점 유분을 용해하고 있으므로 이것을 제거하는 데 스트리핑이 사용된다.

(5) 스태빌라이저(Stabilizer)

납사 성분은 탄소수 4 이하의 가스상 성분을 포함하고 있으므로 이것을 증류하여 제거하고 증기압을 조절하는 증류분리장치를 스태빌라이저라고 한다.

2. 전화공정(Conversion)

(1) 열분해법

열분해법은 가솔린 생산을 증가시키기 위하여 사용된 최초의 전화공정으로 중질유를 열을 가하여 분해시켜서 보다 작은 분자량의 화합물로 전화시키는 방법이다. 석유정제에서 행해지고 있는 열분해법에는 비스크레이킹법, 코킹법과 수증기 열분해법이 있다.

1) 비스브레이킹법(Visbreaking Process)

비스브레이킹(Visbreaking)이란 Viscosity Breaking의 합성약자로 점도를 끌어내리는 데에 그 본래의 의미가 부여된 것이다. 이 공정의 목적은 우선 점도가 높은 중질유(고분자)를 높은 온도에서 열분해하여 더 작은 분자의 유분으로 쪼개어 디젤성분 및 가스, 납사를 생산해 내어 유류소비 패턴의 변화에 따라 향후 과잉상태가 될 B-C의 양을 줄여줄 뿐만 아니라 중질유의 점도 및 유동점을 줄여주는 효과 또한 있다.

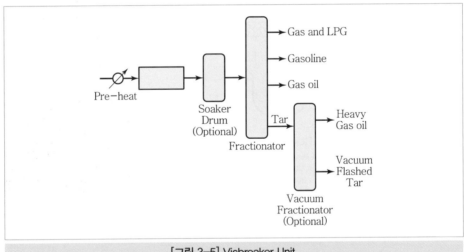

[그림 3-5] Visbreaker Unit

2) 코킹법(Coking Process)

코킹법은 아스팔텐과 같은 중질잔유를 취급하기 위하여 설계된 가혹도가 높은 열분해 공정이다. 코킹법으로 만들어진 제품은 원료의 타입과 공정조건에 따라 상당히 다르다. 일반적으로 원료로 상압증류의 잔유, 아스팔텐, 열분해 잔유 등과 같은 중질류를 상압에서 480~520℃로 가열/분해시켜서 가스, 가솔린, 경유분을 얻고 그 나머지를 장시간 열분해시켜 코크스화하여 석유코크스를 제조한다.

코킹공정은 ① 지연코킹(Delayed Coking), ② 접촉코킹(Contact Coking), ③ 유동코킹(Fluid Coking)으로 분류되며 코킹공정의 가스오일이 순환하여 소모될 때까지 상대적으로 높은 운전 압력에서 운전한다. 증유부분에서는 Coking 반응에서 형성된 증류 제품이 회수되어 상부에서는 가스와 납사분이 회수되면 탑 중간부를 통해 탈황공정으로 보내지게 되며 탑저로 Cokes를 생산하게 된다. 보통 고온으로 처리하기 때문에 제품에 열분해가 생겨 큰 구조의 탄화수소가 작게 분리되며 탑저로는 분자량의 큰 탄소가 Cokes로 배출된다.

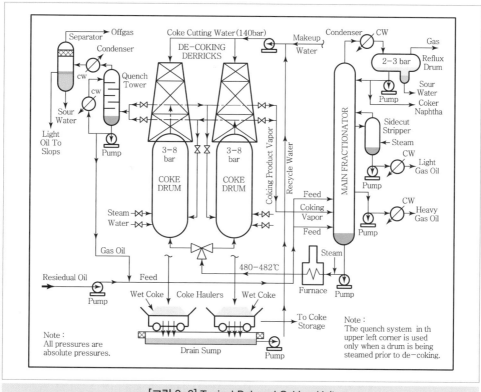

[그림 3-6] Typical Delayed Coking Unit

3) 수증기 열분해법(Steam Cracking)

수증기 열분해는 촉매 없이 675~800℃의 고온, 저압에서 분해가 이루어지며 올레핀이 주생성물이다. 수증기는 탄화수소의 분압을 적게 하여 더 많은 올레핀을 생성시키기 위하여 가해진다. 석유화학공업의 기초 원료인 에틸렌, 프로필렌과 같은 올레핀은 대부분 탄화수소의 수증기분해에 의해 제조된다.

(2) 접촉분해(Catalytic Cracking, Pyrolysis)

끓는점이 높은 큰 분자의 탄화수소를 분해하는 분해법에는 열을 이용하여 분해하는 열분해법과 촉매를 사용하여 분해시키는 접촉분해법이 있다. 석유정제에서 고옥탄가의 가솔린을 제조하는 데에는 열분해법보다 접촉분해법이 주로 사용되고 있다. 접촉분해법은 중질유(등유 이상)를 촉매 존재하에 고온에서 분해하여 고옥탄가의 가솔린을 제조하는 방법이다. 접촉분해법은 고부가가치의 경질 및 중질 증류물 이외에 경질 가스유분도 생성한다. 접촉분해에 의한 고옥탄가 가솔린의 생성은 촉매의 효과에 의한 이성질화 및 탈수소고리화반응에 기인한다.

원료로는 경유에서부터 상압잔유의 진공증류물이 사용된다. 상압증류 잔유는 그대로 원료를 사용하기에는 아스팔텐과 같이 염기성 극성분자가 많이 함유되어 있어 촉매를 비활성화시키기 때문에 직접 사용할 수 없고 수첨탈황공정을 거쳐 전 처리한 후 사용한다. 접촉분해 공정은 반응기에서 촉매와 원료유의 접촉방식에 따라 유동상식, 이동상식, 고정상식의 3가지 종류로 분류한다. 초기에는 촉매를 반응기에 고정시킨 고정상식을 사용하였으나 점차로 이동상식, 유동상식이 급속하게 발전되어 접촉분해는 대부분 이 두 가지 반응기를 사용하고 있다. 최근에는 대량의 중질경유를 높은 처리효율로 처리할 수 있는 유동상식 접촉분해법이 널리 사용되고 있다.

1) 유동상식 접촉분해법(FCC ; Fluidizing-bed Catalytic Cracking)

촉매의 재생을 유동방식으로 행하여 대량의 원료유를 능률적으로 처리할 수 있어 현재 접촉분해는 대부분 이 방식이 널리 사용되고 있다. 촉매는 구형의 다공성이 큰 분말로 원료유 증기와 함께 유동상태에서 접촉시켜 분해효율을 높인다.

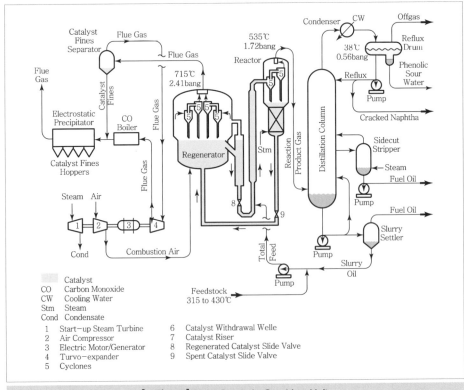

[그림 3-7] Fluid Catalytic Cracking Unit

2) 이동상식 접촉분해법(Moving-bed Catalytic Cracking)

직경 3~4mm의 작은 구형 촉매를 상부에서 낙하시켜 원료유 증기와 접촉시킨다. 촉매는 중력에 의해 반응탑 하부의 재생탑으로 떨어지고 촉매에 부착된 탄소를 연소시켜 재생하여 연속적으로 공급한다.

3) 고정상식 접촉분해법(Fixed-Bad Catalytic Cracking)

촉매를 충전한 반응탑에 원료유 증기를 통화시키는 방법이며 촉매의 재생은 반응을 정지시키고 행한다. 개질법과 수첨분해법은 주로 이 방식을 사용한다.

(3) 접촉개질(Catalytic Reforming/Platforming)

원유를 단순히 증류하여 제품을 생산하는 증류공정에서 분리된 유분을 화학변화시켜 품질을 향상시키는 전화공정(Conversion Process)의 일부로 촉매작용에 의하여 납사를 개질하는 공정이다. 옥탄가가 낮은 경질유분의 탄화수소 구조를 바꾸어 옥탄가가 높은 유분으로 변환시키는 방법을 리포밍(Reforming)이라고 하는데, 리포밍의 대표적인 방식이 접촉개질법이다. 접촉개질공정은 저옥탄가의 납사를 백금계 촉매하에서 수소를 첨가, 반응시킴으로써 휘발유의 주성분인 고옥탄가의 접촉개질유(Reformate)를 생산하는 공정이다. 납사의 분자구조를 촉매작용(백금 및 레늄)에 의해 화학적으로 변화시켜 옥탄가(Octane Number)가 낮은 것을 높여줌으로써 부가가치가 높은 휘발유 제조의 주성분을 만들기 위함이다. 이 공정에서의 반응은 수소와 기체상태에 있는 납사를 혼합시켜 고온, 고압하에 백금(Platinum)과 레늄(Rhenium)을 함유하고 있는 촉매 층을 통과시켜 줌으로써 일어난다. 여기서 옥탄가(Octane Number)란 연료가 노킹(Knocking)하지 않을 정도를 상대적인 숫자로 표시한 것이며, Knocking이란 자동차에서 연료가 분사, 점화, 폭발하는 과정에서 피스톤의 상사점 이전에서 점화하기도 전에 폭발하여 실린더 벽을 심하게 Knock하는 것을 말하는 것이다.

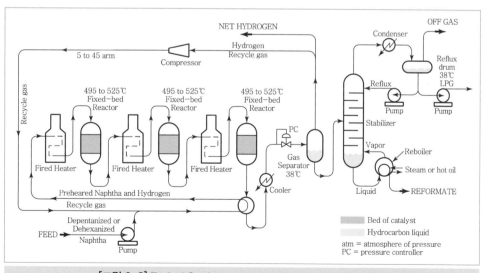

[그림 3-8] Typical Semi-regenerative Catalytic Reformer Unit

(4) 수소첨가분해(Hydrocracking)

감압증류탑에서 생산된 부가가치가 낮은 중질유를 분해하고 불순물을 제거하여 양질의 경질유분을 생산하는 공정이다. 주요 설비 구성은 분해 및 불순물 제거가 일어나는 반응기 영역과 반응에 필요한 수소를 공급하는 순환가스 영역, 반응된 제품을 비등점 차이를 이용하여 분리해 주는 증류부분으로 구성된다. 생산된 등유/경유는 제품 배합원료로 사용되고 LPG/납사는 후속공정으로 이송하여 처리된다.

(5) 수소 제조(Hydrogen Plant, Steam Reformer)

경질 납사 또는 부탄을 촉매 존재하에 수증기와 접촉반응(Steam Reforming)시켜 약 70% 순도의 수소를 제조하고 PSA(Pressure Swing Adsorption) 공정을 거친 후 불순물을 제거하여 순도 99.9% 이상의 수소를 제조하는 공정이다. 생성된 수소는 중질유 수첨분해공정, 중질유 수첨탈황공정, 중질류 유동상 촉매분해공정 및 윤활기유 제조시설 등에 공급된다.

3. 정제공정(Purification)

(1) 수첨탈황(Hydrodesulfurization/Hydrotreating)

상압증류 등에서 얻어지는 각 석유 유분이나 잔유 또는 전화조작에 의해 얻어지는 유분 중에는 황, 질소, 산소, 금속을 포함하는 화합물이 불순물로 포함되어 있다. 상압증류공정에서 생성된 조납사(Raw Naphtha), 조등유(Raw Kerosene), 경질가스유(LGO) 등을 촉매 하에서 수소를 첨가, 반응시킴으로써 유황분을 비롯한 질소 및 금속 유기화합물 등 각종 불순물을 제거하고 품질을 개선시키는 공정이다. 조납사, 조등유, 경질가스유 등에 수소를 첨가하고 고온 고압(320℃, 30기압)하에 촉매로 충진되어 있는 반응탑을 통과시켜 기름에 포함된 황, 질소, 산소 등을 황화수소(H_2S), 암모니아(NH_3), 물(H_2O)과 같은 수소화합물로 제거시키는 공정을 말하며 촉매(Catalyst)는 알루미나를 기본으로 코발트, 몰리브덴, 니켈 등을 입힌 것이다. 조납사를 처리하여 용제를 생산함과 동시에 접촉개질공정의 원료유를 제조하는 납사 수첨탈황공정(Unifining Unit), 조등유 또는 경질 가스유를 처리하여 등유, 항공유, 경유 등을 생산하기 위한 등/경유 수첨탈황공정(MDU ; Middle Distillate Hydrodesulfurization Unit)이 있다.

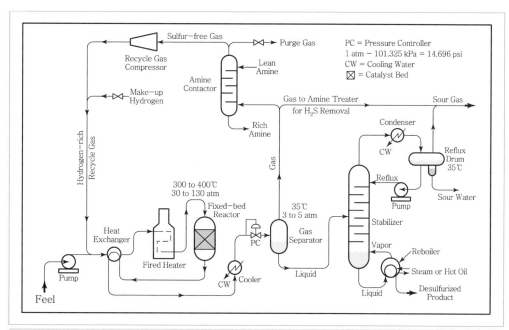

[그림 3-9] Typical Hydrodesulfurization(HDS)

(2) 중유탈황

상압증류의 경우에는 수첨탈황 처리 시 불순물에 의한 촉매의 피독이 심하여 정제가 어렵다. 그러나 중유는 대량으로 사용되는 중요한 연료로 불충분한 정제는 심각한 대기오염을 야기시킨다. 중유 중 황분 함량은 대략 4~5% 정도이다. 중유의 탈황에는 직접탈황법과 간접탈황법이 있으며 후자가 널리 쓰였으나 탈황률에 한계가 있고 촉매의 개량도 진보되었기 때문에 현재는 직접탈황법이 많이 사용되고 있다.

1) 직접탈황법

중유를 그대로 가열하여 촉매 존재하에서 수소화 및 수첨분해시키는 방식이다. 중유를 수첨탈황하면 황분이나 질소분은 상당히 감소하지만 동시에 탄화수소의 일부분에서는 수첨분해가 일어나 경질분이 증가한다. 원료유 중에 중금속이나 아스팔트분의 공존 때문에 촉매열화의 단점이 있는 수첨 탈황은 촉매는 다르지만 수첨분해와 같이 수소를 사용하며 접촉조건도 비슷하므로 장치나 프로세스도 거의 수첨분해와 같은 것이 사용된다.

2) 간접탈황법

원료유를 먼저 감압 증류하여 아스팔트나 중금속을 잔유로서 미리 제거하고 수첨탈황하기 쉬운 유출유만 수첨탈황처리한 다음 여기에 감압잔유를 적당하게 배합하여 규격에 맞는 탈황 중유 제품을 얻는 방법이다. 직접탈황법의 경우 고가의 촉매가 보통 반년 정도가 지나면 사용할 수 없게 되나, 간접탈황법은 촉매수명은 길고 탈황반응은 용이하지만 황분이 많은 잔유와 배합하여 제품을 얻으므로 제품의 황함률이 엄격히 규제되면 탈황유에 감압잔유를 배합하는 데 다소 문제가 될 수도 있다.

(3) 메록스(Merox)

상압증류공정에서 생성된 경질유분에 함유된 황화수소(H_2S)를 제거하고 악취가 심한 머캡탄(Mercaptan) 성분을 악취가 덜 나는 이황화물(Disulfide)로 전환 또는 제거하는 공정이다. 증류공정에서 나온 제품(반제품)을 최종적으로 화학적 · 물리적으로 처리하여 완제품을 만드는 정제공정 중 대표적인 공정이다. 메록스 공정이란 미국 UOP사의 특허공정으로 Mercaptan Oxidation의 약자이며 Kerosine, 납사, LPG 중의 불순물인 Mercaptan (R−SH)을 촉매존재하에 공기로서 이황화물(Disulfide)로 전환하거나 제거시키는 공정이다.

| 표 3-2 | 메록스의 종류

구분	내용
액화석유가스 메록스 (LPG Merox)	액화석유가스(LPG) 중에 있는 유황성분(H_2S 및 머캡탄)을 제거하는 공정
직류가솔린 메록스 (LSR Merox)	LSR(Light Straight Run Naphtha) 유분 중 유황성분을 제거하여 휘발유 배합원료를 제조하는 공정
고정상 메록스 (Solid Bed Merox)	조등유 중에 있는 H_2S를 제거하고 머캡탄을 전환하여 등유 및 항공유의 배합원료를 제조하는 공정

메록스 공정은 머캡탄(Mercaptan)의 제거에 그 목적이 있다. 머캡탄은 일반적으로 유황화합물의 일종으로 화학적으로 R−SH로 표시되며 석유 중에 포함되어 독성과 부식성이 매우 심하고 악취를 풍기는데, 약산성으로 코발트 촉매존재하에 알칼리성인 가성소다 용액 속에서 산소와 반응하여 산화되면서 최종적으로 이황화물로 전환되어서 기름 속에서 추출되거나 (LPG/LSR Merox) 또는 악취와 부식성이 없어진 상태인 이황화물 상태로 전환된다(Kero Merox).

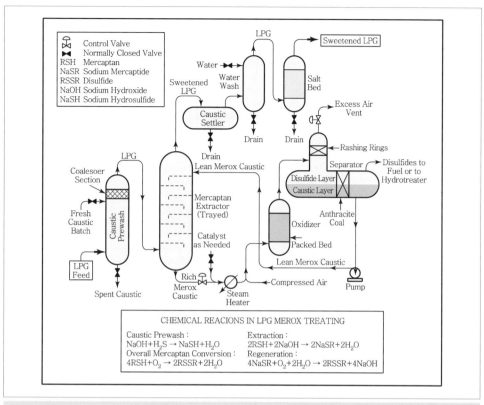

[그림 3-10] Typical Merox Process Unit

(4) Amine/Sour Water/황회수(Sulfur Recovery)

Visbreaker 원료유는 유황 함량이 높은 상압잔사유/아스팔트 잔사유로 유황분(4~5wt.%)이 다량 포함되어 있어서 열분해 과정 중에 발생하는 가스 중의 H_2S의 양은 12wt.%나 되며 이는 상대적으로 다른 공정에서 발생하는 가스 중의 H_2S 양보다 5~10배나 많아서 그대로 사용할 수 없는 문제가 대두되므로 이를 처리하기 위해서 Amine 처리 공정이 설치되어 가스 중에 H_2S가 Amine 용액(20wt.% DEA : Diethanolamine)에 의해 흡수 제거되고 가스는 LPG 회수장치로 보내지며 Amine 용액에 흡수된 H_2S는 재생탑에서 제거되어 황회수 공정으로 보내진다.

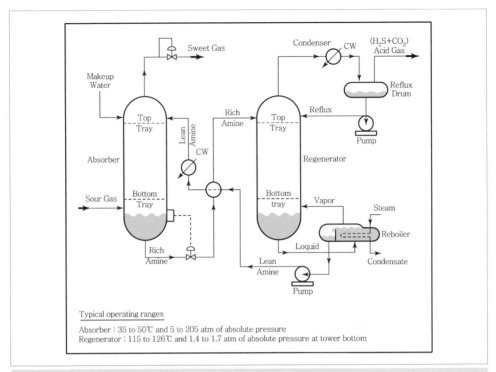

[그림 3-11] Typical Amine Treating Process

CDU/Visbreaker 증류탑에서 스트리핑 스팀의 응축수에는 H_2S/NH_3 가스가 다량 녹아 있으므로 이를 Sour Water Stripping이라고 하는 공정으로 보내서 H_2S/NH_3 가스를 제거한 후 상압증류탑의 탈염수로 사용하는데, Sour Water에 포함되어 있는 H_2S를 300ppm에서 30ppm까지 제거하며 NH_3도 90ppm에서 85ppm까지 제거한다.

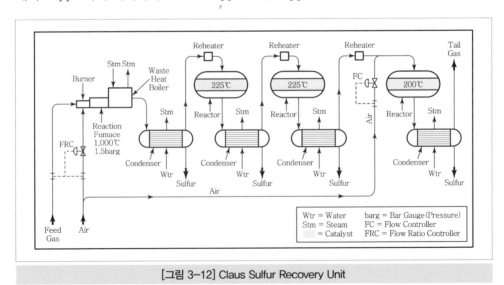

[그림 3-12] Claus Sulfur Recovery Unit

위의 Amine Treating Unit, Sour Water Treating Unit에서 제거된 H_2S는 환경, 안전 문제상 연료로 사용하거나 대기 중으로 방출할 수 없으므로 황회수 공정으로 보내져 촉매 존재하에 공기와 연소반응을 시켜 거의 순수한 액체상태의 황으로 회수하게 된다.

$$\frac{1}{3}H_2S + \frac{1}{2}O_2 \rightarrow \frac{1}{3}SO_2 + 41.3kcal \quad \cdots\cdots\cdots\cdots\cdots\cdots \text{(a)}$$

$$\frac{2}{3}H_2S + \frac{1}{3}SO_2 \rightarrow \frac{2}{3}H_2O + S + 8.4kcal \quad \cdots\cdots\cdots\cdots \text{(b)}$$

위의 (a)번 반응을 통상 Claus반응이라 한다. 즉, H_2S는 산소와 연소반응을 하여 황이 회수되며 황의 회수율을 높이기 위하여 미반응된 H_2S와 SO_2가 촉매가 충진된 반응탑을 통과함으로써 거의 95%가량의 황이 회수되는 것이다.

② 석유화학 플랜트

석유화학산업은 탄소화합물의 탄소 고리를 분해하는 공장을 모체로 하는 산업이다. 이때 원료로 사용되는 것이 납사이며, 납사를 분해하는 설비를 납사분해설비(NCC ; Naphtha Cracking Center)라고 한다. 납사분해설비에서는 탄소 개수가 2개인 에틸렌부터 탄소가 3개인 프로필렌, 탄소가 4개인 C4유분 등의 올레핀류와 방향족 제품의 원료가 되는 열분해가솔린(Raw Pyrolysis Gasoline)을 생산하여 석유화학플랜트의 원료를 공급한다. 납사분해설비에서 생산되는 제품들의 수율은 투입되는 납사의 물성에 따라 다르지만, 보통 에틸렌 31%, 프로필렌 16%, C4유분 10%, 열분해가솔린 14%, 메탄/수소/액화석유가스 등의 기타 제품이 29% 생산된다.

1. 납사분해공정

납사(Naphtha)를 800℃로 열분해(Thermal Cracking)하여 석유화학 기초 원료인 에틸렌(Ethylene), 프로필렌(Propylene), 혼합C4유분, 열분해 가솔린(PG) 등을 생산하는 시설들이 있는 곳을 납사 분해공장(Naphtha Cracking Center)이라 말한다. 납사분해공정의 생산량은 한 나라의 화학공업의 수준을 평가하는 척도가 되기도 한다. 이 공정에서 생산되는 기초유분은 합성수지, 합성섬유원료 및 합성고무공업의 기초 원료로 사용되며 열분해공정, 급랭공정, 압축공정, 냉각 및 정제공정으로 크게 분류할 수 있다.

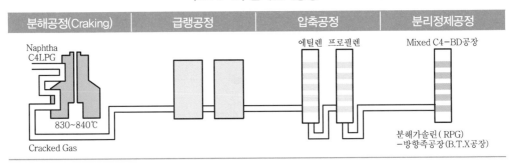

| 표 3-3 | 납사분해공정

| 분해공정(Craking) | 급랭공정 | 압축공정 | 분리정제공정 |

(1) 열분해공정(Thermal Cracking Process)

열을 가하여 납사를 탄소수가 적은 탄화수소로 분해하는 공정이다. 납사를 스팀과 함께 800℃ 이상의 고온 분해로에서 탄소수가 적은 탄화수소 화합물로 열분해 반응시키고 고온의 분해가스의 열로 고압증기를 생산하고 급랭공정으로 보내진다.

(2) 급랭공정(Quenching Process)

분해된 산화수소끼리 서로 반응하지 못하도록 온도를 낮추는 공정이다. 분해로의 열분해 출구물질을 급랭시키지 않을 경우 중합에 의한 코크, 타르 등을 형성하여 수율이 감소되고 기기장치의 성능을 저하시키므로 Quench Oil로 1차 냉각하여 중질 연료류(P.F.O, P.G.O)를 분리해 내고 Quench Water로 2차 냉각 후 압축 공정으로 도입시킨다.

(3) 압축공정(Compression Process)

급랭공정에서 분리된 C4 이하의 경질유분의 분리는 고압·저온하에서 분리하는 것이 경제적이다. 따라서 분해가스 압축기(5단 원심압축기)를 이용하여 약 38기압까지 압축한 후 저온 분리공정으로 보내지는데, 압축기의 3단과 4단 사이에는 Amine 흡수탑과 가성 소다 세정탑이 있어 이산화탄소, 황화수소 등 산성가스가 완전히 제거된다. 압축과정에서 응축된 1, 2, 3단의 탄화수소는 가솔린정류탑, 급랭탑으로 보내고, 5단 출구로부터 나온 분해가스는 프로필렌 냉매에 의해 15℃까지 냉각되어 응축물을 제거한 뒤 건조기로 보낸다.

(4) 침랭공정(Cold Box)

산성가스가 제거된 압축분해가스는 건조기에서 수분이 제거된 후 저온회수공정으로 들어가게 된다. 수분이 제거된 기체는 프로필렌 냉매 및 에틸렌 냉매에 의해 단계적으로 냉각되어 응축물이 분리되며 응축물은 탈메탄탑으로 보내져 탑정으로 메탄을 분리하게 되고, 나머지 경질 유분은 탑저로 분리된다.

(5) 에틸렌 분리공정

C2 이상의 물질로 구성된 탈메탄탑의 탑저액은 탈메탄탑으로 공급되어 C2 물질을 탑정가스로, C3 이상의 물질을 탑저액으로 하여 각각 분리된다. C2 물질로 구성된 탑정가스는 에틸렌 수율 향상을 위해 C2 혼합가스 속에 포함된 아세틸렌을 수소 첨가 반응에 의해 에틸렌으로 전환시키는 아세틸렌 반응기를 거친다. 아세틸렌이 제거된 C2 혼합가스는 에틸렌 분류탑으로 보내져 에틸렌과 에탄으로 분리된다. 분리된 에탄은 다시 순환되어 분해로의 원료로 사용되며, 에틸렌은 제품으로 생산되어 저압 및 고압 에틸렌 탱크로 보내진다.

(6) 프로필렌 분리공정

C3 이상의 물질로 구성된 탈메탄탑의 탑저액은 탈프로판탑에 공급되어 C3 물질을 탑정가스로, C4 이상의 물질을 탑저액으로 각각 분리한다. C3 이상의 분해 탑정가스는 건조기를 거쳐 MAPD 반응기로 보내져, C3 혼합가스 프로틸렌의 메틸아세틸렌, 프로파디엔은 수소첨가반응으로 프로필렌으로 전환된다. 프로필렌과 프로판으로 구성된 C3 혼합가스는 Propylene 분류탑으로 공급되어 탑정부에서 프로필렌이 제품으로 생산된다. 분리된 탑저의 프로판은 에탄분해로의 원료로 순환되거나 제품으로 보내 저장된다.

(7) 혼합C4유분 분리공정

C4 이상의 탄화수소로 구성된 탈프로판탑의 탑저액은 탈부탄탑의 탑정에서 C4유분이 생산되며, 탑저에서는 분해 가솔린이 각각 생성되어 급랭 부분에서 생성된 분해 가솔린과 합하여 방향족 제품의 원료로 사용한다.

(8) 프로필렌 및 에틸렌 냉동계

프로필렌은 5단의 압축기에 의해 최저 $-41℃$ 냉매를, 에틸렌은 4단의 압축기에 의해 최저 $-101℃$ 냉매를 제조하여 분해가스의 Chilling 및 저온 분류탑의 냉매 혹은 열원으로 사용한다. 수소는 수첨반응 및 연료로 사용하고 메탄은 전량 연료로서 사용된다. 위에서 분리된 C2 성분은 수첨반응에 의하여 아세틸렌을 제거한 후 에틸렌정류탑에서 에탄과 에틸렌으로 분리되며 에탄은 분해로로 재순환된다. C3성분은 탈프로판탑을 거친 후 수첨반응에 의하여 MAPD를 제거 후, 프로필렌정류탑을 거쳐 프로판과 프로필렌을 생산하게 되며 탈부탄탑에서는 혼합 C4 유분을 생산한다.

(9) 기술선

현재 우리나라에서 도입 사용 중인 Lummus, Kellog, Stone & Webster 등이 주류를 이루며, 그 외에도 IFP, Linde AG, Union Carbide, CTIP, ,KTI, KREBS, TECHNIP 등의 라이센서가 있다.

(10) 제품의 용도

1) 수소 : 수첨반응기의 원료로 사용된다.
2) 에틸렌 : 석유화학의 가장 중요한 기본원료로서, 고밀도 폴리에틸렌(HDPE), 저밀도 폴리에틸렌(LDPE), 선형저밀도 폴리에틸렌(LLDPE), 에틸알코올, 에틸렌 글리콜 등의 원료로 사용
3) 프로판 : 연료로 사용되거나 수지공장(HDPE, LDPE, LLDPE)의 원료로 사용
4) 프로필렌 : 폴리프로필렌(PP), 아세톤, 이소프로필알코올, 프로필렌글리콜 등의 원료로 사용
5) 혼합C4유분 : 부타디엔 공장의 원료로 사용
6) 열분해 가솔린(Pyrolysis Gasoline) : 방향족공장의 원료로 사용
7) 액체연료(P.G.O, P.F.O) : 연료유로 사용

2. 방향족 제조공정

납사를 분해하여 올레핀 제품을 제조한 후 부생되는 PG(Pyrolysis Gasoline, 열분해 가솔린) 또는 정유공장의 Reformer에서 나오는 개질 납사(Reformate)를 원료로 수소첨가반응과 추출용매인 Sulfolane을 사용하여 방향족 혼합물을 선택적으로 추출한 후 고순도의 벤젠, 톨루엔, 자일렌을 분리 생산하는 공정이다.

(1) 수첨공정(Gasoline Hydrogenation Process)

고순도의 방향족 제품을 생산하기 위하여 원료 중 이중결합 화합물을 수소첨가반응시켜 포화화합물로 만들고, 황화합물을 제거하여 추출공정에 적합한 원료를 만드는 공정이다. 수첨 및 탈황반응은 중합에 의한 고분자 물질의 생성을 최소화시키고 수첨에 의해 방향족 화합물의 손실을 피하기 위하여 선택된 운전조건에서 반응기 내의 특정 촉매층에서 일어 난다. 제품 중 C6~C8 혼합물은 추출공정으로 보내고, 완전 수첨된 C5는 에틸렌 공장의 원료로 사용되며, 수첨반응된 C9/C10은 수첨탈알킬공정의 원료 또는 정제공정의 솔벤트 탑 원료로 사용된다.

(2) Sulfolane 추출공정(Sulfolane Extraction Process)

수소첨가된 분해가솔린 또는 정유공장의 개질 납사(Reformate)를 선택 흡수성이 뛰어난 Sulfolane이라는 용매를 사용하여 방향족 화합물만 추출하는 공정이다. 즉, 원료유는 다 공판을 가진 방향족 추출탑의 중앙부로 송입되어 상부에서 하강하는 Sulfolane 용매와 향류 접촉하면서 방향족 화합물만 선택적으로 용제에 추출되어 탑저로 나오며, 비방향족 화합물은 추출잔유로서 탑상으로 배출된다. 추출탑을 나온 Sulfolane과 방향족 혼합물은 회수탑에서 용제(Sulfolane)와 방향족 화합물로 나뉘고 용제는 추출탑으로 순환된다.

(3) 방향족 분류공정(Fractionation Unit)

추출공정을 나온 방향족 화합물은 백토 처리탑, 벤젠탑, 졸루엔탑, 자일렌탑을 차례로 거치면서 비점 차이에 따라 분별 증류되어 차례로 벤젠, 톨루엔, 자일렌이 생산되고 잔사유는 연료유로 사용된다.

(4) 수첨탈알킬 공정(Hydrodealkylation Unit)

수첨공정에서 분리된 C9/C10 혼합물이 수첨분해반응과 수첨탈알킬화 반응에 의해 벤젠 성분이 다량 함유된 방향족 혼합물과 메탄 또는 Light Gas로 전환되어 그중 벤젠 성분이 다량 함유된 방향족 혼합물은 분리공정으로 보내지고 나머지는 에틸렌 공장으로 보내진다.

(5) Tatoray

시장 여건에 따라 톨루엔은 전환 알킬화(Trans Alkyation) 공정 또는 탈알킬화(Dealkylation) 공정을 거치면서 벤젠 및 혼합 자일렌으로 전환되고 이 혼합물은 방향족 분류공정으로 다시 보내서 각각의 제품으로 분리된다.

(6) 기술선

방향족 추출공정은 크게 열분해 가솔린과 Reformate를 이용하는 방법으로 대별되는데, 열분해 가솔린을 이용하는 공정은 공장별로 라이센서를 달리 선정하고 있다.

1) UOP(Platforminq법) : REFOHMATE 사용, 가장 많이 사용, 1차원 촉매
2) HOUDRY(HOUDRIFORMING법) : REFORMATE 사용, 1차원 촉매
3) STANDARD OIL(ULTRAFORMING법) : REFORMATE 사용, 1차원 촉매
4) CHEVRON(RHENIFORMING법) : REFORMATE 사용, 2~3차원 촉매
5) LUMMUS : P.G 사용, 유틸리티·수소의 소요량이 많음
6) I.F.P./U.O.P : P.G 사용, 유틸리티·수소의 소요량이 적음
7) HOUDRY(PYROTOL법) : 톨루엔 및 자일렌 사용, 촉매 이용
8) ARCO : 톨루엔 및 자일렌 사용, 촉매 이용
9) H.R.I(HDA법) : 톨루엔 및 자일렌 사용, 무촉매
10) 삼릉유화(MHC법) : 톨루엔 및 자일렌 사용, 무촉매

3. 석유화학제품 계통도

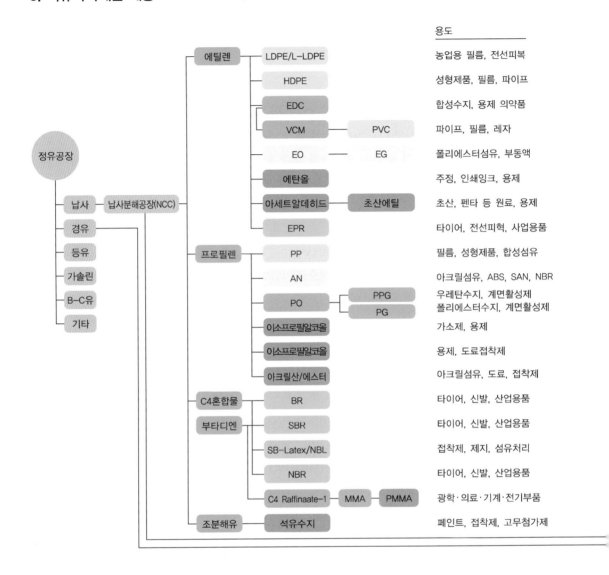

	용도
에틸렌 → LDPE/L-LDPE	농업용 필름, 전선피복
HDPE	성형제품, 필름, 파이프
EDC	합성수지, 용제 의약품
VCM → PVC	파이프, 필름, 레자
EO — EG	폴리에스터섬유, 부동액
에탄올	주정, 인쇄잉크, 용제
아세트알데히드 → 초산에틸	초산, 펜타 등 원료, 용제
EPR	타이어, 전선피혁, 사업용품
프로필렌 → PP	필름, 성형제품, 합성섬유
AN	아크릴섬유, ABS, SAN, NBR
PO → PPG	우레탄수지, 계면활성제
PO → PG	폴리에스터수지, 계면활성제
이소프로필알코올	가소제, 용제
이소프로필알코올	용제, 도료접착제
아크릴산/에스터	아크릴섬유, 도료, 접착제
C4혼합물 → BR	타이어, 신발, 산업용품
부타디엔 → SBR	타이어, 신발, 산업용품
SB-Latex/NBL	접착제, 제지, 섬유처리
NBR	타이어, 신발, 산업용품
C4 Raffinaate-1 — MMA — PMMA	광학·의료·기계·전기부품
조분해유 → 석유수지	페인트, 접착제, 고무첨가제

정유공장 → 납사 → 납사분해공장(NCC)
경유 / 등유 / 가솔린 / B-C유 / 기타

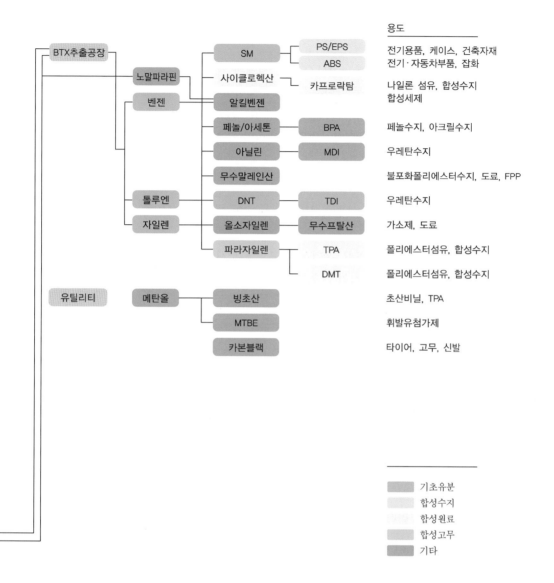

			용도
BTX추출공장			
		SM → PS/EPS	전기용품, 케이스, 건축자재
		→ ABS	전기·자동차부품, 잡화
	노말파라핀	사이클로헥산 → 카프로락탐	나일론 섬유, 합성수지
	벤젠	알킬벤젠	합성세제
		페놀/아세톤 → BPA	페놀수지, 아크릴수지
		아닐린 → MDI	우레탄수지
		무수말레인산	불포화폴리에스터수지, 도료, FPP
	톨루엔	DNT → TDI	우레탄수지
	자일렌	올소자일렌 → 무수프탈산	가소제, 도료
		파라자일렌 → TPA	폴리에스터섬유, 합성수지
		→ DMT	폴리에스터섬유, 합성수지
유틸리티	메탄올	빙초산	초산비닐, TPA
		MTBE	휘발유첨가제
		카본블랙	타이어, 고무, 신발

기초유분
합성수지
합성원료
합성고무
기타

4. 주요 석유화학제품

(1) 기초 유분 및 중간 원료

1) 에틸렌(Ethylene, C2)
   ① 무색의 기체, 고압저온(-104℃ >) 환경에서 액상
   ② 석유 또는 천연가스 등 탄화수소를 열분해하여 제조
   ③ 폴리에틸렌(PE), 에틸렌글리콜(EG), PVC, SM, 아세트알데히드 등 에틸렌 계열 제품의 원료로서 석유화학공업의 대표적인 기초유분임

2) 프로필렌(Propylene, C3)
   ① 무색의 기체
   ② 납사 등 분해 시 에틸렌과 병산되거나 FCC의 부생가스로부터 추출 또는 프로판을 탈수소하여 제조
   ③ 폴리프로필렌, AN, EPR, 옥탄올 등 프로필렌 계열 제품의 원료로서 에틸렌과 함께 석유화학공업의 대표적인 기초유분임

3) 부타디엔(Butadiene)
   ① 상온에서 독특한 냄새가 있는 기체
   ② 납사분해 시 부생하는 C4유분으로부터 추출하거나 부탄을 탈수소하여 제조
   ③ SBR, BR 등 여러 종류의 합성고무와 ABS, 1,4-BDO 등의 원료

4) 벤젠(Benzene)
   ① 방향족계 탄화수소의 대표적인 제품으로 방향(냄새)이 있는 액체
   ② 납사분해설비에서 에틸렌 등의 기초유분과 함께 병산되거나 납사개질유(Reformate)로부터 톨루엔, 자일렌이 함께 추출되어 생산됨. 톨루엔의 탈알킬방법으로도 생산 가능
   ③ SM, 카프로락탐, 알킬벤젠, 의약품, 농약, 유기약품 등의 원료

5) 톨루엔(Toluene)
   ① 방향이 있는 액체
   ② 납사분해설비나 납사개질유로부터 벤젠, 자일렌 등과 함께 생산
   ③ 향료, 화약, TDI, 사카린 등의 원료, 용제 등

6) 자일렌(Xylene)
   ① 방향이 있는 무색의 액체
   ② 납사분해설비나 납사개질유로부터 벤젠, 톨루엔 등과 함께 생산, 톨루엔의 탈알킬 방법으로도 생산 가능
   ③ 주로 파라자일렌(PX)으로 분류/정제되어 사용

7) 이염화에틸렌(EDC ; Ethylene Dichloride)
① 무색 유상의 액체
② 에틸렌과 염소와의 반응으로 제조
③ 대부분 VCM의 원료로 사용

8) 비닐클로라이드모노머(VCM ; Vinyl Chloride Monomer)
① 무색으로 약간의 감미가 있는 액체
② EDC를 열분해하여 제조
③ 대부분 PVC의 원료로 사용

9) 스티렌모노머(SM ; Styrene Monomer)
① 방향이 있는 무색의 액체
② 벤젠과 에틸렌을 원료로 합성한 에틸벤젠을 반응시켜 제조
③ 폴리스티렌(PS), SBR, ABS, 도료 등의 원료

10) 올소자일렌(OX ; Orthoxylene)
① 무색의 투명한 액체
② (혼합)자일렌을 증류하거나 양성화하여 제조
③ 무수프탈산(PA) 등의 원료

11) 파라자일렌(PX ; Paraxylene)
① 무색의 투명한 액체
② (혼합)자일렌을 증류하거나 양성화하여 제조
③ TPA/DMT의 원료로 대규모 소비됨

12) 프로필렌옥사이드(PO ; Propylene Oxide)
① 무색의 휘발성 액체
② 프로필렌과 염소를 원료로 제조 또는 프로필렌을 과초산이난 에틸벤젠의 과산화물로 직접 산화하여 제조
③ PP, PPG 등의 원료

(2) 합성수지

1) 저밀도폴리에틸렌(LDPE ; Low Density Polyethylene)
① 상온에서 투명한 고체(분말 또는 입상)
② 대표적인 합성수지로 에틸렌을 중합하여 제조
③ 밀도가 0.91~0.94인 것으로 결정화가 낮아 가공성과 유연성 투명성이 우수
④ 농업용, 포장용 투명필름, 전선피복, 각종 랩 등의 원료

2) 고밀도 폴리에틸렌(HDPE ; High Density Polyethylene)
① 반투명 고체(분말 또는 입상)
② 대표적인 합성수지로 에틸렌을 중합하여 제조
③ 밀도가 0.94 이상인 것으로 강도가 우수하나 유연성, 가공성은 떨어짐
④ 일회용 쇼핑백, 각종 용기, 컨테이너, 파이프 등의 원료

3) 폴리프로필렌(PP ; Polypropylene)
① PE와 더불어 석유화학제품을 대표하는 열가소성 수지로 고체
② 프로필렌을 중합하여 제조
③ 인장강도와 충격강도, 표면강도가 우수하고 내열, 내약품성이 좋음
④ 포대용 백, 필름, 섬유, 자동차 및 전기/전자부품, 컨테이너, 일용품 등의 원료로 가
장 폭넓게 사용됨

4) 폴리스티렌(PS ; Polystyrene)
① 스티렌모노머(SM)를 중합하여 제조하는 열가소성 수지로서 고체
② 일반용(GP), 내충격성(HI), 발포성(EPS) 등이 있음
③ 가전제품의 케이스 및 부품, 유제품 용기, 단열재나 발포포장제, 충격완충제(EPS)
등의 원료로 사용

5) ABS(Acrylonitrile Butadiene Styrene)
① 옅은 아이보리색의 고체
② 아크릴로니트릴과 부다디엔, 스티렌을 중합하여 얻어지는 공중합체
③ 착색이 용이하고 표면광택이 아름다움. 기계적, 전기적 성실 및 내약품성이 우수
④ 가정용, 사무실용 전자제품 및 자동차의 표면 소재로 주로 사용

6) 폴리염화비닐(PVC ; Polyvinylchloride)
① VCM의 중합으로 얻어지는 수지로 무취의 분말
② 내약품성, 난연성, 전기절연성이 양호하지만 열이나 자외선에 안정하지 못하여 안
정제가 첨가되어야 함. 유연성이 요구되는 용도에서는 가소제와 함께 사용됨
③ 바닥재와 창틀, 파이프 등 주택/건성용으로 주로 사용, 농업용 필름 및 인조피혁 등
의 원료

(3) 합성원료
1) 아크릴로니트릴(AN ; Acrylonitrile)
① 달콤한 냄새를 지닌 액체
② 프로필렌, 산소, 암모니아 혼합가스를 합성(SOHO법)하여 제조
③ 아크릴섬유, ABS, NBR 고무 등의 원료

2) 카프로락탐(Caprolactam)

　① 액체 또는 플레이크상

　② 벤젠과 수소를 반응시켜 얻어진 사이클로헥산을 공기산화하여 사이클로헥사논을
　　 만든 후 암모니아와 합성하여 제조

　③ 나일론 섬유(나일론-6) 및 나일론수지의 원료로 의복이나 타이어코드, 어망, 카펫
　　 등의 형태로 사용됨

3) 테레프탈산(TPA ; Terephthalic Acid)

　① 백색분말

　② 파라자일렌(p-Xylene)을 산화시켜 제조

　③ EG와 함께 투입되어 폴리에스터 섬유, PET Bottle, 폴리에스터 타이어코드 등의
　　 원료로 사용됨

4) 디메틸테레프탈레이트 (DMT ; Dimethyl Terephthalate)

　① 백색 결정

　② 파라자일렌을 산화시킨 후 메탄올과 반응시켜 제조

　③ EG와 함께 투입되어 폴리에스터 섬유 및 필름의 원료로 사용됨

5) 에틸렌글리콜(EG ; Ethylene Glycol)

　① 무색무취의 액체

　② 에틸렌을 산화시켜 생성된 산화에틸렌(EO)을 물과 반응시켜 제조

　③ 부동액의 원료, TPA(또는 DMT)와 함께 투입되어 폴리에스터 제품원료로 사용

6) 스티렌부타디엔고무(SBR ; Styrene Butadiene Rubber)

　① 스티렌모노머와 부타디엔을 중합하여 제조, 고무상

　② 대표적인 합성고무로 천연고무에 비하여 내마모성과 내노화성, 내열성이 우수함

　③ 주로 타이어에 천연고무 및 카본블랙과 함께 사용됨

7) 부타디엔 고무(BR ; Butadiene Rubber)

　① 부타디엔을 중합하여 제조, 고무상

　② 탄성이 좋으며 내한성 및 내마모성이 우수

　③ 타이어, 튜브 등 고무제품의 원료, 합성수지의 충격개량제로도 사용

8) 알킬벤젠(Alkyl Benzene)

　① 무색 무취의 투명한 액체

　② 노말파라핀과 벤젠을 합성해 제조

　③ 계면활성제의 원료로 합성세제와 농약유화제 등으로 사용

9) 무수프탈산(PA ; Phthalic Anhydride)

　① 순백색 바늘모양의 결정으로 독특한 냄새가 있음

② 올소자일렌(o - Xylene)을 기화시킨 후 공기의 산소와 반응시켜 제조

③ 가소제(DOP, DBP 등), 폴리에스터수지, 염안료 중간체 등의 원료

10) 무수말레인산(MA ; Maleic Anhydride)

① 백색 바늘모양 또는 입상의 결정

② 벤젠을 접촉산화시켜 제조하거나 C4유분(부탄 또는 부타디엔)을 산화시켜 제조

③ 불포화폴리에스터수지, PVC 안정제, 도료, 가소제 등의 원료

11) 페놀(Phenol)

① 백색 결정상

② 벤젠과 프로필렌을 반응시켜 쿠멘을 제조한 다음 쿠멘을 산화/분해하여 아세톤과 함께 제조(생성비율은 페놀 1 : 아세톤 0.61)

③ 비스페놀A(폴리카보네이트수지의 원료), 페놀수지의 원료로 주로 사용되며 기타 PCB 산화방지제, 농약, 안정제의 원료로도 사용

12) 아세톤(Acetone)

① 무색유동상의 액체, 특유의 방향이 있음

② 벤젠과 프로필렌을 반응시켜 쿠멘을 제조한 다음 쿠멘을 산화/분해하여 아세톤과 함께 제조(생성비율은 페놀 1 : 아세톤 0.61)

③ 주로 도료/페인트의 용제로 사용, 왁스/래커/고무에도 사용

13) 옥탄올(Octanol, 2 - Ethyl Hexanol, 2 - EH)

① 무색액체

② 프로필렌에 일산화탄소와 수소를 반응시켜 제조

③ 주로 PVC 가소제 원료로 사용, 합성윤활제, 계면활성제 중간 원료

14) 부탄올(Butanol)

① 무색투명한 액체

② 프로필렌을 옥소반응시킬 때 옥탄올과 병산됨

③ 아크릴레이트, 가소제의 원료, 용제로도 사용

15) 에탄올(Ethanol)

① 무색투명한 휘발성 액체

② 에틸렌과 물을 반응시키는 합성법과 천연곡물을 발효시키는 발효법이 있음, 전 세계 에탄올의 90% 이상이 발효법으로 생산

③ 합성법 에탄올은 화장품, 향료 등의 원료, 용제

16) 아세트알데히드(Acetaldehyde)

① 자극적인 냄새를 지닌 무색의 액체

② 에틸렌을 산소로 산화하여 제조, 화학적 반응성이 매우 활발함

③ 펜타에리스리톨, 초산, 초산에테르 등의 원료

17) 초산(Ethyl Acetate)
　① 자극성 냄새가 있는 무색투명한 액체
　② 메탄올과 일산화탄소의 카르보닐레이션 반응으로 제조
　③ 주로 TPA와 VAM(초산비닐모노머)의 원료로 사용

18) 초산에틸(Ethyl Acetate)
　① 무색투명의 가연액체, 방향(과실향)이 있음
　② 에탄올과 초산의 에스테르반응에 의해 제조
　③ 도료, 인쇄잉크, 접착제 등의 원료, 용제

19) 석유수지(Petroleum Resin)
　① 흰색(수첨) 또는 노란색의 무취 고체 입상
　② 납사 분해 시 생산되는 분해잔사를 합성하는 열가소성 수지로 C5계와 C9계, C5/C9 공중합, DCPD, Water White 수지가 있음
　③ 페인트, 잉크, 접착제 등의 원료

20) 카본블랙(Carbon Black)
　① 흑색이나 진회색의 분말
　② 석탄계의 크레오소트유(Creosote) 혹은 석유계의 중질유(FCC Oil)를 불완전 연소시켜 제조
　③ 주 용도는 고무보강제의 원료로서 타이어의 마찰, 마손, 피로에 대한 저항력과 탄력성을 높이는 역할을 함. 기타 벨트, 자동차와이퍼, 잉크, 전선 등에도 보강제나 착색제로 사용

21) PPG(Polypropylene Glycol)
　① 무색의 휘발성이 없는 액체
　② 주로 산화프로필렌(PO)을 중합하여 제조
　③ 폴리우레탄, 계면활성제, 브레이크유, 부동액, 알키드수지 등의 원료

22) TDI(Toluene Diisocyanate)
　① 백색 또는 담황색의 액체 또는 고체
　② 톨루엔을 원료로 하는 톨루엔디아민(TDA)을 포스겐과 반응시켜 제조
　③ PPG와 섞여서 주로 연질폴리우레탄폼(스펀지 류) 또는 페인트, 접착제, 실란트의 원료로 사용

23) MDI(Methylene Diphenyl Diisocyanate)
　① 백색 또는 미황색의 고체
　② 아닐린에 포르말린을 반응시켜 산성축합을 한 후 포스겐과 반응시켜 제조

③ PPG와 섞어서 주로 경질폴리우레탄폼(건축용, 냉장고용 단열제)으로 사용되고 자동차범퍼(RIM)나 합성피혁, 스판덱스의 원료로도 사용됨

5. 기타 석유화학 대표공정

(1) Butadiene 제조공정

1) 개요

Butadiene은 BR, SBR, NBR 등의 합성고무 및 ABS 수지의 원료로 광범위하게 사용되며, 제조방법으로는 납사분해공장의 혼합 C4유분으로부터 추출하는 방법과 부탄 및 부텐의 탈수소화 반응에 의해 제조하는 방법이 있다.

2) 원료

혼합 C4유분

3) 공정

① 납사분해공장에서 생산되는 혼합 유분은 용매와 함께 1차 추출 분류탑으로 도입되어 용해도 및 선택도 차이를 이용하여 부타디엔보다 용해도가 낮은 성분들은 탑정으로 분리되고 부타디엔 및 용해도가 높은 성분들은 용매와 함께 탑저로 추출되어 1차 용매회수탑으로 이송된다.

② 용매회수탑의 탑저로 배출되는 용매는 순환 사용되고 탑정의 부타디엔을 포함한 용해도가 높은 탄화수소는 2차 추출 분류탑으로 이송된다.

③ 2차 추출 분류탑에서는 용매에 의해 부타디엔보다 용해도가 높은 성분이 용매와 함께 탑저로 배출되어 2차 용매 회수탑에서 용매 및 탄화수소로 분리 회수되며, 탑정의 부타디엔 성분은 정제공정으로 도입되어 2단계의 정제탑을 거치면서 저비점 및 고비점 성분을 제거한 후 고순도의 부타디엔 제품을 생산하게 된다.

4) 기술선

추출용매의 종류에 따라 NMP/DMF/DMA PROCESS 등이 있다.

① BASF(NMP) : 운전온도, 압력이 비교적 낮으며 용매(WMP)의 순환유량이 많음

② Nippon Zeon(DMF) : 운전온도, 압력이 비교적 높으며 용매(DMF)의 순환유량이 적음

③ Union Carbide(DMA) : 용매로 DMA 사용

(2) O-XYLENE/P-XYLENE 제조공정

1) 개요

① 혼합 자일렌은 O-, M- 및 P-자일렌과 에틸벤젠을 포함하는 화합물이며, 이들 성분의 공업적 이용은 이성체분리기술의 진보로 급속하게 발전하고 있다.

② 이 혼합 자일렌에서 분리되는 O-XYLENE은 무수프탈산, XYLIDIENE, 합성고
분자 모노머의 제조원료 등으로 사용되며, P-XYLENE은 텔레프탈산, DMT, P-
Toluic acid의 원료 등으로 사용된다.

2) 원료

혼합 자일렌

3) 공정

① 혼합 자일렌을 상압정류탑에서 분리한 다음 비점차에 의해 탑상부로 나오는 P-자
일렌 및 M-자일렌, 에틸벤젠을 흡착탑으로 보낸다.
② 이곳에서 흡착제(Molecular Seive)를 이용하여 P-자일렌을 얻게 되며 M-자일
렌 성분이 많은 미추출된 물질들은 수소를 첨가하여 백금 촉매하여 15atm, 400℃
의 조건하에서 이성화반응으로 전환시켜 다시 흡착탑으로 보낸다.
③ 한편, 상압정류탑 탑저부에서는 비점이 높은 O-자일렌 및 C9 이상의 물질은 O-
자일렌 정류탑에서 정제되어 98.3 WT% 이상의 O-자일렌 제품을 얻는다.

4) 기술선

1970년까지는 고순도 P-자일렌은 심냉결정화 분리법(수율 60%)에 의해 생산했으나
최근 들어 연속식 액상 자일렌 흡착분리법(수율 90% 이상)이 채용되고 있다. 라이센서
로는 UOP, MOBIL, Chevron Research, KRUPP-KOPPER, Lummus 등이 있다.
① UOP : PAREX(R) P-Xylene 분리 공정
② MOBIL : MHTI Isomerization 공정

(3) SM(Styrene Monomer) 제조공정

1) 개요

Styrene Monomer는 에틸렌과 벤젠의 합성에 의해 제조되는 주요 석유화학 중간체
로, 합성수지인 폴리스티렌(GPPS, HIPS, EPS), ABS, SAN 및 합성고무인 SRR 등
의 원료로 사용된다.

2) 원료

에틸렌, 벤젠

3) 공정

① SM을 생산하는 SM제조공정은 크게 에틸벤젠(EB)공정과 SM공정으로 구성된다.
② EB공정은 에틸렌과 벤젠이 혼합되어 인접층을 통과하면서 알킬레이션 반응에 의해
에틸벤젠으로 전환되고, 에틸벤젠과 부반응에 의해 생성된 Off Gas, 폴리에틸벤
젠, Heavy Residue 및 미반응 벤젠을 분별증류를 통해 분리 · 회수하여 Off Gas와
Heavy Residue는 연료로 사용하고 벤젠과 폴리에틸벤젠은 반응계로 순환시키며,
제품인 에틸벤젠은 SM공정으로 이송한다. SM공정은 증기와 함께 에틸벤젠을 탈

수소반응촉매를 통과시켜 SM과 수소로 분해하는 공정으로 수율을 높이기 위하여 2개의 반응기를 직렬로 사용한다. 생산된 SM과 부생성물인 벤젠/톨루엔, HEAVY END, 미반응 EB를 제품 SM과 분리하는 과정 중 SM의 중합방지를 위하여 감압분별증류를 사용한다.

4) 기술선

LUMMUS/MONSANTO 공정, MOBIL/BADGER 공정과 최근 개발된 LUMMUS/UNOCOL/UOP 공정으로 구분된다.

(4) EDC(Ethylene Dichloride) 제조공정

1) 개요

무색유상의 액체인 EDC(Ethylene Dichloride)는 VCM(Vinyl Chloride Monomer) 제조 원료와 폴리아미노산수지, 필름세정제, 유기용제, 의약품, 이온교환수 등에 사용된다.

2) 원료

에틸렌, 염소(염화수소), 공기

3) 공정

에틸렌 염소화반응은 250~300℃에서 수행되며, 주촉매는 염화구리를 사용하여 염화구리의 휘발에 의한 촉매활성의 열화를 방지하기 위해 알칼리금속 또는 알칼리토금속의 염을 가하여 승화를 억제함과 동시에 희토류금속염을 조촉매로 하여 활성을 증가시킨다. 염소화 반응 후 응축시키고 정제하여 이염화 에틸렌을 생산한다.

4) 기술선

제조방법에는 옥시염소화법과 염소화법이 있으며, 두 가지 방법을 결합시켜 제조하는 방법이 주류를 이루고 있다.
① BP Goodrich : 염소와 산소를 이용한 옥시염소화법과 염소화법 사용
② Hoechst, PPG, KAPSACK, Tosoh : 염소화법을 사용

(5) VCM(Vinyl Chloride Monomer) 제조공정

1) 개요

EDC(Ethylene Dichloride)를 열분해 탈염산하여 제조되는 염화비닐(Vinyl Chloride Monomer)은 대부분이 폴리염화비닐(PVC)의 제조에 사용되며, 염화비닐 – 초산비닐 공중합체의 합성, 염화비닐리덴 – 염화비닐 공중합체의 합성 등에도 사용된다.

2) 원료

EDC(에틸렌, 염소, 공기)

3) 공정

① 에틸렌과 염소, 공기를 반응시켜 제조한 EDC를 분해로에 도입하여 3.5kg, 약 500℃에서 구리로 만든 다관식 반응기를 사용하여 열분해하면 EDC, VCM, HCL이 생성되며, 이를 급랭시켜 EDC는 회수하여 원료로 재순환시키며, HCL은 에틸렌의 염소화 반응원료로 사용하고 VCM은 정제하여 제품으로 생산한다.

② 이때 분해온도가 너무 높으면 부타디엔이나 모노클로로 아세틸렌이 부생되며, 이 성분이 미량이라도 염화비닐에 포함되면 중합속도가 저하된다.

4) 기술선

① 제조방법에는 아세틸렌법, EDC법, 혼합가스법 등이 있으나 에틸렌의 옥시염소화 공정과 EDC를 열분해하고 탈염산하는 공정을 조합시킨 공정이 주류를 이루고 있으며, BP Goodrich, Hoechst, KAPSACK, PPG, European Vinyl Corp, DOW, Atoch EM, Mitsui Toatsu 등의 라이센서가 있다.

② BP, Goodrich : 옥시염소 공정, 염소화 공정, 유동화측매층 사용

③ Hoechst, KAPSACK, PPG , EDC법 사용, 500 22ATM에서 열분해하여 제조

(6) EO/EG(Ethylene Oxide/Ethylene Glycol) 제조공정

1) 개요

① EO(Ethylene Oxide)는 에틸렌을 산소 또는 공기와 산화반응시킨 제품으로 EG, Ethoxylates, Ethanolamines의 원료로 사용된다.

② EG(Ethylene Glycol)는 EO를 물과 수화반응시킨 제품으로 EO의 최대 유도품이며, MEG, DEG, TEG 세 가지 종류의 제품이 생산되어 폴리에스터, 자동차 부동액, 불포화 폴리에스터수지 등에 이용된다.

2) 원료

에틸렌, 산소 또는 공기, 물

3) 공정

에틸렌과 산소(또는 공기)는 순환가스와 합쳐져서 예열된 후 은촉매가 충전된 튜브형 반응기로 도입되어 발열반응에 의해 에틸렌 옥사이드가 생성된다. 반응조건은 20기압, 260℃ 정도이며, 반응열은 반응기 쉘 측으로 회수되어 증기를 생산하게 된다. 반응기 유출물 중 EO는 흡수탑에서 물에 흡수되어 스트리퍼로 이송되고 흡수탑 탑정의 미반응가스는 반응기로 순환된다. EO성분은 스트리퍼 및 증류탑을 거친 후 EG공정으로 보내진다. EG합성 반응기로 도입된 EO는 물과의 수화반응을 통하여 MEG, DEG, TEG로 변환되며 증발계 및 정류계를 거친 후 제품을 생산하게 된다.

4) 기술선

제조방법은 에틸렌을 산화반응시켜, EO를 제조한 후 수화반응을 통해 EG를 생산하는 방법이 대부분이며, EG를 에틸렌의 산화에 의해 직접 제조하는 옥시란법도 있다.

① EO 수화법 : Shell, Scientific Design, Nippon Shokuibai

② 옥시란법 : Teijin

(7) LDPE(Low Density Polyethylene) 제조공정

1) 개요

LDPE는 에틸렌을 고압하에서 중합시킨 제품으로 밀도는 $0.91 \sim 0.94 g/cm^3$ 범위이다. 투명성, 내충격성, 내수성, 연신성이 우수하며, 결품화도도 낮다. 주요 용도로는 농업용 필름, 전선피복 등으로 사용된다.

2) 원료

에틸렌

3) 공정

대표적인 제조기술인 ICI공정을 중심으로 살펴보면 원료 에틸렌은 1차 압축기에서 압축되고 2차 압축기에 의하여 약 2,000atm의 반응압력까지 압력을 높인 후, 냉각기로 적정온도까지 냉각되어 반응기로 투입된다. 생산되는 제품에 따라 반응압력, 온도, 촉매의 양을 조절하여 반응기 내 교반기로 교반하여 주면서 중합이 이루어지며, 반응기 내 온도는 반응기 자켓에 공기의 온도를 조절하여 유지시킨다. 중합 시 제품 종류에 따라 프로판이 주입되기도 한다. 반응기에서 부분적으로 중합된 후 폴리머 혼합물 형태로 반응기 하부에서 고압분리기로 보내진다. 고압분리기에서 중합체와 미반응 에틸렌이 분리되고 분리된 미반응 에틸렌은 냉각기로 냉각되어 2차 압축기로 순환된다. 중합체는 고압분리기 하부에서 저압 분리기로 보내지며 저압 분리기에서 회수된 미반응 에틸렌은 1차 압축기로 순환된다. 저압분리기에서 정제된 중합체는 압축기 호퍼에서 용융된 상태로 압출기로 이송되어 펠릿화되고 냉각 · 건조 · 포장공정을 거쳐 출하된다.

4) 기술선

LDPE 제조공정은 Autoclave 공정과 Tubular Reacto 공정으로 대별되나 시설투자비, 원료원단위면에서 크게 차이가 없다.

① Autoclave : ICI, Dupont, CDF Chimie, USI Quantum 등

② Tubular : BASF, Mitsubishi, DOW 등

(8) HDPE(High Density Polyethylene) 제조공정

1) 개요

HDPE는 에틸렌을 중·저압의 중합방법으로 제조한 제품으로서 밀도가 0.94~0.97g/cm³이며, 석유화학제품 중 가장 지명도가 높은 제품이다. 충격강도, 연신성, 가성이 우수하여 전선피복, 파이프, 용기, 식기제, 필름, 완구제 등에 폭넓게 사용하고 있는 범용 합성수지이다.

2) 원료

에틸렌

3) 공정

제조기술은 부분적인 개량, 대체 등을 통하여 한계적인 발전을 거듭하고 있기 때문에 대동소이하나 필립스공정을 중심으로 살펴보면 정제된 에틸렌은 수소, 헥센 1 또는 부텐 1 및 순환 이소부탄 등과 혼합되어 반응기에 투입되어 중합반응이 일어난다. 중합반응은 발열반응으로 반응기의 냉각수 자켓에서 중합열을 일정하게 제거하고 반응이 완료되면 반응생성물은 중합체와 미반응물질로 분리된다. 미반응물질은 다시 성분별로 분리되어 재처리되어 순환되거나 연료로 사용된다. 중합체는 퍼지탑으로 송입되어 중합체 중에 포함된 휘발성 물질을 질소로 퍼지하고 압축공기를 사용해 중합체분말을 압출기로 운송해 가열 용융시켜 다이의 여러 개의 작은 구멍을 통해 압출되고, 압출된 수지는 순환냉각수에 의해 냉각된 후 제입기에 의하여 일정한 크기로 절단·이동된 후 건조·저장된다.

4) 기술선

HDPE 제조기술로는 용액법, 슬러리법, 가스법 등이 있으며, 이들 기술의 특성 및 대표적 라이센서는 아래와 같다.

① 용액법 : DSM, DOW, Dupont 제조공법이 있으며, 반응조건이 비교적 고온고압이나 체류시간이 짧아 소규모 반응기 사용이 가능하며, 저분자량 제품 생산에 적합하다.

② 슬러리법 : Phillpis, Solvay, Hoechst, Mitsui, Chisso 등 다양한 공법이 있으며, 우수한 물성의 제품을 넓은 범위로 생산할 수 있다.

③ 가스법 : UCC, BP 등이 있으며 용매 관련 공정이 생략되어 투자비, 운전비용이 절감되나 중합열 제거가 다소 까다롭다.

(9) PP(Polypropylene) 제조공정

1) 개요

폴리프로필렌은 분자구조가 입체적 규칙적인 배열구조를 가진 관계로 융점이 높고 가벼우며 강도가 높은 특성 및 전기적 특성, 내약품성, 내구성, 가공성 등이 뛰어나 포장용기, 농·어업 자재, 의료기기, 건재, 자동차부품, 통신 및 전기기기 등 폭넓은 분야에서 사용되고 있다.

2) 원료

중합용 프로필렌

3) 공정

① 폴리프로필렌 제조공정에는 벌크중합법, 용액중합법, 슬러리중합법, 기상중합법 등이 있다.

② 이 중 대표적인 기술인 Himont공정인 벌크중합법을 중심으로 살펴보면, 중합 원료인 프로필렌과 공중합체 원료인 에틸렌을 일산화탄소, 이산화탄소, 물 등 촉매독을 제거하고 촉매와 조촉매를 프로필렌을 사용하여 반응기로 주입한 후 원료 프로필렌을 액상 반응기에 주입시켜 적절한 반응조건에서 펌프로 순환시키며 단중합체 및 랜덤공중합체를 생산한다.

③ 반응열은 반응기벽에 부착된 자켓에 냉각수를 순환시켜 제거한다. 내충격용 공중합체 생산 시에는 액상반응기의 생성물을 유리층 기상반응기에 주입시키고 코모노머인 에틸렌을 첨가하여 추가 반응시킨다. 반응기에서 추출된 생성물 중 중합체는 건조기, 여과기를 통과시키고 스팀을 주입시켜 잔여물을 제거하고 가열질소를 이용 건조시킨 후 질소를 사일로로 이송시키며, 미반응 프로필렌은 압축기를 사용하여 회수한다. 호피(사일로)에 저장된 폴리머는 각종 첨가제를 주입하여 압출기를 거쳐 펠릿 형태로 가공되어 포장 및 출하된다.

4) 기술선

폴리프로필렌 제조기술로는 슬러리법, 벌크법, 기상법 등이 있으며 이들 기술의 대표적 라이센서는 아래와 같다.

① 슬러리법 : Hoechst, Amoco 등

② 벌크중합법 : Himont, Phillips, Shell, Mitsui 등

③ 기상법 : Union Carbide 등

(10) PS(Polystyrene) 제조공정

1) 개요

PS는 EPS(Expandable Polystyrene), HIPS(High Impact Polystyrene), GPPS (General Purpose Polystyrene) 등으로 분류되며, EPS는 가공 시 발포되어 단열재, 포장재 등으로 사용되고, HIPS는 내충격성이 개량된 수지로 전기, 전자제품의 하우징재로 주로 이용된다. GPPS는 전기전자부품, 식품용기 등 광범위한 분야에 쓰이는 범용수지이다.

2) 원료

SM(Styrene Monomer)

3) 공정

원료인 SM은 액상으로 반응기에 주입되어 중합물이 생성된다. 반응기는 중합반응열 제거를 위해 내부에 냉각식 교배기나 열판을 설치하거나, 연발 냉각법 등을 사용하기도 하며, 고분자량의 중합체 제조를 위해 반응기를 연속으로 연결하거나 다관식 반응기를 사용하기도 한다. 또한 반응열 조절을 용이하게 하고 반응액의 점도를 낮추기 위해 불활성 용매도 함께 투입된다. 중합이 완료된 반응생성물은 용매회수장치로 이송되어 불활성 용매 및 미반응 스티렌을 분리회수하고 원심분리기, 건조기 등을 거쳐 건조된 후 압출기에서 각종 첨가제를 첨가하여 펠릿 형태로 제품화된다. 한편, HIPS를 제조하기 위해서는 충격보강제로써 괴상의 고무를 분쇄하여 스티렌에 용해시킨 후 예비반응기를 거쳐 중합반응기로 주입시킨다.

4) 기술선

대표적인 제조기술로서 EPS는 Suspension 중합법이, GPPS와 HIPS는 괴상중합법이 많이 사용되고 있으며, 대표적 라이센서는 아래와 같다.
① EPS(BATCH식 현탁중합법) : BASF, CdF Chinie, Rhone-Poulenc, Shell 등
② GPPS, HIPS(괴상중합법) : Shell, DOW, BASF, Amoco, Cosden, Atochem Mitsubishi, Monsanto 등

(11) ABS(Acrylonitrile Butadiene Styrene) 제조공정

1) 개요

ABS 수지는 AN, BD, SM 3종의 단량체가 공중합한 형태로 결합된 열가소성 수지로 폴리스티렌의 장점인 경도와 유동성을 살리면서 단점인 연약함을 고무성분인 BD를 첨가함으로써 경도와 유연성을 조화시킨 제품으로 우수한 물성이 중형을 이루고 있어 자동차, 전기·전자, 사무기기, 통신기기, 일반잡화에 이르기까지 매우 폭넓은 분야에서 사용되고 있다.

2) 원료

AN(Acrylinitrile), BD(Butadiene), SM(Styrene Monomer)

3) 공정

① ABS 중합공정은 크게 Polybutadiene, SAN 및 ABS 중합공정 등 3가지로 대별된다.
② 라이센서 중합은 스팀과 냉각수의 순환에 의해 일정 반응온도를 유지하고 있는 반응기에 순수한 부타디엔과 유화제를 순수에 유화시킨 반응개시제를 투입하여 중합시킨다. 생성된 Polybutadiene은 감압증류법에 의한 회수공정에서 미반응 부타디엔을 분리하고 ABS 중합공정으로 이송한다. ABS 중합공정 폴리부타디엔 라텍스를 SEED로 하여 스티렌과 아크로니트릴(또는 SAN)을 그라프팅시키는 공정으로 자켓반응기에 스팀을 가열하면서 교반반응시킨다. 반응이 끝난 중합물은 블렌딩

탱크에 저장되면서 물성을 균일화시키며 응집공정으로 이송되어 고형화시킨다. 응집이 끝난 중합물은 숙성공정에서 물과 응집제가 제거되고 중합물의 입자 크기를 크게 한다. 숙성공정이 끝난 중합물은 원심분리기에서 물과 분말로 분리된 후 유동상 건조기에서 건조공정을 거쳐 DRY POWDER의 형태로 저장 SILO에 이송된다. ABS제품은 이 DRY POWDER를 콤파운딩 공정을 통해 적절한 첨가제 등을 배합 · 압출 · 절단공정을 통해 펠릿 형태로 포장 · 출하된다.

4) 기술선

대표적인 제조기술로는 JAPAN SYNTHETIC RUBBER(JSR) 사의 유화중합법이 있으며 그 외의 중합법별 라이센서는 다음과 같다.

① 괴상중합법 : Dow, Monsanto 등

② 현탁중합법 : Monsanto, Toray 등

③ 유화중합법 : JSR, BAYER, DOW, GE, Monsanto, BASF, BORG – WARMER, Sumitomo 등

(12) PVC(Polyvinyl – Chloride) 제조공정

1) 개요

PVC는 가장 광범위하게 이용되는 범용수지로 경질제품과 연질제품으로 나누어지며, 경질제품은 각종 배관용 파이프, 건축자재, 자동차부품, LP레코드 등으로, 연질제품은 전선피복재, 포장재, 시트 및 완구류 등으로 사용되고 있다.

2) 원료

VCM(Vinyl Chloride Monomer)

3) 공정

반응기에 탈이온수, 분산제, 중합 개시제, VCM 및 기타 물성 개량제를 넣고 적절한 반응조건에서 교반을 하면 중합이 진행되어 슬러리 상태의 중합물이 생성된다. 이 중합반응은 발열반응이므로 반응기 자켓에 냉각수를 순환시켜 반응내용물의 온도를 일정하게 유지해야 한다. 중합이 끝나면 슬러리를 모노머 회수기로 이동시켜 감압하에서 미반응 모노머를 회수하고 회수된 모노머는 불순물을 함유하고 있으므로 압축, 냉각, 액화, 증류공정을 거쳐 정제된 후 중합공정으로 재투입한다. 슬러리는 연속원심 분리기에서 탈수되고 계속해서 플레시 건조기, 유동층건조기에서 열풍에 의해 건조되어 스크린을 통과하는 입자가 선별 저장조에 저장되고 포장되어 제품화된다.

4) 기술선

PVC 제조에는 Emulsion 중합법과 Suspension 중합법이 있으며, 대표적 제조기술로는 Goodrich사의 Suspension 중합법이 많이 사용되고 있다.

① Emulsion법 : CdF Chime, Goodrich, Hoechst, Huels, Montedison Nippon Zeon 등

② Suspension법 : Ato Chimie, CdF Chimie, CONOCO, DENKA, Goodrich, Hoechst, Huels, Kanegafuchi, Mitsui Toatsu, Montedision, Nippon Zeon, Nissan Chemical, Stauffer, Toyo Soda 등

(13) AN(Acrylonitrile) 제조공정

1) 개요

무색이며 대단히 반응성이 높은 액체인 AN(Acrylonitrile, $CH_2=CH-CN$)은 아크릴계 합성섬유, 합성고무, ABS/SAN의 제조, 섬유수지가공, 합성수지, 도료 등의 원료로 사용된다.

2) 원료

프로필렌, 암모니아, 공기

3) 공정

프로필렌, 암모니아, 공기는 유동층 촉매에 의해 430, 2 ATM에서 반응하여 AN과 부산물인 HCN 및 Acetonitrile이 생성된다. 반응기를 나온 미반응 암모니아는 Ammonium Sulfate로 제거되고 Nitrile 화합물들은 증류기에서 연료가스, HCN가스 Crude Acetonitrile, 고순도 AN 순으로 정제된다. 고순도의 AN은 연속적인 증류에 의해 회수되며 Acetonitrile 역시 제거시킬 수 있다.

4) 기술선

1980년 이후의 신설공장에는 BP의 SOHIO 공정만이 사용되었으며, Distiller-UgineI, Montedision-UOP, OSW, SWAM 등의 라이센서에 의한 신설공장은 없다. 최근 들어 BP는 프로필렌 대신 프로판과 증기를 사용한 최신공정을 개발하였다.
① BP/SOHIO

(14) 카프로락탐(Carprolactam) 제조공정

1) 개요

카프로락탐은 주로 페놀 및 사이클로헥산을 최초 출발원료로 하여 주로 NYLON-6 섬유제조에 쓰이는 3대 합성섬유 원료 중 하나이며, 일부는 NYLON-6 수지제조에 이용된다.

2) 원료

페놀, 사이클로헥산과 암모니아, 톨루엔

3) 공정

가장 널리 이용되고 있는 직접산화법에는 크게 공기를 이용하여 원료인 사이클로헥산을 직접 산화하여 사이클로헥산올과 사이클로헥사논이 혼합되어 있는 일반적으로 KA－Oil이라 불리는 혼합물을 제조하여 사이클로헥사논만 분리하는 공정(사이클로헥사놀을 탈수소하면 사이클로헥사논이 제조됨)과 암모니아를 산화하여 히드록실아민을 제조하는 공정으로 나눌 수 있는데, 암모니아 중화공정에서 부생하는 유안의 부생량을 조절하는 방법에 따라 DSM법, INVENTA법, BASF법 등으로 구분이 되며, 이렇게 제조된 사이클로헥사논과 히드록실아민을 반응시켜 카프로락탐을 제조한다.

4) 기술선

카프로락탐의 제조공정은 페놀법, 직접산화법, PNC법, SNIA법, 니트로사이클로헥산법, 카프로락톤법 등 여러 제조공정이 있으나 현재 상업화된 것은 직접산화법, PNC법, SNIA법이며, 페놀법은 사용되지 않고 있다.

① DSM, INVENTA : 사이클로헥산을 사용하는 가장 널리 이용되는 방법

② BASF : 유안발생량을 감소시킨 방법

③ SNIA : 저렴한 톨루엔을 이용하는 방법

(15) TPA/DMT(Terephthalic Acid/Dimethyl Terephthalic Acid) 제조공정

1) 개요

TPA/DMT는 의류용 섬유산업의 발전과 함께 사용량이 크게 증가하였으며 초기에는 DMT(Dimethyl Terephthalic Acid)를 주로 사용하였으나 저가고품질의 PTA(Purified Terephthalic Acid)가 개발되어 보다 양질의 저렴한 폴리에스터의 공급이 가능해졌다. 최근 선진국들은 기술개발을 통한 TPA/DMT의 용도 확대로 마그네틱 테이프, 필름 등과 같은 첨단제품엔지니어링플라스틱(PET/PBT)의 제조에 사용함으로써 TPA/DMT의 고부가가치화를 활발히 진행하고 있다.

2) 원료

파라 자일렌(P－XYLENE)

3) 공정

P－자일렌을 코발트, 망간, 브롬 등을 포함한 약 15%의 초산촉매 중에서 공기(AIR)로 산화시키면 액상반응은 약 204 , 12ATM하에서 진행되는데, P－자일렌은 98%의 높은 선택도를 가지고 반응하며 부산물로 여러 가지 산화중간체가 형성된다. 반응 후 생성된 혼합물은 냉각하여 결정화된 TPA로 회수하며, 초산은 정제 후에 회수되어 산화반응기로 재순환되고 CRUDE TPA는 고온고압의 물에 용해한 후 파라듐, 라듐 촉매하에서 275, 66.3 ATM에서 수첨하여 알데히드를 제거하여 TPA를 제조한다. 한편, DMT는 CRUDE TPA에 메탄올을 반응시켜 생산한다.

4) 기술선

초기에는 질산, 황산암모늄을 이용한 산화법(Dupont, ICI)이 채용되었으나 최근에는 공기산화법이 개발되어 주류를 이루고 있으며, Amoco, Mitsuibishi, MOBIL, Techimont, Huels AG, Eastman Kodak, Witten Hercules 등의 라이센서가 있다.

① Amoco, Toray, MOBIL, Eastman Kodak : 공기산화법으로 제조

② Mitsubishi : 톨루엔을 CO와 반응시킨 후 산화시켜 제조

(16) SBR(Styrene Butadiene Rubber) 제조공정

1) 개요

SM 및 BD의 중합체로, 합성고무 중에서 가장 오랜 역사를 가지고 있으며, 현재도 생산량이 가장 많은 대표적인 범용고무로서 천연고무를 합성하고자 하는 의도로 19세기 초부터 연구가 시작되어 제2차 세계대전으로 미국 및 독일에서 상업화되어 대량 생산되기 시작했으며, 자동차 타이어, 타이어코드, 접착제, 스펀지, PS의 내충격 개량제, 신발 밑창 등 여러 고무제품 제조에 이용된다.

2) 원료

SM, BD

3) 공정

SBR제조에 널리 이용되고 있는 유화중합은 SM과 BD를 물, 유화제, 중합 개시제, 중합촉매 등과 함께 혼합하여 중합을 시키고 일정한 중합비율에 도달하였을 때 중합을 멈추게 하는 중합방지제를 첨가한 후 미반응된 SM과 BD를 회수하고서 남은 LATEX에 노화방지제를 첨가하고서 응고, 세척, 건조의 단계를 거쳐 최종제품을 생산한다. 한편 또 다른 제조방법인 용액중합은 SM, BD를 탄화수소 용매 속에서 리튬계 중합개시제로 중합하는 것으로 이는 BR의 제조공정을 SM과 BD의 공중합에 응용한 것으로 제조된 SBR은 유화중합에 의한 SBR과 상당히 다른 물성을 가지고 있고 일반적으로 유화중합 SBR과 CIS – BR과의 중간특성을 갖는다. SBR의 일종으로 STYRENE성분(50% 정도)이 높은 고무를 HSR, AN과 BD를 공중합한 합성고무를 NBR이라 하고, 이외에 CR(Chloroprene Rubber), IIR(Isobutylene Isoprene Rubber)이 있다.

4) 기술선

제조공정은 용매를 사용하여 중합을 하는 용액중합과 물과 기름같이 서로 섞이지 않는 물질들을 혼합상태로 만들어 주는 제3의 물질인 유화제를 사용하여 중합하는 유화중합방법으로 대별된다.

① Japan Synthetic Rubber

② Nippon Zeon

③ Goodrich

(17) BR(Butadiene Rubber) 제조공정

1) 개요

BR(Butadiene Rubber)은 BD의 중합으로 만들어지는 합성고무로 1932년 소련에서 상업생산이 시작된 이래 1962년 미국에서 ZIEGLER 촉매라는 특수촉매를 사용하여 BR의 합성이 가능하게 됨에 따라 이후 세계 각국에서 상업화되기 시작했으며 자동차 타이어, 신발 밑창, PS의 내충격 개량제, 고무벨트 등의 제조에 이용된다.

2) 원료

BD(Butadiene)

3) 공정

제조공정은 사용하는 촉매에 따라 다소 차이가 있으나 BD를 용제와 혼합하고 여기에 중합을 도와주는 중합촉매, 분자량을 조절하여 주는 분자량 조절제 등을 첨가하여 반응기 내에서 반응시키고 일정한 중합률에 도달한 후 중합을 멈추게 하는 중합방지제를 첨가하는데, 이때의 중합온도는 각기 사용하는 중합촉매에 따라 각기 다르다. 중합이 완료된 후 처음에 사용되었던 용제를 직접 증발시키는 방법이나 증기에 의해 미반응된 BD와 함께 용제를 회수하는 방법으로 응고시킨 후 건조하여 최종제품을 생산한다.

4) 기술선

BB가 중합될 시 탄소가 일렬로 정렬되는 CIS-1,4부가와 그렇지 않은 TRANS-1,4부가로 구별되는데, CIS의 함량이 90% 이상일 경우를 고CIS-BR, 그 이하일 경우를 저CIS-BR로 구분하며, 또한 고CIS-BR은 사용하는 촉매에 따라서 Ti계, Co계, Ni계로도 구분한다.

① Montecatini법 : CIS결합이 96~98%로 고CIS-BR, CO계 촉매 사용
② Goodrich법 : CIS결합이 96~98%로 고CIS-BR, CO계 촉매 사용
③ Shell법 : CIS결합이 96~98%로 고CIS-BR, CO계 촉매 사용
④ Bridgestone법 : CIS결합이 96~98%로 고CIS-BR, NI계 촉매 사용
⑤ Firestone법 : CIS결합이 약 35%로 저CIS-BR

(18) OCTANOL(2-EH) 제조공정

1) 개요

옥탄올은 DOP, DOA, TOTM 등의 PVC가소제 원료로 주로 사용되며, 이외에 합성윤활제, 계면활성제 등의 중간원료도 사용된다.

2) 원료

프로필렌, 합성가스(H_2+CO)

3) 공정

프로필렌은 합성가스(H_2+CO)와 함께 로듐촉매를 사용하는 옥소반응기로 투입되어 N-Butyraldehyde 및 소량의 I-Butyraldehyde를 생성하게 되며 촉매혼합물과 함께 분리계로 보내져 탄화수소와 촉매혼합물로 분리된 후 촉매혼합물은 반응기로 순환되고 탄화수소 성분은 스트리퍼로 이송된다. 스트리퍼의 탄화수소는 FRESH SYN GAS에 의해 스트리핑되어 미반응 프로필렌 및 합성가스는 옥소반응기로 회수되고 탑저의 Butyraldehyde로 성분은 분류탑으로 이송되어 I/N-Butyraldehyde로 각각 분리된다. 분류탑저의 N-Butyraldehyde는 알돌축합 반응기로 도입되어 축합, 탈수반응에 의해 2 Ethylhexenal을 생성한 후 수첨반응기로 이송되며 수소첨가에 의해 Octanol(2-Ethylhexanol)이 생성된다. 수첨반응기 출구의 반응물은 분류탑으로 이송되어 Light/Heavy End를 분리한 후 Octanol 제품을 생산한다.

4) 기술선

Davy Mckee사의 기술이 가장 널리 보급되어 있으며 Mitsubishi Kasei 기술도 이와 유사하다.

① Hoechst법 : 비교적 고온고압 공정이며, N/I Butyraldehyde의 생성비율이 높음
② Davy Mckee법 : 비교적 저온저압 공정이며, N/I Butyraldehyde의 생성비율이 낮음
③ Mitsubishi Kasei법 : Davy Mckee법과 유사함

(19) PA(Phthalic Anhydride) 제조공정

1) 개요

PA(Phthalic Anhydrid, 무수프탈산)는 1981년 독일의 BASF사에서 나프탈렌의 액상산화법으로 공업 생산되기 시작했으며, 그 후 획기적인 생산방식인 기상산화법이 개발되어 상업화됨으로써 PA의 대량생산이 가능하게 되었으며, 프탈산계 가소제, 폴리에스테르 수지, 염료중간체 등의 제조에 이용된다.

2) 원료

나프탈렌, O-Xylene

3) 공정

현재 가장 많이 이용되고 있는 고정상법은 나프탈렌, O-Xylene 또는 이의 혼합물을 기화기를 통하여 기화시킨 후 공기와 혼합하여 반응기에서 반응시키고 이때 생성된 PA Gas는 냉각기를 거쳐서 액체로 만든 후 소량의 황산과 알칼리 금속염을 첨가하여 200℃ 부근에서 열처리하고, 정류하여 PA제품을 제조한다.

4) 기술선

PA의 공업적 제법은 크게 촉매의 사용방법에 따라 유동상법과 고정상법으로 대별되며, 고정상법은 나프탈렌 및 O-Xylene을 이용할 수 있는 SD(Scientific Design)법

과 O−Xylene만을 이용할 수 있는 BASF법으로 구분되며, 유동상법은 나프탈렌만을 이용할 수 있다.

① Badger : 주로 미국에서 많이 이용, 부산물이 적음, 유동상법

② BASF : 가장 널리 이용되고 있음, 고정상법

③ Amoco/Cowles/SD : O−Xylene의 액상산화, 고정상법

(20) MA(Maleic anhydride) 제조공정

1) 개요

MA(Maleic Anhydride, 무수말레인산)는 1817년 처음으로 합성되었으며, 이후 1920년에 벤젠을 이용하여 접촉기상산화 방법으로 MA를 제조하는 기술이 개발됨에 따라 이후 대규모의 공업생산이 이루어지기 시작했으며, 불포화폴리에스테르수지, THF, 합성수지 도료, 계면활성제 등의 제조에 이용된다.

2) 원료

벤젠, C4 유분

3) 공정

벤젠 기상산화법은 일명 SD법이라 하는데, 이는 미국의 Scientific Design사에 의해 개발된 것으로 벤젠을 공기와 함께 파라듐−몰리브덴계 촉매가 들어 있는 반응기에 투입하여 반응시킴으로써 MS Gas가 생성되는데, 이때 상당한 열이 발생하여 반응기의 온도가 상승하여 부반응이 발생되면서 MA Gas가 생성되지 않을 수 있으므로 반응기의 온도를 조절하는 것이 아주 중요한 문제로 대두되었다. 이렇게 하여 생성된 Gas는 흡수탑으로 보내져 물과 혼합되어 말레인산 용액이 되고, 이어 탈수탑으로 이송되어 물을 탈수함으로써 최종제품 MA가 얻어진다.

4) 기술선

공업적 제조방법은 벤젠의 기상산화법과 C4 유분법으로 대별되며, 현재까지는 벤젠의 기상산화법이 가장 많이 사용되고 있고, 이 중에서도 SD법이 가장 많이 이용되고 있다. 또한 최근에는 C4 유분법도 많이 사용되고 있다.

① Scientdific Design : 가장 많이 쓰이는 대표적 공정, 벤젠의 기상산화법

② BASF : 벤젠의 기상산화법, C4 유분법

③ 일본촉매 : 벤젠의 기상산화법

④ 삼릉화학 : C4 유분법

⑤ Davy Mckee : 국내에서 가동 중임, C4 유분법

(21) PHENOL 제조공정

1) 개요

페놀은 페놀수지, Bisphenol A, 알킬페놀, Aniline, Adipic Acid, 카프로락탐 등의 원료로서 대부분 페놀수지 제조용으로 사용되며, 최근에는 에폭시수지, 폴리카보네이트 등의 원료인 BPA 제조용 수요가 증가추세에 있다.

2) 원료

벤젠, 프로필렌

3) 공정

프로필렌과 벤젠은 기상으로 알킬 반응기로 도입되어 알킬화 반응에 의해 쿠멘이 생성되며, 스트리퍼로 이송된다. 스트리퍼 탑정의 탄화수소는 반응기로 순환되고 탑저의 쿠멘성분은 쿠멘 분류탑으로 이송되어 탑정으로 쿠멘을 생산하여 산화반응기로 이송된다. 쿠멘은 산화반응에 의해 쿠멘하이드로퍼옥사이드로 전환된 후 분해반응기로 도입되어 페놀과 아세톤으로 분해되며, 정제계를 거치면서 페놀과 아세톤 제품(아세톤/페놀 생산비율 : 0.6/1)으로 생산된다.

4) 기술선

벤젠의 알킬화 공정(쿠멘공정)과 톨루엔의 산화공정, 벤젠의 설포네이션 공정에 의한 제법이 있으나 벤젠을 원료로 하는 쿠멘공정이 주류를 이루고 있으며, 쿠멘공정은 페놀 제조 시 부산물로 도료, 인쇄 등의 용제로 사용되는 아세톤이 생산되므로 매우 유리한 제법이다.

① Cumen 공정 : UOP, Allied/Lummus, Montedision Engelhard
② Toluene Oxidation 공정 : Stami Carbon, DOW Chemical

(22) MMA(Methylmethacrylate) 제조공정

1) 개요

MMA(Methylmethacrylate)는 뛰어난 투명성과 내후성을 가진 메타크릴수지(PMMA, MBS, MABS 등)의 원료로 이용되며, 조명, 간판, 광학재, 도료 등에 널리 사용되고 있다.

2) 원료

① 에틸렌법 : 에틸렌, SYN Gas, 메탄올
② 프로필렌법 : 프로필렌, SYN Gas, 메탄올
③ Isobutylene법 : 이소부틸렌, AIR, 메탄올
④ ACH법 : 아세톤, 청산, 황산, 메탄올

3) 공정(이소부틸렌법에 의한 MMA 합성)

이소부틸렌은 2단계의 산화반응기를 거치면서 공기와 기상산화반응하여 MAA (Methacrylic Acid)로 합성되며, 세척탑으로 이송된 후 수세척에 의해 미반응 Metha-crolein은 2차 반응기로 순환되고, 물, MAA 혼합물질은 추출탑으로 이송된다. 추출탑에서는 유기용매의 추출에 의해 물은 탑저로 배출되고 용매, MAA 혼합물이 탑정으로 배출되어 용매분리탑에서 각각 분리된다. 용매분리탑에서 분리된 MMA 성분을 에스테르 반응기로 도입하여 메탄올과의 액상반응에 의해 MMA를 합성하게 되며 추출, 증류계를 거치면서 고순도의 MMA가 생산된다.

4) 기술선

제조방법으로는 에틸렌법, 프로필렌법, Isobutylene법, ACH법 등이 있으며, 이 중 ACH법이 세계적으로 주종을 이루고 있는 생산방법이나 최근에는 Isobutylene법에 의한 생산방법이 증가추세에 있다.

① 에틸렌법 : Mitsui Toatsu, BASF

② 프로필렌법 : Rohm Gmbh, Ashland Chem

③ Isobutylene법 ; Asahi Glass, Arco

④ ACH법 : ICI, Rohn & Haas, Dupont

(23) MTBE(Methyl Tertiary Butyl Ether) 제조공정

1) 개요

MTBE는 분자구조 내에 산소를 함유하고 있는 에테르 화합물로서 자동차 휘발유의 옥탄가 향상제로 널리 사용되고 있는 물질이며, MTBE, ETBE, TAME, GTBA 등의 옥탄가 향상제 중 원료의 조달, 물성치, 가격 등의 측면에서 유리하여 대표적인 가솔린 혼합물로 사용되고 있다. 또한 MTBE를 크래킹하면 MMA IIR 등의 원료가 되는 고순도 이소부텐을 생산할 수 있다.

2) 원료

납사 크래커의 C4잔사유-I 및 FCC의 C4 유분, 메탄올

3) 공정

납사 크래커의 혼합 C4 유분 중 BD를 추출한 C4 잔사유-I은 BD공정의 추출용매인 NMP 등의 불순물을 함유하고 있으므로 전처리 공정에서 Water Washing에 의해 불순물이 제거된 후 메탄올과 함께 이온교환수지가 충전된 2단계 반응기에 투입되며, 메탄올과 이소부텐이 선택적으로 반응, MTBE가 합성된다. 반응기에서의 이소부텐 전환률은 90~99%에 이르며, 가역반응이므로 MTBE를 크래킹하면 고순도이소부텐을 생산할 수 있다. C4 유분, MTBE 혼합물인 반응기 유출물은 MTBE 분리탑으로 이송되어 MTBE 제품을 탑저로 생산하고, 탑정으로는 C4 잔사유-II와 메탄올 혼합물이

분리되어 메탄올 회수공정으로 보내지며, 메탄올은 Water Washing에 의해 메탄올 제거탑 탑저로 제거되어 회수되고, 탑정의 C4 잔사유-II는 부텐-1 공정으로 보내져 부텐-1을 생산하는 데 사용된다.

4) 기술선

MTBE 2차 합성반응기가 종래 Fixed Type에서 Catalytic Distillation Type을 선호하는 추세

① UOP : Fixed-Bed(Down Flow) Reactor 및 Catalytic Distillation 채택

② CD Tech : Fixed-Bed(Down Flow) Reactor 및 Catalytic Distillation 채택

③ Snamprogetti : Tubular(Up Flow) Reactor 및 Fixed-Bed(Down-Flow) Reactor 채택

④ IFP : Fixed-Bed(Up Flow) Reactor 및 Fixed-Bed(Down Flow) Reactor 채택

3 가스 플랜트

1. 천연가스

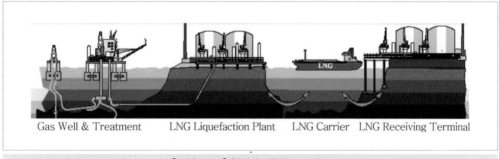

Gas Well & Treatment   LNG Liquefaction Plant   LNG Carrier   LNG Receiving Terminal

[그림 3-13] 천연가스플랜트 조감도

천연가스는 자연에서 기체상태로 매장된 가연성 경질탄화수소로 약간의 비탄화수소 물질을 함유하고 있다. 천연가스는 원유가 포함되지 않은 유전에서 발견되는 비조합천연가스(Non- Associated Natural Gas)와 또는 원유에 접촉되어 존재하거나 원유에 녹아 있는 조합천연가스(Associated Natural Gas)가 있다. 천연가스는 액화(LNG ; Liquefied Natural Gas)이다. 천연가스는 메탄(CH_4)을 주성분으로 에탄(C_2H_6), 프로판(C_3H_8), 부탄(C_4H_{10}), Natural Gas Condensate 등으로 구성된 혼합물로 CO_2, H_2O, H_2S 등의 불순물을 함유하고 있다.

| 표 3-4 | 천연가스의 성분

성분	wt%
메탄(CH_4)	70~95
에탄(C_2H_6)	2~10
프로판(C_3H_8)	<7
부탄(C_4H_{10})	<3
불순물(H_2O, CO_2, H_2S)	소량

2. 가스 플랜트

가스 플랜트는 주로 천연가스를 액체원료나 연료로 전환하는 장치를 기본으로 구성되는 거대 복합시설로서 액화공정(초저온, 합성액화) 및 FEED 패키지, 기자재 구매, 조달, 건설, 제어/운영기술 등 EPC건설사업 분야이다. LNG(Liquefied Natural Gas) 공정기술은 천연가스를 초저온(약 −162℃) 액화공정을 통하여 액체연료로 전환하는 기술로서, 액화되면 부피가 가스 상태의 약 1/600로 감소하여 보관 및 운송이 용이해지게 된다. 이렇게 생산된 LNG는 수요처에서 기체로 전환하여 사용되며 일반적인 LNG 생산 프로세스는 다음과 같다.

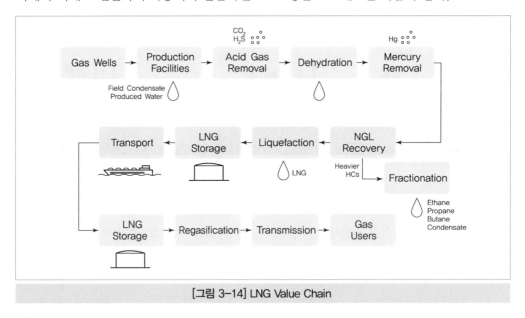

[그림 3-14] LNG Value Chain

(1) 천연가스 정제

1) 분리와 처리

지하에서 채굴된 천연가스에는 주성분인 메탄(약 90%), 에탄, 프로판, 부탄 등 이외에도 수분, 고분자, 탄화수소, 질소, 헬륨, 탄산가스와 황화수소 등이 함유되어 있다. 이러한 물질들을 분리 및 제거하지 않고 이용하면 발열량 및 물리화학적 특성이 다르게 될 뿐 아니라, 특히 황산화물 등에 의한 공해가 유발된다. 따라서 이러한 물질들을 천연가스로부터 분리하여 연료로서 천연가스의 품질을 향상시키고, 분리된 물질들을 귀중한 자원으로 이용하기 위하여 천연가스의 분리 및 정제과정은 반드시 필요하게 된다.

2) 수분 제거

① 천연가스 내에 수분이 많이 존재할 경우 시설물에 부식 등을 유발할 뿐 아니라 연료로서의 가치가 절하되며, 또한 탄화수소와 물이 결합하여 수화물(Hydrate)이라는 밀가루와 같은 가루를 형성, 기기장치에 손상을 주고, 특히 천연가스의 냉각공정 시 수분의 응결로 인하여 시설이 심하게 파괴되므로 반드시 한계치 이하로 제거해야 한다. 수분 제거방법은 다음과 같으며 일반적으로 $15℃$, 1기압(절대압)에서 가스 $10m^3$당 $96\sim127g$의 범위로 제한된다.

② 물의 어는점까지 냉각시켜 천연가스 내의 수분을 얼음상태로 분리하는 방법

③ 단순 팽창 · 냉동법(줄−톰슨효과)

④ 용액 흡착 · 흡수제(트리에틸렌글리콜)를 이용한 방법

⑤ 고체 흡착 · 흡수제(Molecular Sieve)를 이용한 방법

3) 탄화수소 혼합물 제거공정

지하에서 채굴된 천연가스에 탄소수가 메탄보다 많은 고분자 탄화수소 혼합물이 혼합되어 있다. 이것을 분리하면 더 비싼 값으로 팔 수 있고, 또 가스의 발열량 등을 일정하게 하기 위해 이를 분리해낸다. 천연가스에서 주로 분리되는 탄화수소들은 에탄, 프로판, 부탄, 펜탄 등이 있으며 연료 등의 용도로 재활용된다.

4) 탈황공정

천연가스에는 상당한 양($5g/m^3$ 이상)의 황화합물(H_2S)이 함유되어 있는데, 이러한 황화합물이 공기 중에 방출되면 심각한 공해문제를 유발하게 되므로 반드시 이를 제거해야 한다. 탈황공정은 황화합물을 선택적으로 흡수하는 아민류의 흡수제를 이용하여 처리하고 있다. 이러한 공정을 스위트닝(Sweetening)이라고 하며, 분리된 황화합물은 황과 황산으로 제조되어 여러 가지 용도로 사용된다.

5) 탄산가스의 제거

채굴된 천연가스에는 최고 45Vol%까지의 탄산가스(CO_2)를 함유한다. 많은 양의 탄산가스는 질소와 마찬가지로 발열량에 큰 영향을 미치게 되므로 천연가스 액화공정을 거치면서 제거되어야 한다.

6) 먼지와 유분의 제거

먼지(Dust)란 천연가스를 지하로부터 채취할 때 함께 토출되는 모래와 이것에 의해 마모된 장치들의 분진을 총괄하여 일컫는 말이다. 이것은 장치를 크게 손상시키며, 특히 고속회전을 하는 펌프, 압축기 등의 임펠러에 큰 손상을 준다. 한 장치에 이용되는 윤활유 등에 급격히 압력 변화가 발생할 때 미세한 입자로 분산된 유분을 형성, 천연가스

내에 포함되므로 반드시 제거되어야 한다. 일반적으로 ① 사이클론, ② 정전기 침전법이나 ③ 기름에 의한 스크러빙을 이용하여 먼지와 유분을 제거시킨다.

(2) 천연가스의 액화공정

산지에서 추출하여 정제한 천연가스를 장거리 수송을 목적으로 또는 많은 양을 적은 면적의 저장지를 이용하려는 의도에서 액화공정을 거친 후 액체상태로 변화시킨다. 액체상태로 된 천연가스를 액화천연가스(LNG)라 하며 부피가 천연가스(NG)의 600분의 1로 감소된다. 천연가스는 임계온도(-82.1℃)가 낮기 때문에 보통의 냉동기로는 액화되지 않으므로 다음의 3가지 방법을 이용한다.

1) 팽창법(Turbo Expander Cycle)

가압된 유체(천연가스)를 급격히 터빈 안에서 단열팽창시키면, 팽창된 천연가스의 온도가 급강하되어 상이액상으로 되는 원리를 이용한 공정이다.

2) 다단냉동법(The cascade Cycle)

천연가스를 압축하여 냉각시키는 냉각회로에 에틸렌 냉각기를 사용하고 에틸렌 냉각기의 냉각회로에는 프로판 냉각기를 사용하는 방법이다.

3) 혼합냉매법(Multi-component Refrigerant Cycle)

탄화수소와 질소의 적절한 혼합물을 냉매로 사용하여 응축 및 팽창과정을 거치게 되면 천연가스를 액화시킬 수 있을 만큼의 초저온을 얻을 수 있는데, 이를 이용하여 천연가스를 액화하는 방법이다.

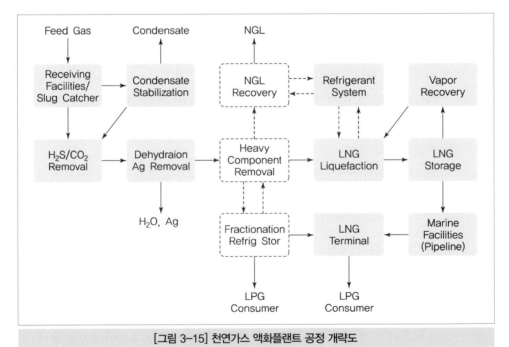

[그림 3-15] 천연가스 액화플랜트 공정 개략도

(3) 천연가스 저장탱크

액화천연가스의 저장탱크는 천연가스의 액화기지, 인수기지 등에 임시저장용으로 필요하다. 저장탱크는 거대한 보온병으로 생각하면 된다. 보온병은 겉병과 그 안에 2중벽의 내병으로 이루어져 있음을 볼 수 있다. LNG저장탱크도 2중 구조로서 외각은 긴장된 콘크리트(Post-stressed Concrete Wall)로 모든 힘을 여기에서 받게 되어 있으며, 보온병의 겉병에 해당된다. 내부 탱크는 액체와 기체상태인 LNG 또는 증발가스가 새어 나오지 못하도록 스테인리스강으로 된 밀폐된 Membrane벽으로 이루어져 있는데, 외벽과 내벽 사이에는 고분자 재료이며 단열 특성이 우수한 PV(Poly Vinyl Chloride) 폼으로 채워놓아 밖에서 들어오는 열을 차단한다(보온병은 진공으로 되어 있다).

(4) 수송선

산지에서 생산된 LNG는 주로 수송선에 의하여 장거리 운송을 하게 된다. 우리나라도 인도네시아 및 말레이시아 등지에서 수송선에 의하여 LNG가 도입되는데, LNG선은 탱크형식에 따라 Moss형과 Membrane형으로 나누어진다.

[그림 3-16] LNG 수송선

(5) LNG의 하역 및 공급

수송선에 실려온 LNG는 인수기지에서 Unloading Arm과 배관망을 통해 저장탱크에 저장된다. 그러나 모든 연료가 그렇듯이 액화천연가스도 산소와 화합, 연소되기 위해서는 다시 가스상태로 변환되어야 한다. 저장된 LNG는 펌프에 의하여 가압되어 기화기로 이송되고, 기화기에서는 해수를 이용하여 LNG를 기체상태의 천연가스로 상변환을 시킨 후 주배관로에 공급한다.

[그림 3-17] LNG 하역시설

1 화력발전소의 개요

1. 개요

열에너지를 변환해서 전기에너지를 얻는 발전방식으로 석탄, 석유, 가스 등 화석연료를 에너지원으로 하여 물을 끓여 고온 고압의 증기로 만들어 터빈/발전기를 돌려서 전기를 생산한다. 일반적으로 다음과 같은 기본설비로 구성된다.

• 연소 및 증기발생장치
• 터빈 발전기 및 복수설비
• 급수 및 급수처리장치
• 기타 연료취급설비, 송변전 설비 등 부속설비

2. 연료와 공기

대기 중의 공기를 흡입팬으로 흡입하여 배기가스로 예열 후 보일러의 연소실로 보내어 연료와 혼합 연소시켜 보일러 수관의 물을 증기로 만든 후 과열기, 재열기에서 증기를 다시 가열한다. 그 배기가스는 배출되는 과정에서 절탄기(이코노마이저)를 거쳐 급수를 예열한 다음 집진기, 탈황설비 및 탈질설비를 거쳐 대기로 배출된다. 통풍설비가 이에 해당한다.

3. 물과 증기

순수저장 탱크 또는 콘덴서에서 응축된 물(Hot Well)은 보일러 급수펌프로 흡입하여 절탄기 및 터빈의 추기로 가열되는 여러 단의 급수가열기를 통과한 후 보일러 수관으로 들어간다. 여기서 발생된 증기는 과열증기가 되어 터빈을 구동시킨 후 일부는 급수가열기로 보내지고 대부분의 증기는 저압터빈을 돌린 후 복수기로 배출되어 순환수와 열교환을 하고 물로 변한다.

4. 화력발전소의 열사이클

(1) 랭킹사이클

화력발전소에서는 카르노 사이클을 증기터빈에 적합하게 변환한 랭킹사이클을 적용한다. 랭킹사이클의 물과 증기의 순환과정은 다음과 같다.

1) 포화수를 급수펌프로 단열압축하여 승압한다(급수펌프).

2) 압축된 포화수는 보일러 내에서 가열되어 포화수로 되고 다시 가열되어 포화증기로 된다(보일러).

3) 이 포화증기는 다시 과열기에 보내져 과열증기로 되어 증기터빈으로 들어간다(보일러 - 과열기).

4) 터빈에 유입된 과열증기는 단열팽창하여 압력, 온도가 저하되어 습증기로 된다(증기터빈).

5) 습증기는 복수기 내에서 냉각되어 물(포화수)로 되면서 하나의 사이클을 이루게 된다(복수기).

랭킹사이클의 효율을 향상시키기 위해서는 다음과 같은 방법이 사용된다.

1) 터빈 입구의 증기온도를 높인다.

2) 터빈 입구의 압력을 높인다.

3) 터빈 출구의 배기압력(진공도를 높게)을 낮게 한다.

그러나 지나친 증기온도 상승은 터빈 블레이드 등 재질의 문제로 제약을 받게 된다. 즉, 초기의 증기압력만을 상승시켰을 경우 터빈 출구에서의 증기습도가 높아져 터빈 블레이드를 손상시키는 원인이 된다.

(2) 재생사이클

증기터빈에서는 복수기에서 증기가 응축될 때 냉각순환수에 의하여 빼앗기는 열이 많다. 이를 일부 보상하기 위하여 터빈 중간에서 증기를 추가로 추출(추기)하여 급수를 가열함으로써 효율을 증가시키는 방법이 있는데, 이를 재생사이클이라 한다. 추기단수를 늘릴수록 열효율이 증가하지만 어느 단수 이상에서는 포화가 되므로 통상 4~6단의 추기를 적용한다.

(3) 재열사이클

어느 압력까지 터빈에서 팽창한 증기를 추출하여 보일러로 되돌려 보내어 가열 후 다시 터빈으로 보내는 방식으로 열효율을 높일 수 있다. 이 경우 압력은 낮지만 온도가 높아지기 때문에 저압터빈 말단에서 습도가 낮아져서 터빈 블레이드의 손상 등 피해를 방지할 수 있다. 이 방식을 적용할 경우 터빈효율이 4~5% 상승하고 증기 소모량 역시 15% 정도 줄일 수 있다.

(4) 재생재열사이클

재열사이클에서는 터빈의 내부손실을 경감시켜 효율을 높이는 방식이고, 재생사이클에서는 열역학적으로 효율을 높이는 방식이며, 이 두 방식을 조합한 것이 재생재열사이클이다.

5. 발전소 일반설계기준

(1) 개요

- 발전소의 건설은 국가의 장기 전력 수급계획에 따라 계통운영, 경제성 및 기술정책 등을 고려하여 결정된다.
- 삶의 질의 향상에 따라 전력 수요는 증가하고 있으며, 세계적으로 발전소 건설은 점점 확대되고 있다.
- 발전소 형식은 사용 연료, 사용 에너지에 따라 원자력 발전, 화력 발전(석탄, 석유, LNG, 목질계), 수력발전 및 신재생에너지 발전(풍력, 태양열, 지열 발전 등)을 들 수 있다.
- 본 교재에서는 대용량 석탄화력발전소(50만kW) 계통을 기준으로 소개한다.

(2) 입지

발전소가 설치될 부지의 위치와 그곳의 지형 및 지질, 부지 인접 해상의 간만의 조건, 부지 배수계획 및 부지 정지공사 시 절성토량 균형 등을 감안한 부지 표고, 연료수송 선박의 접안 및 계류를 고려한 연료하역부두 천단고 등을 고려하여 확정한다.

(3) 설계 일반 조건

1) 기상 : 기압, 기온, 강수량, 상대습도, 풍속, 연간 현상일수, 적설량, 증발량
2) 해상 : 조위, 설계파고
3) 사용연료 조건 : [유연탄, 무연탄, 중유, LNG], 점화 및 기동용 보조 연료
4) 냉각수 : [해수, 담수]
5) 발전용량 : 정격출력/보증출력(MW), 최대 출력(MW)
6) 주증기 조건 : 초임계압, 아임계압
7) 발전소 운전방식 : 기저부하(Base Load), 중간부하(Load Cycling), 일일 기동정지 (Two Shift)
8) 부하 변동률 : %/분
9) 부하변동 기동횟수(회/연간) : [Cold, Warm, Hot, Re−] Start, Load Changes
10) 기동시간 : [Cold, Warm, Hot, Re−] Start
11) 자동화 범위
12) 소내 공급전원 : 송전[765kV, 345kV, 154kV] 수전, 소내 공급 전원, DC전원
13) 압축 공기 공급원 : 계기용, 소내용
14) 보조증기 공급원 : 고압(과열) 증기, 저압(포화) 증기
15) 기기 냉각수 공급원 : 압력, 온도
16) 해수 : 해수 설계온도, 해수 수질 성분
17) 공업용수 : 온도, 수원 및 수질

18) 순수 수질 조건

19) 보일러 급수 수질

20) 내진 설계 : 지진계수

21) 환경오염방지설비 설계기준

　　① 대기(황산화물, 질소산화물, 일산화탄소, 먼지, 매연, 비산먼지)

　　② 폐수, 오수

　　③ 소음 및 진동 : 부지 경계선, 기기로부터 1m 거리, 1.5m 높이 소음

(4) 설계적용 표준 및 규격

발전소 설계, 제작 및 시험은 계약일 기준으로 가장 최근에 간행된 규격 및 표준 또는 이와 동등하다고 인정된 규격 및 표준에 명시된 설계기준에 따른다.

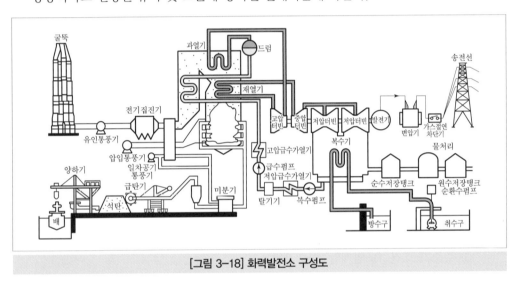

[그림 3-18] 화력발전소 구성도

6. 발전소 배치

(1) 개요

석탄화력 발전소는 크게 나누어 보일러 계통, 터빈 발전기 계통, 보조기기(BOP ; Balance of Plant) 계통, 석탄취급 계통 및 회처리 계통 등으로 분류한다. 보일러, 터빈 발전기 및 주요 보조기기 설비가 설치되는 발전설비구역(Power Block)은 일반적으로 일정한 형태로 배치된다.

(2) 주요 기기 배치

　1) 발전설비 구역

터빈 건물과 보일러 건물의 배치 위치에 따라 'I'형 배치와 'T'형 배치가 있다. 'I'형 배치는 주로 복합화력에 사용하고, 'T'형 배치는 화력발전에 주로 적용한다. 'T'형 배치는 건물 면적이 작아지고 발전기 모선 연결과 냉각수 배관 배치 및 크레인 폭이 짧아지는 등의 이점이 있으나 주증기 배관길이는 다소 길어진다.

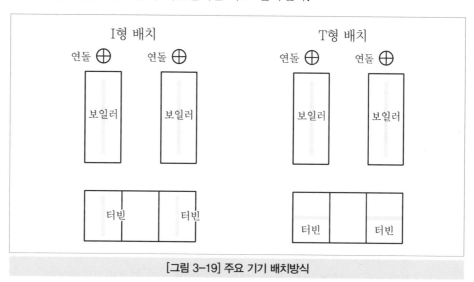

[그림 3-19] 주요 기기 배치방식

　2) 기기 배치형태

기기 배치형태는 기기 배치방법에 따라 대칭형 배치(Mirror Image or Opposite Hand Arrangement)와 이동형 배치(Slide Along Arrangement)가 있으며, 석탄화력 발전소 기기 배치는 설계, 시공 운전 및 유지 보수 측면에서 유리한 이동형 배치를 적용한다.

　3) 기기 배치 요건

　　① 기기에 대한 접근성, 시공성, 운전성, 유지보수성, 안전성 및 미관 등을 고려

　　② 건물 크기의 최적화

　　③ 부진 지반 조건 고려

　　④ 기기 배치의 단순화

　　⑤ 기기 상호 간의 유기성 및 유지보수공간 확보

　　⑥ 배관, 덕트, 케이블 길이의 최소화

　　⑦ 풍향, 일조량 등을 고려

　　⑧ 외부 도로와의 연결성

　　⑨ 보일러 전면이 터빈 쪽으로, 후면에 부속설비 및 탈황설비 등 배치

　　⑩ 제어건물은 가능한 한 터빈 건물과 근접한 위치에 배치

2 계통 구성

1. 보일러 및 보조 계통(Boiler & Auxiliary System)

(1) 개요

연료를 연소시켜 복사, 전도, 대류에 의한 열전달로 물을 증기로 만드는 설비이다. 보일러 내의 물은 등압변화의 과정을 거치게 되며 열 효율을 높이기 위해서는 증기의 온도와 압력을 높여주어야 한다. 보일러 및 보조 계통은 [초임계압(Supercritical)] 또는 [아임계압(Subcritical)] 증기를 연속적으로 발생시켜 터빈과 증기가 필요한 보조설비에 증기를 공급한다.

(2) 보일러의 종류

최근의 화력발전소에서는 수관식 보일러를 주로 사용한다. 그 종류는 다음과 같다.

1) 급수의 순환방식에 의한 분류
① 자연순환식 보일러
② 강제순환식 보일러
③ 관류식 보일러
④ 복합순환식 보일러가 있다.
기타 사용 연료에 의한 분류, 사용 증기압에 의한 분류방식도 있다.

(3) 보일러의 특성

보일러의 특성은 다음과 같은 요소에 의하여 결정되며 각각의 의미를 아래와 같이 요약할 수 있다.

1) 전열 : 보일러가 열을 받는 면적으로서 흡수열량은 전체열량의 50~80% 정도이고 대부분의 증발은 여기에서 이루어진다.
2) 정격 : 정해진 압력 온도에서 시간당 연속최대증발량으로서 단위는 [ton/hr] 또는 [kg/hr]로 표시한다.
3) 등가증발량 : 100℃의 물을 100℃의 포화증기로 만드는 것을 기준으로 환산한 용량이다.
4) 효율 : 공급된 연료의 발열량에 대한 발생증기의 보유열량의 비율로 나타낸다.
5) 증발률 : 단위전열면적당 단위시간에 발생하는 증발량이다.

(4) 계통 범위

보일러 및 보조 계통은 보일러 본체(Proper), 저탄조(Coal Silo)와 미분기(Pulverizer)를 포함한 연소설비, 제매설비(Soot Blowing System), 보일러 기동설비, 급수설비, 보조 연료 연소설비, 관련 배관 및 계측제어계통을 포함한다.

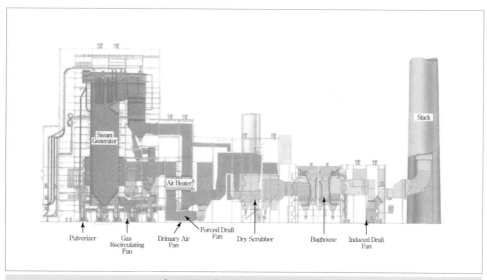

[그림 3-20] 보일러 및 통풍설비계통

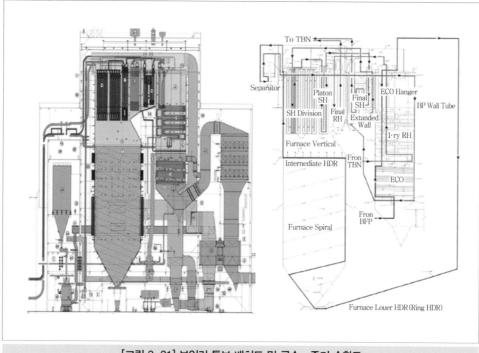

[그림 3-21] 보일러 튜브 배치도 및 급수 · 증기 순환도

[그림 3-22] 보일러 튜브

(5) 주요 설계기준

1) 보일러 출력

최대보증출력(MGR), 보일러 최대연속출력(BMCR)

2) 보일러 형식

[관류형, 드럼형], [초임계압, 아임계압], 평형통풍방식(Balanced Draft System), [옥내형, 반옥외형], 미분탄 전소설비

3) 설계변수

주증기 조건, 노구조 설계압력, 열부하율(Heat Release Rates), 연소가스 속도, 과열 저감기(De-superheater), 고압바이패스 용량, 안전밸브, 미분기 형식 및 대수, 급탄 기, 저탄조, 제매설비, 보일러 순환수 펌프

4) 보일러 배치

보일러 및 보조기기 계통 배치 단면도 [그림 3-20] 참조

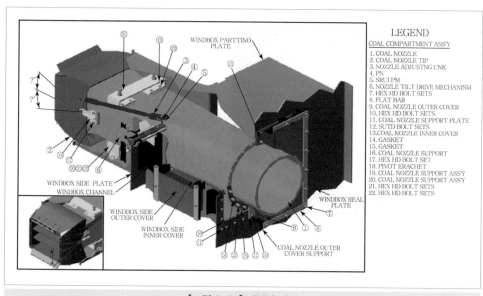

[그림 3-23] 미분탄 버너

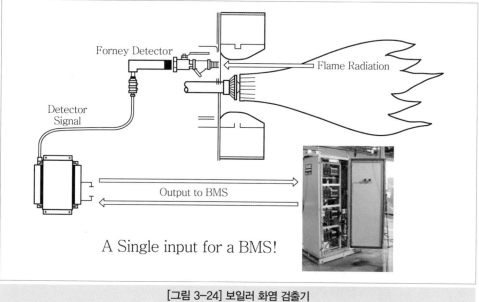

[그림 3-24] 보일러 화염 검출기

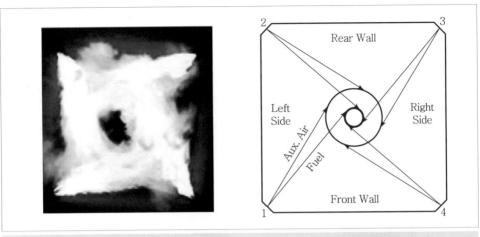

[그림 3-25] Tilting Angles of Fuel Burner & Air Nozzle

2. 통풍설비계통(Draft System)

(1) 개요

통풍설비계통은 공기 예열기에서 적절히 예열된 연소용 공기(1차 공기 포함)를 보일러에 공급하고, 발생된 연소가스는 탈질설비(De-nitrification System), 탈황설비(Desulfurization System)를 통과하여 처리된 후 연돌로 배출된다. 통풍방식으로는 자연통풍방식과 강제통풍방식으로 구분될 수 있으며 강제통풍방식은 다시 유인통풍, 평형통풍 및 압입통풍 방식으로 나뉜다.

(2) 계통 범위

연소용 공기 흡입관[대기, 건물 상부 공기]으로부터 연돌 입구 연결부까지의 덕트, 배관, 증기식(Steam) 및 재생식 공기예열기(Regenerative Air Pre-Heater), 그 외 부속설비를 포함하며, 압입통풍계통, 1차 공기계통, 공기예열계통(증기식, 재생식), 연소가스 계통으로 구성되어 있다.

(3) 주요 설계기준

1) 덕트 설계기준

최소 두께[공기, 연소가스], 덕트 내 최대 유속

2) 주요 설비 설계

① 압입 통풍기(FDF ; Forced Draft Fan)

50%×2대/호기, [축류형, 원심형], 테스트블록(Test Block) 설계 여유(유량, 압력, 입구 공기온도)

② 1차 공기 통풍기(PAF ; Primary Air Fan)

50%×2대/호기, 원심형, 테스트블록 설계 여유(유량, 압력, 입구 공기온도)

③ 재생식 공기 예열기

50%×2대/호기, 회전식, Trisector형, 누설량

④ 증기식 공기 예열기

50%×2대/호기, Fin-Tube형, 증기/공기 예열, 재생식 공기예열기 저온부 부식
방지에 필요한 최저온도 이상 유지

⑤ 유인 통풍기(IDF ; Induced Draft Fan)

50%×2대/호기, [축류형, 원심형] 테스트블록 설계 여유(유량, 압력, 입구 공기온도)

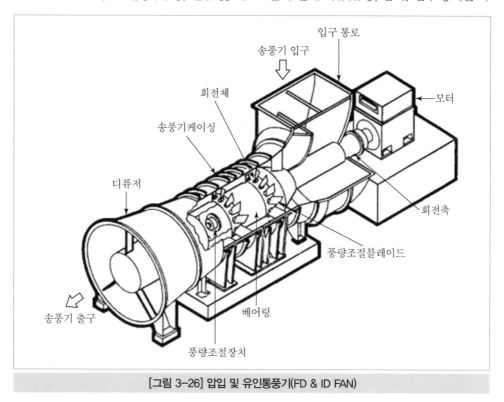

[그림 3-26] 압입 및 유인통풍기(FD & ID FAN)

3. 집진장치(Electrostatic Precipitator)

(1) 개요

연료 중에 함유되어 있는 회분은 연소되지 않고 배출된다. 이를 비회(Fly Ash)라고 하며
대부분의 비회는 연돌을 통하여 대기 중에 배출된다. 집진장치는 배기가스에 함유된 분진
을 제거하여 대기 분진 배출 기준치 이하로 유지시키는 설비이다. 주로 '코트렐식' 집진장
치가 쓰인다. 집진장치의 구비조건은 다음과 같다.

① 분리작용이 우수하고 부하변동에 관계없이 효율이 높을 것
② 구조 및 조작이 용이해서 고장이 없을 것
③ 설비비가 저렴하고 운전 및 보수비용이 적을 것

(2) 계통 범위

보일러의 재생식 공기 예열기와 유인통풍기 입구 사이에 위치하며, 배기가스를 집진극과 방전극으로 형성된 전계층을 통과시켜서 비회(Fly Ash)의 미립자를 전기적으로 포집하기 위한 제반 설비를 포함한다.

(3) 주요 설계기준

1) 용량 및 형식

50%×2대/호기, 건식, 저온식

2) 구성 요소

전극 및 집진실, 추타장치, 가스정류장치, 애자, 하전설비, 비회 호퍼 및 진동기, 호퍼 가열장치, 집진극 및 방전극 수세 설비

3) 주요 설계기준

① 배출구 분진 함량 : 100mg/Sm³(설계탄 기준)
② 설계 온도 : 공기 예열기 사고 시 400℃에서 30분간 운전 가능
③ 설계 속도 : 집진기 내−1.2m/s 이하, 덕트 내−20m/s 이하
④ 집진극 종횡비(Aspect Ratio, L/H) : 1 이상
⑤ 방전극 형식 : Rigid Electrode
⑥ 호퍼 : 용량−12시간 분, 피라미드 형

| 표 3-5 | 집진기 설치위치

분류 명칭	적용온도 (Des.Temp.)	집진기 설치위치
저온 집진기 [#1,2 EP]	161℃	BLR ⇨ APH ⇨ (EP) ⇨ GGH ⇨ ASB ⇨ GGH
저저온 집진기 [#3,4 EP]	109℃	BLR ⇨ APH ⇨ GGH ⇨ (EP) ⇨ ASB ⇨ GGH [특징] 1. 유입 가스량 감소 → 후단설비 Size 감소 2. 전기 저항치 감소 → 집진효율 증가 3. 운전온도 감소 → 저온 부식 우려 → 내부식성 재질(ANCOR) 적용

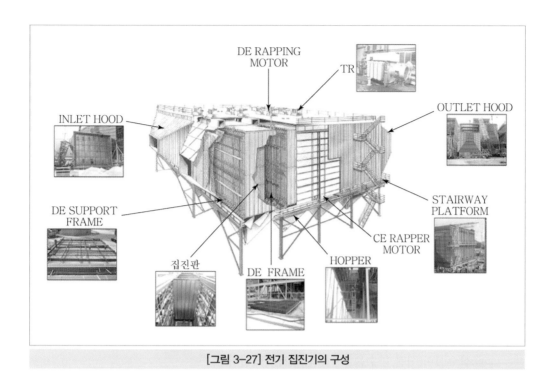

[그림 3-27] 전기 집진기의 구성

4. 석탄취급설비 계통(Coal Handling System)

(1) 개요

석탄은 탄화의 정도에 따라 무연탄, 역청탄, 갈탄 등으로 구분되는데, 발전용으로 많이 사용되는 것은 주로 역청탄이며 전량 해외에서 수입한다. 국내에서 무연탄이 일부 생산되나 발열량이 낮고, 그나마 매장량이 적어 경제성이 없다. 다만 강원도 태백 삼척 일대와 충남 보령의 탄좌 및 지역 경제를 유지하기 위하여 서천화력, 영동 화력발전소 등이 운용되고 있을 뿐이다. 석탄화력에서 사용하는 석탄은 배로 운반되며 운탄선으로부터 석탄을 하역하여 벨트 컨베이어 시스템에 의하여 옥외/옥내 저탄장에 이송 저장하고 보일러 운전에 따른 필요한 석탄을 공급하기 위해 소내 저탄조로 이송한다.

(2) 계통 범위

하역 및 저탄 계통, 상탄 계통, [혼탄설비], 소내 석탄분배 및 저탄조 공급계통, 비산탄 제거 계통, 소화설비계통으로 구분한다.

(3) 주요 설비 설계기준

1) 설계 변수

① 컨베이어 설계속도 및 경사 각도 : 최대 200m/min, 최대 15°

② 석탄 비중 : 640~1,040kg/m^3

③ 석탄 하역 및 상탄 시 운전 조건 풍속 : 최대 15m/s

2) 운반선 하역기(Ship Unloader) 용량

설치대수, 부두 점용률, 접안 가능일수, 일일 하역기 운전시간, 연간 석탄 하역량, 발전소 이용률

3) 저탄장 용량

발전소 이용률 감안 저탄일수 산정

4) 저탄/상탄기

버킷 휠식(Bucket Wheel Type), 혼탄 고려 대수 선정

5) 비산탄 제거계통

살수설비(석탄 함수율 7~10% 유지), 백필터

6) 기타 설비

계량식 급탄기, 진동식 스크린, 파쇄기, 스크레이퍼

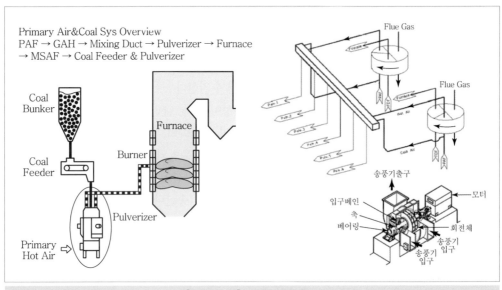

[그림 3-28] 미분탄 계량설비

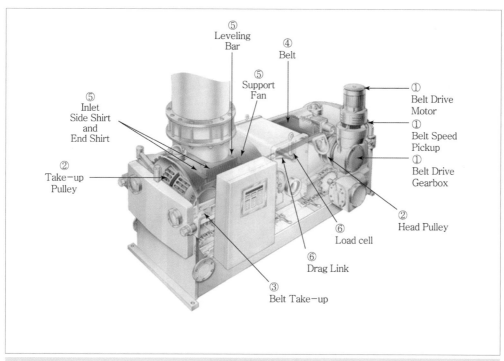

[그림 3-29] 미분기

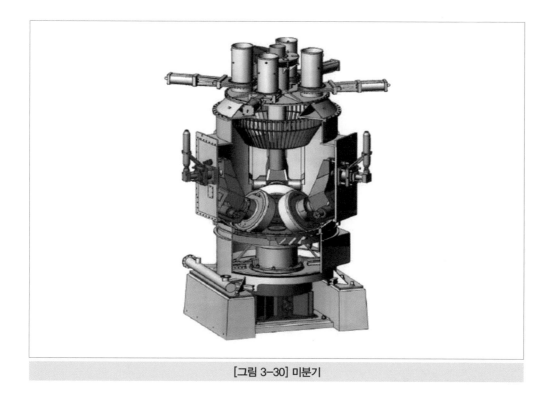

[그림 3-30] 미분기

[그림 3-31] 석탄화력발전소 조감도

5. 회처리설비 계통(Ash Handling System)

(1) 개요

- 보일러에서 석탄 연소 후 발생된 회(Ash)를 처리하는 계통으로 보일러 저회(Bottom Ash)와 절탄기 회, 미분기 이물질, 공기예열기 회 등은 저회 일시 저장조로 보내고, 집진장치에서 포집된 회는 비회(Fly Ash) 저장조로 이송된다.
- 비회저장조에 모인 비회는 건식상태로 인출되어 재활용하거나 슬러리로 만들어 회사장으로 이송한다.
- 회처리 계통에 필요한 용수는 폐수처리 설비에서 발생된 재사용수를 사용하며, 재사용수를 사용할 수 없을 때에는 소내 용수를 사용하고, 슬러리 혼합 시에는 해수를 사용한다.

(2) 계통 범위

1) 저회처리 계통

보일러 하부 Transition Chute, 절탄기 호퍼 출구, 미분기 이물질 호퍼 출구, 공기 예열기 호퍼 출구에서부터 저회 저장조

2) 비회처리 계통

집진장치 호퍼 출구에서 비회 저장조, 슬러리 혼합 시는 비회 저장조에서 회사장

3) 회처리 용수 계통

폐수처리 재사용수, 소내 용수 및 해수 공급관에서 회처리용수 소요처

(3) 주요 설비 설계기준

1) 설계 변수

설계 회 밀도(저회, 미분기 이물질, 공기 예열기, 비회)는 체적 계산 시와 구조 계산 시 구분 적용회 운송속도[저회, 비회]

2) 회 발생량

총 회발생량, 저회[30%], 절탄기 회[5%], 비회[60%], 공기 예열기회[5%]

3) 회처리시간

저회, 비회

4) 계통별 주요 구성설비

① 저회 처리계통 : 드래그 체인 컨베이어(Drag Chain Conveyor), 클링커 분쇄기 (Clinker Grinder), 저회 저장고, 이젝터(수류식 처리용)

② 비회 처리계통 : 체인 컨베이어, 비회 이송 송풍기, 비회 저장조, 유화 송풍기 (Aeration Blower), 건식 하역기, 공기 압축기

③ 슬러리 혼합 및 이송계통 : 저회 피더, 비회 피더, 슬러리 혼합탱크, 슬러리 펌프 (Slurry Pump)

④ 회처리 용수 계통 : 고압 회처리 용수펌프, 해수 보충펌프, 재순환펌프

6. 연소와 연소계통(Fuel & Burner System)

(1) 개요

석탄발전소에서는 스토커 연소방식과 분말로 하여 버너로 연소시키는 미분탄 연소방식이 있고, 대부분의 발전소에서는 미분탄 연소방식을 채택하고 있다. 미분탄은 입자가 작을 수록 연소가 용이하고 연소효율이 높다.

(2) 미분탄 연소장치

1) 장점

① 연료와 공기와의 접촉면적이 커서 연소효율이 좋다. 따라서 적은 양의 공기로 완전 연소를 할 수 있다.

② 점화 및 소화가 신속간단해서 부하변동에 신속하게 적응할 수 있다.

③ 저질탄이나 휘발 무연탄도 쉽게 연소시킬 수 있다.

④ 가스 또는 오일과 혼소가 가능하다.

⑤ 연소제어의 자동화가 가능하다.

(3) 연소용 공기

1) 1차 공기
공기예열기에서 예열된 공기의 일부가 미분기에 보내져서 미분탄을 버너에 이송하는 역할을 하는 공기

2) 2차 공기
예열된 대부분의 공기로서 미분탄과 함께 화로로 흡입되어 연소에 기여하는 공기

(4) 계통 범위
석탄벙커, 급탄기, 석탄 계량기, 미분기, 미분탄 버너, 일부 통풍계통 등

(5) 석탄 이동경로
석탄

7. 탈황설비계통(FGD ; Flue Gas De-sulfurization System)

(1) 개요
석탄, 석유 화석연료가 연소될 때 발생되는 황산화물(SOx)을 석회석 슬러지에 흡수·반응시켜 제거하고 부산물로 석고를 발생시키는 환경오염 방지설비

(2) 계통 범위
탈황 흡수탑(Absorber) 및 배기가스 계통, 석회석(Limestone) 취급 계통, 석고(Gypsum) 취급 계통, 분진 제거 계통 및 부대설비 계통을 포함한다. 단, 탈황폐수처리 계통은 폐수처리 계통에 포함한다.

(3) 주요 설계기준

1) 황산화물(SOx) 배출기준
[25~100] ppm

2) 탈황 형식
습식 석회석 석고 형식

3) 주요 설비 설계기준

① 탈황 흡수탑(Absorber) 및 배기가스 계통

- 흡수탑 수량 및 형식 : 100%×1기/호기, 분사형(Spray Type, SO_2 제거효율 : 90% 이상)
- 흡수탑 재순환 펌프 수량 및 형식 : 25%×4대/호기, 수평 원심형
- 승압 통풍기 수량 및 용량 : 50%×2대/호기
- 습분 분리기(Mist Eliminator) : 100%×2대/호기
- 가스 재열기(Gas-gas Heater) : 100%×1기/호기, Rotary 재생식(흡수탑 유입 가스 온도 : 91℃, 누설률 : 2% 이하)

② 석회석 취급계통

- 석회석 미분기 수량 및 형식 : 50%×2기/호기, Wet Ball Mill 형식(석회석 미분도 : 200 mesh)
- 석회석 일일 사일로 수량 : 50%×2기/2개호기
- 석회석 슬러리 펌프 수량 및 형식 : 100%×2대/2개호기, 수평원심형

③ 석고 취급계통

- 석고 탈수 원심 분리기 수량 및 형식 : 50%×2대/2개호기, Hydrocyclone(석고 95% 이상)
- 수평형 진공 벨트 여과기 수량 : 50%×2대/2개호기

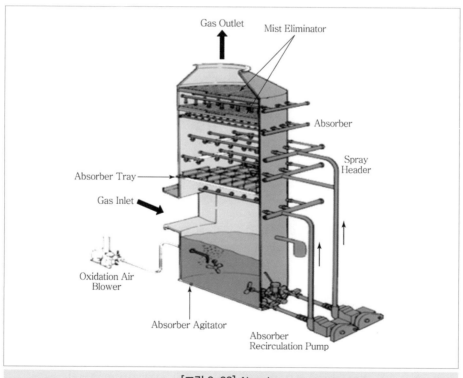

[그림 3-32] Absorber

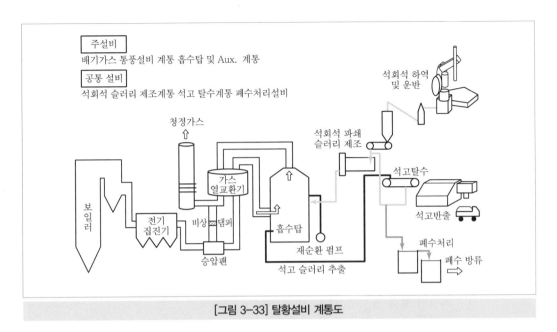

[그림 3-33] 탈황설비 계통도

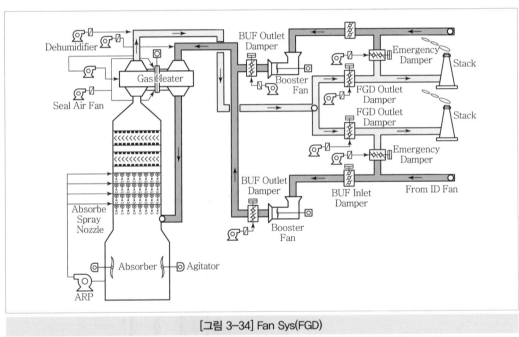

[그림 3-34] Fan Sys(FGD)

8. 탈질설비계통(De-nitrification System)

(1) 개요

보일러에서 화석연료 연소 후 배출되는 배기가스에 포함된 질소산화물(NOx)을 처리하여 배기가스 중의 질소산화물 농도를 환경 규제치 이하로 저감시킨다.

(2) 계통 범위

촉매 반응기 계통, 암모니아 저장 및 취급계통, 암모니아 주입계통으로 구성된다.

(3) 주요 설계기준

1) 질소 산화물 배출기준

[15~140]ppm

2) 탈질 형식

선택적 촉매환원법(SCR ; Selective Catalytic Reduction)

3) 주요 설계기준

① 촉매 반응기 계통

- 반응기 용량 및 수량, 형식 : 50%×2기/호기, 수직형(Down Stream)
- 최소 운전가스온도 : 320℃

② 암모니아 저장 및 이송계통

- 암모니아 저장탱크 용량 및 수량 : 50%×2기/2개호기
- 암모니아 하역 압축기 : 100%×2기/2개호기

③ 암모니아 주입계통

- Vaporizer : 50%×3기/2개호기
- Accumulator : 50%×3기/2개호기
- 암모니아/공기 혼합기 : 50%×2기/호기

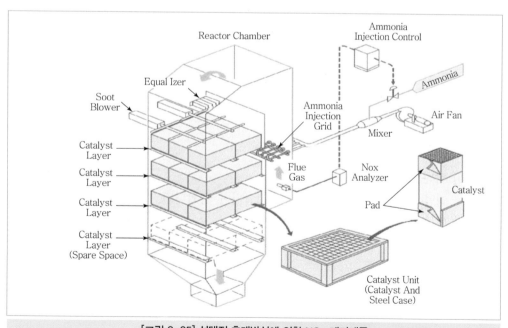

[그림 3-35] 선택적 촉매방식에 의한 NOx 제거계통

9. 터빈 및 보조기기 계통(Turbine & Auxiliary)

(1) 개요

보일러에서 공급되는 증기가 가진 열에너지를 운동에너지로 변환시켜 발전을 하는 설비로 일부의 증기 열에너지는 터빈 사이클상에서 추기되어 급수 가열 및 급수펌프 구동 등에 사용되며, 사용 후의 폐열은 복수기에서 순환수 계통으로 방출된다.

(2) 계통 범위

터빈 및 부속장치와 터빈 밀봉증기계통, 터빈 윤활유 계통, 터빈 제어유 계통, 윤활유 저장 및 이송계통, 윤활유 저장지역 소화설비계통

(3) 주요 설계기준

1) 출력

정격출력(NR) : MW, 보증출력(MGR) : [터빈제작자 제시], 최대 출력(VWO) : MGR의 105%

2) 주증기 조건

압력[246kg/cm²g], 온도 : 주증기/재열증기[566/566℃]

3) 추기(Extraction) 단수

8단

4) 급수 온도

[283]℃ : 터빈 제작자 결정

5) 터빈 형식

직렬배열(Tandem Compound), 고압터빈, 중압터빈, 복류 저압터빈, 1단재열, 재생 및 복수식

6) 정격 배압

38.1mmHg abs

7) 기동시간

① 냉간기동(Cold Start) : 터빈 통기~보증출력 : [300]분 이내

② 난간기동(Warm Start) : 터빈 통기~보증출력 : [90]분 이내

③ 재기동(Restart) : 터빈 통기~보증출력 : [60]분 이내

8) 변압 운전방식 : 정압＋변압

① 정압 : 정격 출력 30% 미만, 90% 이상

② 변압 : 정격 출력 30~90% 사이

9) 조속기(Governor) 운전

정격 출력 50~100%에서 급전 계통 주파수 변동에 의한 응동, 부하변동은 5% 이내

참고
1. 냉간기동 : 96시간 이상 정지 후 기동
2. 난간기동 : 50~58시간 이상 정지 후 기동
3. 열간기동 : 6~12시간 경과 후 기동
4. 열간 재기동 : 돌발정지 후 재기동

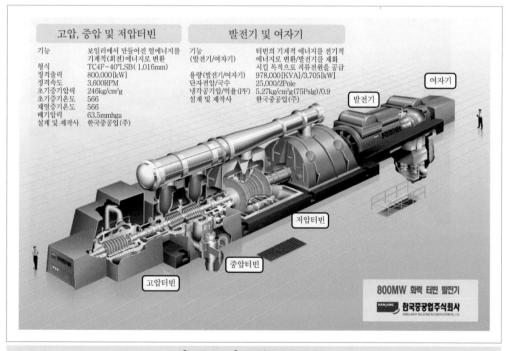

[그림 3-36] 터빈/발전기 절개도

[그림 3-37] 터빈/발전기 전경

[그림 3-38] 터빈 로터(IP TBN)

10. 주증기 및 재열증기 계통(Main & Reheat Steam System)

(1) 개요

보일러와 터빈 사이에서 주증기 및 재열 증기를 전달하는 계통이다.

(2) 계통 범위

1) 주증기계통

보일러 최종 과열기 출구노즐에서부터 터빈의 주증기 정지밸브 입구까지의 배관 (2Leads로 구성)

2) 저온 재열 증기계통

고압터빈 배기부에서부터 보일러 1차 재열기 입구까지의 배관(2Leads로 구성)

3) 고온 재열 증기계통

최종 재열기 출구 노즐에서부터 재열 증기 정지 밸브 입구까지의 배관(2Leads로 구성)

(3) 주요 설계기준

1) 주증기계통

① 유량 : 열평형도(Heat Balance Diagram)의 제어밸브 전개시(VWO) 유량

② 설계 온도 : 보일러 및 터빈 공급자가 설정한 증기온도 제한범위

③ 증기 속도 : 약 60m/s(소음 및 진동 고려)

2) 저온 재열증기 계통

① 유량 : 열평형도의 제어밸브 전개 시(VWO) 유량

② 설계 온도 : 보일러 및 터빈 공급자가 설정한 증기온도 제한 범위

③ 증기 속도 : 75m/s 이내

3) 고온 재열 증기계통

① 유량 : 열평형도의 제어밸브 전개 시(VWO) 유량

② 설계 온도 : 보일러 및 터빈 공급자가 설정한 증기온도 제한 범위

③ 증기 속도 : 100m/s 이내

4) 기타

① 증기 블로 아웃(Steam Blow-out Cleaning) 절차 감안 설계 : 보일러 및 터빈 공급자 측 제시

② 배관 내부에 물이 고이는 현상을 방지하기 위한 배수 및 배기관 설치

11. 급수 계통(Feedwater System)

(1) 개요

보일러 급수를 급수 저장탱크로부터 보일러 급수펌프로 고압급수가열기(2열 3단)를 거쳐서 보일러 절탄기 입구로 공급하는 계통으로, 또한 보일러 과열기 및 재열기의 과열 저감기(Desuperheater)에 분사수를 공급한다.

(2) 계통 범위

탈기기 및 급수저장탱크에서부터 보일러 절탄기 입구까지로 다음 기기를 포함한다.
① 탈기기(Deaerator) 및 급수저장탱크
② 주급수펌프/구동용 보조터빈 및 기동용 급수펌프/전동기
③ 급수 승압펌프/전동기
④ 고압급수가열기(High Pressure Feedwater Heater)
⑤ 급수계통 배관 및 부속설비
⑥ 과열저감기(De-superheater)용 분사수 공급배관 및 부속설비
⑦ 최소유량 재순환 배관

[그림 3-39] 탈기기 및 급수탱크

> **참고** 탈기기(Deaerator)
> 계통을 순환하는 급수 중의 산소와 탄산가스 등의 불응축성 가스는 설비의 부식 원인이 되므로 급수 내의 Dissolved Gas를 제거하는 역할을 하는 탈기기는 발전소 열교환기 중 가장 높은 곳에 설치한다.

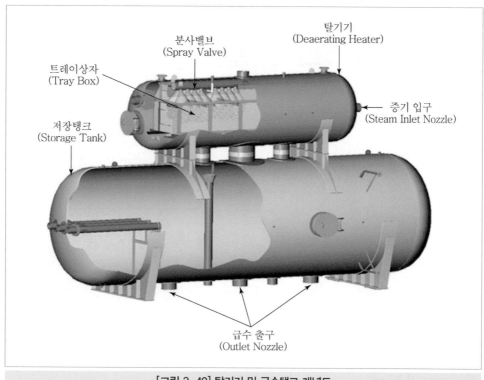

분사밸브
(Spray Valve)

탈기기
(Deaerating Heater)

트레이상자
(Tray Box)

증기 입구
(Steam Inlet Nozzle)

저장탱크
(Storage Tank)

급수 출구
(Outlet Nozzle)

[그림 3-40] 탈기기 및 급수탱크 개념도

(3) 주요 설계기준

  1) 급수 펌프(Feedwater Pump) 형식 및 용량

   가변속, 다단, 횡축형, 보조터빈구동식 55%×2대/호기(1대 운전 시 65%)

  2) 급수 승압펌프 형식 및 유량

   횡축, 양흡입, 전동기 구동, 급수펌프 유량과 동일 수두 : 급수펌프 흡입 측 요구압력

  3) 보조터빈 형식

   가변속, 복수형

  4) 기동용 급수펌프 형식 및 용량

   전동기 구동, 다단, 횡축, 30%×1대/호기

  5) 탈기기 및 고압급수가열기

   ① 탈기기 : 100%×1기/호기, 수평형
   ② 고압급수가열기 : 50%×각 2대/호기, 수평형(비상시 75% 부하 운전 가능)

[그림 3-41] 주급수 펌프

12. 급수 가열기 추기, 배수 및 배기계통(Steam Extraction, Drains & Vent System)

(1) 개요

터빈에서 팽창 중인 증기를 축출하여 보일러에 공급되는 급수를 가열함으로써 계통의 열 효율을 향상시키는 역할을 한다.

(2) 계통 범위

1) 추기계통

주 터빈에서 증기를 추출하여 급수 가열기와 주급수 펌프에 공급하는 데 요구되는 배관 및 부속설비를 포함한다.

2) 급수가열기 배수계통

급수가열기에서 열교환에 따라 응축된 응축수를 아래단 급수가열기로 배수하는 데 요구되는 배관 및 부속설비를 포함한다.

3) 급수가열기 방출계통

급수가열기 내에서 발생한 비응축성 기체를 탈기기, 복수기 또는 대기로 방출하는 데 요구되는 배관 및 부속설비를 포함한다.

4) 급수가열기 압력 릴리프(Relief) 계통

급수가열기를 과도한 압력으로부터 보호하는 데 요구되는 배관 및 부속설비를 포함한다.

(3) 주요 설계기준

1) 급수는 저압급수가열기 4단, 탈기기 및 고압급수가열기 3단으로 구성
2) 설계 유속 : 추기계통 : 75m/s 이내, 배수계통 : 2.5m/s 이내, 방출계통 : 40m/s
3) 급수가열기 배수펌프 형식 및 수량 : 수평 원심형, 100%×2대/호기

[그림 3-42] 급수가열기

> **참고** 급수가열기(Feedwater Heater)
>
> 급수가열기는 표면접촉식(SHELL & TUBE)으로서 급수와 증기가 열교환 매체(TUBE)를 통해 열전달이 이루어지며 저압형(LP Feedwater Heater)과 고압형(HP Feedwater Heater)이 있다. Tube 측으로 급수가 흐르고, Shell 측으로 증기가 흐르면서 열교환을 한다.

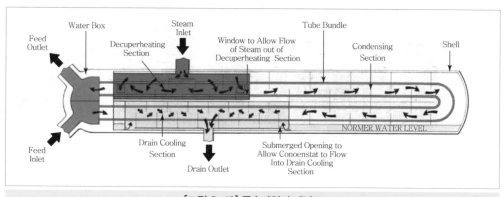

[그림 3-43] 급수가열기 개념도

13. 보조증기계통(Auxiliary Steam System)

(1) 개요

발전소 운전 및 정지 시 소내에 필요한 증기를 공급하는 계통으로 고압 보조 증기 헤더(Header)와 저압 보조 증기 헤더로 구성되어 있다. 증기 공급원으로는 기동 및 정지 시에는 보조 보일러에서, 정상 운전 중에는 저온 재열 증기관에서, 저부하 시 고압보조증기는 1차 과열기 측, 저압보조증기는 고온재열증기에서 공급한다.

(2) 계통 범위

1) 고압보조증기 원에서부터 고압보조증기 헤더 [20]kg/cm²까지의 배관
2) 저압보조증기 원에서부터 저압보조증기 헤더 [10]kg/cm²까지의 배관
3) 보조증기 헤더에서 소요처까지 배관

(3) 주요 설계기준

1) 고압보조증기 헤더 : 과열증기, 저압보조증기 헤더 : 포화증기
2) 배관 설계 압력 및 유속
   ① 고압보조증기 : 설계압력-[26]kg/cm², 유속(관경 200mm 이하)-45~76m/s
   ② 저압보조증기 : 설계압력-[13]kg/cm², 유속(관경 200mm 이하)-30~48m/s

[그림 3-44] 보조보일러

14. 복수계통(Condensate System)

(1) 개요

복수기는 진공상태를 유지하면서 저압 터빈의 배출 증기와 급수 펌프 터빈 배출 증기를 복수기(Condenser)에서 응축시켜 핫웰(Hotwell)에 모아서 복수펌프, 복수탈염장치, 복수승압펌프 및 저압급수가열기를 거쳐 탈기기/급수 저장탱크로 공급한다. 종류로는 표면복수기, 증발복수기 및 분사복수기가 있고 대부분의 발전소에서는 표면복수기를 채택하고 있다.

(2) 계통 범위

복수기, 복수펌프, 복수승압펌프, 저압급수가열기, 글랜드 스팀 콘덴서(Gland Steam Condenser) 및 관련 배관 및 부속설비를 포함한다.

(3) 주요 설계기준

1) 복수기 수량 및 형식

1기(쉘 수는 배기 수의 1/2임)/호기, 단일패스(Single Pass), 단일 압력, 핫웰

2) 복수펌프 수량 및 형식

50%×3대/호기, 수직축, 원심형, 전동기 구동

3) 복수승압펌프 수량 및 형식

① 50%×3대/호기, 수직축, 원심형, 전동기 구동, 저압급수가열기 수량 및 형식
② #1 저압급수가열기 : 2대/호기, 수평, U튜브
③ #2,3,4 저압급수가열기 : 각각 1대/호기, 수평, U튜브

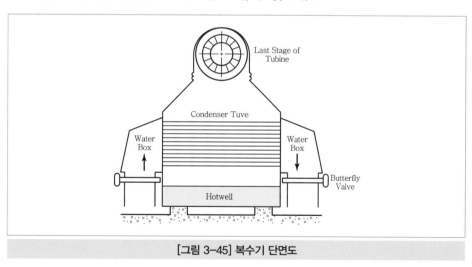

[그림 3-45] 복수기 단면도

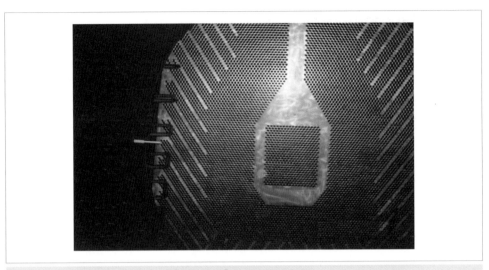

[그림 3-46] 콘덴서 튜브사이드

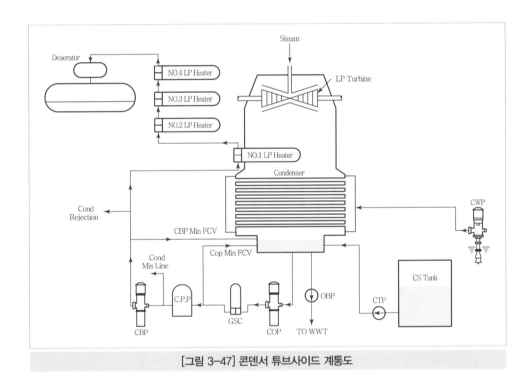

[그림 3-47] 콘덴서 튜브사이드 계통도

15. 복수탈염계통(Condensate Polishing Demineralizer System)

(1) 개요

발전소 기동, 정상 운전 및 비정상 운전에 따라 복수 중에 포함되어 있는 각종 부유 고형물질과 전해성 물질을 제거하여 급수의 순도를 유지하는 계통이다.

(2) 계통 범위

전치여과기, 혼상탈염기(Mixed Bed Demineralizer), 수지 트랩, 복수탈염 재생계통 및 관련 배관 및 부속설비를 포함한다.

(3) 주요 설계기준

1) 출구 수질

① Total suspended solid : 5ppb
② Iron(as Fe) : 3ppb
③ Copper(as Cu) : 1ppb
④ Silica(as SiO_2) : 2ppb
⑤ Cation Conductivity(Micro Ω, 25℃) : 0.1
⑥ Sodium(as Na) : 0.5ppb
⑦ Chlolide(as Cl) : 0.1ppb
⑧ Sulfate(as SO_4) : 1ppb

> **참고** 현탁고형물(Suspended Solid)
> 수중에 함유하는 고형물 중에서 진흙, 모래, 유기미생물, 수산화철, 유지분, 콜로이드상의 규산염 등 물에 전혀 용해하지 않고 수중에 침전 또는 부유하여 수면에 떠다니는 물질

16. 순수제조계통(Make-up Demineralizer System)

(1) 개요

원수 전처리 계통에서 물을 공급받아 전해성 물질과 유기물질, COD 성분을 제거하고 순수를 제조하여 저장탱크에 저장하고 필요에 따라 복수저장탱크와 복수기로 공급한다.

(2) 계통 범위

활성탄 여과기로부터 순수이송펌프 출구까지로 이에 포함된 보조설비와 배관 및 관련 부속설비를 포함한다.

(3) 주요 설계기준

1) 출구 수질

① Conductivity(Micro Ω, 25℃) : <0.1

② Total SiO_2 : 0.01 ppm

③ Total Solid : <0.05 ppm

④ Na : <0.003 ppm

⑤ pH(at 25℃) : 6~8

2) 순수제조설비

① 설비 용량 : 2개호기, 보일러 최대연속출력(BMCR) 기준

② 순수 제조열 : 100%×2개열/2개호기

③ 수지(Resin) 종류 : 양이온 및 음이온 수지

④ 활성탄 여과기 : 100%×2기/2개호기

⑤ 양이온(Cation) 및 음이온(Anion) 교환기 : 각각 100%×2기/2개호기

⑥ 탈가스기 : 100%×2기/2개호기

⑦ 혼상이온 교환기 : 100%×2기/2개호기

⑧ 수지 트랩 : 3개/열

⑨ 순수 저장 탱크, 순수 이송펌프

3) 약품 저장 및 주입설비

① 가성소다 및 염산 이송펌프 : 각각 100%×2대/2개호기, 원심형

② 가성소다 및 염산 저장탱크 : 각각 50%×2기/2개호기, 수평원통형

③ 가성소다 및 염산 주입펌프 : 각각 100%×2대/2개호기, 미터링, 다이어프램, 가열기, 재생용수 펌프

17. 복수 저장 및 이송계통(Condensate Storage & Transfer System)

(1) 개요

발전소 기동 시와 정상 운전 중에 복수기, 탈기기 및 기타 필요한 곳에 복수를 저장 · 공급한다.

(2) 계통 범위

복수 저장탱크, 복수 이송펌프, 관련 배관 및 부속설비

(3) 주요 설계기준

1) 복수 이송펌프의 복수 공급처

탈기기 급수 저장탱크, 복수기 핫웰, 기기냉각수 헤드 탱크, 발전기 고정자 냉각수 계통 등

2) 복수 저장탱크 용량 및 형식

100%×1기/호기, 수직원통형, 대기압

3) 복수 이송펌프 용량 및 형식

100%×1대/호기, 수평축, 원심형

18. 약품 주입계통(Chemical Feed System)

(1) 개요

보일러, 터빈, 급수 및 복수 계통의 각종 기기와 배관을 보호하기 위해 하이드라진(N_2H_4)을 주입하여 부식을 조장하는 용존산소를 제거하고 pH를 적정범위로 유지하기 위해 암모니아수를 적정 농도로 주입하는 계통이다.

(2) 계통 범위

1) 하이드라진 주입설비는 분배펌프, 미터링 실린더, 고농도 및 저농도 탱크 및 교반기, 주입 펌프와 배관 및 부속설비
2) 암모니아 주입설비는 저장탱크, 이송펌프, 교반기, 주입펌프와 배관 및 부속설비

(3) 주요 설계기준

1) 약품 원액 농도

하이드라진 35%, 암모니아 29%

2) 하이드라진 주입설비

① 하이드라진 분배펌프 : 100%×1대/호기, 공기 작동식
② 고농도 하이드라진 탱크 및 교반기 : 100%×1대/호기
③ 저농도 하이드라진 탱크 및 교반기 : 100%×1대/호기
④ 하이드라진 주입펌프 : 100%×2대/호기, 미터링, 다이어프램

3) 암모니아 주입설비
   ① 암모니아 저장탱크 : 100%×1기/2개호기
   ② 암모니아 탱크 및 교반기 : 100%×1대/호기
   ③ 암모니아 주입펌프 : 100%×2대/호기, 미터링, 다이어프램
   ④ 세정기(Fume Scrubber) : 1기/호기

19. 복수기 공기제거계통(Condenser Air Removal System)

(1) 개요

발전소 기동 및 정지 시 복수기에 유입된 공기와 정상 운전 시 증기에 함유된 비압축성 기체나 공기를 추출하여 복수기의 진공상태를 적정한 수준으로 유지시켜서 터빈 효율의 저하를 방지하고 계통기기의 부식을 방지한다.

(2) 계통 범위

복수기 진공펌프, 관련 배관 및 부속설비

(3) 주요 설계기준

1) 복수기 진공펌프 수량 및 용량 : 50%×3대/호기, 수밀봉 형식, HEI 기준
2) 기동 시 2대의 진동펌프를 가동하여 30분 내 254mm Hg.a로 낮춤
3) 밀봉수 냉각기 형식 : 튜브－쉘(Tube-shell) 형식

20. 순환수계통(Circulating Water System)

(1) 개요

복수기에 인입된 터빈의 배출 증기와 바이패스 증기를 응축시켜 급수로 재사용할 수 있도록 복수기에 냉각수를 공급하는 계통으로 그 외의 열교환기(기기냉각수 열교환기, 복수기 진공펌프 밀봉수 냉각기)와 회처리 계통 보충수, 스크린 세척펌프 등에 냉각수를 공급한다.

(2) 계통 범위

해수 취수 구조물에서부터 복수기 입구까지, 복수기 출구에서 배수관로까지의 배관 및 관련 기기
1) 순환수 펌프용 트래시 랙(Trash Rack) 및 레이크, 수문, 회전 스크린, 스크린 세척펌프
2) 순환수 펌프
3) 데브리(Debris) 필터 및 복수기 튜브 세정장치

4) 해수 순환펌프

5) 복수기 워터박스 진공펌프

6) 배수 구조물

7) 관련 배관 및 부속설비

(3) 주요 설계기준

1) 복수기 입·출구 온도 차 : 하절기 기준 [7]℃

2) 순환수 펌프 수량 및 형식 : 50%×2대/호기, 종축, 가변익, 전동기 구동

3) 해수 승압펌프 수량 및 형식 : 100%×1대/호기, 횡축, 원심형

4) 순환수 펌프용 회전스크린 수량 및 형식 : 25%×4대/호기, Thru Flow형

5) 트래시 랙 수량

　① 순환수 펌프 구조물 : 25%×4대/호기

　② 순환수 배수 구조물 : 1대/2개호기

6) 순환수 펌프용 트래시 레이크 수량 및 형식 : 1대/2호기, 주행식

7) 데브리 필터 수량 : 2대/복수기 쉘(Shell)

8) 복수기 튜브 세정장치 : 2대/복수기 쉘

참고　Cooling Water System(순환수계통)

순환수계통은 복수기의 튜브 측으로 냉각수를 공급하는 계통으로서, 저압터빈으로부터 배기되는 Exhaust Steam을 냉각시켜 터빈 Exhaust Pressure를 낮춤으로써 터빈의 효율을 증가시키고, 또한 증기를 물로 바꿈으로써 이의 재순환이 용이하도록 한다. 순환수계통은 직접순환방식(Once-through System, Open System)과 재순환방식(Closed System-cooling Tower System)의 두 가지로 나눌 수 있다.

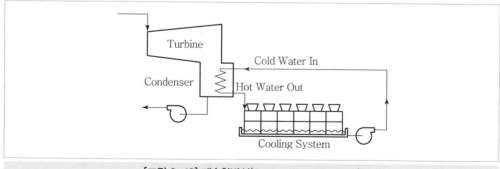

[그림 3-48] 재순환방식(Cooling Tower System)

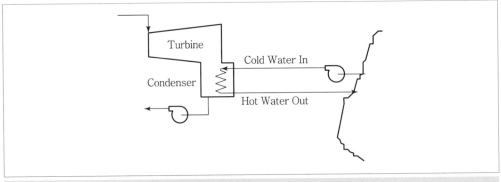

[그림 3-49] 직접순환방식(Once-through System)

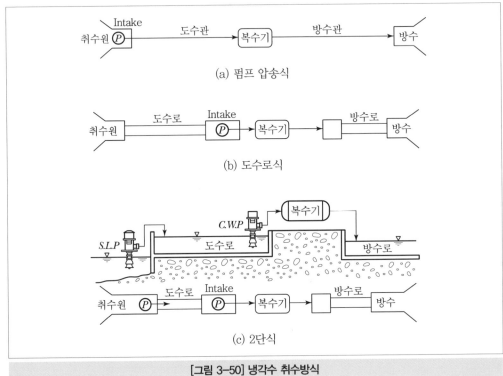

[그림 3-50] 냉각수 취수방식

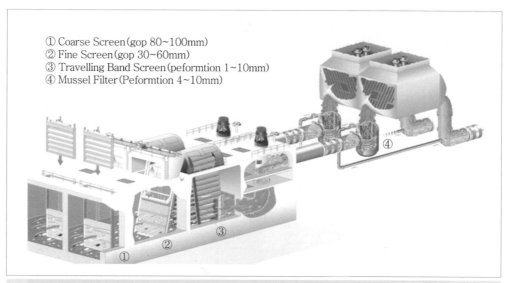

① Coarse Screen(gop 80~100mm)
② Fine Screen(gop 30~60mm)
③ Travelling Band Screen(peformtion 1~10mm)
④ Mussel Filter(Peformtion 4~10mm)

[그림 3-51] CW계통 조감도

[그림 3-52] 순환수 펌프

[그림 3-53]Travelling Screen 세척수

[그림 3-54] 콘덴서 튜브 세척용 스펀지볼

[그림 3-55] 복수기 하부 냉각수배관

21. 순환수 염소주입계통(C. W. Hypochlorination System)

(1) 개요

해수를 전해하여 차아염소산 소다용액(Sodium Hypochloride Solution)을 생산·저장하고 이를 냉각수용 도수로 입구와 순환수 펌프 취수구에 주입하여 해수 중에 있는 패류 및 기타 해양 생물의 성장을 억제하여 순환수 계통의 유로 저항증가 방지 및 복수기를 포함한 관련 열교환기의 열전달 효율 저하 및 부식을 방지한다.

(2) 계통 범위

차아염소산 소다용액 생산 및 저장, 주입설비, 관련 배관 및 부속설비, 발생기 산세정 설비

> **참고** **차아염소산 소다(Hypochlorite)**
> 분해되면 산소를 방출하여 강한 산화작용을 일으키는 것으로 살균·소독제·산화제·표백제 등에 사용된다.

(3) 주요 설계기준

1) 관련 배관 재질 : PVC
2) 차아염소산 소다용액 발생기 수량 및 용량 : 1 lot/2개호기

3) 해수 공급펌프 수량 및 형식 : 100%×2대/2개호기, 수평 원심형

4) 차아염소산 소다용액 수량 및 형식

　순환수 펌프 취수구용 및 도수로용 : 각각 100%×2대/2개호기, 수평원심형

5) 차아염소산 소다용액 저장탱크 : 100%×1기/2개호기, 원통 개방형

6) 염산탱크 수량 및 형식 : 100%×1기/2개호기, 수직 원통형

7) 염산순환펌프 수량 및 형식 : 100%×1기/2개호기, 수평 원심형

[그림 3-56] 해수 전해설비

[그림 3-57] 염소 이송배관

22. 기기 냉각수계통(Closed Cooling Water System)

(1) 개요

발전소 내 각종 기기에서 발생되는 열부하를 기기 냉각수로 흡수하고, 온도가 상승된 냉각수는 열교환기에 의해 다시 낮아져서 기기 냉각수 펌프에 의해 순환 공급된다.

(2) 계통 범위

기기 냉각수펌프, 기기 냉각수 열교환기, 냉각수 헤드탱크, 관련 배관 및 부속설비

(3) 주요 설계기준

1) 기기 냉각수 공급 온도 : 20~35℃ 이내
2) 기기 냉각수 : 계통 배관 및 기기의 부식 방지를 위해 처리된 순수 사용(탈산소제인 부식 방지제 하이드라진 첨가)
3) 기기 냉각수 펌프 수량 및 형식 : 100%×2대/호기
4) 기기 냉각수 열교환기 : 100%×2대/호기, 단일패스, 수평직선 원통형
5) 기기 냉각수 헤드탱크 : 100%×1대/호기, 수직 원통형

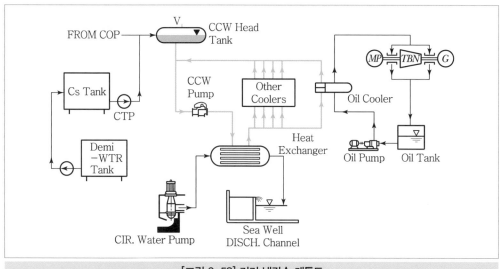

[그림 3-58] 기기 냉각수 계통도

[그림 3-59] 기기 냉각수 펌프

23. 압축공기계통(Compressed Air System)

(1) 개요

발전소 운전에 필요한 압축공기를 생산 공급하는 설비로 공기제어계통에 공급하는 계기용 압축공기계통과 점화용 경유 분무, 공기예열기 공기 구동 모터, 기타 발전소 유지 보수에 사용되는 소내용 공기계통으로 구성된다.

(2) 계통 범위

공기 압축기의 공기 흡입 소음기 및 여과기에서부터 냉각기(Inter & After Cooler)를 거쳐 소내용(Service) 및 계기용(Instrument) 공기 저장탱크, 공기 건조기와 관련 공급 배관 및 제어기기를 포함한다.

(3) 주요 설비 설계기준

1) 계통 구성 : 2개 호기 공용
2) 공급 압력 : [8~9]kg/m²g
3) 계기용 압축공기 조건 : [8~9]kg/m²g, 노점온도 −40℃
4) 배관 재질 기준 : 소내용 : 탄소강, 계기용 : 스테인리스강
5) 공기 압축기 용량 형식 : 33.3%×4대/2개호기, 왕복동형, 무급유식

6) 공기 저장탱크 : 수직 원통형

    소내용 : 50%×2기/2개호기, 계기용 : 100%×1기/2개호기

7) 공기 건조기 수량 및 형식 : 100%×1대/호기, 트윈 타워, 자동재생, 흡착식

8) 전후처리 여과기 : 교체 가능 카트리지 형식

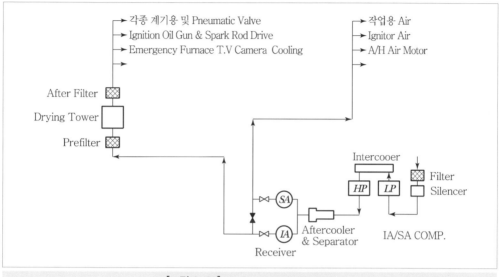

[그림 3-60] Air Compressor System

[그림 3-61] Air Compressor

24. 폐수처리계통(Waste Water Treatment System)

(1) 개요

발전소 가동 시 발생하는 발전폐수와 탈황폐수를 성상별로 구분, 집수한 후 별도의 폐수처리설비에서 응집, 침전, 여과, 흡착 및 탈수 등의 과정을 거쳐서 수질환경보전법상의 배출허용기준치 이하로 배출한다.

(2) 계통 범위

발전설비 폐수처리계통, 탈황설비 폐수처리계통, 약품주입계통 및 폐수이송계통으로 구성되며, 각 계통에서 발생되는 폐수를 각 지역 섬프(Sump)펌프로 폐수처리장으로 이송하는 이송계통과 각 폐수 저장조에서 집수된 폐수를 처리하는 처리계통의 관련 설비, 배관 및 부속설비를 포함한다.

(3) 주요 설계기준

1) 폐수처리시간
발전 및 탈황폐수 : 16시간/일, 일시 폐수 : 24시간/일

2) 주요 오염물질 배출 허용기준/설계기준
① 수소 이온 농도(pH) : 5.8 ~8.6/6~8
② BOD(생물학적 산소요구량, mg/L) : 30/20
③ COD(화학적 산소요구량, mg/L) : 40/20
④ 부유 물질량(mg/L) : 30/20
⑤ 플루오르 함유량(mg/L) : 3 이하/2 이하
⑥ 온도(℃) : 40/40

3) 발전폐수처리계통 구성설비
① 일시 폐수처리설비 : 일시 폐수조, 일시폐수 펌프, 표면 폭기기
② 일상 폐수처리설비 : 일상 폐수조, 표면 폭기기(Surface Aerator), 일상폐수펌프, 반응조, 응집조, 응집 침전조(Clarifier), 상등수조(Clarified Water Pond), 상등수 펌프, 압력 여과기, 활성탄 여과기, 여과기 역세척 펌프, pH조정조, 재사용수조, 재사용수 펌프, 최종 방류구, 침전 슬러지 저장조 등

4) 탈황폐수처리계통 구성설비
① 탈황 일시폐수처리 설비 : 발전폐수의 일시폐수처리계통에서 처리
② 탈황 일상폐수처리 설비 : 일상폐수조, 표면 폭기기, 탈황폐수 이송펌프, 폐수 예비 침전조, 폐수 1차 pH 조정조 및 조정펌프, 폐수 1차 반응조, 폐수 1차 응집조 및 응집 침전조, 폐수 1차 상등수조 및 펌프, 폐수 2차 반응조, 폐수 2차 응집조 및

응집 침전조, 폐수 2차 상등수조 및 펌프, 폐수 2차 pH 조정조 및 조정펌프, 폐수 3차 반응조, 폐수 3차 응집조 및 응집 침전조, 폐수 3차 상등수조 및 펌프, 폐수 3차 pH 조정조 및 조정펌프, 폐수 압력 여과기, 폐수 활성탄 여과기, 여과기 역세척 펌프, 최종 pH 조정조, 재사용수조, 재사용수 펌프, 최종 방류구, 침전 슬러지 저장조, 폐수 농축조(Thickener), 농축슬러지 저장조 및 펌프, 폐수 탈수설비(Dehydrator) 등

③ 함유 폐수처리설비 : API(American Petroleum Institute) 유수분리조, 분리수조, 분리수 펌프, IAF(Induced Air Floatation) 유수분리기

5) 약품주입계통 구성설비

① 발전폐수 처리계통 : 가성소다 주입탱크 및 펌프, 염산 주입탱크 및 펌프, 가스 흡수기(Fume Scrubber), 응집제(Alum) 용해 탱크 및 펌프, 응집 보조제(Polymer) 용해 탱크 및 펌프 등

② 탈황폐수 처리계통 : 가성소다 주입탱크 및 펌프, 염산 주입탱크 및 펌프, 가스 흡수기(Fume Scrubber), 응집제(Alum) 용해 탱크 및 펌프, 응집보조제(Polymer) 용해 탱크 및 펌프 등

6) 폐수 이송계통

발전소 구내 지역별 Sump Pump들로 구성

1 원자력 기초

1. 원자와 원자핵

모든 물질의 기본 구성체는 「원자」이다. 원자의 구성을 다시 세분하면 원자는 중심부의 「원자핵」과 그 주위 궤도를 돌고 있는 「전자」들로 구성되어 있으며, 원자핵은 양(+) 전기를 띤 「양성자」와 전기적으로 중성인 「중성자」가 강력한 핵력으로 결합된 덩어리로 되어 있고, 음(−) 전기를 띤 전자의 수는 양성자의 수와 같아서 원자는 전기적으로 중성이다.

양성자 수와 중성자 수는 서로 숫자가 같은 원자도 있고, 다른 원자도 있으며 일반적으로 무거운 원자일수록 중성자 수가 양성자 수보다 많다.

원자 질량의 대부분을 차지하고 있는 원자핵은 원자 크기의 1/10,000 정도이며, 그 주위를 전자들이 먼 궤도 위를 돌고 있다. 따라서 만약 원자를 눈으로 볼 수 있다면, 다이아몬드 같은 단단한 물질도 실제는 대부분이 텅 빈 공간으로 보일 것이다. 원자력에서 가장 중요한 원소인 우라늄은 자연 중에 존재하는 가장 무거운 원소로서 1939년에 발견되었다. 우라늄은 U−235와 U−238의 동위원소로 구성되어 있는데, U−235는 약 0.7%, U−238은 약 99.3%의 비율을 차지하고 있다.

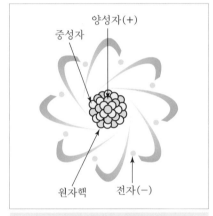

[그림 3-62] 원자의 구조

원자력발전소에서 필요한 것은 주로 U−235이다. 이것은 U−235가 U−238에 비해 중성자와 충돌하여 핵분열을 훨씬 더 잘 일으킬 수 있기 때문이다. 현재 상업가동 중인 대부분의 원자력 발전소(중수로 제외)는 모두 U−235의 함량을 인위적으로 높인(2~5% 정도), 즉 저농축 우라늄을 핵연료로 사용하고 있다.

| 표 3-6 | 우라늄 원자의 구조

우라늄 원자		$^{235}_{92}U$	$^{238}_{92}U$
원자핵	양성자	92	92
	중성자	143	146
전자		92	92

2. 핵분열의 원리

양성자와 중성자를 많이 가지고 있는 원자핵 중에는 외부에서 어떤 중성자가 와서 충돌하게 되면 2개 이상의 파편(핵분열 생성물)으로 쪼개지기 쉬운 성질을 가지고 있는 것이 있다. 이와 같이 원자핵이 중성자에 의해 쪼개지는 것을 「핵분열」이라고 하며, 핵분열의 성질을 갖고 있는 원자핵의 종류에는 우라늄-233, 우라늄-235, 플루토늄-239 등이 있는데, 일반적으로 원자력 발전소에서 핵연료로 사용하는 주요 핵종은 우라늄-235이다.

(1) 우라늄-235의 핵분열

우라늄-235의 원자핵에 중성자가 와서 충돌하게 되면 원자핵이 2개로 쪼개짐과 동시에 2~3개의 중성자와 많은 열에너지를 방출하게 된다.

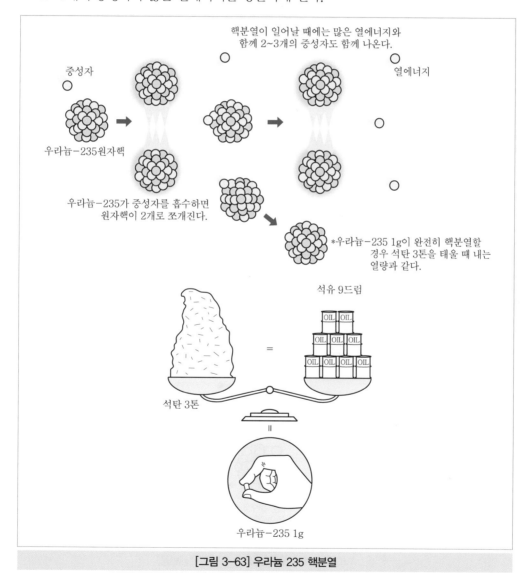

[그림 3-63] 우라늄 235 핵분열

(2) 에너지 발생

원자핵 분열 전·후의 무게를 서로 비교해 보면 분열 후의 원자핵이 분열 전보다 약 1,100분의 1만큼 무게가 가벼워지는데, 이렇게 가벼워진 만큼의 양이 열에너지로 방출된다.

(3) 우라늄-235 1g의 열량

1g의 우라늄-235가 핵분열하여 발생하는 열은 석탄 약 3톤 또는 석유 9드럼의 열량과 같다. 즉, 우라늄-235는 석탄보다 약 300만 배나 더 큰 열에너지를 생산한다.

3. 연쇄반응

우라늄-235 원자 1개가 속도가 느린, 즉 저속 중성자의 충돌로 핵분열 시 막대한 열에너지와 함께 평균 2~3개의 중성자가 튀어나오는데, 이때 나오는 중성자는 매우 에너지가 큰 고속(Fast) 중성자로서 속도가 약 2×10^6m/sec 정도이다. 이처럼 속도가 너무 빨라서 우라늄 핵과 충돌하여 핵분열을 일으키기 어려우므로 경수(보통의 물)나 흑연과 같은 물질을 사용하고 여기에 고속 중성자를 충돌시켜 인위적으로 에너지를 빼앗아 속도를 $3 \sim 5 \times 10^3$m/sec 정도까지 감소시킨다. 이때 에너지가 줄어진 중성자를 저속 중성자 또는 열중성자라고 부르며, 이 열중성자는 우라늄-235와 충돌 즉시 결합하여 핵분열을 잘 일으키게 된다. 핵분열 시 발생하는 고속중성자의 속도를 감소시키는 데 사용되는 물, 흑연, 중수 등과 같은 물질을 감속재라 부른다.

감속된 중성자는 우라늄-235의 다른 1개의 원자와 새로운 핵분열을 하며 그 결과 또 2~3개의 고속중성자가 생기게 되므로 연쇄적인 핵분열, 즉 '연쇄반응'을 계속해 나가게 된다.

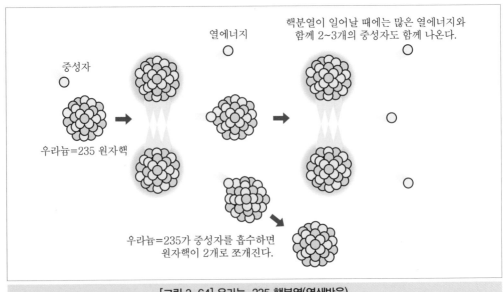

열에너지

핵분열이 일어날 때에는 많은 열에너지와 함께 2~3개의 중성자도 함께 나온다.

중성자

우라늄=235 원자핵

우라늄=235가 중성자를 흡수하면 원자핵이 2개로 쪼개진다.

[그림 3-64] 우라늄-235 핵분열(연쇄반응)

원자력발전은 이와 같은 연쇄적인 핵분열의 과정에서 발생되는 열에너지를 적절한 기계적 에너지 시스템을 거쳐 전기적 에너지로 변환하는 것이다. 만약 핵분열 연쇄반응을 그대로 방치해 두면 1회 핵분열 시마다 최소 2개의 중성자가 생성되므로 중성자 수는 기하급수적으로 증가하게 되고 핵분열의 횟수도 급격하게 증가하게 될 것이다.

「핵무기(폭탄)」는 이처럼 기하급수적인 핵분열의 증가를 유도하여 일시에 핵물질을 모두 분열시켜 막대한 에너지를 발생시키지만, 「원자력발전소」는 서서히 핵분열을 일으킬 수 있도록 적절하게 조절하는 제어장치를 사용하여 잉여(잔여) 중성자를 흡수함으로써 일정한 중성자 수를 계속해서 유지하도록 하는 안전한 설비이다.

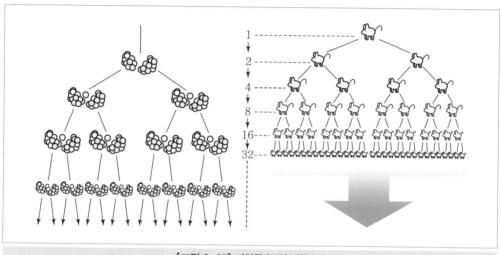

[그림 3-65] 기하급수적인 핵분열

(1) 중성자의 종류

핵분열 결과 생성되는 중성자는 평균 2×10^6 전자볼트(eV) 정도의 고에너지를 가지고 있다. 이 중성자는 원자로 내의 여러 가지 구성 물질과 여러 가지 종류의 반응을 하게 되는데, 일반적으로 에너지 정도에 따라 3가지로 분류한다.

1) 고속 중성자

핵분열 시 생성되는 중성자로서 고에너지를 가지고 있으며 속도 역시 매우 빠르고 주로 우라늄-238 등과 핵분열반응을 일으킨다.

2) 중속 중성자(열외 중성자)

고속 중성자가 원자로 내의 감속재와 충돌하여 저속 중성자로 되는 중간과정의 중성자로서 중간 영역의 에너지를 가지고 있으며 주로 우라늄-238에 흡수되어 우라늄-238을 플루토늄-239로 변환시키는 반응을 한다.

3) 저속 중성자(열 중성자)

고속 중성자가 완전히 감속되어 생긴 중성자로서 가장 낮은 에너지를 가지고 있으며 속도 역시 매우 느리고 주로 우라늄－235와 핵분열반응을 일으킨다.

$$2 \times 10^6 \text{전자볼트(eV)} = 9 \times 10^{-20} \text{kWh}$$
$$1 \text{kWh} = 2.25 \times 10^{25} \text{eV}$$

4. 원자력과 화력의 차이

원자력의 평화적 이용에 가장 두드러진 것이 원자력 발전이다. 원자력 발전이나 화력발전은 다 같이 증기의 힘으로 터빈을 돌려 터빈에 연결된 발전기에서 전기를 생산하여 우리 가정이나 각 공장 등에 공급하게 된다. 이처럼 발전을 하는 원리에는 차이가 없으나 증기를 발생시키는 에너지원인 원료로 석탄(유연탄, 무연탄), 유류 또는 가스를 사용하는 화력발전의 '보일러'가 원자력 발전에서는 우라늄을 연료로 사용하여 핵연료에 의해 열을 발생시키는 '원자로'라는 점이 다르다.

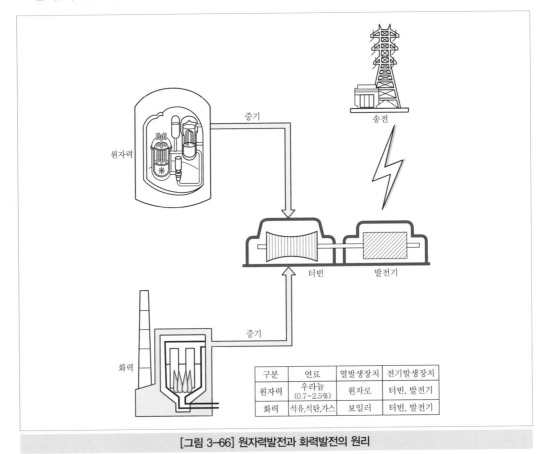

구분	연료	열발생장치	전기발생장치
원자력	우라늄 (0.7~2.5%)	원자로	터빈, 발전기
화력	석유,석탄,가스	보일러	터빈, 발전기

[그림 3-66] 원자력발전과 화력발전의 원리

| 표 3-7 | 원자력발전과 화력발전의 비교

항목 \ 구분	원자력	화력
연료	핵연료(우라늄, 플루토늄)	화석연료(석유, 석탄, 가스)
에너지발생원리	핵분열 반응	연소 화학반응
등가에너지	우라늄-235 1g	석탄 3톤, 석유 1.5톤, 천연가스 1.4톤
주요 설비	원자로, 터빈 발전기	보일러, 터빈 발전기
공해	없음	아황산가스, 산성비
폐기물	방사성 폐기물	분진, 소다회 등

| 표 3-7 | 폐기물 발생량 비교(100만kW, 1년 운전기준)

원자력	화력(유연탄)
사용 후 핵연료 : 25톤	재 : 33만 톤
고화폐기물 : 약 500톤	분진 : 4만 톤
	유황산화물 : 2만 톤
	질소산화물 : 0.6만 톤
계 : 약 525톤	계 : 약 40만 톤

■ 원자력 폐기물은 발생량이 석탄화력의 1/760에 불과

2 핵연료

1. 개요

핵분열을 일으켜 에너지를 발생하는 물질을 「핵연료 물질」이라 하며 핵분열 물질을 실제 사용에 적합하도록 처리, 가공한 형태를 「핵연료」라 한다.

핵분열 물질의 대표적인 것으로는 「천연원소」인 우라늄(Uranium)과 토륨(Thorium) 및 「인공원소」인 플루토늄(Plutonium) 등이 있는데, 주로 우라늄과 플루토늄이 사용되고 있다. 천연우라늄은 크게 U-235와 U-238의 2가지 동위원소로 구성되어 있으며 앞에서 이미 언급된 바와 같이 U-235는 전체 함유량의 0.7%를 차지하고 U-238은 99.3%를 차지하고 있다.

핵분열에 사용되는 동위원소는 U-235이므로 U-235의 함유량을 인위적으로 증가(농축)시켜 사용하는 경우가 많다. 대표적인 핵연료로 중수를 감속재로 사용하는 가압중수로(PHWR)의 경우 천연 우라늄을 사용하고, 경수를 감속재로 사용하는 가압경수로(PWR)는 2~5%의 저농축 우라늄-235, 연구용 원자로는 목적에 따라 고농축 우라늄-235, 핵잠수함용 원자로는 약 90% 및 핵무기는 약 99% 이상의 고농축 우라늄-235를 사용하고 있다. 일반적으로 천연에 존재하는 핵연료는 우라늄-235 및 우라늄-238인 데 반하여 인공적으로 만들어지는 핵연료는 플루토늄-239 외에 플루토늄 동위원소(플루토늄-240, 241), 우라늄-233 등이 있다.

2. 핵연료 주기

우라늄 광산에서 채굴된 우라늄 원광은 여러 공정(선광, 정련, 변환, 농축 및 성형가공 등)을 거쳐 핵연료 집합체(Fuel Assembly)로 만들어진 다음 원자력 발전소에서 연료로 사용하며 원자로에서 사용이 끝난 후 바깥으로 빼낸 핵연료는 100% 연소되지 않고, 아직 사용할 수 있는 일부 우라늄(약 1% 정도)과 연소 중에 생성되는 플루토늄이 함유되어 있으므로 「재처리 과정」에서 이들을 분리, 추출하여 다시 연료로 사용할 수 있도록 하는데, 이러한 일련의 우라늄의 흐름을 「핵연료 주기」라 한다.

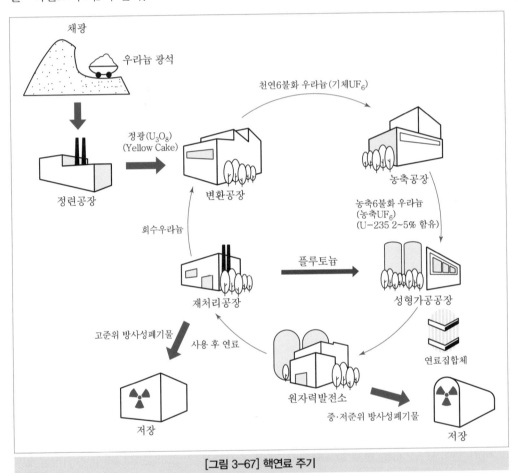

[그림 3-67] 핵연료 주기

참고
- 정광 : 정련하여 약 70% 이상 우라늄 함유, 산화우라늄(U_2O_3), 노란분말(Yellow Cake)
- 변환 : 정광을 농축할 수 있도록 UF6(기체상태)로 바꾸는 공정
- 농축 : 변환된 천연우라늄에서 우라늄-235의 함유량을 높이는 공정
- 선행주기 : 채광 → 원자로 장전
- 후행주기 : 사용 후 연료 → 재처리 → 재사용(순환주기) → 방사성폐기물 처분(비순환주기)

핵연료 주기를 단계별로 살펴보면 다음과 같다.

(1) 1단계

우라늄 광석을 채굴하여 「선광, 제련과정」을 거쳐 노란색의 분말형태인 우라늄 정광 일명 옐로 케이크(Yellow Cake)로 만들어 변환공장으로 운반한다.

(2) 2단계

「변환과정」에서 옐로 케이크의 산소를 불소로 치환시켜 기체상태의 육불화우라늄으로 만들어 농축공장으로 운반한다.

(3) 3단계

「농축공장」에서는 UF_6를 물리적인 방법으로 처리하여 U-235의 농축도를 2~5% 정도로 만드는데, 농축과정은 핵연료 주기 중에 가장 어렵고 전력, 비용이 많이 드는 과정으로서 현재 선진국에서는 「기체확산법」이라는 방법을 가장 보편적으로 사용하고 있다. 그러나 천연 우라늄을 핵연료로 사용하는 가압중수로(PHWR)의 핵연료 주기에는 이 과정, 즉 「농축과정」이 필요가 없다.

(4) 4단계

농축이 끝난 기체상태의 UF_6를 다시 「재변환공장」에서 불소를 산소로 치환하여 이산화우라늄 분말로 만든 후 「성형가공공장」에서 가공하는데, 가공공정은 분말을 압축시켜 직경 8~15mm, 높이 12~20mm의 연료알맹이(펠릿)로 가공한 후 열처리(약 2,000℃)하여 단단한 세라믹 형태로 만들어서 지르칼로이라는 특수합금으로 된 긴 막대봉 속에 200~300개 정도씩 정렬시켜 「핵연료봉(Fuel Rod)」을 만들고, 이 핵연료봉들을 정사각형의 배열로 한데 묶어서 하나의 다발, 즉 「핵연료 집합체(Fuel Assembly)」로 만드는 것이다. 핵연료의 이송, 재처리 등의 취급단위는 「집합체」이며, 원자로 속에 집합체 단위로 핵연료를 장전 또는 인출하게 된다.

(5) 5단계

우라늄-235는 원자로 내에서 핵분열을 일으켜 열을 방출하면서 자신은 두 개로 쪼개져서 「다른 방사성 핵종(핵분열 생성물)」으로 변하게 된다. 한편, 우라늄-238은 중성자를 흡수하여 많은 양이 플루토늄(Pu-239)으로 「변환」된다.

(6) 6단계

우라늄-235의 핵분열 파편인「핵분열 생성물」은 일반적으로 방사능을 띠고 있어서 접촉하는 모든 액체, 기체 및 고체를 오염시켜 역시 방사능을 띠게 만드는데, 이러한 물질을「방사성 폐기물」이라 하며 원자로 운전 중 이들은 별도로 분리, 처리하게 된다.

(7) 7단계

원자로에서「사용이 끝난 핵연료」를 인출하여 일단 저장조(Pool)의 수중에 일정한 기간(최소 6개월) 동안 저장하면서 붕괴열을 식히고 방사능을 약화시킨 후 재처리 공장으로 운반·처리된다. 사용 후 연료 속의 연소되고 일부 남은 우라늄을 화학적인 방법으로 분리시켜 다시 변환공장으로 보내어 UF_6로 만들어 다시 핵연료 주기를 거치게 된다.

(8) 8단계

「재처리 공장」에서 사용 후 연료를 재처리할 때 연료 속에 들어 있는 방사성 폐기물(핵분열 생성물)은 별도로 분리하여 안전하게 처리·보관한다.

(9) 9단계

「재처리 공장」에서 사용 후 연료를 재처리할 때 연료 속에 들어 있는 방사성 동위원소 중에 사용가치가 큰 동위원소(Co-60 등)는 별도로 분리하여 의학, 농업, 공업 등의 분야에 이용하게 된다.

(10) 10단계

핵연료가 원자로 내에서 연소 중에 우라늄-238의 많은 양이 중성자를 흡수하고 플루토늄-239가 되어 사용 후 연료 속에 남아 있는데, 이것은 핵분열을 잘 일으키는 물질로서 핵연료로서의 가치가 매우 크므로「재처리 공장」에서 사용 후 연료 속에 남아 있는 플루토늄-239를 별도로 분리하여 다시「변환·성형가공공장」으로 보내어 우라늄과 섞어 핵연료를 만들어 사용하기도 한다.

3 원자로

1. 원자로의 구성요소

(1) 원자로

원자로는 화력발전에서의 보일러 역할을 하는데, 핵분열 물질(우라늄-235 등)에 중성자를 충돌시켜 연쇄적으로 핵분열 반응이 일어나도록 하여 열에너지를 발생시키면서, 반응을 인위적으로 제어할 수 있도록 만들어진 장치를 말한다.

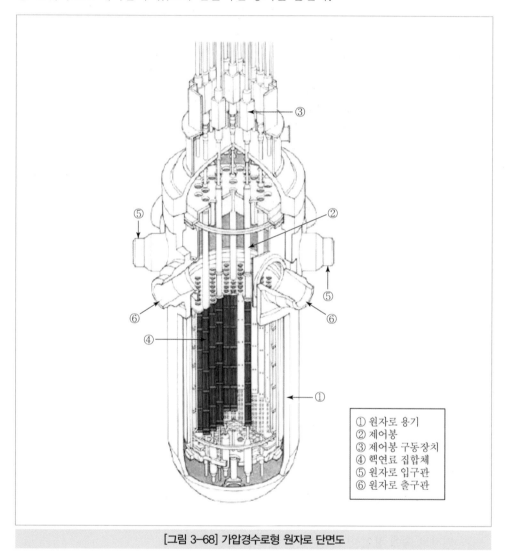

① 원자로 용기
② 제어봉
③ 제어봉 구동장치
④ 핵연료 집합체
⑤ 원자로 입구관
⑥ 원자로 출구관

[그림 3-68] 가압경수로형 원자로 단면도

원자로의 기본적인 구성요소는 핵분열이 일어나는 「핵연료」, 핵분열에 의하여 새로 생긴 중성자를 다음의 핵분열을 일으키기 쉬운 상태로 만드는 「감속재」, 그리고 발생한 열을 운반하는 「냉각재」, 핵연료의 핵분열 수를 조절하는 「제어장치」 및 원자로에서부터 나오는

방사선을 막아주는 「차폐체」 등이 있고 이 요소들은 가압경수로(PWR)인 경우 「압력용기
(Pressure Vessel)」, 가압중수로(PHWR)인 경우는 「칼란드리아(Calandria)」라 부르는
용기, 즉 원자로 속에 들어 있다.

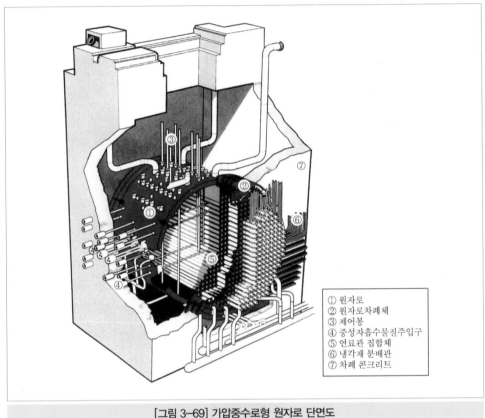

① 원자로
② 원자로차폐체
③ 제어봉
④ 중성자흡수물질주입구
⑤ 연료관 집합체
⑥ 냉각재 분배관
⑦ 차폐 콘크리트

[그림 3-69] 가압중수로형 원자로 단면도

(2) 경수로(PWR)

가압경수로는 1953년 미국이 핵 잠수함용으로 개발한 것으로 가열된 원자로심을 식히는
냉각재와 핵분열에서 발생되는 중성자의 속도를 조절하는 감속재로 보통의 물(경수)이 사
용되고 있는 것이 특징이다.

핵연료는 우라늄-235의 함량이 약 2~5% 정도 되도록 저농축시킨 후 이산화우라늄 분말
을 만들고, 이를 열처리하여 핵연료 알맹이(펠릿)로 가공하여 특수재질로 된 지르칼로이
봉 속에 넣어 연료봉을 만들며, 이 연료봉을 정사각형으로 묶어 핵연료 집합체로 만들어서
원자로 속에 장전하여 핵분열을 일으킨다.

울진 3, 4호기의 원자로에는 177다발(고리 3, 4호기는 157다발)의 핵연료 집합체가 장
전되어 있으며, 1개의 핵연료 집합체는 연료봉 236개, 제어봉 집합체가 삽입되는 안내관
4개 및 노내 핵계측기 통로인 계측관 1개를 포함하여 11개의 지지격자(Grid)로 묶음쇠에
묶어 정방형 구조로 되어 있고, 약 4m 길이의 연료봉 1개에는 약 380여 개의 핵연료 알

맹이(Pellet)가 들어 있으며, 원자로는 약 18개월에 1회 운전을 정지하여 장전된 핵연료 집합체의 약 1/3을 새로운 것으로 교체한다.

가압경수로의 장점은 냉각재 및 감속재로 경수를 사용하기 때문에, 냉각재와 감속재를 값싸게 얻을 수 있다는 점이다. 또 경수는 열 전달이 좋은 것도 큰 장점 중의 하나이다.

이밖에 1차 계통과 2차 계통으로 열 전달과정이 분리되어 있어 현재까지 개발된 발전용 원자로 가운데 가장 안전성에 중점을 둔 원자로란 평가를 받고 있다.

한편, 가압경수로의 단점은 핵연료의 농축비용이 많이 들고 이에 대한 고도의 기술이 필요하다는 점이라고 할 수 있다.

참고적으로 핵연료 알맹이 1개의 발생전력은 1,280kWh 정도이며 이것은 1가구가 대략 10개월간 사용할 수 있는 전력이다. 핵연료 집합체(16×16) 1다발의 발생 전력은 1억 2,400만 kWh 정도이고 이것은 6만 가구가 대략 1년간 사용할 수 있는 전력량에 해당한다.

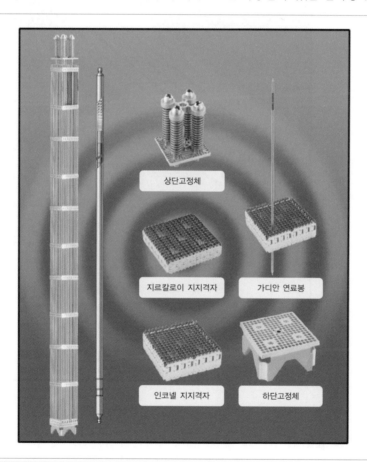

[그림 3-70] 가압경수로형 핵연료 집합체 구조

(3) 중수로(PHWR)

가압중수로는 우라늄의 핵분열에서 생기는 중성자의 속도를 줄이는 감속재로 보통의 물 대신 중수를 사용하고 핵연료는 농축하지 않는 천연 우라늄을 그대로 사용하는 발전소이다. 월성 1, 2, 3, 4호기가 중수로이며 장점은 운전 중에 핵연료를 교체한다는 점이다. 「월성 1, 2, 3, 4호기」에 사용되는 핵연료는 농축과정을 거치지 않은 약 0.7%의 우라늄-235를 함유하고 있는 천연 우라늄이다.

이 천연 우라늄을 가공하여 일정한 원통형으로 만들어 수금속(지르칼로이)으로 만든 연료봉에 넣은 후 이 연료봉 37개를 원통형 다발로 묶어 핵연료 집합체를 만든다.

[그림 3-71] 가압중수로형 핵연료 집합체 구조

이 핵연료 집합체는 원자로 내 380개의 압력관에 각각 12다발씩 장전된다. 이 발전소는 원자로의 가동 중에 매일 1회에 약 16다발의 핵연료 교환기를 사용하며 새로운 핵연료와 교체한다.

이와 같은 가동 중 연료교체의 장점은 핵연료 교환을 위해 원자로를 정지할 필요가 없으므로 정지기간 중의 전력생산 감소가 없다는 점이다. 또한 중수로 핵연료는 이미 국산화하여 공급되고 있다.

감속재로 사용되는 중수는 보통의 물보다 1.2배가량 무겁고 물속에 약 0.015%가량 들어 있으며 전기분해나 증류 등의 방법으로 얻는다.

중수는 경수에 비해서 대단히 고가이나 중성자를 흡수하는 성질이 거의 없으므로 핵분열 때 나오는 고속의 중성자와 충돌을 하여 최적상태의 속도(열 중성자)로 만들어 우라늄－235와 반응하여 핵분열을 일으킬 수 있게 한다.

(4) 감속재

원자로 내의 핵연료인 우라늄－235와 핵분열에 의해 생기는 높은 에너지의 고속중성자를 핵분열 물질인 우라늄－235와 반응하여 핵분열을 잘 일으킬 수 있는 저속(열)중성자로 만들어 주는 물질이 「감속재」이며, 감속재는 고속의 중성자와 충돌을 여러 차례 거듭함으로써 에너지를 빼앗아 속도를 감소시키는 역할을 담당한다.

감속재로 사용되는 물질은 경수(보통의 물), 흑연, 중수 및 베릴륨 등이 있다.

(5) 냉각재

원자로에서 핵분열에 의해 발생하는 열에너지를 운반하는 물질로서 냉각재는 원자로에 장전된 핵연료 집합체들이 모여 있는 연료봉 바깥을 통과하여 흐르면서 핵연료와의 열 전달을 통해 냉각재의 온도가 상승하게 된다.

냉각재로는 경수, 중수, 나트륨 등의 액체나 탄산가스 등의 기체가 사용되며 냉각재는 정상운전 중에는 열에너지의 운반 및 원자로의 온도 유지가 중요한 기능이지만, 사고 시에는 원자로가 과열되지 않도록 원자로를 비상시 냉각시키는 기능을 가지고 있다.

(6) 반사체

원자로 속에서 발생한 중성자는 모든 방향으로 퍼져나가므로 그중 일부는 원자로 용기 바깥으로 새어나가서 핵분열에 전혀 기여하지 못하게 된다.

중성자의 누설에 의한 손실을 줄이기 위하여 노심(Core)을 둘러싸는 금속의 차폐벽을 별도로 설치하여 원자로 바깥으로 빠져나가려는 중성자를 반사시켜 되돌려 보내는 기능을 맡는 구조물을 설치하게 되는데, 이것을 「반사체」라 한다.

그러나 대부분의 원자로는 반사체를 별도로 설치하지 않는 경우도 많은데, 이런 경우는 냉각재, 감속재로 사용하는 물질이 반사체 역할도 겸하여 원자로 용기도 이 역할에 한 몫을 하게 된다.

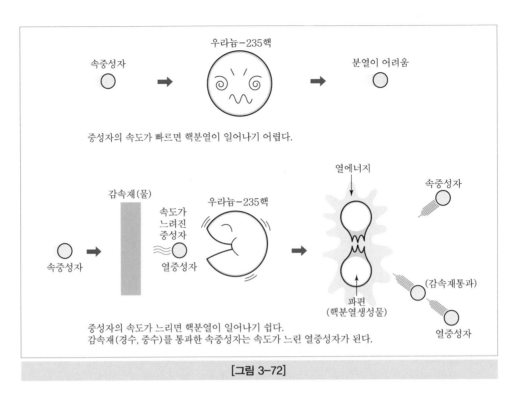

중성자의 속도가 빠르면 핵분열이 일어나기 어렵다.

중성자의 속도가 느리면 핵분열이 일어나기 쉽다.
감속재(경수, 중수)를 통과한 속중성자는 속도가 느린 열중성자가 된다.

[그림 3-72]

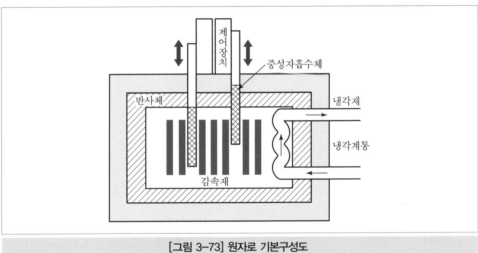

[그림 3-73] 원자로 기본구성도

(7) 제어장치

원자로의 출력을 일정하게 유지하거나 원하는 대로 변동시키려면 원자로 내에서 발생하는 핵분열 매체인 중성자 수를 조절하여 핵분열 반응의 횟수를 제어하여야 한다.

이 조정 역할을 하는 물질이 「제어물질」인데, 이것은 핵연료보다 중성자를 훨씬 더 잘 흡수하나 핵분열은 일으키지 않기 때문에 제어물질의 양을 증가시키면 중성자 수는 줄어들어 원자로 출력이 감소하고 그 양을 감소시키면 그 반대 현상이 생긴다.

제어물질에는 붕소(B), 카드뮴(Cd), 인듐(In), 은(Ag), 가돌리늄(Gd), 하프늄(Hf) 등이 있는데, 이들을 고체형태인 제어봉(Control Rod)이라 부르는 금속봉 속에 넣어 사용하기도 하고 붕소, 가돌리늄 등은 화합물로 만들어 액체형태인 냉각재에 녹여 사용하기도 한다. 제어봉은 원자로심(Core) 내에 장전된 미리 정해진 핵연료 집합체 내에만 위치하여 연료봉 사이에 드나들면서 중성자 수를 조절하고 수용성 제어물질인 붕소는 그 농도를 조절함으로써 중성자 수, 즉 출력을 조절한다.

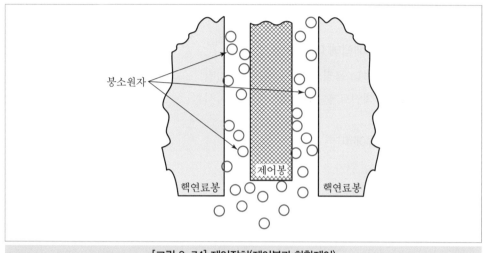

[그림 3-74] 제어장치(제어봉과 화학제어)

(8) 차폐체

핵분열의 결과로 발생되는 방사선 중 특히 고속 중성자나 높은 에너지의 감마(Gamma)선 등이 원자로에서 새어 나와 인체에 해를 주거나 구조물에 강한 열적 충격을 주는 것을 막기 위하여 콘크리트, 납 또는 물 등으로 된 차폐체를 설치하는 경우가 있다.

차폐의 목적이 방사선으로부터 인체를 보호할 목적이면 「생물학적 차폐」, 구조물을 방사선의 열 충격으로부터 보호하기 위한 것이면 「열차폐」라 부르는데, 가압경수로(PWR)의 경우는 주로 열 차폐벽이 설치되어 있다.

2. 원자로의 종류

원자로의 종류는 분류기준에 따라 여러 가지로 나눌 수 있으나 일반적으로 다음과 같이 분류하고 있다.

(1) 사용 목적에 따른 분류

① 연구용 원자로
② 동력용(발전용) 원자로

③ 동위원소 생산용 원자로

④ 플루토늄 생산용 원자로

(2) 핵분열에 사용되는 중성자 에너지에 따른 분류

① 고속 중성자 원자로

② 중속 중성자 원자로

③ 저속 중성자(열 중성자) 원자로

(3) 구성요소들의 배합에 따른 분류

① 균질로(핵연료 물질과 감속재를 혼합시킴)

② 비균질로(핵연료 물질과 감속재를 분리시킴)

(4) 핵연료의 종류에 따른 분류

① 천연 우라늄 원자로

② 농축 우라늄 원자로

(5) 감속재 종류에 따른 분류

① 경수 감속 원자로

② 중수 감속 원자로

③ 흑연 감속 원자로

(6) 냉각재 종류에 따른 분류

① 경수형 원자로(LWR : PWR, BWR)

② 중수형 원자로(HWR)

③ 액체금속형 고속증식로(LMFBR)

④ 고온 기체 냉각 원자로(HTGR)

(7) 냉각재의 비등 여부에 따른 분류

① 가압수형 원자로

② 비등수형 원자로

(8) 연료 재생산성에 따른 분류

① 비재생산 원자로

② 전환로

③ 증식로

3. 발전용 원자로

하나의 원자로를 분류 기준에 따라 여러 가지 이름을 붙일 수 있으나 동력용(발전용) 원자로는 대체로 다음 표와 같이 분류된다.

| 표 3-9 | 발전용 원자로

구분	명칭	약칭	핵연료	냉각재	감속재
물냉각	가압경수형 원자로	PWR	저농축 우라늄	경수	경수
	가압중수형 원자로	PHWR	천연 우라늄	중수	중수
	비등수형 원자로	BWR	저농축 우라늄	경수	경수
기체(가스) 냉각	천연 우라늄 흑연감속형	GCR	천연 우라늄	탄산가스	흑연
	천연 우라늄 중수감속형	DMR	천연 우라늄	탄산가스	중수
	가스터빈 순환형	GTR	저농축 우라늄	헬륨, 탄산가스	-
	고온기체 냉각로	HTGR	고농축 우라늄	헬륨	흑연
액체금속 냉각	흑연 감속형	SGR	저농축 우라늄	액체나트륨	흑연
	액체금속 연료형	LMCR	U-Bi혼합연료(액체)	Bi-Na	흑연
	고속증식로	FBR	U-Pu혼합연료(고체)	액체나트륨	-

현재 발전용 원자로 중에서 가장 실용적이고 널리 사용되고 있는 원자로 형태는 물 냉각 원자로인데, 냉각재의 비등 여부에 따라 가압수로형과 비등수로형으로 구분하며 가압수로형은 감속재, 냉각재 종류에 따라 다시 가압경수로형(PWR)과 가압중수로형(PHWR)으로 나누어진다.

(1) 가압수형 원자로

핵연료와 감속재가 분리된 비균질형 원자로로서 감속재 및 냉각재로 보통의 물, 즉 경수를 사용하는 원자로와 중수를 사용하는 원자로가 있다.

이 노형의 특징은 냉각재가 원자로 내에서 끓지 않도록 약 $100\sim160kg/cm^2$의 높은 압력을 가한다는 것이다.

물에 높은 압력을 가하면 물은 높은 온도에서도 끓지 않으므로 핵분열 및 열에너지 제거 측면에서 볼 때 물은 액체상태일 때가 기체(수증기) 상태일 때보다 훨씬 좋은 성능을 발휘하게 된다.

1) 가압경수형 원자로(PWR ; Pressurized Water Reactor)

현재 전 세계적으로 널리 채택되고 있는 원자로 형태로서 국내에선 월성 1, 2, 3, 4호기를 제외한 모든 원자력 발전소가 가압경수형 원자로이다.

이 원자로의 특징은 약 2~5%의 저농축 우라늄-235를 핵연료로 사용하고, 원자로 측과 터빈 측이 완전히 분리되어 있으며, 원자로의 감속재와 냉각재로 경수를 사용하는데, 이 경수가 높은 온도에서 끓지 않고 열을 운반할 수 있도록 약 $160kg/cm^2$ 정도로 가압되어 있다. 원자로 측은 완전 폐쇄회로를 형성하고 있으며 냉각재는 핵연료가 핵분열 시 방출하는 열에너지에 의해서, 원자로 내의 노심을 순환하면서 가열되어 증기발생기로 보내져서 그곳에서 열 교환을 통하여 2차 측의 물을 끓여 증기를 발생시키며, 이 증기가 터빈 발전기를 구동시켜 발전을 하게 된다.

한편, 열 교환을 거친 냉각재는 다시 원자로 내부로 순환하게 된다. 원자로 냉각재는 정상운전 중에 평균 약 320℃의 고온이므로 냉각재의 비등을 방지하기 위해 충분한 가압 역할을 담당하는 가압기(Pressurizer)가 원자로와 증기발생기 사이에 설치되어 있다.

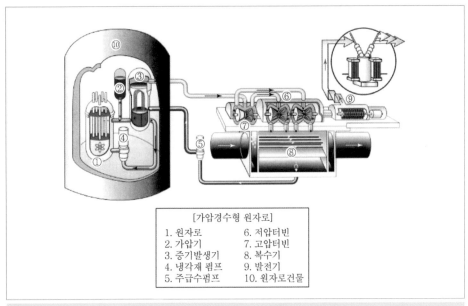

[그림 3-75] 가압경수로형 원자력발전소 개략도

2) 가압중수형 원자로(PHWR ; Pressurized Heavy Water Reactor)

현재 캐나다에서 개발한 캐나다형 중수로(CANDU라 부름)가 주종을 이루고 있으며 우리나라의 월성 1, 2, 3, 4호기가 이러한 형태로서 이 원자로는 운전 중에 핵연료를 매일 일부 교체할 수 있다는 이점을 가지고 있다.

이 원자로는 값싼 천연 우라늄(약 0.7% U-235)을 핵연료로 사용하고 감속재와 냉각재로 값비싼 중수를 사용하고 있다.

원자로 계통은 약 110kg/cm² 정도로 가압되어 중수가 끓는 것을 방지하고 이곳에서 가열된 물(약 300℃)이 증기발생기로 보내진 후 열 교환을 통하여 2차 측의 물을 가열하여 터빈 발전기를 구동시키는 증기를 발생시키도록 되어 있으며 가압경수로형과 마찬가지로 원자로 측과 터빈 측이 완전히 분리되어 있다. 2차 측은 가압경수로형과 같으나 1차 측은 형태가 조금 다르다. 1차 측은 열전달 역할을 하는 냉각재가 칼란드리아(Calandria)라고 부르는 수평형 원통모양의 원자로 속을 통과하여 핵분열로 생성된 열에 의해 가열되는 반면에 가압경수로는 원자로가 수직형 원통(Barrel)의 형태로 냉각재가 노심의 하부에서 상부로 순환하게 되어 있다는 점이 서로 다를 뿐이다. 또한 핵연료로 천연 우라늄을 사용하므로 핵분열을 일으킬 수 있는 확률이 경수로에 비해 매우 낮으므로 핵분열 시 발생하는 고속 중성자를 잘 감속시켜서 중성자가 핵분열에 많이 기여하도록 중수로 된 감속재 계통을 별도로 설치하고 있다. 핵연료를 천연 우라늄 사용, 감속재 및 냉각재의 중수 사용, 운전 중 핵연료 교체, 이 3가지는 가압중수로 설계의 기본적인 특징이다.

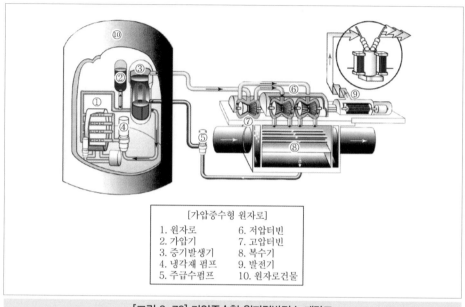

[가압중수형 원자로]

1. 원자로
2. 가압기
3. 증기발생기
4. 냉각재 펌프
5. 주급수펌프
6. 저압터빈
7. 고압터빈
8. 복수기
9. 발전기
10. 원자로건물

[그림 3-76] 가압중수형 원자력발전소 개략도

(2) 비등수형 원자로(BWR ; Boiling Water Reactor)

비등수형 원자로는 가압수형 원자로보다 먼저 실용화된 원자로로서 감속재와 냉각재로 경수를 사용하고 있다.

핵연료는 가압경수로(PWR)처럼 약 1.5%의 저농축 우라늄을 사용하지만 이 원자로는 가압경수로와 몇 가지 다른 점이 있다.

우선 가압기가 없으므로 냉각재가 직접 원자로 내에서 끓어 수증기로 변하며 열교환기(증기발생기)가 따로 설치되어 있지 않으므로 원자로가 열교환기 역할을 겸하고 있다. 따라서 원자로 측과 터빈 측이 분리되어 있지 않고 한 계통으로 연결되어 있으므로 전체적인 구조가 가압수로형에 비해 간단하다. 또한 가압경수로에 비하여 원자로 계통의 온도와 압력이 낮으므로 안전성 면에서는 유리한 점이 있으나, 원자로에서 생성된 증기가 직접 터빈으로 보내지므로 사고 시 방사능의 확산 가능성이 매우 크며 원자로 주위에 복잡한 차폐체 및 안전설비를 설치해야만 하는 불리한 점도 있다.

우리나라에서는 아직 이러한 형태의 원자로는 건설하지 않고 있으며 현재 미국, 독일, 일본, 대만 등의 수 개 국가에서 가동되고 있지만 가압수형 원자로가 기술적으로 보다 유리하다는 평가를 받고 있다. 핵연료의 높은 연소도와 2차 계통이 없다는 장점이 있으나 방사능의 오염 가능성이 가장 큰 문제점으로 지적되고 있다.

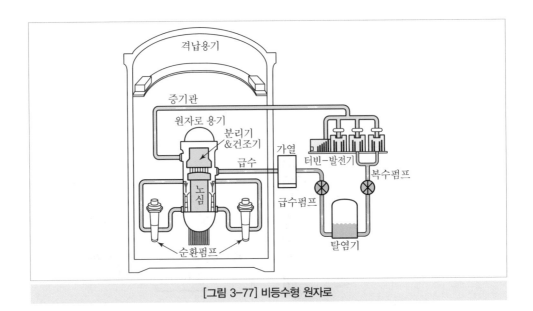

[그림 3-77] 비등수형 원자로

(3) 고온 기체냉각로(HTGR ; High Temperature Gas Cooled Reactor)

고온 기체냉각로는 핵연료를 약 90% 정도의 고농축 우라늄 – 235와 토륨(Th – 232)을 감속재인 흑연과 혼합한 형태로 사용하며 4년마다 한 번씩 핵연료 교체를 한다.

냉각재로는 헬륨 기체를 사용하며 열효율이 약 40% 정도로 높고 부하추종(Load Follow) 운전을 할 수 있다.

또한 출력밀도와 연소도가 타 종류의 원자로보다 매우 높아서 중화학 공업단지에 고열(약 900~1,000℃)을 공급해 주는 열원으로 병행하여 사용 가능한 이점이 있기 때문에 현재 독일, 미국, 영국, 프랑스 등지에서 가동되고 있다.

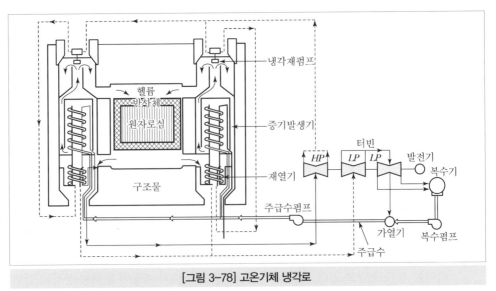

[그림 3-78] 고온기체 냉각로

(4) 한국표준형원전(OPR1000, Optimized Power Reactor)

원전 건설 기술자립을 통한 우리의 자체 기술에 의해 개발된 원전으로서 원자로형이 경수로이고 전기출력은 100만 kW급으로 표준을 삼아 안전성과 운영 편의성을 높이고 반복건설[울진 3/4, 영광 5/6, 울진 5/6호기, KEDO원전(중단)]로 경제성을 높여 해외 수출용으로 삼을 한국의 표준이 되는 원전을 말한다.

1) 순수한 우리 기술의 국산원전

고리 1호기 이후(1978년 4월) 축적된 원전기술의 바탕 위에 1980년대 초부터 추진된 원전 표준화 사업에 의한 기술자립을 통해 독자적인 우리 기술로 개발되었다.

2) 우수한 안전성

최신 기술기준 적용으로 안전성이 우수하다는 미국 원전에 비해 고장과 사고위험을 현저하게 감소시켰으며 인간공학 개념을 도입하여 운전원의 작은 실수에 의한 사고율도 극소화시킨 결과 타 원전보다 10% 이상 안전성이 향상되었다.

3) 우수한 경제성

원전 건설의 경쟁력은 건설비용과 건설기간에 달려 있다. 표준원전의 건설비용은 원전 표준화의 대표적 국가인 프랑스와 비슷한 수준이며 미국이나 일본보다 훨씬 적게 든다. 건설기간 역시 기술 자립 달성과 반복 건설에 의하여 외국기술 의존의 경우보다 5~10개월 정도 짧다.

4) 해외 원전 수출형

표준형 원전으로 높은 국제 경쟁력으로 중동, 중국 및 동남아 개도국을 중심으로 세계 원전 시장의 진출에 박차를 가하고 있다.

(5) 신형경수로 APR1400(Advanced Power Reactor)

한국형 신형경수로 APR1400은 1400MWe급 용량의 가압경수로로서 전반적인 발전소 설계는 국내기술 경험과 입증된 기술을 바탕으로 해외 신형 원자로의 최신 설계특성을 반영하되 신형경수로 설계 기본요건을 만족한 안전성과 경제성이 향상된 것으로 해외에서 개발 중인 신형로와 경쟁이 가능한 최신형 원자로를 말하며 그 주요 설계특징은 다음과 같다.

1) 설계 단순화, 설계 여유도 확보 및 인간공학 설계 등으로 사고 저항력 향상
2) 다중의 비상노심 냉각계통 및 잔열제거계통 운전가능 압력증대 등으로 노심손상 가능성을 줄임
3) 이중격납건물 채택으로 대량의 방사능 누출 가능성을 낮춤
4) 각종 계통의 신뢰도 향상으로 이용률 제고
   ① 원자로 용기 재질 개선 및 주요 기기 교체방안 확보로 설계 수명을 60년으로 연장하여 경제성 증대

② 최첨단 계측제어계통 설계 채택

③ 작업자 방사선피폭 저감을 위한 각종 설비 개선

| 표 3-10 | 신형경수로 원전과 한국표준형 원전의 주요 설계요건 비교

항목	표준원전(울진 3, 4호기)	신형경수로 원전(신고리 3, 4호기)
〈경제성 및 성능 관련〉		
• 발전단가	• 석탄 대비 3% 우위	• 석탄 대비 20% 우위
• 설비용량	• 100만 kW급	• 140만 kW
• 설계수명	• 40년	• 60년
• 건설공기	• 62개월	• 48개월
• 불시정지	• 연간 1~24건	• 연간 0.8건 미만
• 부하추종운전능력	• 부분적으로 보유	• 일일부하추종능력 보유
• 핵연료 교체주기	• 18개월	• 18개월
• 계측제어방식	• 아날로그 방식	• 디지털 방식
• 작업자 피폭선량	• 연간 150man-rem 미만	• 연간 100man-rem 미만
〈안정성 관련〉		
• 노심손상빈도	• 10만 년에 1회 미만 (100% 출력 시, 내부사건)	• 10만 년에 1회 미만 (저출력 시, 외부사건 포함)
• 격납건물 손상빈도	• 10만 년에 1회 미만	• 100만 년에 1회 미만
• 내진설계	• 0.2g	• 0.3g
• 핵연료 열적여유도	• 8% 수준	• 10% 수준
• 운전원 조치 여유	• 10분	• 30분
• 전원 상실시 대처여유	• 4시간	• 8시간
• SG 세관봉쇄여유도	• 2Trains 저온관 주입	• 4Trains 직접주입
• LOCA 방호 요건	• 없음	• 6″ 이하 배관파단 시 핵연료 사용 보장
• CBE 제거	• OBE 하중 고려	• OBE 제거

4. 새로운 원자로의 개발

21세기의 에너지원은 전세계적으로 원자력에 크게 의존하게 될 것이며 전반기에는 고속증식로(FBR), 후반기에는 핵융합로(Fusion Reactor)가 실용화될 것으로 예상되고 있다.

「고속증식로」는 핵분열(Fission)을 이용하여 에너지를 발생시키는 원리는 같으나 기존 원자로에서는 천연 우라늄 중에 포함되어 있는 약 0.7% 정도의 우라늄-235의 핵분열을 이용하므로 나머지 약 99.3% 정도의 우라늄-238은 유용하게 사용할 수가 없었으나 고속증식로에서는 이러한 효용가치가 별로 없는 우라늄-238을 플루토늄(Pu-239)으로 변환시켜 핵연료로 사용하므로 우라늄 자원의 활용도를 크게 증가시키게 된다. 고속증식로만 사용할 경우 기존 원자로형에 비하여 약 60배 정도 우라늄자원의 활용도를 향상시키게 되므로 미래의 에너지 문제해결에 큰 도움을 주게 될 것이다.

화석연료(석탄, 유류 등)는 불과 100년 이내에 고갈이 예상되나 핵분열 에너지를 현재와 같은 방법으로 활용하면 에너지 자원의 고갈 시기를 약 100년 이상 지연시킬 수 있으며, 21세기 초에 실용화가 예상되는, 경수로(PWR, BWR)에서 사용하고 난 후의 핵연료를 다시 에너지 자원으로 활용 가능한, 고속증식로의 실현으로 핵분열 에너지는 최소한 1만 년 이상 인류의 에너지원이 될 수 있을 것이며, 더 나아가 「핵융합로」가 실용화되면 반영구적 에너지 자원의 공급이 가능하게 될 것이다. 따라서 핵에너지는 우리에게 무한한 가능성과 희망을 주고 있는 것이다. 특히, 핵융합로(Fusion Reactor)는 수소 H_1^1, 중수 H_1^2 및 헬륨 H_{e2}^3 등의 가벼운 원소들을 핵적으로 융합(핵융합)시켜서 막대한 에너지를 얻게 되는데, 에너지원인 수소 및 중수소 등은 이 지구상의 공기나 바닷물 속에 무진장하고 헬륨 H_{e2}^3 은 달표면의 모래나 암석에 침적되어 있는 양이 100만 톤 이상으로 추정되므로 핵융합로가 실용화될 경우에는 전 인류의 장래 에너지 문제는 완전히 해결될 것으로 전망된다.

(1) 신형로의 개발

원자력발전에 의한 에너지를 보다 안정적으로 확보하려면 우선 자주적인 핵연료주기 기술과 시설을 확보하여 사용 후 핵연료의 재처리 능력을 갖추는 일이 매우 중요하다. 사용 후 핵연료의 재처리과정에서 회수한 플루토늄과 우라늄을 다시 연료로 이용하는 것이 우라늄 자원의 활용을 극대화하는 것이기 때문이다.

외국에서는 이를 위하여 이미 신형전환로의 개발이 추진되고 있다. 신형전환로는 고속증식로의 개발을 전제로 한 과도기적인 원자로로서 우라늄과 플루토늄의 혼합산화물(MOX)을 연료로 사용하므로 플루토늄의 이용률이 매우 높은 편이다.

고속증식로가 실용화되기까지의 기간 중 사용이 끝난 핵연료로부터 회수한 플루토늄을 이용하는 방법으로는 앞에서 설명한 신형전환로 외에 기존의 경수로에서 이용하는 방법이 검토되고 있는데, 이것을 「플루서멀(Plu-thermal)」이라 부른다. 이것은 현재 운전하고 있는 경수로에서 사용할 수 있는 것으로서 앞으로의 기술개발이 주목되고 있다.

(2) 고속증식로(고속증식로, FBR ; Fast Breeder Reactor)

고속증식로의 핵연료는 플루토늄과 우라늄이 혼합된 것으로 약 15~20% 정도의 농축도로 된 노심(Core)과 그 외곽(블랭킷)에는 경수로 및 중수로에서 핵연료로 사용하고 난 감손 우라늄 또는 천연 우라늄을 장전하여 플루토늄-239가 중성자에 의해 핵분열되어 열에너지를 제공하고 이때 생성되는 평균 3개의 고속 중성자 중에 1개는 다시 다른 플루토늄-239와 핵분열을 일으켜 연쇄반응을 유지하고 또 다른 1개의 고속 중성자는 노심 및 블랭킷의 우라늄-238에 흡수되어 플루토늄-239로 변환되며 마지막 남은 1개는 원자로 구조물이나 차폐설비에 흡수되거나 또는 우라늄-238에 흡수되어 플루토늄-239를 생산하게 된다.

즉, 핵분열에 사용되는 중성자가 경수로와는 달리 감속재를 필요로 하지 않는 고에너지일 경우, 핵연료인 플루토늄이 15~20%의 농축도이면 핵분열로 소모되는 연료(우라늄-235)보다 우라늄-238에서 생성되는 플루토늄-239의 양이 약 1.3배 정도로 더 많아진다.

이 현상을 핵연료의 「증식」이라 하고 이런 원자로를 고속증식로라 부른다. 사용하는 냉각재는 냉각능력이 우수하고 중성자를 감속시키지 않는 성질을 가진 체나트륨(Na-23)인데, 이것은 금속이지만 약 98~880℃의 온도 범위에서는 대기압 상태에서 액체상태로 존재하여 물과 비슷한 성질을 가지고 있어 비교적 잘 알려진 물질이다.

그러나 나트륨은 공기 또는 물속의 산소와 화학적으로 쉽게 고온 폭발반응을 일으키며, 중성자와 핵반응을 일으켜 쉽게 방사능을 띠는 취약점이 있으므로 원자로를 순환하는 1차 냉각재 나트륨계통과 터빈 발전기를 구동하는 물~증기계통 사이에 「중간 나트륨」 계통을 추가 설치하여 안전성 측면에서 1차 나트륨과 물~증기계통 사이를 격리시킨 후 2단계의 열교환을 거쳐 터빈구동용 증기를 발생시키고 있으며, 이외의 다른 계통은 일반 원자로 (PWR, PHWR)와 유사하다.

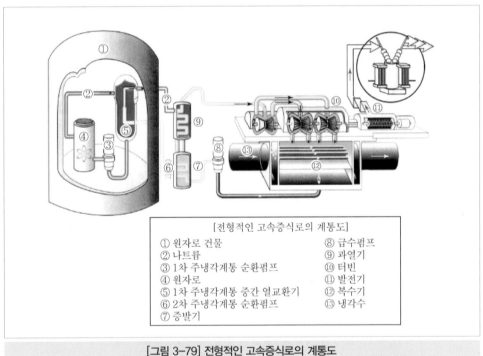

[전형적인 고속증식로의 계통도]

① 원자로 건물	⑧ 급수펌프
② 나트륨	⑨ 과열기
③ 1차 주냉각계통 순환펌프	⑩ 터빈
④ 원자로	⑪ 발전기
⑤ 1차 주냉각계통 중간 열교환기	⑫ 복수기
⑥ 2차 주냉각계통 순환펌프	⑬ 냉각수
⑦ 증발기	

[그림 3-79] 전형적인 고속증식로의 계통도

1) 고속증식로(FBR)의 종류

고속증식로는 크게 「루프(Loop)」형과 「풀(Pool)」형의 두 가지로 나누어지는데, 1차 나트륨 계통과 2차 나트륨 계통 사이의 열교환기 및 1차 나트륨 펌프가 원자로용기 바깥에 설치되면 루프형, 원자로 용기 내부에 설치되면 풀형 고속증식로라 부른다.

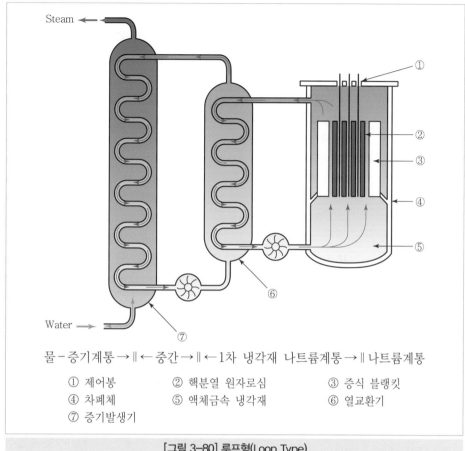

물 – 증기계통 → ‖ ← 중간 → ‖ ← 1차 냉각재 나트륨계통 → ‖ 나트륨계통

① 제어봉   ② 핵분열 원자로심   ③ 증식 블랭킷
④ 차폐체   ⑤ 액체금속 냉각재   ⑥ 열교환기
⑦ 증기발생기

[그림 3-80] 루프형(Loop Type)

특히, 고속증식로는 기존의 다른 원자로형에 비해 약 60배 이상의 천연 우라늄 이용 효과가 있으며 증식된 플루토늄–239는 자체 공급을 충당하고도 다른 원자로의 연료로 사용이 가능하며, 또한 열효율이 40% 이상으로 열중성자로의 30%에 비해 높다.

현재 프랑스를 선두주자로 유럽의 여러 나라를 중심으로 실용화를 위하여 연구 개발 중인데, 이미 프랑스는 1974년부터 25만 kW급 1기를 운전 중에 있으며 124만kW급의 대형로인 슈퍼피닉스(Super Phoenix)도 1988년부터 상업운전을 하고 있다.

이 원자로의 단점은 액체나트륨(Na–23)이 상온에서 고체이므로 이를 액체로 유지시키기 위한 예열장치가 필요하고 또한 액체나트륨이 물과 작용할 때 폭발을 일으킬 위험이 있는데다 건설비가 비싸다는 점 등이 중요한 문제점으로 지적되고 있다.

| 표 3-11 | 루프형과 풀형 고속증식로의 장단점 비교

항목	풀(Pool)형	루프(Loop)형
원자로 크기	대형	소형
구조	복잡	간단
노심 내부구조	노심＋블랭킷＋중성자차폐체	노심＋블랭킷
나트륨 배관	2차 계통에만 설치	1차/2차 계통 모두 설치
나트륨 충전용량	대용량	소용량
붕괴열 제거시간	짧다.	길다.
원자로 건물크기	대형	소형
사고 시 노심냉각(자연대류) 기능	용이함	어려움
열충격 흡수성	용이함	어려움

| 표 3-12 | 가압경수로와 고속증식로의 핵반응 및 중성자 이용 비교

구분	핵분열 반응	중성자 이용
가압경수로 (PWR)	$_0^1 n$ → $_{92}^{235} U$ → 분열단편 → +200MEV 속중성자	• U－235와 분열반응 • U－238에 포획되어 Pu－239로 변환 또는 원자로 구조물에 흡수 • 누설
고속증식로 (FBR)	$_0^1 n$ → $_{94}^{235} U$ → 분열단편 → +200MEV 속중성자	• Pu－239와 분열반응 • U－238에 흡수되어 Pu－239로 변환시킴 • 원자로 구조물에 흡수 또는 변환 • 누설

2) 핵융합로(Fusion Reactor)

일반적으로 원자력이란 무거운 원자핵(우라늄, 플루토늄 등)이 「핵분열」을 하여 가벼운 핵으로 되면서 발생하는 에너지를 이용하는 반면에, 「핵융합」은 반대로 가벼운 원자핵(수소, 중수소, 헬륨 등)이 융합하여 무거운 핵으로 되면서 핵분열 시와 마찬가지 원리로 "아인슈타인의 이론에 의한 핵반응 전후의 질량결손에 해당하는 에너지"를 방출하는 과정을 말한다.

이러한 현상은 태양 주위에 있는 고온의 기체로 된 운무를 연구하여 발견한 것으로서 가벼운 핵인 중수소 H_1^2 원자들이 결합(핵융합)하여 헬륨 He_2^3 He_2^4 핵으로 전환되면서 방출하는 에너지가 곧 「태양의 에너지」인 것이다. 태양은 자연적으로 핵융합로이다. 질량 수(양성자＋중성자)가 56 이하의 모든 가벼운 원자핵은 이와 같은 핵융합 반응을 하여 에너지 방출이 가능하지만 이 중 자연계에 존재하는 핵종은 수소, 헬륨, 리튬 등이다.

그런데 가벼운 두 핵을 서로 결합(핵융합)시키기 위해서는 반드시 핵력을 이겨내야만 가능한데, 이를 위해서 고압 고온의 상태로 만들어 주어야만 한다. 그러나 태양에서와 같은 고압조건은 지구상에서는 불가능하며 다만 고온조건은 가능하다. 다행히 태양에서와 같은 조건보다 훨씬 용이한 온도 조건하에서 실제 적용 가능한 다음의 몇 가지 핵융합 반응이 발견되었다.

| 표 3-13 | 핵융합 반응

구분	핵융합반응	온도조건 ($\times 100℃$)	에너지방출량		특징
			MeV	kWh($\times 10^{-20}$)	
재래식	$D_1^2 + T_1^3 \rightarrow 4He_2^5 + n_0^1$	77	17.58	78.23	저온반응, 방사능
개량형	$D_1^2 + D_1^2 \rightarrow 3He_2^3 + n_0^1$	773	3.27	14.55	고온, 고효율
	$D_1^2 + D_1^2 \rightarrow T_1^3 + p_1^1$	386	4.13	17.98	
	$D_1^2 + 3H_2^3 \rightarrow 4He_2^4 + p_1^1$	620	18.34	81.61	
미래형	$p_1^1 + Li_3^7 \rightarrow 2He_2^4$	–	–	–	고온, 청결
	$p_1^1 + B_5^{10} \rightarrow 3He_2^4$				

- D : 중수소 – p_1^1 : 양성자 – He_2^3, He_2^4 : 헬륨
  T : 삼중수소 – B_5^{10} : 붕소 – n_0^1 : 중성자
  MeV = Million Electron Volt, $-1MeV = 4.5 \times 10^{-20}kwh$

핵분열을 이용하는 원자로와는 달리 핵융합로는 중수소 H_1^2 및 삼중수소 H_1^3를 고온의 기체상태로 만들어 이들을 결합시킴으로써 핵분열에 비해 4배 이상이나 되는 다량의 에너지를 열원으로 이용할 뿐만 아니라 연료로 사용하는 중수소 등은 거의 무한량의 바닷물 중에 포함되어 있기 때문에 지구상의 총 에너지 수요를 수십억 년 이상 공급할 수 있는 충분한 양이다.
또한 핵융합로는 핵분열 시 생성되는 핵분열 생성물과 같은 강한 방사능 물질이 생기지도 않으며, 특히 동력원으로서의 장점은 풍부한 연료 및 지구상의 균등한 분포, 사고시의 낮은 위험도 및 적은 양의 유해 방사능 등이나 실용화를 위해서 필히 해결되어야할 다음의 몇 가지 기술적인 핵융합 반응조건 문제들이 남아 있다.

① 핵융합을 위해서는 태양에서 약 1,500℃, 지구상에서 1억℃ 정도의 고온이 필요하다. 1억℃는 상상할 수 없이 높은 온도지만 고도의 진공상태 속에서 기체를 집중적으로 가열하여 성공한 사례들이 있다. 이 온도 조건에서는 전자들은 모두 궤도를 이탈하여 플라스마 상태로 됨으로써 원자핵들은 쿨롱 반발력을 이기고 핵융합이 가능하게 된다.
② 핵융합이 일어나기 위해서는 핵들이 상호 충돌할 수 있도록 충분히 가까운 거리에 있어야 하므로 연료(플라스마)의 밀도가 충분히 커야만 하고 에너지가 플라스마 내에 갇혀 있는 시간, 즉 밀폐시간이 충분히 길어야 한다.

③ 위의 두 조건을 만족시키면서 지속적인 연쇄반응을 유지시킬 수 있도록 플라스마를 1억℃ 상태로 1초 정도 유지시키기 위해 충분히 오랜 시간 동안 연료들이 인접하고 있어야 한다.

> **참고** 플라스마(Plasma)
> 아주 높은 온도 조건에서 기체, 원자 내의 전자와 원자핵이 서로 분리된 채로 고루 섞여 분포된, 즉 따로 따로 자유롭게 이온화된 기체(Lonized Gas) 상태의 물질을 말한다.

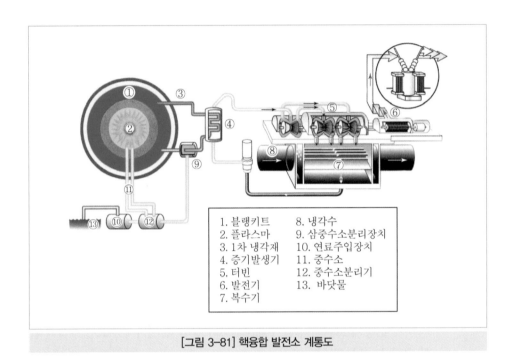

1. 블랭키트
2. 플라스마
3. 1차 냉각재
4. 증기발생기
5. 터빈
6. 발전기
7. 복수기
8. 냉각수
9. 삼중수소분리장치
10. 연료주입장치
11. 중수소
12. 중수소분리기
13. 바닷물

[그림 3-81] 핵융합 발전소 계통도

3) 핵융합 발전원리

핵융합로의 발전원리는 핵융합과정에서 사용하는 연료에 따라 고에너지의 중성자 또는 양성자가 생성되는데, 이 반응 시 생긴 에너지를 블랭키트 영역의 중간 냉각재인 액체 리튬이 흡수하여 다시 열교환기에서 증기를 발생시켜 터빈을 구동하여 전기를 생산하게 된다. 따라서 핵연료는 바닷물에서 추출한 중수소 등을 사용하여 고온의 기체상태로 만들기 위하여 핵융합로는 자장을 형성시켜 주어야 한다. 또한 핵융합의 종류는 주로 플라스마를 밀폐시키는 방법에 따라 대체적으로 「관성 밀폐」와 「자장 밀폐」의 2가지로 구분하고 있다. 현재 선진 여러 나라에서 연구가 진행되고 있으나, 실생활에서의 이용은 21세기가 될 것으로 예상하고 있다.

4) 핵융합로의 개발 전망

핵융합 에너지의 실용화를 위한 핵융합로의 개발은 현재의 과학 기술수준을 훨씬 넘는 고도의 첨단기술분야로서 플라스마 물리, 전자석, 고온재료, 고진공, 고주파, 대용량 전원 및 입자 가속 등의 공학 기술과 막대한 투자비가 소요된다.

세계적으로 볼 때 이제 기초 연구단계를 벗어나 연구개발 단계에 접어들었으나 핵융합로 기술개발의 지연, 장래에 대한 불확실성 등으로 인해 일부 몇 개의 선진국(미국, 유럽, 일본 등)에서만 적극적인 연구가 진행되고 있고 국내에서는 1970년대 말부터 플라스마 집속장치 등 소형 시험장치를 제작하기 시작하였으며 한국원자력연구소를 비롯한 연구기관 및 몇 개의 대학에서는 실험장치 제작과 병행하여 이론 연구에 주력하고 있다. 앞으로 「인공태양」인 핵융합로가 개발되면 지구 전체가 에너지 위기에서 벗어나는 날도 오게 될 것이다.

④ 가압경수로형 발전소의 기본 구성

1. 발전소 건물 구성

현재의 가압경수로형(PWR) 발전소는 「원자로건물」, 「터빈건물」, 「원자로보조건물」, 「핵연료건물」 및 기타 부속 건물로 구성되어 있다.

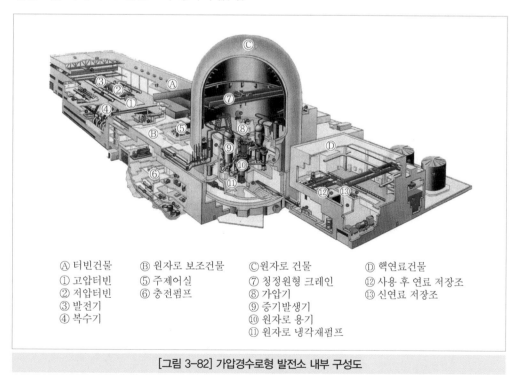

Ⓐ 터빈건물	Ⓑ 원자로 보조건물	Ⓒ 원자로 건물	Ⓓ 핵연료건물
① 고압터빈	⑤ 주제어실	⑦ 청정원형 크레인	⑫ 사용 후 연료 저장조
② 저압터빈	⑥ 충전펌프	⑧ 가압기	⑬ 신연료 저장조
③ 발전기		⑨ 증기발생기	
④ 복수기		⑩ 원자로 용기	
		⑪ 원자로 냉각재펌프	

[그림 3-82] 가압경수로형 발전소 내부 구성도

(1) 원자로건물

원자로건물은「격납건물」이라고도 하며 핵분열에너지를 생성하는 핵심기기들을 수용하고 있다. 이 건물은 핵분열이 일어나는 공간을 제공하는 원자로, 핵분열로 발생한 열에너지를 에너지변환계통으로 전달해 주는 증기발생기, 계통의 압력을 일정하게 유지해주는 가압기, 에너지 전달매체인 물에 순환력을 제공하는 원자로냉각재펌프로 구성되어 있는 원자로냉각재계통을 수용한다. 이 건물은 안쪽에는 1/4인치 두께의 철판이 있는 두꺼운 철근콘크리트 구조물로 되어 있으며 방사성물질이 외부로 나가는 것을 차단하고, 방사선을 차폐하는 역할을 한다.

(2) 터빈건물

터빈건물은 핵분열로 생성된 열에너지를 전달받아 이 열에너지를 기계적 에너지로 변환하는 터빈이 있기 때문에 붙여진 이름이다. 터빈건물에는 열에너지를 기계적 에너지로 변환하는 주기기인 터빈, 복수기, 펌프가 설치되어 있고 기계적 에너지를 전기적 에너지로 변환하는 발전기와 기타 에너지 변환에 필요한 부속설비들이 설치되어 있다.

(3) 핵연료건물

핵연료건물은 신연료와 사용 후 핵연료를 저장하고, 핵연료 재장전 시에 필요한 물을 저장한다. 사용 후 핵연료는 핵연료중간저장소로 옮기기 전에 장기간 물속에서 저장하며 신연료는 원자로에 장전되기 전까지 공기 중에서 저장된다.
핵연료건물은 핵연료 이송 통로와 그 부속설비에 의해 원자로건물과 연결통로로 관통 연결되어 있다.

(4) 원자로보조건물

원자로보조건물에는 원자로냉각재계통을 보조해주는 설비와 원자로의 안전을 보장해주는 설비가 설치되어 있다. 그리고 주제어실도 이 원자로보조건물에 설치되어 있다. 원자로냉각재계통의 화학물질을 제어하고 냉각재의 양을 조절하는 화학 및 체적제어계통(Chemical & Volume Control System)이 원자로보조건물에 설치되어 있는 대표적인 원자로보조계통이다. 안전설비에는 비상노심냉각계통, 기기냉각수계통, 기기 냉각해수계통 및 비상디젤발전기 등과 같은 것이 있는데, 이 설비들 또한 이 원자로보조건물에 설치되어 있다.

2. 발전의 기본원리

가압경수로형 원자력발전소(가압경수로, PWR)는 우라늄-235의 비율이 평균 2~5% 정도인 저농축 우라늄(UO_2)을 핵연료로 사용한다. 이 저농축 우라늄은 공기 중에서는 핵분열을 일으키지 않으나 물속에서는 물이 중성자의 속도를 잘 낮추어 주기 때문에 핵분열이 잘 일어난다. 중성자를 잘 흡수하는 물질을 적절히 조절하여 핵분열이 일어나는 정도를 조절함으로써 원자로출력을 조절한다.

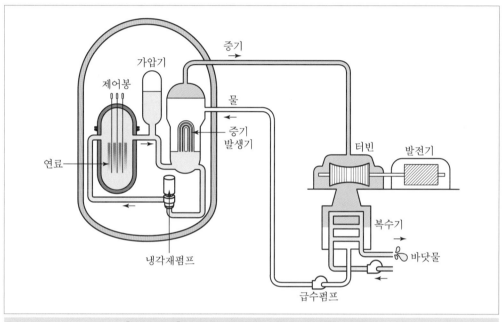

[그림 3-83] 전형적인 가압경수로형 원자력발전소 계통도

핵분열이 발생하면 새로 생성된 핵분열물질은 큰 운동에너지를 갖게 되는데, 핵분열이 핵연료 고체 속에서 일어나므로 이 운동에너지는 핵분열 생성물이 멀리 날아가는 형태로 나타나지 못하고 핵연료가 진동하는 형태로 나타나게 된다. 핵연료가 진동하는 것은 전열기와 똑같은 역할을 하는 것이며 결국 핵연료 주변의 물의 온도를 올리는 역할을 하게 된다. 한편, 핵분열이 발생할 때 2~3개의 고속의 중성자가 방출되는데, 이 중성자가 가지고 있는 운동에너지는 물에 그 운동에너지를 전달하여 속도가 느린 열중성자가 된다. 이때 원자로에 있는 물이 이 운동에너지를 흡수하여 물의 온도가 증가하게 된다. 그리고 핵분열 시 고에너지의 전자기파인 감마선이 방출되는데, 이 감마선도 물에 에너지를 전달하고 소멸되는 과정에서 물의 온도가 증가하게 된다.

원자로냉각재펌프(RCP ; Reactor Coolant Pump)는 원자로에 있는 물을 순환시키는 구동력을 제공하는데, 원자로 내에서 핵분열에너지를 받아 온도가 올라간 물이 증기발생기로 순환하게 된다. 증기발생기 내부로 이 고온의 물이 순환하는 과정에서 원자로냉각재의 고온의 열이 튜브를 통해 바깥으로 전달되고 바깥에서는 이 열을 전달받아 증기를 발생시킨다. 증기발생기에서 열을 전달해준 원자로냉각재 물은 원자로냉각재펌프를 거쳐 다시 원자로 속으로 순환하게 된다. 원자로 속의 물은 고온이므로 물이 증발되지 않도록 하기 위해 압력을 올려 주어야 하는데, 이 역할을 하는 것이 가압기이다.

| 표 3-14 | 원자력발전소 주요 설계치(100만KW급 한국표준형원전)

변수	단위	설계치
설계열출력(RCP첨가열 및 계통손실 포함)	Mwt	2825
설계압력	kg/cm^2	175.8
설계온도(가압기 제외)	℃	343.3
가압기 설계온도	℃	371
총 유량률(4대 RCP 운전 시)	m^2/hr	55.1×10^3
저온관 온도	℃	295.8
고온관 온도	℃	327.3
평균온도	℃	311.6
정상 운전압력	kg/cm^2	158.2
냉각재 체적(가압기 제외)	m^3	283.4
가압기 물 체적(전출력)	ft^3	905
가압기 증기 체적(전출력)	ft^3	910

증기발생기는 튜브 내로 흐르는 원자로냉각재로부터 열을 전달받아 물을 증기로 변환한다. 이 증기는 주증기 배관을 따라 흘러 터빈으로 가게 된다. 터빈에서는 이 고온고압의 증기가 단면이 좁아지는 노즐을 통해 흐르면서 속도에너지로 바뀌고 이 속도에너지는 터빈 회전날개를 밀어 터빈을 돌리게 된다. 이 회전하는 터빈축에 발전기 회전자가 연결되어 있고 회전자의 4극 자력선이 바깥에 있는 코일(고정자)에 의해 절단됨에 따라 바깥 코일에 전류가 유기된다.

터빈에 에너지를 전달하고 난 증기는 복수기로 들어가서 다시 물로 응축되는데, 이때 물이 증발할 때 흡수한 많은 증발잠열을 방출하게 된다. 증기가 물로 응축될 때 방출하는 열은 복수기에서 바다로 방출되게 된다. 응축된 물은 펌프에 의해 다시 압력이 올려져서 증기발생기로 들어가게 된다.

원자로용기와 증기발생기 사이에 설치되어 있는 1대의 「가압기(Pressurizer)」에는 별도의 전열기 및 분무관이 있어 가압기 내에 증기를 일부 생성 및 소멸시킴으로써 1차 계통의 전체 압력(2,250psia 158kg/cm^{2}a)을 유지하고 조절한다. 따라서 가압기 내부는 1차 측 냉각재의 온도(약 320℃ 정도)보다 높은 345℃를 유지한다.

특히, 핵분열에너지를 생산하는 원자로냉각재계통의 압력을 일정하게 유지하는 운전특성을 가지는 가압경수로형 발전소는 두 개(원자로 측 및 터빈발전기 측)의 폐쇄회로로 구성되어 「원자로냉각재계통」의 방사성 유체와 「터빈발전기계통」의 비방사성 유체가 완전 분리되어 있으며 세계적으로 가장 안전하고 경제적인 원자로로 평가받고 있다.

우리나라는 현재 월성 1, 2, 3, 4호기를 제외한 모든 원자력발전소가 가압경수로형(PWR) 발전소이다.

3. 발전소 주요 구성설비

원자력발전소는 크게 1차 계통과 2차 계통으로 나눌 수 있는데, 1차 계통은 핵분열에너지를 생성하여 흡수 전달하는 원자로냉각재계통이고 2차 계통은 이 핵분열에 의해 생성된 열에너지를 전달받아 기계적 에너지로 변환하는 계통이다.

(1) 원자로

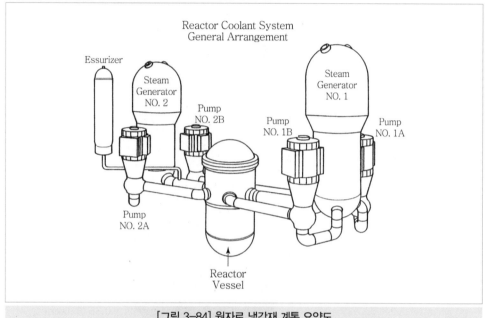

[그림 3-84] 원자로 냉각재 계통 요약도

원자로는 반구형의 하부, 원통형의 몸통 및 분리 가능한 상부 뚜껑으로 이루어진 용기와 원자로용기에 내장된 핵연료 집합체, 노심 지지구조물, 제어봉 집합체 및 기타 설비들로 구성되어 있다.

원자로용기(Reactor Vessel)의 재질은 「저합금 탄소강」이고 원자로냉각재가 통과하는 용기 내부 표면은 부식을 방지하기 위해 「스테인리스강」으로 피복되어 있다.

원자로용기는 핵연료집합체와 내장품들을 안전하게 지지, 내장하며 핵연료에서 발생된 열을 증기발생기로 전달되도록 관련 기기들과 연결되어 있다. 또한 핵연료를 감싸고 있으므로 정상운전이나 이상상태에서도 신뢰성 있는 방사선 차폐체의 역할을 한다.

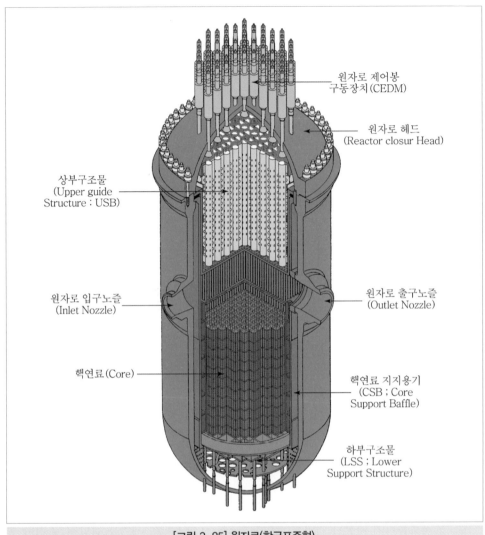

[그림 3-85] 원자로(한국표준형)

(2) 핵연료 소결체(Fuel Pellet)

원자로의 핵분열 물질인 핵연료는 약 2~5% 정도 저농축 이산화 우라늄(UO₂) 분말을 소결하여 만든 연필 굵기 정도의 원통형 세라믹 고체로 일반적인 크기는 직경 0.9cm, 높이 1.5cm 정도이다.

(3) 핵연료봉(Fuel Rod)

핵연료 소결체를 중성자 흡수를 적게 하고 열전달 특성이 좋은 재질인, 지르칼로이로 만든 피복관에 넣어 양단을 용접 밀봉하여 핵연료봉으로 만드는데, 보통 1개의 핵연료봉에 240개의 핵연료 소결체가 들어 있다. 핵연료봉은 외경이 1cm, 피복관 두께는 0.6cm, 길이는 400cm 정도 크기이다.

(4) 핵연료 집합체(Fuel Assembly)

한국표준형 원전용 표준형 핵연료집합체의 구조는 다음 그림에 표시되어 있는 것처럼 핵연료집합체는 16×16의 정방배열을 형성하는 연료봉 및 독물질봉 236개, 제어봉 안내관 4개, 노내 핵계측관 1개, 지지구조물로서 지지격자 11개, 상단고정체 1개 및 하단고정체 1개로 구성되어 있다.

노내핵계측관은 집합체의 중심에 배치되며, 제어봉 안내관은 연료의 노심 위치에 따라 65개의 전강도 제어봉집합체(Full Strength Rod Assembly) 및 8개의 부분강 제어봉 집합체(Part Strength Rod Assembly)와 2개의 중성자 선원봉(Neutron Source Rod)이 삽입된다.

핵연료집합체는 4개의 제어봉 안내관 및 1개의 노내핵계측관과 여기에 접합된 11개의 지지격자로써 골격을 형성하고, 연료봉을 삽입한 후 상·하단고정체를 장치하여 조립한다. 연료봉 상단과 상단고정체 사이에는 틈을 만들어 연료봉의 열팽창이나 성장을 허용할 수 있는 구조로 되어 있다.

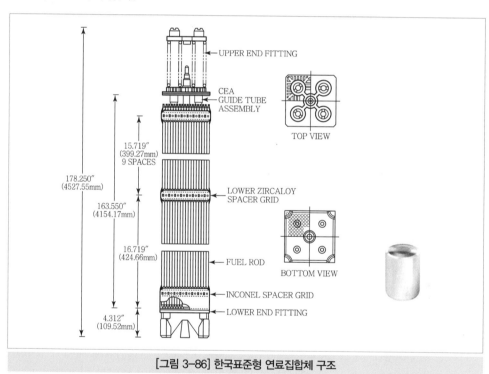

[그림 3-86] 한국표준형 연료집합체 구조

(5) 원자로심(Reactor Core)

노심(Core)은 원자력발전에 필요한 열에너지를 생산하는 원자로의 중심부로서 저농축 우라늄(UO_2) 연료 소결체로 이루어진 「핵연료 집합체」, 「제어봉 집합체」 및 「노내 감시용 핵계측장치들」로 구성되어 있다.

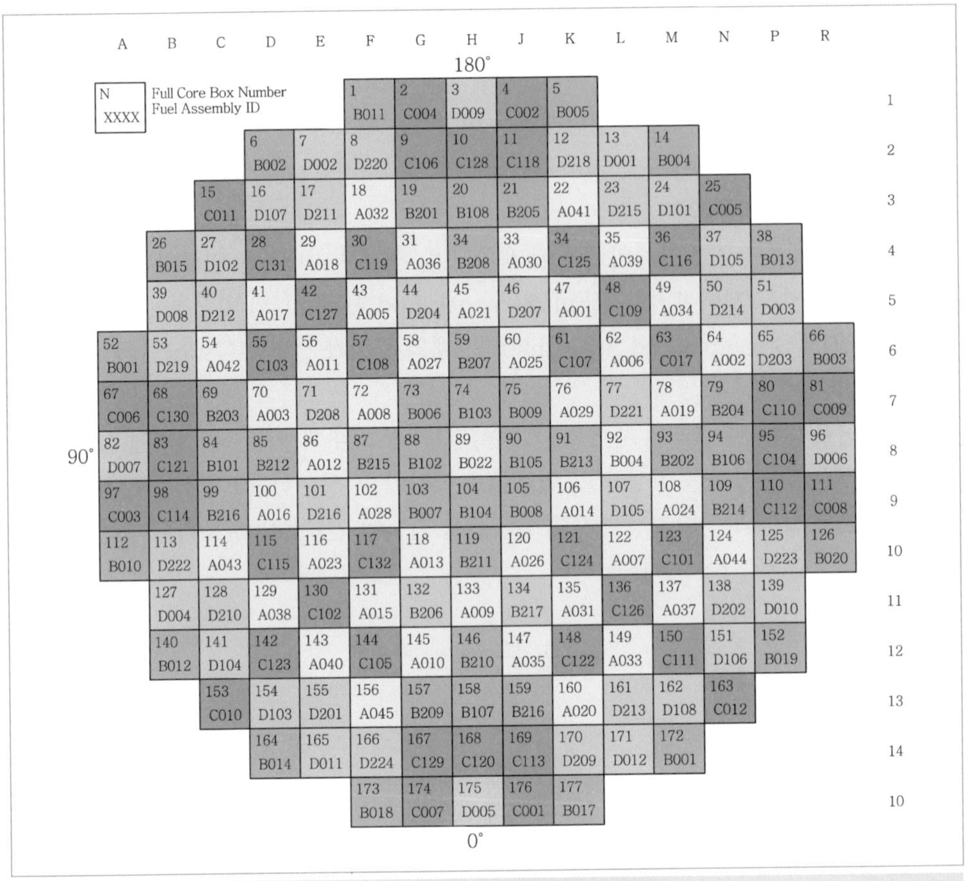

Full Core Box Number N / Fuel Assembly ID XXXX

180° (top) — 90° (left) — 0° (bottom)

	A	B	C	D	E	F	G	H	J	K	L	M	N	P	R	
1						1 B011	2 C004	3 D009	4 C002	5 B005						1
2				6 B002	7 D002	8 D220	9 C106	10 C128	11 C118	12 D218	13 D001	14 B004				2
3			15 C011	16 D107	17 D211	18 A032	19 B201	20 B108	21 B205	22 A041	23 D215	24 D101	25 C005			3
4		26 B015	27 D102	28 C131	29 A018	30 C119	31 A036	32 B208	33 A030	34 C125	35 A039	36 C116	37 D105	38 B013		4
5		39 D008	40 D212	41 A017	42 C127	43 A005	44 D204	45 A021	46 D207	47 A001	48 C109	49 A034	50 D214	51 D003		5
6	52 B001	53 D219	54 A042	55 C103	56 A011	57 C108	58 A027	59 B207	60 A025	61 C107	62 A006	63 C017	64 A002	65 D203	66 B003	6
7	67 C006	68 C130	69 B203	70 A003	71 D208	72 A008	73 B006	74 B103	75 B009	76 A029	77 D221	78 A019	79 B204	80 C110	81 C009	7
8	82 D007	83 C121	84 B101	85 B212	86 A012	87 B215	88 B102	89 B022	90 B105	91 B213	92 B004	93 B202	94 B106	95 C104	96 D006	8
9	97 C003	98 C114	99 B216	100 A016	101 D216	102 A028	103 B007	104 B104	105 B008	106 A014	107 D105	108 A024	109 B214	110 C112	111 C008	9
10	112 B010	113 D222	114 A043	115 C115	116 A023	117 C132	118 A013	119 B211	120 A026	121 C124	122 A007	123 C101	124 A044	125 D223	126 B020	10
11		127 D004	128 D210	129 A038	130 C102	131 A015	132 B206	133 A009	134 B217	135 A031	136 C126	137 A037	138 D202	139 D010		11
12		140 B012	141 D104	142 C123	143 A040	144 C105	145 A010	146 B210	147 A035	148 C122	149 A033	150 C111	151 D106	152 B019		12
13			153 C010	154 D103	155 D201	156 A045	157 B209	158 B107	159 B216	160 A020	161 D213	162 D108	163 C012			13
14				164 B014	165 D011	166 D224	167 C129	168 C120	169 C113	170 D209	171 D012	172 B001				14
						173 B018	174 C007	175 D005	176 C001	177 B017						10

[그림 3-87] 일반적인 초기노심 장전모형

이러한 노심은 원자로용기에 내장되어 여러 가지 내부 구조물에 의해 지지되고 있으며 핵연료봉들의 바깥 사이로 원자로 냉각재인 물이 흐르면서 핵분열에 의해 발생하는 열에너지를 증기발생기(Steam Generator)로 전달하는 열 발생의 중심 부분이다.

원자로심은 177다발의 연료집합체가 장전되며 연료집합체는 312cm(123″)의 등가직경과 381cm(150″)의 유효 연료길이를 갖는 정원형에 가까운 실린더형으로 배열된다.

1주기 노심은 4배치 형태로서 초기노심으로부터 평형노심으로의 변이가 용이하고 기존의 3배치 장전모형과 비교하여 초기노심 연료의 이용률을 향상시킨다. 초기노심은 또한 저누설 장전모형(Low Leakage Loading Pattern)으로서 연료집합체 내에서 첨두출력을 감소시키고 연료집합체 간 제어봉 휨 등에 의한 출력분포의 변화를 감소시켰다.

(6) 가압기(Pressurizer)

가압기는 원자로에 병렬로 연결되는 유로(Loop) 중의 어느 한 유로에만 설치되어 있으며 발전소의 용량에 관계없이 1대만 있다.

발전소 정상운전상태 시 가압기 내부는 하부 50%는 물이며 상
부 50%는 증기상태로 있는데, 물－증기량의 평형은 화학 및 체
적제어계통의 충전 유량에 의해 조절되고 압력은 가압기 상부
의 「분무관」을 통해 분무되는 물과 하부의 물속에 설치되어 있
는 「전열기」에 의해 조절된다.

가압기의 기능은 정상운전 중에 원자로냉각재계통의 압력을 일
정(약 158kg/cm^{2}a 정도)하게 유지하고, 원자로 출력(중성자
수) 변동 시에는 원자로 냉각재의 팽창과 수축 공간을 제공함으
로써 압력 변동을 억제하는 것이다.

[그림 3-88] 가압기

(7) 원자로 냉각재 펌프(RCP ; Reactor Coolant Pump)

원자로냉각재계통(RCS)의 각 유로(Loop)마다 1대씩 설치되어 있으며 고온, 고압상태의
원자로냉각재를 강제 순환시켜 원자로 내의 노심(핵연료)에서 핵분열에 의해 발생하는 열
에너지를 증기발생기로 신속하게 전달할 수 있도록 설계된 「수직형의 펌프」이다.

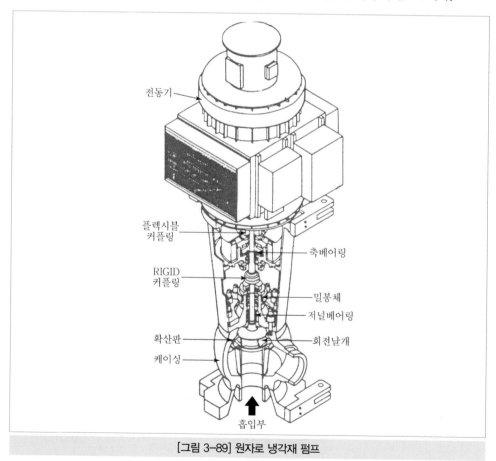

[그림 3-89] 원자로 냉각재 펌프

| 표 3-15 | 한국표준형원전 원자로 냉각재 펌프 주요 설계사양

구분	항목	설계치
1	설계압력	174.71kg/cm²
2	설계온도	343℃
3	설계유량률	5.388m³/s
4	설계수두	102.7m
5	회전속도	1,190rpm
6	정상운전온도	296.6℃
7	펌프입구 노즐에서 정상운전압력	155.03kg/cm²g
8	물의 체적	3,764L
9	압력경계의 설계수명	40년
10	최대 가열률/최대 냉각률	55.6℃
11	21℃에서 296℃까지 가열/냉각 횟수	500회
12	최대기동횟수	4,000회
13	최대수압시험횟수	10회
14	밀봉주입 유량률	25L
15	밀봉주입수 최소온도	21℃
16	밀봉주입수 최대온도	65.6℃
17	밀봉주입수 최대온도증가율	20℃
18	밀봉주입수 최대온도감소율	27.8℃
19	밀봉주입수 최대압력변동률	9.00kg/cm²g/s
20	정상운전 체절마력	4,746
21	원자로 냉각재가 20℃에서의 체절마력	6,562

(8) 증기발생기(Steam Generator)

원자로의 노심을 거친 고온, 고압의 원자로냉각재를 사용하여 터빈에 공급할 증기를 생성하는 장치를 「증기발생기」라고 하고, 각 유로마다 1대씩 설치되어 있으며 방사능을 함유한 1차 측의 냉각재와 방사능을 띠지 않는 2차 측의 급수를 완전히 분리시키는 역할도 한다. 표준형발전소의 증기발생기는 수직형의 U자 모양의 관이 8,214개가 내장되어 있으며 이 관을 통해 1차 측과 2차 측 사이의 열교환작용이 이루어진다.

| 표 3-16 증기발생기 설계변수

변수		값
공통	증기발생기 수	2
	열전달률(0.2% 취출 시/SG)	1,215.6×10⁶kcal/hr
1차 측	설계압력/온도	175.8/343.3kg/cm² · A/℃
	냉각재 입구온도	327.3℃
	냉각재 출구온도	295.8℃

	냉각재 유량(SG 당)	27.56×10^6kg/hr
	냉각재 체적(SG 당)	51.9m³
	전열관 크기(외경)	19.1mm
	전열관 두께(공칭)	1.07mm
2차 측	설계압력/온도)	89.3/301.7kg/cm²a/℃
	증기압력(증기노즐 끝에서)	75.2kg/cm²a
	증기유량(0.25% 습분) – 노즐당	1.442×10^6kg/hr
	전출력에서 급수온도	232.2℃
	1차 측 입구노즐(수/내경)	1,066.8mm
	1차 측 출구노즐(수/내경)	762mm
	증기노즐(수/내경)	612.775mm
	이코노마이저 급수노즐(수/크기/스케줄)	2/12/80in
	하양유로급수노즐(수/크기/스케줄)	1/6/80in
	평균 열전달계수(설치치)	2,941kcal/hr · m² · ℃

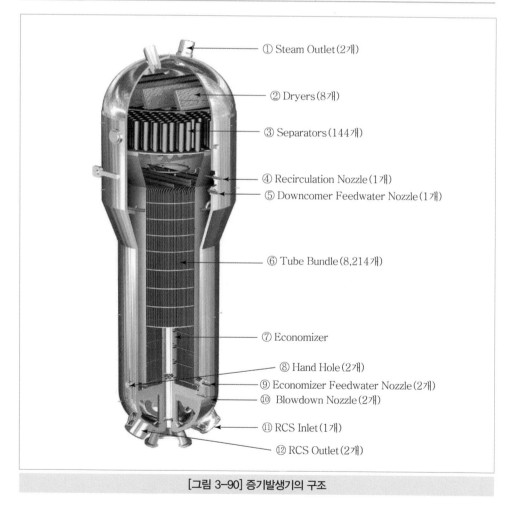

① Steam Outlet(2개)
② Dryers(8개)
③ Separators(144개)
④ Recirculation Nozzle(1개)
⑤ Downcomer Feedwater Nozzle(1개)
⑥ Tube Bundle(8,214개)
⑦ Economizer
⑧ Hand Hole(2개)
⑨ Economizer Feedwater Nozzle(2개)
⑩ Blowdown Nozzle(2개)
⑪ RCS Inlet(1개)
⑫ RCS Outlet(2개)

[그림 3-90] 증기발생기의 구조

(9) 제어봉 구동장치(Control Element Drive Mechanism)

원자로 내의 출력을 일정하게 유지하거나 또는 원하는 출력으로 변화시키기 위해 중성자의 흡수물질인 은(Ag)−인듐−카드뮴, 하프늄(B4C) 등을 고체형태의 금속봉 속에 넣어 만든, 출력을 조절하는 봉을 「제어봉(Control Rod)」이라 부른다.

제어봉구동장치(CEDM ; Control Element Drive Mechanism)는 원자로 제어계통으로부터의 전기적인 신호에 따라 노심구성품인 제어봉을 인출, 삽입 또는 정지상태를 유지한다. 제어봉을 인출하면 핵분열률이 증가되어 원자로에서 발생되는 열이 증가된다. 반면에 제어봉을 삽입하면 핵분열률이 감소되어 원자로 열출력이 감소된다.

제어봉구동장치는 자기력(Magnetic Force)으로 운전되는 재킹기구(Jacking Mechanism)이다. 3개의 전자석 플런저가 제어순서에 의해 여자되면 기계적으로 연결된 이동집게와 정지집게를 작동시켜 제어봉 뭉치와 연결되어 있는 제어봉 구동축의 홈에 맞물리거나(Engage) 풀리게(Disengage)하여 구동축을 상하로 움직이도록 한다.

이러한 이동은 불연속적인, 즉 단계적인 이동이다.

원자로 비상정지 신호가 발생할 경우 제어봉에 전원이 상실되어 제어봉은 자중으로 급속히 낙하하여 원자로를 정지시킨다.

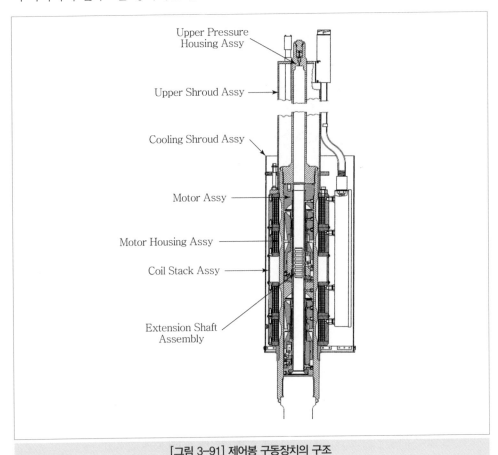

[그림 3-91] 제어봉 구동장치의 구조

(10) 노내 핵계측설비(Incore Instrumentation)

노내 핵계측계통은 45개의 노내 검출기집합체로 구성되어 있으며, 각 노내 검출기 집합체는 5개의 자체 전원공급형 로듐 중성자검출기와 1개의 노심출구열전대(CET ; Core Exit Thermocouple), 1개의 배경잡음 검출기로 구성되어 있다. 각 검출기집합체는 제어봉이 포함되지 않은 45개의 연료집합체 중앙 안내관에 위치한다. 이와 같이 설치된 계측기로 전체 노심에 대한 3차원 중성자 속 분포도(Flux Mapping)를 만들 수 있다.

노내검출기집합체는 연료집합체 하부로부터 인출되어 노내 계측기 노즐을 통해 원자로용기 하부를 관통한다. 노내 계측기 노즐을 통해서 빠져 나온 노내 검출기 케이블은 1차 계통 압력경계를 이루고 있는 밀봉판을 거쳐서 광물성 절연(MI ; Mineral Insulated) 케이블로 격납건물 관통부까지 연결된다. 이러한 경로로 격납건물에서 나온 신호는 신호처리 회로를 거쳐서 발전소 컴퓨터계통에 입력된다. 노내 계측기에서 출력된 이 값들은 연료 연소도의 결정, 제논 진동 시의 제어봉 운전, 노외 핵계측계통의 교정 등을 수행하는 데 도움을 주며, 노심 출력이나 노심 출력분포에 관련된 여러 가지 정보를 제공한다. 노내 계측기는 연료 장전 시에 연료집합체를 재배열하기 위해 제거되며, 검출기가 소모되어 더 이상 사용할 수 없을 경우에는 새 계측기로 교체하여 다음 주기에 사용된다.

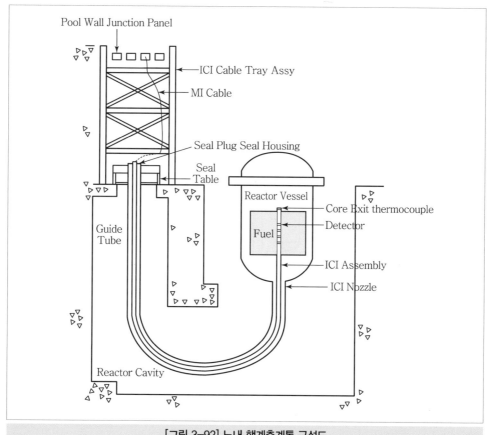

[그림 3-92] 노내 핵계측계통 구성도

(11) 원자로건물(Containment Building)

원자로건물은 철근콘크리트로 된 원통형 용기와 반구형 돔으로 구성되어 있다. 또한 바닥 기초, 원통형 용기 및 반구형 돔의 내벽은 탄소강으로 피복되어 있다.

원자로건물은 외부로 방사능 물질의 누출 방지를 위한 방벽건물이며 외부로부터의 충격에 충분히 견딜 수 있도록 설계되어 있다.

일반적인 원통형 용기 벽의 직경은 약 46m, 높이는 지상 63m, 지하 18m이며 철근콘크리트 벽두께는 약 1.5m 및 돔의 두께는 약 1.2m 등의 규격으로 되어 있다. 이 건물은 항상 밀폐되어 있으며, 출입은 특별히 설계된 문을 통해서만 가능하고 원자로 건물을 관통하는 모든 관통부에는 사고 시 자동으로 닫히는 원자로건물 격리밸브가 설치되어 있다.

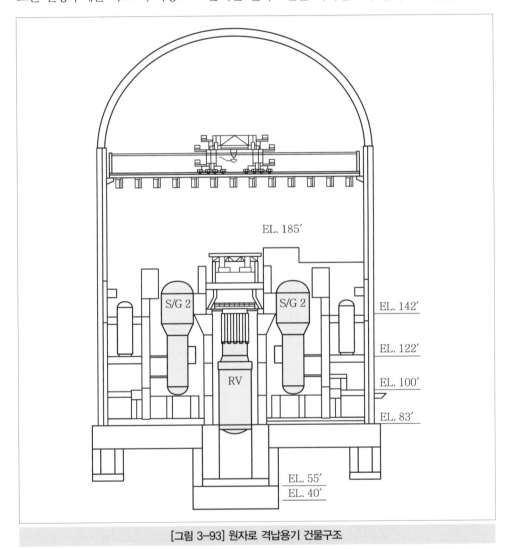

[그림 3-93] 원자로 격납용기 건물구조

(12) 핵연료 교체(재장전)

가압경수로형 원자력발전소는 100만kW급인 한국표준형 원전인 경우 노심을 4개의 영역으로 구분하여 177개의 핵연료 집합체를 장전하게 되며 약 18개월마다 한 번씩 핵연료를 재장전하게 되는데, 핵연료를 재장전할 때마다 핵연료다발의 1/3이 신연료로 교체된다.

핵연료 교체 시에는 원자로에서 뽑혀 있는 제어봉들을 노심 속에 삽입하여 핵분열반응을 중지시킨 후에 원자로 상부의 커다란 수조에 물을 채워 풀(Pool)을 형성함으로써 모든 핵연료 교체작업이 핵연료교체설비에 의해 수중에서 진행되게 한다.

이렇게 함으로써 효과적이고 철저한 방사선차폐를 할 수 있을 뿐만 아니라 핵연료의 붕괴열을 제거할 수도 있다.

[그림 3-94] 원자로에 핵연료를 장전하는 모습

또한 이 물에 중성자 흡수물질, 즉 붕소를 첨가하여 핵연료 교체기간 중에 원자로 내에서 핵분열 연쇄반응이 일어나지 못하도록 함으로써 노심이 안전한 상태로 유지한다.

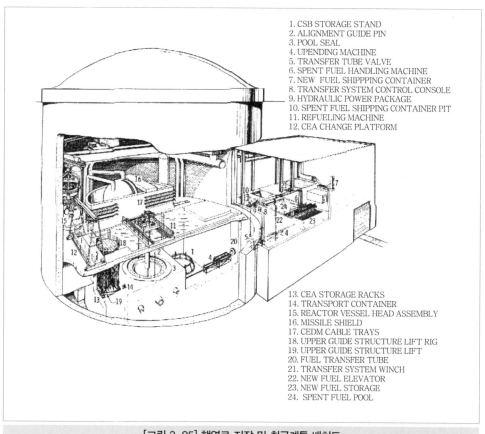

1. CSB STORAGE STAND
2. ALIGNMENT GUIDE PIN
3. POOL SEAL
4. UPENDING MACHINE
5. TRANSFER TUBE VALVE
6. SPENT FUEL HANDLING MACHINE
7. NEW FUEL SHIPPPING CONTAINER
8. TRANSFER SYSTEM CONTROL CONSOLE
9. HYDRAULIC POWER PACKAGE
10. SPENT FUEL SHIPPING CONTAINER PIT
11. REFUELING MACHINE
12. CEA CHANGE PLATFORM

13. CEA STORAGE RACKS
14. TRANSPORT CONTAINER
15. REACTOR VESSEL HEAD ASSEMBLY
16. MISSILE SHIELD
17. CEDM CABLE TRAYS
18. UPPER GUIDE STRUCTURE LIFT RIG
19. UPPER GUIDE STRUCTURE LIFT
20. FUEL TRANSFER TUBE
21. TRANSFER SYSTEM WINCH
22. NEW FUEL ELEVATOR
23. NEW FUEL STORAGE
24. SPENT FUEL POOL

[그림 3-95] 핵연료 저장 및 취급계통 배치도

5 원자력발전소의 안전관리

1. 원자로와 원자폭탄의 차이

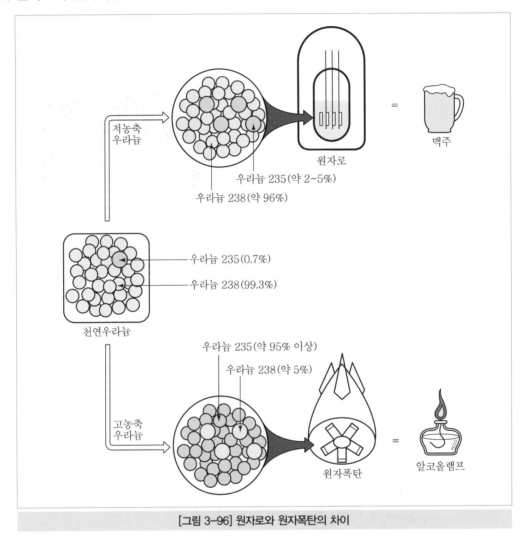

저농축
우라늄

우라늄 235(약 2~5%)

우라늄 238(약 96%)

원자로

＝

맥주

우라늄 235(0.7%)

우라늄 238(99.3%)

천연우라늄

우라늄 235(약 95% 이상)

우라늄 238(약 5%)

고농축
우라늄

원자폭탄

＝

알코올램프

[그림 3-96] 원자로와 원자폭탄의 차이

2. 원자력발전의 안전성

원자력발전소는 경제성과 안전성을 동시에 추구하는 발전방식이며, 특히 안전성을 더욱 중요시하여 발전소 설계에서부터 부지 선정, 건설, 운전, 보수 및 해체에 이르기까지 모든 단계에서 원자로 안전에 관련된 「엄격한 안전업무」를 수행하고 있다.

원자로가 운전 중에는 스스로 「고유의 안전성」을 가지고 있을 뿐만 아니라 「연동장치(Interlock)」를 설치하여 원자로가 정해진 안전운전 범위를 벗어나서 이상상태로 전개되지 않도록 자동으로 제어하고 있다. 또한 「고장 시 안전(Fail-safe)」 개념을 적용하여 원자로에 고장이 발생할 경우 자동적으로 안전이 확보되도록 설계되어 있고, 만약 그 제한 범위를 벗어날 경우에는 원자로가 「긴급정지(Trip)」되도록 설계되어 있다.

또한 지진, 홍수, 태풍 및 해일 등의 천재지변에 대하여 원자로를 안전하게 보호할 수 있도록 특별한 「내진설계」가 건물과 계통 및 각종 기기들에 적용되어 있으며, 중요한 구조물도 견고한 암반 위에 설치되어 있는 등 자연재해를 고려하여 설계하고 있다.

| 표 3-17 | 원자력발전소 설계 시 고려사항

항목	내용
지질조건	• 지진 또는 지각의 변동에 의해 지표면이 붕괴되거나 함몰의 가능성이 없는 안정된 곳
기상조건	• 해일, 태풍, 홍수, 폭설 또는 폭풍 등의 자연재해가 발생할 가능성이 없는 곳 • 대기의 확산, 희석이 잘 되는 곳
주변환경	• 항공기의 추락, 위험물을 생산 또는 취급하는 시설의 사고 등에 의한 장애가 발생할 가능성이 없는 곳 • 비상시 주변지역에 거주하는 주민의 해산이 용이한 지역
수분	• 저수지 또는 댐의 유실에 의한 하천 범람의 영향을 받지 않는 곳 • 표층수 또는 지하수 등 주변 수중환경에 의한 장애 발생 우려가 없는 곳
용수공급	• 냉각수 확보가 쉬운 곳 • 공업용수 공급이 쉬운 곳

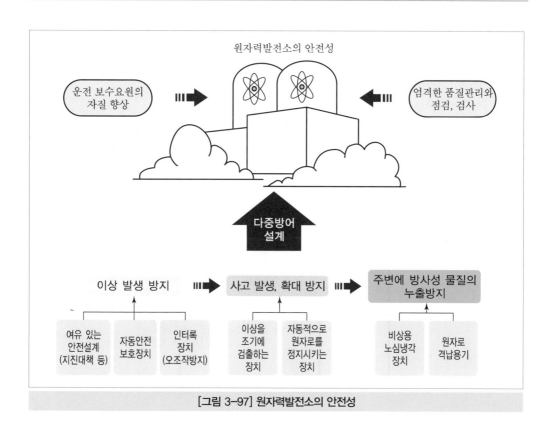

[그림 3-97] 원자력발전소의 안전성

(1) 원자로 고유의 안전성

원자로 출력은 원자로 내에 존재하는 중성자의 수로써 결정된다. 즉, 원자로 내에 중성자의 수가 많아지게 되면 핵분열이 증가되어 원자로 출력도 비례하여 커진다. 원자로의 출력이 어떤 원인에 의하여 증가하게 되면 노심을 통과하는 냉각재의 온도가 상승하게 된다. 냉각재의 온도가 상승하면 감속재(경수로는 냉각재와 감속재가 동일함)의 밀도가 낮아져서 핵분열에 의해 발생되는 속중성자(Fast Neutron)를 열중성자(Thermal Neutron)로 감속시키는 비율이 줄어들게 된다. 따라서 핵분열에 기여하는 열중성자의 수가 줄어들어 원자로 출력은 감소된다. 즉, 원자로는 출력이 증가하면 출력을 감소시키려고 하는 「고유의 안전성」을 가지고 있다.

원자로 운전 중 출력이 급상승하게 되면 원자로냉각재의 온도가 급격히 증가하고 이에 따라 냉각재인 물의 부피가 팽창하면서 물의 밀도가 감소하게 된다. 즉, 물의 단위체적당 원자핵 수가 적어지므로 중성자와 충돌 횟수가 줄어들어 그만큼 중성자는 쉽게 원자로 바깥으로 빠져나가게 된다. 저농축 우라늄의 원전연료에는 우라늄-238이 약 97% 정도 포함되어 있는데, 출력 상승에 따라 원전연료의 온도가 증가하면서 도플러효과(Doppler Effect)에 의한 우라늄-238이 중성자를 더욱 많이 흡수하는 성질을 가지게 된다. 이러한 주요 특성에 따라 새로운 핵분열에 참여하는 중성자 수가 더욱 줄어들게 된다.

중성자 수의 감소는 핵분열 횟수를 줄이게 되고, 이에 따라 다시 원자로냉각재의 온도가 내려가게 된다.

이와 같이 원자로 내에 출력 변화가 생기면 그 변화에 대한 영향을 억제하여 처음의 출력 상태로 되돌리려는 성질, 즉 「고유의 안전성」을 가지고 있다.

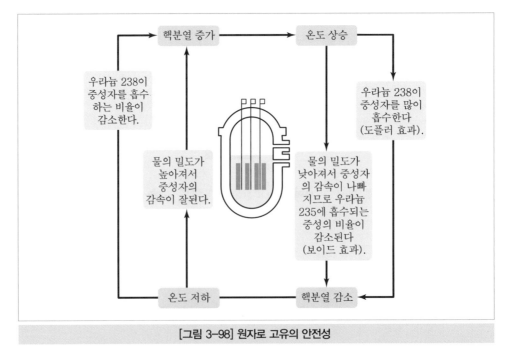

[그림 3-98] 원자로 고유의 안전성

(2) 연동장치(Interlock System)

원자로의 운전상태가 허용 범위를 벗어나 불안전한 방향으로 진행되거나 원자로를 제어하는 운전원의 실수로 인하여 기기(Components)를 오조작할 경우 자물쇠의 기능을 가진 연동장치가 자동으로 동작하여 고장으로 이어지는 더 이상의 진행을 억제하게 된다.

예를 들면, 원자로 출력이 정해진 제한치 이상으로 상승하거나 출력의 증가속도가 비정상적일 경우 원자로 출력을 조절하는 「제어봉(Control Rods)」이 원자로 노심 밖으로 더 이상 뽑히지 못하게 함으로써 중성자 수의 증가를 억제하여 출력상승을 제한하거나 운전원이 실수로 어떤 기기를 작동하려고 할 때 사전에 기기의 가동에 필요한 모든 준비가 되어 있지 않을 경우, 즉 예비 조작을 하지 않았을 경우에는 작동되지 않도록 설계되어 있다.

(3) 원자로의 긴급정지장치

원자로의 안전성에 영향을 미칠 수 있을 만큼의 이상 상태가 진행되려는 징후가 나타나면, 원자로 노심 밖으로 뽑혀 있던 모든 제어봉이 자동적으로 노심 속으로 삽입되어 원자로 내의 핵분열 반응을 신속하게 중지시킨다.

만약 「제어봉」만으로 충분하지 않을 경우에는 중성자를 잘 흡수하는 물질인 「붕산수」가 원자로 내에 추가로 주입된다. 원자로 긴급정지의 목적은 이상상태가 더 이상 확대되기 전에 원자로를 정지시켜 핵분열 반응을 완전히 중지시킴으로써 노심 내에서 더 이상의 열 발생을 억제하여 냉각재의 온도 및 압력의 급격한 상승을 방지하는 데 있다.

「원자로 긴급정지」는 원자로 안전상 필수적인 기능으로서 필요할 경우 반드시 제어봉이 자동으로 그 자체의 하중에 의해 노심 내로 자유 낙하되도록 설계되어 있다.

긴급정지 신호는 온도, 압력, 출력, 전원, 유량, 수위 등 15가지 이상의 변수 중에서 복합적으로 상호 연관된 20여 가지 이상의 신호에 의하여 어느 한 가지라도 정해진 제한치를 초과하게 되면 원자로는 정지하게 된다. 또한 각각의 변수들을 감지하고 원자로 정지신호를 발생시키는 장치 역시 2~4개의 다중설비로 되어 있어 일부가 고장이 발생하더라도 정지신호를 발생하는 데는 전혀 지장이 없도록 되어 있다.

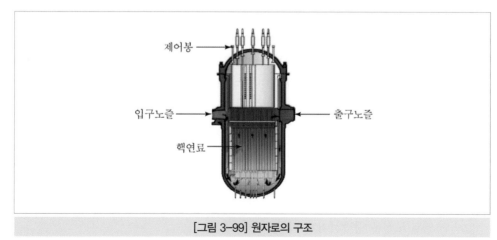

[그림 3-99] 원자로의 구조

(4) 원자력발전소의 안전설계

원자력발전소는 어떤 가상적인 천재지변에도 안전하도록 다중 방호벽과 공학적 안전설비를 설치하여 발전소 인근의 주민 및 종사자에게 위험을 주지 않도록 하고 있다. 즉, 원자력발전소의 부지(대략 30ton/m²의 부하 시 지반이 가라앉지 않는 지내력이 있는 부지)는 과거 여러 해 동안의 정밀조사(지질구조, 지진의 역사, 태풍, 해일, 기온, 강우량 등)를 거쳐 지반이 단단한 두꺼운 암반 위에 자연재해를 견딜 수 있도록 국제기준에 의한 설계에 따라 철근콘크리트로 견고하게 건설되므로 공중에서의 낙하물이나 지진[리히터 규모로 7도(목조 건물, 굴뚝 등이 무너짐) 이상의 강진에도 안전함] 등에 대하여도 구조적으로 안전하다.

3. 원자력발전소의 안전장치

(1) 심층방호개념 적용

원자력발전소 안전설계의 근본적인 개념은 「심층방호개념(Defense – in – Depth)」이다. 즉, 여러 겹의 방어선을 설치하여 발전소에서 고장(Incident)이 발생하거나 이상상태가 더욱 확대되어 발생되는 사고(Accident)를 각 방벽(Barrier)에서 방어하도록 하되 어느 하나가 실패하면 그 다음 방어선이 사고확대를 방지한다는 개념이다. 원자력발전소가 정상운전 상태를 벗어나서 안전에 영향을 줄 수 있는 일반적인 이상상태는 원자로 긴급정지로써 사고로 확대됨을 충분히 방지할 수 있지만, 긴급정지만으로는 도저히 막을 수 없는 고장도 있다. 한 예로써 원자력발전소 최악의 가상사고인 원자로냉각재 상실사고(LOCA ; Loss of Coolant Accident)를 들 수 있다. 이 고장은 원자로냉각재인 물이 순환되는 통로인 냉각재 배관이 순간적으로 완전히 파괴되어, 원자로 및 1차 냉각재계통의 냉각재가 모두 밖으로 빠져 나와 원전연료를 냉각시킬 수 있는 능력을 완전히 상실하여 원전연료가 과열되는 사고를 말하는데, 만에 하나라도 이런 가상사고가 발생하더라도 원자로 바깥에 별도로 설치되어 있는 보충수 탱크에서 자동으로 비상시를 대비한 냉각재 및 중성자 흡수물질인 붕산수를 함께 원자로 내에 공급하게 되면 핵분열 반응을 중지시킴과 동시에 과열된 원전연료를 냉각시켜 방사성 물질의 근원인 연료봉의 손상을 방지해 준다.

이러한 역할을 하는 것을 「비상노심냉각설비」라고 하며, 가압경수로형 원자로(PWR)에는 안전주입탱크, 고압안전주입장치 및 저압안전주입장치의 3가지 설비가 설치되어 있으며, 그 후속으로 격납용기살수장치(Containment Spray System)가 설치되어 있다.

1) 대형 냉각재 상실사고

원자로냉각재 주요 배관이 완전히 절단되어 원자로 내의 냉각재가 급격히 줄어드는 「대형의 냉각재상실사고」인 경우에는 먼저 고압안전주입장치가 작동하고, 이어서 안전주입탱크 및 저압안전주입장치가 순차적으로 작동하여 원자로 내에 붕산수를 공급하여 과열된 노심을 냉각시키게 된다.

2) 소형 냉각재 상실사고

원자로냉각재계통의 주요 배관이 약간 파손되어 원자로 내의 물이 서서히 감소되는 「소형의 냉각재상실사고」인 경우에는 먼저 고압안전주입장치가 작동하고 원자로 내의 압력이 점차 감소하게 되면 원자로 내의 냉각재가 끓게 되어 연료봉의 냉각이 어려워지고 이어서 안전주입탱크, 저압안전주입장치가 차례로 작동하여 과열된 노심을 냉각시킨다.

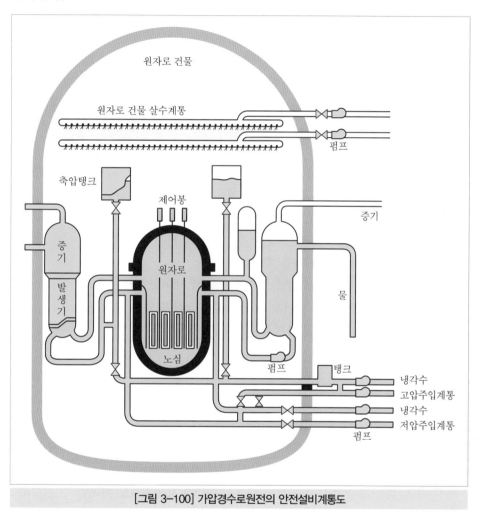

[그림 3-100] 가압경수로원전의 안전설비계통도

💬 원자로 안전설비

① 원자로 긴급 정지장치 : 제어봉 구동장치 및 붕산수 주입장치로 원자로의 연쇄반응을 정지시킴

② 비상노심냉각장치 : 안전주입탱크, 고압 및 저압 안전주입계통

③ 격납용기 압력강하장치 : 격납용기 살수계통으로 1차 측 배관 파열 시 증기로 인하여 높아진 격납용기 내의 압력을 감소시킴

④ 비상노심냉각계통 : 「비상노심냉각계통」은 제어봉에 의한 원자로의 긴급정지만으로는 수습할 수 없는 고장 발생 시에 그 부속장치인 안전주입탱크, 고압안전주입계통, 저압안전주입계통의 3가지가 고장의 크기에 따라 자동적으로 일련의 순서에 의해 작동된다. 이 장치들은 일단 펌프를 통해 원자로 내부로 보낸 냉각수를 회수하여 재사용할 수 있도록 재순환용 배관을 갖추고 있으므로 오랜 시간에 걸쳐서 원전연료를 냉각시킬 수 있다.

⑤ 격납용기살수계통 : 또한 원자로냉각재상실사고(LOCA) 시에 고온, 고압의 원자로냉각재가 파열 부위를 통해 원자로 및 관련 배관 바깥으로 빠져나오면서 높은 온도의 냉각재가 순간적으로 증발되어 원자로 건물 내에 매우 큰 압력을 형성하게 되는데, 이러한 현상을 방지하기 위해 원자로 건물 천정에 분무(압력강하)장치를 두어 원자로 건물 내의 압력이 상승하여 일정 한계치에 도달하게 되면 자동적으로 붕산수를 분사시켜 수증기를 응축시킴으로써 원자로 건물 내부 압력을 감소시킴과 동시에 인체에 유해한 방사성옥소(요오드) 기체를 제거하게 되며, 한편으로는 수증기 속에 섞여 있는 폭발성 기체인 수소(H_2)는 별도의 제거장치가 설치되어 제거하게 된다.

이와 같이 원자로의 안전에 관련되는 모든 설비들은 발전소 고장 시 정상적으로 작동되도록 동일한 기능을 갖는 기기를 필요한 양의 최소한 200%(100%짜리 2개) 이상을 확보하고 있다.

즉, 펌프, 관련 밸브, 탱크, 계측 및 제어설비 등은 최소한 2계통 이상 독립적으로 갖추어져 있어 어느 한 계통의 고장 발생 시 다른 한 계통이 작동하여 충분히 비상노심냉각 능력을 확보할 수 있도록 되어 있다.

4. 다중방호벽

다중방호벽 역시 심층방호(Defense-in-Depth) 개념으로서 방사능의 발생원인 원전연료와 방사선 방호의 최종 목표인 인근지역 주민 및 외부 환경 사이에 다음과 같이 「5겹의 방사능 차폐방벽(Multi-barrier)」을 설치함으로써 안전도를 향상시키고 그중의 어느 하나라도 정상적인 기능을 발휘할 경우 방사성 물질의 누출을 최대한 효과적으로 차폐할 수 있도록 되어 있다.

(1) 제1방벽(원전연료 : Fuel)

이산화우라늄(UO_2)인 원전연료가 제1방벽을 이루고 있으며, 핵분열에 의하여 생긴 각종 방사성생성물질이 이 원전연료 내에 대부분 존재하게 된다. 그러나 운전 중에 연료물질에 손상이 발생되면 내부에 존재하던 방사성 생성물질은 연료 밖으로 빠져나가게 되고 원자로냉각재 내의 방사능 농도는 증가하게 된다. 따라서 제1방벽으로서 원전연료의 건전성을 유지하는 것은 매우 중요하다.

(2) 제2방벽(원전연료 피복관 : Fuel Clad)

원전연료를 둘러싸고 있는 두께 약 0.6mm의 연료봉으로서 지르칼로이(Zircaloy)라는 특수 합금의 금속관으로 우라늄의 핵분열에 의해 생기는 방사성물질(고체 및 기체)의 거의 대부분이 이 피복관 내에 밀폐되어 방사선이 외부로 누출되는 것을 방지한다. 연료피복관 내부에는 약 25기압의 헬륨개스(He)를 충전하여 연료의 수축 및 팽창에 의한 완충작용을 하도록 하고 있다.

(3) 제3방벽(원자로 압력용기 : Reactor Vessel)

만일 원전연료 피복관에 결함이 생겨 방사성물질이 외부로 유출될 경우 고압에 견딜 수 있는 두꺼운(약 17~20cm) 강철로 만들어진 압력용기이며, 원전연료집합체들과 원자로 냉각재가 순환되는 원자로 압력용기 및 관련 배관에 의해 방사성 물질이 외부로 유출되지 않도록 하고 있다.

(4) 제4방벽(원자로건물 내벽 : Containment Vessel)

원자로건물 내부 전체에 피복된 약 6mm 두께의 철판으로서 원자로냉각재계통의 주요 기기(가압기, 증기발생기, 냉각재 펌프 등), 안전계통(원자로 긴급정지장치, 비상노심냉각계통, 격납용기살수계통 등) 및 관련 보조계통들이 설치되어 있는 공간 전체를 감싸고 있는 구조물로서 일반적으로 돔(Dome) 형태이다. 만일의 사태 발생 시에 방사성물질은 격납용기 내에 밀폐된다.

(5) 제5방벽(원자로건물 외벽 : Biological Shield)

강철로 된 격납용기 바깥에 약 120cm의 두꺼운 철근콘크리트로 된 건물로서 외부와의 기압조정이나 또는 여러 겹으로 된 여과기 등에 의해 어떤 경우에도 방사성 물질이 이 건물 내에 갇히게 되어 외부 환경으로 유출되는 것을 막는 최종적인 생물학적 방벽 역할을 한다. 이것은 격납용기 외부를 둘러싸고 있으며 돔(Dome) 형태이다. 원자로 건물 또는 격납 건물이라고도 한다.

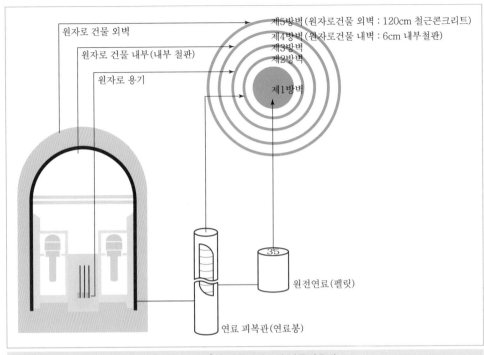

원자로 건물 외벽

원자로 건물 내부(내부 철판)

원자로 용기

제5방벽 (원자로건물 외벽 : 120cm 철근콘크리트)
제4방벽 (원자로건물 내벽 : 6cm 내부철판)
제3방벽
제2방벽

제1방벽

35

원전연료 (펠릿)

연료 피복관(연료봉)

[그림 3-101] 원자력발전소의 다중방호벽

5. 안전운전의 확인

(1) 운전원에 대한 교육훈련

원자로의 안전운전을 확인하기 위하여 안전에 관련되는 모든 기기의 조작은 반드시 보고하고 감독요원의 입회하에 원자로를 조종한다.

또한 발전소에서는 기기의 운전상태를 감시하기 위한 장비를 설치하여 운전상태를 실시간 기록하고 운전상황을 확인할 수 있도록 하며, 발전소 내부 및 외부에 각종 수많은 방사선 감시장치를 설치하여 이상 상태 여부를 감시하고 있으며, 안전에 관계되는 중요한 변수들은 모두 자동적으로 기록하고 있다. 전산기에 의해 기록된 각종 기록 자료들은 영구 보존된다.

원자로의 운전은 엄격한 기준에 의하여 자격을 취득하고(원자로조종사/원자로조종감독자) 충분한 장기교육과 실무경험이 풍부한 운전원만이 담당할 수 있다. 그리고 운전원들은 원자력 법령에 따라 반복적인 재교육을 이수하여야 하며, 이들이 이수하는 교육은 강의실교육, 원자로 운전실습 및 현장교육 등으로 이루어진다.

특히, 원자로 운전실습은 발전소의 중앙 제어실(Main Control Room)과 똑같은 형태와 시설을 갖춘 원자력교육원 및 원자력발전소 현장에 있는 교육훈련센터의 모의조종 훈련설비(Simulator)에서 이루어진다. 실습은 실제 운전 중인 발전소와 동일한 조건으로 프로그램 되어 있는 약 500여 종의 각종 상황(정상운전, 비정상운전 및 비상운전)을 반복하여 실습하기 때문에 예상되는 모든 고장 및 사고에 대한 비상대응능력을 향상시켜 운전원들이 비상시에 적절히 대처하도록 하고 있으며, 원자력 정비요원의 교육훈련을 위한 정비훈련센터가 설립되어 원자로의 분해 조립, 원전연료 취급설비의 조작, 증기발생기 및 원자로 냉각재펌프의 보수에 관한 실습설비와 기계, 전기 및 계측제어 분야 실습기자재 250여 종을 비롯한 방사선관리 및 화학실습장비들도 두루 갖추고 있다.

[그림 3-102] 원자력발전소 중앙제어실 전경(모의제어반)

6. 정부규제 및 국제감시기구

(1) 안전운용에 대한 규제 및 감시

원자력발전소는 과학기술정보통신부 및 원자력 안전기술원의 엄중한 심사를 거쳐 안전성이 확인되어야만 비로소 운영허가를 얻을 수 있다.

이 허가는 설계, 건설, 운영 등의 각 단계마다 별도로 획득하여야 하며 운영허가 후 원자로가 운전 중일 때도 안전에 관련된 사항은 규정에 따라 주기적으로 정부에 보고하고 각종 설비의 시험에 대한 검사를 의무적으로 받아야 한다.

또한 정부는 감독 책임이 있으므로 현장에 안전 감독관을 상주시키고 있고, 불만족 사항에 대해서는 이를 분석하여 안전한 방향으로 시정 및 조치를 취하도록 하고 있다.

국제적으로는 유엔 전문기관인 국제원자력기구(IAEA)에 가입하여 원자력의 평화적 이용에 관한 협약을 준수하며 정기적인 사찰도 받고 있다.

또한 원전 안전운용에 대한 신뢰도를 높이고자 국제원자력기구(IAEA) 산하의 원전 안전성 점검팀(OSART) 및 세계원전사업자협회(WANO)의 전문가들로부터 원자력 운영과 관련된 전 분야에 대하여 안전점검을 수행 중에 있으며 미국원자력발전협회(INPO)의 전문가를 초빙하여 안전점검에 대한 자문과 권고를 받고 있다.

그 외에 미국 원자력규제위원회(USNRC) 및 국제방사선방호위원회(ICRP) 등과 같은 원자력 관련 국제기구의 계속적인 감시 및 점검도 받고 있으며 국제기구의 감시 외에도 각종 민간기구나 국가 간 쌍무협정을 통하여 운전에 대한 각종 정보를 교환하고 전문가의 교환 방문 등 원자력발전소 안전을 공개적으로 점검 확인하고 있다.

6 방사선 안전관리

1. 방사선 일반

(1) 방사선의 종류와 차폐

자연에서 존재하는 대부분의 원소는 안정하여 그 상태가 변하지 않지만 그중 일부는 불안정하여 작은 입자 혹은 전자파를 발생하여 안정한 원소로 변화하는데, 이 과정에서 발생하는 입자 또는 전자파의 흐름을 "방사선"이라고 하며 원자력발전소의 핵연료인 우라늄 핵분열 시에도 이와 같은 방사선이 발생된다.

방사선은 투과작용, 이온화작용, 열작용, 사진작용, 형광작용 등 많은 작용을 하고 있으며 종류로는 감마선, X 선과 같은 전자기 방사선과 알파선, 베타선, 양성자선, 중성자선과 같은 입자 방사선으로 나누어진다. 이들 주요 방사선에 대한 차폐물질은 다음과 같다.

| 표 3-18 | 방사선 종류별 차폐물질

방사선의 종류	물리적 특성	차폐물질
감마선(γ), 엑스선(X)	전자파	납(중금속), 철판, 콘크리트
베타입자(β)	전자의 흐름	얇은 금속판(알루미늄)
알파입자(α)	헬륨 원소의 원자핵	종이 한 장 정도
중성자(n)	무전하	가벼운 물질(물), 콘크리트, 파라핀

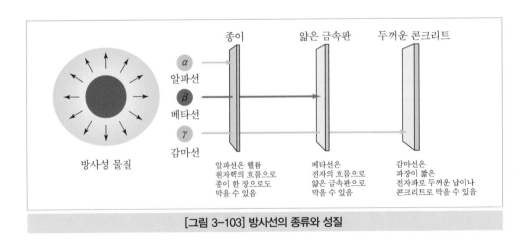

[그림 3-103] 방사선의 종류와 성질

(2) 방사성 붕괴

방사성 물질이 알파선, 베타선, 감마선 등 방사선을 방출하여 점차 그 양이 감소하는 현상을 "방사성 붕괴"라 하고, 방사성 물질이 붕괴하여 생기는 핵종이 방사성 핵종이면 또 다시 붕괴하여 최종적으로 안정한 원소로 변화하는데, 이를 "붕괴계열"이라고 한다. 그리고 방사성물질이 붕괴하여 줄어갈 때 그 양과 시간의 관계는 [그림 3-104]와 같이 지수함수를 따른다.

그리고 초기의 방사성 물질의 양을 $N0$, 시간이 t만큼 경과한 후의 방사성 물질의 양을 N, 비례상수(방사성물질의 붕괴상수)를 λ라 하며 $N = N0e - t$로 표시된다.

이와 같이 방사능 세기는 시간에 따라 감소하는데, 그 세기가 반으로 줄어드는 데 걸리는 시간을 "반감기"라 부른다.

반감기는 핵종(방사성 물질)에 따라 그 시간이 각각 다르며 수초에서 수년까지 다양하다. 반감기가 긴 핵종은 대부분 자연에 존재하는 자연방사성 물질들이고 인공방사선핵종들은 대부분 반감기가 짧은 것이 특징이다.

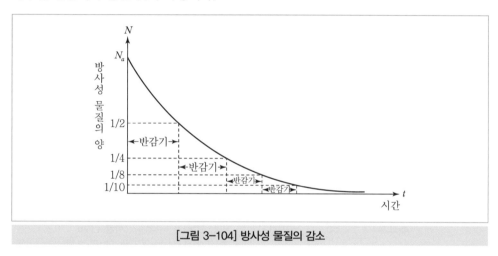

[그림 3-104] 방사성 물질의 감소

(3) 방사선의 단위

현재 사용하고 있는 방사선의 단위는 국제방사선 단위 측정위원회(ICRU)에 의해 제정된 쿨롱/킬로그램(C/kg), 그레이(Gy), 시버트(Sv)(종전에는 렌트겐－R, 라드－rad, 렘－rem) 등이 있다.

일반적으로 쿨롱/킬로그램(C/kg)은 방사선이 공기 중에서 전리시킨 양이 어느 정도 되는가? 그레이(Gy)는 방사선이 물질에 어느 정도 흡수되었는가? 시버트(Sv)는 방사선이 인체에 어느 정도 흡수되는가? 를 나타낸다. 그 외에 방사능의 단위는 「베트렐(Bq)」(종전에는 큐리(Ci))로 나타내고 있으며 이는 원자핵이 방사선을 방출하여 다른 원자핵으로 변환하는 성질 또는 능력을 말하고 있다.

다음은 방사선 단위에 대하여 보다 자세히 설명하고 있다.

1) 1렌트겐(R) = 1esu/cm²(공기) = 88.7erg/g(공기)@STP

표준상태(STP)의 건조 공기 1cc(0.001293g) 속에 만들어지는 이온쌍의 어느 한쪽 전하에 의해 1esu의 전기량을 생성하는 엑스선 또는 감마선의 양

2) 1라드(rad) = 100erg/g = 10밀리그레이(mGy)

어떤 물질 1g에 100erg의 에너지가 흡수되었을 때 1rad라고 한다.

3) 1렘(rem) = 10밀리시버트(mSv)

1라드(rad)의 엑스(X)선 또는 감마(r)선을 흡수하였을 때와 생물학적으로 동일한 효과를 나타내는 방사선량이다.

4) 1큐리(Ci) = 3.7×10^{10} 베크렐(Bq)

라듐(Ra-226) 1g이 방출하는 방사능의 강도를 말하며 또한 1초당 3.7×10^{10}개의 방사선을 방출하는 방사성 물질의 양을 나타낸다.

| 표 3-19 | 방사선의 단위

명칭	단위	종전단위	특징
클롱/킬로그램	C/kg	렌트겐(R)	• 공기에 대한 조사선량으로 감무(γ)선과 엑스(X)선에 사용함 • 대상 : 공기(조사선량)
그레이	Gy	라드(Rad)	• 물질에 대한 방사선 흡수선량으로 모든 방사선에 사용함 • 대상 : 모든 물질(흡수선량)
시버트	Sv	렘(Rem)	• 방사선의 종류와 에너지에 관계없이 인체에 동일한 생물학적 효과를 나타내노톡 환산한 단위임 • 대상 : 인체 – 등가선량(흡수선량×방사선가중치) – 유료선량(등가선량×조직가중치)
베크렐	Bq	큐리(Ci)	• 단위시간(1초)당 붕괴하는 방사성 물질의 양을 의미하며 세기(강도)를 나타냄(방사능 단위) • 대상 : 방사성 물질(기체, 액체, 고체)

| 표 3-20 | 조직 가중치

조직 또는 장기	조직 가중치(WT)	조직 또는 장기	조직 가중치(WT)
생식선	0.20	간	0.05
골수(적색)	0.12	식도	0.05
대장	0.12	갑상선	0.05
폐	0.12	피부	0.01
위	0.12	뼈 표면	0.01
방광	0.05	기타 조직	0.052.3
유방	0.05		

| 표 3-21 | 방사선 가중치

방사선의 종류	방사선 에너지 범위	방사선 가중치
광자	모든 에너지	1
전자 및 뮤온	〃	1
중성자	E < 10kwV	5
	10keV < E < 10keV	10
	100keV < E < 2MeV	20
	2MeV < E < 20MeV	10
	E > 20MeV	5
반조양자를 제외한 양자	E > 2MeV	5
알파 입자, 핵분열생성물 및 중핵	–	20

(4) 소내 방사선 감시 및 선량관리

1) 방사선 감시

원자력발전소에는 건물 내부 및 부지 내에 일정한 장소에 방사선 측정 장비를 설치하여 항상 방사선(능)의 양을 측정 감시하고 있다.

부지 내에서 측정된 방사선(능)의 양은 발전소 주제어실(MCR)의 감시제어반에 자동적으로 나타나고 기록되어 운전원이 항상 확인 및 점검할 수 있으며 만약 이상상태가 발생할 경우에는 자동으로 경보가 울리게 되며 액체 및 기체 방사성 폐기물 배출의 경우에는 자동으로 배출이 차단되어 더 이상의 방사성 물질의 확산을 방지하는 등 필요한 제반 조치를 취할 수 있게 되어 있다.

2) 선량관리

인체가 방사선에 피폭되는 경우 이에 대한 영향을 체외피폭과 체내피폭의 2가지로 분류하여 평가하고 있다.

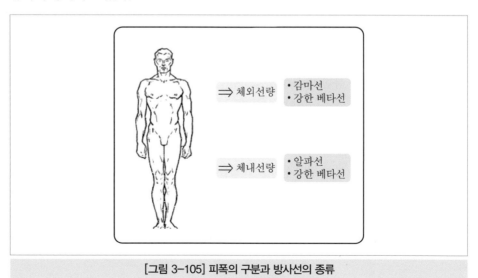

[그림 3-105] 피폭의 구분과 방사선의 종류

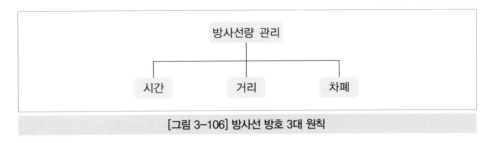

[그림 3-106] 방사선 방호 3대 원칙

① 체외 선량관리

방사선의 체외선량이란 인체의 외부가 방사선에 노출되어 받게 되는 경우를 말하며 주로 감마(γ)선 또는 높은 에너지를 가진 베타(β)입자가 주요 대상이다.

방사선 피폭에 대한 선량한도가 법으로 규정되어 있고, 방사선안전관리원과 종사자 자신은 불필요한 피폭선량을 줄이는 데 최선을 다하여야 한다.

이에 대한 방법으로는 다음과 같은 세 가지 원칙을 준수해야 한다.

- 방사선의 세기는 방사선원이 점선원인 경우 종사자와 방사선원의 거리제곱에 반비례하므로 "방사선원으로부터 최대한 거리를 멀리 유지"하는 것이 필요하고, 거리 유지가 불가능할 경우는 원격 조정기기 등을 사용하여야 한다.
- 피폭선량은 시간에 비례하므로 "작업시간을 최대한 단축"시켜야 하며 이렇게 하기 위해서는 작업 전에 사전 모의훈련 등을 실시하여 작업시간을 최소화한다.
- 방사선의 세기를 충분히 제거 또는 경감시켜야 하므로 "방사선원과 종사자 사이에 적절한 차폐체를 설치"함으로써 피폭선량은 최대한으로 줄일 수 있으며 이것을 「체외 방사선량관리의 3대 원칙」이라고 한다.

② 체내 선량관리

체내 선량은 방사성 물질(기체, 액체, 고체)이 음식물, 호흡 또는 피부를 통하여 인체 내에 흡수될 때 흡입 방사성물질로부터 받게 되는 선량을 말하며 체외 선량관리에서 문제가 되지 않는 알파(α)입자 또는 낮은 에너지를 가진 베타(β)입자도 체내 선량에서는 주요 대상이 된다.

이 체내 선량을 최대한 방지하기 위해서는 다음과 같이 해야 한다.

- 호흡을 통한 방사성물질의 유입을 차단하여야 하고, 이를 위해서는 적절한 방호장구를 착용하여야 한다.
- 경구를 통한 방사성물질의 유입을 차단하여야 하고, 이를 위해서는 방사선관리구역에서는 음식물 등을 먹지 않아야 한다.
- 피부를 통한 방사성물질 유입을 막기 위해서는 적절한 방호장구를 착용하여야 하고, 특히 피부상처가 있을 경우 가급적 방사선구역 출입을 삼가야 한다.
- 인체 내 방사성물질이 섭취되었을 경우는 배설 촉진제 등을 통하여 소변이나 대변으로 방사성물질을 가능한 빨리 배설시켜야 한다.

③ 선량측정 및 평가

체외선량 측정은 주선량계(TLD)와 보조선량계(ADR)로 하고 이들 선량계는 가슴 부위에 착용한다. 그리고 선량평가는 매월 1회 평가하는 주선량계 판독 값으로 하고 보조선량계는 작업관리용으로 사용된다.

체내선량 측정 및 평가는 전신계측기와 액체섬광계수기 측정값으로 이루어진다. 종사자 개인의 총 선량은 체외선량과 체내선량의 합이며 종사자 및 일반인의 선량 한도는 다음과 같다.

| 표 3-22 | 종사자 및 일반인의 선량한도

적용대상		선량한도	
		종사자	일반인
유효선량		연간 50mSv를 넘지 않는 범위에서 5년간 100mSv	1mSv/yr
등가 선량	수정체	150mSv	15mSv
	피부	500mSv	50mSv
	손/발	500mSv	50mSv

(5) 방사선이 인체에 미치는 영향

방사선의 인체 피폭영향을 간단히 분류하면 [그림 3-107]과 같다.

[그림 3-107] 방사선의 인체 피폭영향

신체적 영향에서 급성과 만성영향을 살펴보면 다음과 같다.

1) 급성영향

잠복기가 수 주일 이내에 나타나는 영향으로, 대표적인 영향으로는 구토, 홍반, 혈액변화 등이 있다. 잠복기간은 피폭선량에 따라 다르며 원칙적으로 선량이 클수록 잠복기간은 짧다. 급성영향은 대개 대량의 방사선피폭이 아니면 나타나지 않는다. [표 3-23]은 방사선량에 따른 인체의 급성장해 영향이다.

| 표 3-23 | 방사선량에 따른 인체의 급성장해 영향

선량범위(Gy)	임상학적 증상	비고
0~0.25	증상 없음	–
0.25~1.0	대체로 증상이 없으나 일부 오심, 구토 같은 가벼운 피폭의 전조 증상이 있을 수 있음	적혈구, 백혈구 및 혈소판 감소
1.0~3.0	심한 구토증, 빈혈, 무력감 및 감염예상	심각한 혈액학적 장해이나 회복 가능
3.0~6.0	위의 증세 외에 출혈, 설사 및 영구불임	4.5~5.0Gy에서 피폭자 50% 정도가 사망(반치사선량, $LD_{50/30}$)
>6.0	위의 증세 외에 중추신경계 손상 및 장해, 10Gy 이상 피폭자는 혼수상태	거의 100% 사망($LD_{100/30}$)

2) 만성영향

방사선 피폭 후 수개월 내지 수십 년 후 나타날 수 있는 인체장해를 만성효과라 한다. 만성효과는 방사선 피폭선량과 생물학적 영향의 발생관계가 확률적 과정에서 나타난다. 그러므로 방사선 피폭으로 인한 만성효과를 판단하는 것은 사실상 어렵다.

왜냐하면 피폭 후 장해의 증상이 나타나는 시점까지 장기간이 소요되고 장해가 반드시 피폭으로 인한 것이라는 결정적인 증거를 얻을 수 없으며 일반적으로 만성효과는 방사선 피폭 없이도 자연적으로 발생할 수 있기 때문이다.

2. 원전과 주변환경

(1) 원전 주변의 환경방사선 감시

방사성폐기물의 배출에 의한 주변의 방사선량은 정기적으로 측정 평가할 뿐만 아니라 실제로 방사선 준위의 변화를 확인하기 위해 발전소 주변지역(약 20km 반경 이내)의 주요 지역에는 방사선량을 측정하는 각종 방사선 측정장치(모니터링 포스트 : 환경방사능 감시소)를 설치하여 24시간 감시하고 있으며 방사선량이 환경 기준치를 초과할 때는 즉각 경보기가 울리게 되어 있고 또한 환경에 미치는 영향을 분석 평가하기 위해 한수원(주), 한국안전기술원, 민간환경감시기구 등이 공동 또는 독립적으로 주변 농작물, 토양, 식수, 해조류, 패류, 바닷물, 공기 등 20여 종 이상을 정기적으로 채취하여 방사선량이나 방사능의 농도를 정밀하게 측정하는 등 환경방사능 감시에도 철저를 기함은 물론 공정성 및 신뢰성을 확보하기 위하여 주변지역 주민과 공동으로 시료를 채취하여 지역대학(고리는 부산대학교)에 분석 의뢰하여 그 결과를 대학담당자가 주민공청회를 열어 발표하도록 하고 있다.

[그림 3-108] 원자력발전소 주변환경 방사선 감시

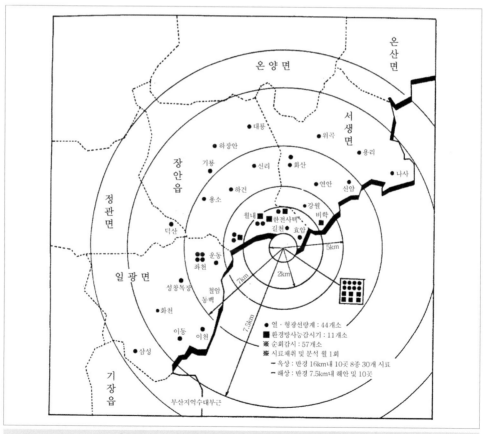

[그림 3-109] 원자력발전소 방사선 감시계통 현황(예시)

[그림 3-110] 환경방사능 감시기

(2) 발전소와 온배수 영향

원자력발전소의 냉각수로 쓰이는 바닷물은 취수구로 들어와 터빈 건물(방사선이 없는 구역)에 설치된 복수기에서 터빈 발전기를 돌리고 난 증기를 냉각시켜 물로 환원시킨 다음 배수구를 통하여 바다로 방류된다.

배수구에서 나오는 온수는 타원형으로 확산되며 그 확산 범위는 극히 가까운 해역에 제한되어 있다. 발전소로 들어가는 물(취수)과 나오는 물(배수)의 온도 차이로 연중 약 7~9℃ 정도로 해류와 밀물, 썰물 등 지역 사정에 따라 다르지만 대체적으로 배수구 근처 약 1km 정도 떨어진 인접해역에서는 주변의 바닷물 온도와 거의 같아지게 된다.

이 배수구 부근 해역의 온도 증가에 따라 해양 생물의 일부가 다른 곳으로 스스로 이주하는 현상을 예측할 수 있겠으나 반면에 새로운 어족군 또는 해양생물이 서식할 수 있다.

일부 선진국(미국, 영국, 일본 등)에서는 발전소 일근에 온배수를 이용한 채소의 재배 및 물고기, 조개류 등의 양식장 운영이 성행하고 있다. 우리나라에서도 현재 보령화력발전소, 영광원전, 월성원전에서도 온배수를 활용한 양식장을 운영 중으로 그 결과에 따라 발전소 주변 어민의 소득증대에 크게 기여할 것으로 기대되고 있다.

결국 원자력발전소의 온배수로 인한 온도 차는 별로 크지 않고 또한 그 확산 범위도 넓지 않아서 해양 생태계에 미치는 영향은 문제가 되지 않고 있다. 또한 이러한 온배수는 원자력발전소뿐만 아니라 화력발전소나 기타 산업시설에서도 나오고 있다.

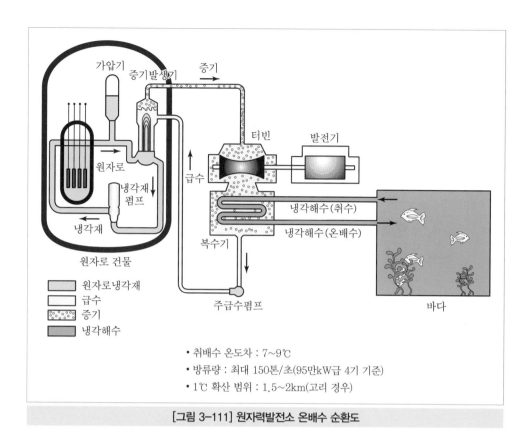

· 취배수 온도차 : 7~9℃
· 방류량 : 최대 150톤/초(95만kW급 4기 기준)
· 1℃ 확산 범위 : 1.5~2km(고리 경우)

[그림 3-111] 원자력발전소 온배수 순환도

(3) 원전의 방사선과 인간수명의 관계

원자력발전소는 핵분열반응을 일으키고 그 결과 열에너지 및 방사선을 발생시키는 우라늄을 사용하고 있으므로 만약 사고가 발생하여 대량의 방사선이 방출될 경우 그 위험도는 매우 크므로 원자로를 안전하게 보호하는 여러 가지 안전장치를 시설하고 있다.

이에 대한 중요성은 원자로 개발 초기부터 인식되어져 원자력발전소 건설은 가장 엄격한 설계기준, 구성기기의 품질관리, 다중성 및 독립성을 가진 안전장치 등으로 많은 비용과 시간을 투자해 온 결과 다른 어떤 사고나 질병이 건강에 미치는 영향에 비해 훨씬 작은 영향을 미치고 있으며 사고 자체도 발생 확률이 매우 낮다.

| 표 3-24 | 각종 원인에 의한 평균 수명 단축기간의 비교

원인	수명단축기간	원인	수명단축기간
흡연(남성)	6.16년	술	130일
심장병	5.75년	당뇨병	95일
비만(30% 과체중)	3.56년	약의 오용	90일
광부	3.01년	방사선 피폭작업	40일
암	2.68년	자연방사선	8일
비만(20% 과체중)	2.46년	X-선	6일

흡연(여성)	2.19년	커피	6일
뇌일혈	1.42년	경구 피임약	5일
시가 흡연	330년	자전거사고	5일
파이프 흡연	220년	원자력발전소 방사선	<0.02일
폐렴-열병	141년		

■ 자료 : Radiation and Human Health, EPRI journal 4, #u

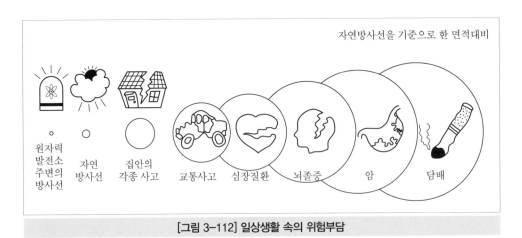

[그림 3-112] 일상생활 속의 위험부담

(4) 일상생활과 방사선

지구는 형성될 때부터 존재하는 방사성 물질이 미량이긴 하지만 흙, 공기, 물, 음식물 중에 포함되어 있으며 또한 우주공간에서 지상으로 내려오는 우주선이라는 방사선도 있다. 이를 "자연방사선"이라 한다. 그리고 인위적인 행동에 의해 발생되는 방사선을 "인공방사선"이라 하는데, 병원에서 검진 및 치료에 사용하는 방사선, 원자력발전소와 같은 곳에서 발생되는 방사선을 말한다.

우리들은 보통 일상생활에서 방사선 피폭의 정도를 알아보면 자연방사선은 연간 약 2.4밀리시버트(mSv) 정도이고, 인공방사선으로는 가슴 엑스(X)선 1회 촬영 시 받는 피폭선량은 0.03~0.05밀리시버트(mSv), 암 치료 시는 6,000밀리시버트(mSv) 정도이다. 참고적으로 우리나라 규정상 원자력 분야에서 근무하는 종사자는 5년간 100밀리시버트(mSv), 일반인은 연간 1밀리시버트(mSv)를 넘지 않도록 되어 있다.

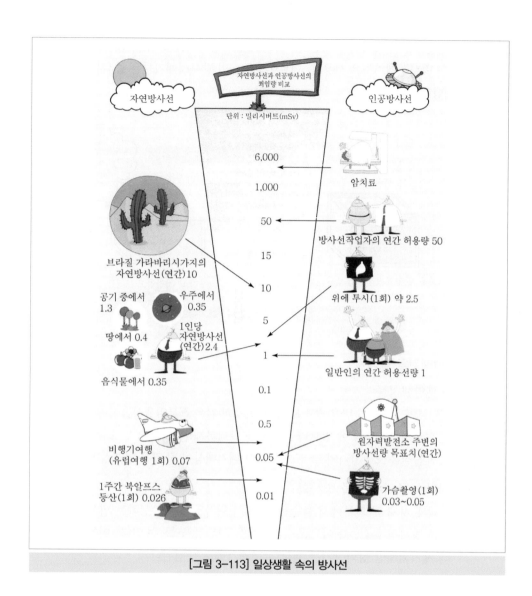

[그림 3-113] 일상생활 속의 방사선

7 방사성폐기물 관리

1. 방사성폐기물 처리

(1) 개요

방사성폐기물의 정의는 방사성 물질 또는 그에 의하여 오염된 물질로서 폐기의 대상이 되는 물질(사용 후 연료 포함)을 말하며, 방사성 물질은 핵연료물질, 사용 후 핵연료, 방사성 동위원소 및 원자핵분열 생성물을 말한다.

그리고 고준위와 중·저준위 방사성폐기물의 구분은 방사능 농도가 반감기 20년 이상의 알파선을 방출하는 핵종으로 4,000Bq/g 및 열발생률이 2kW/m³ 이상일 때 고준위 방사성폐기물, 그 외 방사성 물질은 중/저준위 방사성폐기물로 나누어진다. 그 예를 들어보면 고준위 방사성폐기물은 사용 후 연료이고, 그 외 방사성폐기물은 중/저준위 방사성폐기물에 해당된다.

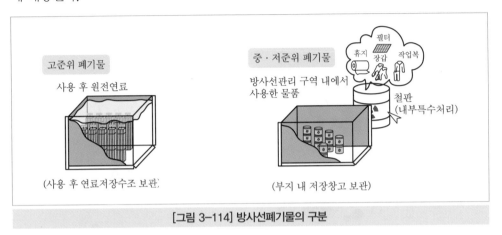

[그림 3-114] 방사선폐기물의 구분

(2) 방사성폐기물 발생원

1) 핵분열생성물

핵연료와 중성자가 반응하여 옥소, 지논 등과 같은 핵분열생성물이 생성되며 이들 생성물은 연료피복재 내부에 있으나 드물게 연료피복재 손상 시 외부로 누출되어 기체, 액체, 고체 물질을 오염시키며 결국 그 물질이 폐기대상이 될 경우 방사성 폐기물이 생성된다.

2) 냉각수 중의 불순물 방사화

냉각재 자체 및 외부에서 불순물 유입 시 원자로에서 발생하는 방사선과 반응하여 새로운 방사성 물질, 즉 아르곤-41, 질소-17 등을 들 수 있다. 이들은 정화장치에 의해 제거되지만 정화장치는 결국 고체폐기물로 생성된다.

3) 부식생성물의 방사화

원자로계통의 주요 구조물 재질은 부식에 강한 것으로 사용하고 있으나 보충수 계통으로부터 유입된 미량의 금속성 부식생성물들은 원자로 내 방사선과 반응하여 방사화 부식생성물을 생성한다. 그 예로 크롬-51, 코발트-60 등을 들 수 있다.

(3) 방사성 폐기물처리

1) 기체 폐기물 처리

기체상태의 방사성 물질인 지논(Xe), 옥소(I) 등의 기체 폐기물이 발생되는데, 기체폐기물은 반감기가 짧으므로 일정 기간(45~60일 정도) 동안 발전소 내의 저장탱크에 저장하거나 활성탄 필터를 통해 그 방사능의 양을 법적 규정치 이하로 충분히 감쇄시킨 후에 외부로 배출하고 있으며 배출구에는 방사선 연속 감시기가 설치되어 규정치 이상 시에는 경보가 울리고 배기밸브는 자동적으로 차단되도록 되어 있다.

2) 액체 폐기물처리

액체 폐기물은 발전소 내의 저장탱크에 저장하였다가 방사능 준위가 낮은 폐액은 이온 교환수지로 치환하거나 또는 여과기를 통하여 원자로 냉각재로 재사용 또는 바다로 배출하고 있고, 방사능 준위가 높은 것은 여과기, 이온교환수지 및 증발기를 통하여 규정치 이하로 방사능량을 충분히 감쇄시킨 후 바다로 배출하고 있다.

액체 폐기물 배출 시 방사선 연속 감지기가 설치되어 규정치 이상 시에는 경보 발생과 더불어 배수밸브를 자동적으로 차단하여 외부로의 오염물질 배출을 최소화하고 있다.

3) 고체 폐기물처리

방사성 물질을 함유한 장갑, 종이류 등은 압축처리하여 특수드럼에 보관하고 기체 폐기물처리 과정에서 발생한 필터류, 활성탄 등은 특수드럼에 보관한다. 그리고 액체 폐기물처리 과정에서 발생한 필터류, 각종 이온교환수지, 농축폐액 등은 고화처리 또는 특수드럼에 보관하고 있다. 이렇게 발생된 특수드럼들은 발전소 내 폐기물저장고에 임시 저장하였다가 처분장으로 이송하여 영구처분하게 된다.

또한 원자로에서 사용한 연료는 방사능 준위가 매우 높으므로 재처리 또는 영구처분될 때까지 발전소 내 연료저장조(Spent Fuel Pool) 물속에서 냉각 및 저장하고 있으며, 장기간 물속에 저장된 연료는 건식 저장하기도 한다.

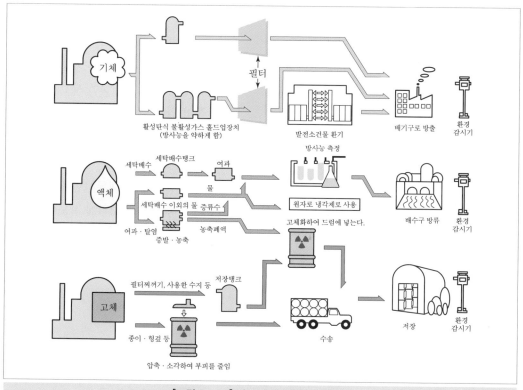

[그림 3-115] 방사성 폐기물처리 개략도

2. 방사성폐기물 처분

(1) 개요

방사성폐기물 처분이란 향후 다시 끄집어내지 않는다는 의도하에 방사성폐기물을 특정한 장소에 보관 및 관리하여 인간 생활권에서 완전히 격리하는 것을 말한다.

원자력발전소에서 나오는 방사성폐기물로는 농축폐액, 이온교환수지(Resin), 여과기(Filter), 오염된 장비 및 공구류, 폐기 방호복, 고무장갑, 신발 덮개 등이며 이들 폐기물은 압축, 고화 등으로 최소화 및 안정화하여 드럼에 넣고 발전소 부지 내 임시저장하고 있다. 이를 드럼은 처분장으로 옮겨 영구처분하게 되는데, 그 처분방법은 천층처분, 동굴처분 및 해양처분이 있다.

(2) 영구처분 방식별 특징

1) 천층처분

이 처분방식은 점토 등의 토양지반에 일정 깊이의 트렌치(Trench)를 파고 방사성폐기물을 매립한 후 그 위에 토양을 덮는 방식으로, 미국의 반웰 처분장이 그 전형적인 예라 할 수 있다.

이 처분방식은 모두 저투수성의 점토층 위에 위치하며 처분장이 위치하는 지역의 강우량은 매우 적어야 하며 다른 처분방식에 비해 건설 및 운영작업이 용이하지만 폐기물이 지하수 및 지표수와 쉽게 접촉하는 것이 단점이다.

2) 동굴처분

이 방식은 지하 50~100m 범위에서 암반 내 동굴을 굴착하거나 폐광을 재굴착하여 폐기물을 처분하는 개념으로 천층처분방식에 비해 자연적 혹은 인위적인 사고로부터 폐기물을 격리·방호할 수 있는 효과가 크다는 장점이 있다. 스웨덴 포스마크처분장은 동굴처분방식을 채택하고 있다.

3) 해양처분

해양처분은 방사능이 중/저 준위인 경우에만 해당하며 대륙붕, 대륙사면에서 떨어져 있는 해역으로서 수심이 4,000m 이상 되는 화산의 활동이 없는 해역에 처분하되 특히 폐기물의 용기는 부식되지 않아야 하고 낙하 중 및 착지 후에도 폐기물이 바깥으로 누설되지 않도록 비중이 1.2 이상인 특수 재질 등을 사용해야 한다. 1981년 이후에는 국제적으로 해양처분이 금지되고 있다.

방사성 폐기물 처분 개념도는 [그림 3-116]과 같다.

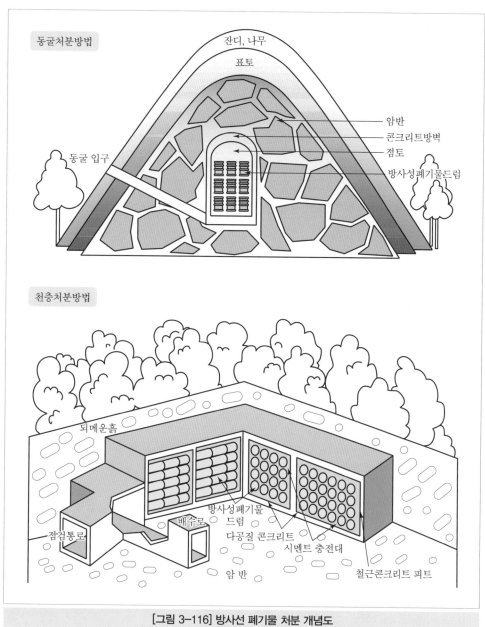

동굴처분방법

잔디, 나무

표토

암반
콘크리트방벽
점토
방사성폐기물드럼

동굴 입구

천층처분방법

되메운흙

방사성폐기물
드럼
다공질 콘크리트
시멘트 충전대
철근콘크리트 피트
암반

점검통로
배수로

[그림 3-116] 방사선 폐기물 처분 개념도

(3) 외국의 처분장 운영실태

1) 일본 로카쇼무라 처분장

아오모리현 로카쇼무라에 위치한 일본의 처분장은 지표면을 일정한 깊이까지 파서 콘
크리트 방을 여러 개 만들고 그 안에 폐기물 드럼을 차곡차곡 쌓아 처분하는 방식을 사
용하고 있으며 1992년 12월부터 운영 중이다.

2) 스웨덴 포스마크 처분장

스웨덴의 수도인 스톡홀름에서 북쪽으로 160km 정도 떨어진 발틱 해안가에 위치하고 있으며 세계에서 유일한 해저 처분장으로 수심 5m 되는 바다 밑 60m 암반 속에 만들어진 동굴 처분장이다. 육지 진입구로부터 약 1km 떨어져 있다.

3) 프랑스 라망시 처분장

프랑스 서해안 노르망디 지방의 셸브르 인근에 위치하고 있는 라망시 처분장은 1969~1994년까지 운영되었으며 점토질의 땅을 약 10m 깊이로 파고 콘크리트 바닥과 벽을 만든 후 폐기물 드럼을 쌓고 점토질 흙으로 덮는 방식이다. 프랑스 정부는 파리 동쪽 약 150km 지점의 로브지방의 슬레인에 새로운 처분장을 건설하여 1992년부터 운영 중이다.

4) 미국 반웰 처분장

1971년부터 운영되고 있으며 점토층의 지반을 일정한 깊이까지 파서 그 속에 폐기물 드럼을 차곡차곡 쌓고 그 위를 흙으로 덮는 간단한 방법을 채택하고 있다.

(4) 우리나라 영구처분장 현황

1) 개요

사례
- 위치 : 경북 경주시 양북면 봉길리 일대
- 부지면적 : 약 64만 평
- 시설규모 : 1단계 10만 드럼(총 80만 드럼)
- 처분방식 : 동굴처분
- 사업기간 : 2006. 1~2009. 12(1단계)
- 시설개요
  원자력발전소 운전과정에서 발생하는 액체폐기물, 잡고체 등과 병원, 산업체 등에서 발생하는 중·저준위방사성폐기물을 영구적으로 처분하기 위한 시설 및 관련 부대시설
  * 주설비 : 처분동굴, 인수검사시설, RI 처리건물, 임시저장시설 등
  * 부대시설 : 종합사무실, 홍보관, 중앙창고, 장비수리실 등
- 사업 추진일정
  2005.11 : 최종 후보부지 확정
  2006. 1 : 전원개발사업 예정구역 지정고시
  2006. 2 : 환경영향평가, 방사선환경영향평가 조사 착수
  2007.10 : 전원개발사업 실시계획 승인 취득
  2007.11 : 부지정지 착수
  2007.12 : 건설·운영 허가 취득
  2009.12 : 준공(1단계 10만 드럼 규모)

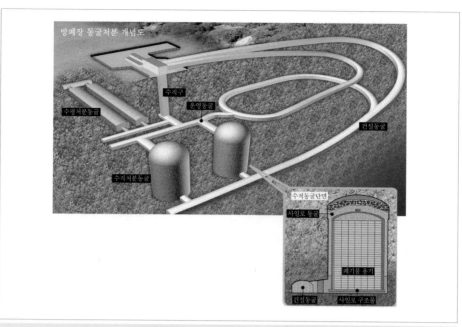

[그림 3-117] 방폐장 동굴처분 개념도

2) 처분시설의 안전성

① 제1방벽 : 방사성폐기물 자체의 안전성

처분시설의 인수기준에 적합한 폐기물을 처분하는 것으로 처분 제한치를 만족하고 고체 또는 고화, 비분산성 등을 준수하도록 하여 철제 또는 콘크리트의 특수 포장용기를 사용하고 있다.

② 제2방벽 : 공학적 방벽에 의한 안전성

콘트리트 구조물이나 폐기물 용기 사이의 되메움 물질을 이용하는 것으로 시멘트, 모르타르, 혼합 점토 등을 채워 추가적인 안전성을 제공하고 있다.

③ 제3방벽 : 자연 방벽에 의한 안전성

암반이나 토양을 통하여 방사성 핵종의 이동 억제를 수행함으로써 장기적인 처분안전성을 확보할 수 있다. 이는 최종적으로 처분시설 주변 환경으로의 핵종이동을 저지하기 위한 자연방벽으로서의 기능을 수행하고 있어 처분장이 다중방벽 개념을 통한 안전성을 최대한 보장하고 있다.

3) 방사선 환경관리

방폐장에서는 주민이 살고 있는 외부환경으로 방사성 물질이 누출되지 않도록 철저하게 관리하고 또한 민간환경감시기구를 운영하여 처분장 건설 및 운영으로 인한 주변 환경영향을 지역주민이 직접조사 및 확인하여 사업에 대한 투명성과 신뢰성을 높일 계획이다.

① 방사선 측정방법 : 처분시설 주변 30km 이내 지역에 10대의 환경방사선감시기를 설치하여 24시간 감시하고 있다.

② 환경방사능 조사 : 환경방사선뿐만 아니라 주기적으로 육상 및 해상 시료를 지역대학과 공동으로 채취, 분석 및 발표하여 환경조사의 신뢰성을 높이고 있다.

4) 방사성 폐기물 처분과정

(a) 방사성 폐기물 저장

(b) 부두 하역

(c) 육상 운반

(d) 해양 운반

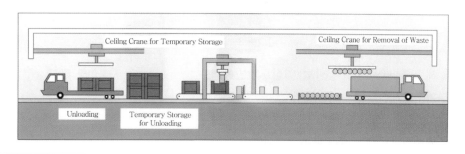

[그림 3-118] 방사성 폐기물 운반방법

(a) 운반과정   (b) 저장방법

(c) 저장상태   (d) 지하저장

[그림 3-119] 방사성 폐기물 처분과정

1 해수담수화 플랜트 개요

1. 담수화 플랜트

바닷물을 비롯한 원수(Raw Water)로부터 염분을 포함한 용해 물질을 분리하여 순도 높은 일반공업용수 또는 식수 등을 만드는 설비를 말한다.

| 원수 | ⟶ | 담수화 Process | ⟶ | 활용 |

[그림 3-120] 담수 Process

① 해수(Seawater) – 증발법/역삼투압법 – 식수
② 기수(Brackish) – 역삼투압법 – 공업용수
③ 강, 호수 – 전기투석법 – 발전용 첨가수
④ 폐수 – 냉동법 – 폐수처리
⑤ Hybrid법 – 재활용수

> **참고** 염도에 따른 물의 구분(TSD ; Total Dissolved Solid)
> • 담수(Fresh Water) 500~1,000ppm
> • 강물(River Water) 500~2,000ppm
> • 저염수(Low Brackish Water) 1,000~5,000ppm
> • 고염수(High Brackish Water) 5,000~15,000ppm
> • 해수(Seawater) 35,000~45,000ppm
> • 농염수(Brine) 50,000ppm 이상

2. 해수담수화 플랜트

해수생활용수나 공업용수로 직접 사용하기 힘든 바닷물로부터 염분을 포함한 용해물질을 제거하여 순도 높은 음료수 및 생활용수, 공업용수 등을 얻어내는 일련의 수처리 과정을 말한다. 해수탈염(海水脫鹽)이라고도 하며, 해수를 담수로 생산하는 데 사용되는 설비를 해수담수화 설비 또는 해수담수화 플랜트라고 한다.

해수담수화 설비는 지구상의 물 중 97%나 되는 해수나 기수를 인류의 생활에 유용하게 쓸 수 있도록 경제적인 방법으로 염분을 제거하여 담수로 만드는 설비이다. 비가 땅 위에 떨어지면 여러 경로를 통해 바다로 흘러가게 되는데, 물이 땅 위와 땅속으로 흐르는 동안 무기염류

(Mineral)와 다른 물질 등이 용해되어 점점 염도가 증가한다.

바다나 저지대에 도착한 물은 태양에너지에 의해 증발하게 되며, 이 증발과정에서 염을 남기며 순수한 물만이 구름을 형성하고 비가 되는 순환을 한다. 이것은 물리적인 분리가 이루어지는 증발과정 및 수증기가 찬 공기를 만나서 빗물로 변하는 응축과정을 잘 나타내고 있는데, 이러한 과정이 자연현상에서 볼 수 있는 대표적인 담수화(Desalination)라 할 수 있다.

3. 해수담수화의 기원

옛날 선원들은 항해 중에 갈증을 해소하기 위해 놋쇠로 만든 항아리에 바닷물을 끓여서 항아리 주둥이에 놓은 스펀지에 증발된 수증기를 모은 후 이 스펀지를 짜서 그 물을 마셨다고 한다.

[그림 3-121] 해수담수의 기원

1940년대 제2차 세계대전 때 군부대에 물을 공급하기 위해 담수설비를 만든 것을 시발점으로 하여 구체적인 담수화 기술을 개발하기 시작했고, 전쟁이 끝난 후 담수화 설비를 개발하고 발전시키기 위해 1950년대 초반에 미국 정부가 창설한 OWS(Office of Saline Water)와 그 후속 단체인 OWRT(Office of Water Research and Technology)가 설립되어 본격적으로 담수화 설비가 만들어지게 되었다.

1956년에는 쿠웨이트에 설치된 일당 2,250m³ 용량의 담수화 플랜트가 도입되었고, 1960년에 상업적 이용이 가능한 반투막(Semi-permeable Membrane)이 개발되었으며, 1965년에는 미국에서 최초의 역삼투압법을 적용한 담수화 설비가 건설되기 시작했다. 1970년대 후반부터는 본격적으로 대규모 담수화 플랜트가 공급되기 시작하였다.

그 이후 과거 건설된 담수화 설비의 운전 경험을 토대로 다양한 기술이 발전되었으며, 다단증발법(MSF), 다중효용법(MED), 역삼투법(RO), 전기투석법(ED) 등이 상용화되었다. 현재는 MSF, MED 및 RO의 세 가지 방식이 담수화 설비 시장을 주도하고 있으며, MSF 또는 MED와 RO의 공정이 혼용된 Hybrid 담수화 설비도 건설되고 있다.

4. 해수의 구성

지구상의 물은 해수와 육수로 나눌 수 있는데, 해수는 지구표면의 71%를 덮고 있으며 지구상 물 총량의 97.4%를 차지하고 있다. 해양의 평균 수심은 3,795m이며, 총량을 지구의 겉넓이로 나누면 2,647m가 된다. 육수 중에서 호수수나 하천수 등의 지표수는 육지넓이의 3%를 덮고 있는 데 불과하다. 즉, 지구에 있는 물의 양은 13억 8,600만km³ 정도로 추정되고 있으며, 이 중 바닷물이 97%인 13억 5,100만km³이고 나머지 3%인 3,500만km³가 민물로 존재한다.

총 3,500만km³인 민물 중 약 69% 정도인 2,400만km³는 빙산, 빙하 형태이고 약 30% 정도인 1,100만km³는 지하수이며 나머지 1% 미만인 100만km³가 민물호수나 강, 하천, 늪 등의 지표수와 대기층에 있다.

지표수의 양은 물의 총량에 비하면 적으나 순환속도가 빠르며 수자원으로서도 가장 중요하다.

| 표 3-25 | 지구의 수자원 분포

구분	부피(백만km³)	비율(%)	비고
총량	1,386	100	
해수	1,351	97.47	지하염수, 염수호수 포함
담수	35	2.53	민물 중 상대적인 비율(%)
- 빙설(빙하, 만년설, 영구동토)	24	1.76	(69.57)
- 지하수	11	0.76	(30.04)
- 호수하천 등	0.1	0.01	(0.39)

해수는 다양한 종류의 염류들이 포함되어 있으며 1리터 중에는 33~37g을 차지하고 있다. 밀도는 1.02~1.03이며 pH 8.3이다.

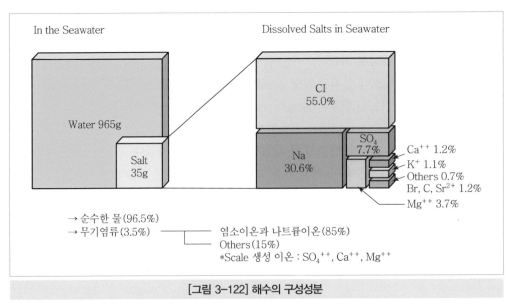

[그림 3-122] 해수의 구성성분

5. 해수담수화 플랜트 용량 단위

① MGD : Million Gallon per Day

② 1 MGD＝3,785m³/day 1 Gallon＝3.785리터

③ MIGD : Million Imperial Gallon per Day

④ 1 MIGD＝4,546m³/day 1 Imperial Gallon＝4.546리터

⑤ 1인당 1일 300리터의 물을 소비할 경우 1MIGD는 약 1만 5,000명이 하루에 사용할 수 있는 양

6. 해수담수화 특징

① 바닷물은 지구 전체물의 약 97%로 다량의 수자원을 안정적으로 확보가 가능하다.

② 공사기간이 짧아 조기에 다량의 수자원 확보가 가능하다.

③ 플랜트가 Compact하여 작은 시설면적이 소요된다.

④ 지속적인 기술개발로 생산단가가 하락되고 있다.

2 해수담수화 기술 수준

1. Process 종류

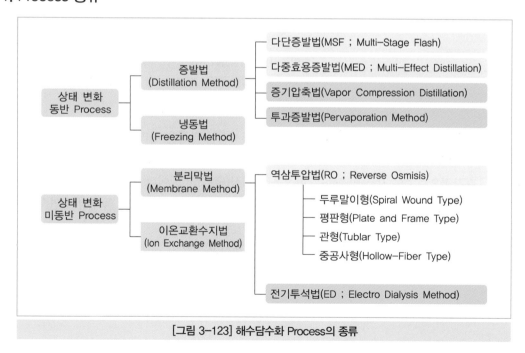

[그림 3-123] 해수담수화 Process의 종류

2. 증발법

해수를 증발시켜서 염분과 수증기를 분리하고 수증기를 응결시켜 담수를 얻는 방법을 말한다.
에너지 가격이 안정적이고 값이 싼 중동지역(Middle East)에서 주로 이용한다.

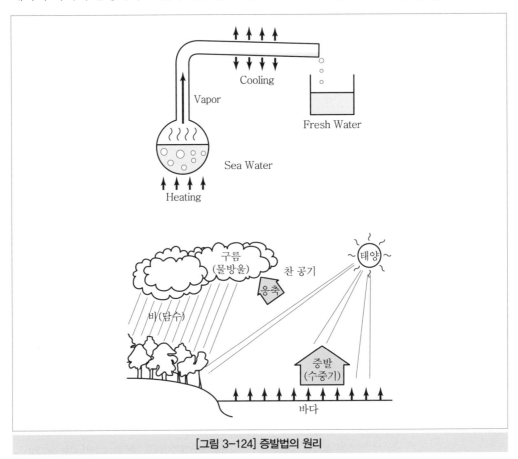

[그림 3-124] 증발법의 원리

(1) 다단증발법(Multi-Stage Flashing Process)

해수를 가열시켜 수증기를 만들고 이를 응축시키는 과정을 여러 번 반복하여 물을 만드는
방식이다.

순간적으로 수증기를 방출하는 현상을 플래싱(Flashing)이라 하는데, 이 원리를 이용하
여 여러 개의 단(Stage)에서 계속적으로 낮은 증기압력에서 해수의 플래싱이 연속적으로
발생하게 하는 기술이다.

세계 담수 생산량의 약 50%가 이 방식을 채택하고 있으며, 주로 대용량의 담수화 설비에
많이 사용된다.

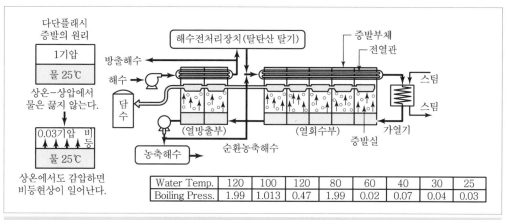

[그림 3-125] 다단증발법의 증발장치 원리

Water Temp.	120	100	120	80	60	40	30	25
Boiling Press.	1.99	1.013	0.47	1.99	0.02	0.07	0.04	0.03

1) MSF 담수화 Process 이해

① 취수 : 플랜트로부터 바닷속으로 일정한 거리까지 유입관로를 매설하고 고압의 Seawater Intake 펌프를 이용하여 바닷물을 끌어들인다.

② 탈기 : 유입된 해수에 포함된 가스를 제거한다.

③ 증발기 상단으로 해수를 통과 : 온도가 낮은 해수를 여러 개의 관을 통하여 증발기를 상부로 통과시켜면서 증발기 하부에서 올라오는 수증기를 응축시킨다.

④ 해수가열 : 증발기 상단을 통과하면서 열을 흡수하여 예열된 해수를 상온에서도 증발할 수 있도록 증기를 이용하여 100℃ 이상으로 온도를 높인다.

⑤ 증발 : 해수가열기를 통과하여 높은 온도의 해수가 증발기를 첫 번째 통과하면서 증발을 하고 다음 단(Stage)으로 넘어가면 온도가 낮아진다.

낮아진 온도에서도 증발이 일어나도록 압력을 낮춘다. 여러 개의 단을 거치면서 온도는 계속 낮아지며 낮아지는 온도에 따라 압력을 낮춰 증발을 시키며 수증기는 증발기의 상단에 차가운 해수관 주변에 응축되어 액체인 증류수가 만들어진다.

⑥ 브랜딩 : 증발기에서 집수된 증류수는 식수로 사용할 수 없으므로 식수 기준에 적합한 미네랄을 혼합한 후 송수를 한다.

2) 주요 설비

① 증발기(Evaporator) : 감압하에서 가열된 해수를 증발시켜 해수가 흐르는 콘덴서 튜브에 응축시켜 담수를 생산하는 장치

② 진공설비(Vacuum System) : 담수생산과정 중 발생되는 응축되지 않은 가스 제거

③ 해수가열기(Brine Heater) : 증발기를 순환하여 예열된 순환농염수(Brine)를 고온의 증기를 이용하여 가열하는 열교환기

④ 탈기기(Deaerator) : 공급수에 포함되어 있는 이산화탄소, 산소 등의 가스를 제거하여 증발기 내부 부식을 방지하기 위한 설비

⑤ 약품주입설비(Chemical Dosing System) : 성능 저하를 최소화하기 위한 화학처리설비

3) 증발기의 특성
① Tube 수량이 많을수록 담수생산량이 증가하나 증발기 규격이 커진다.
② 증발기에서 운전되는 농염수(Brine)의 최대운전온도(Top Brine Temperature)가 높을수록 담수량 증가
단, 상업용은 112℃로 규제하고 있음[Tube 내 Hard Scale을 막기 위함($CaSo_4$, 탄산칼슘)]
③ 공급되는 바닷물의 염도가 낮을수록 열전달이 잘되므로(빨리 비등) Tube 수량이 감소 증발기가 작아짐
④ 공급되는 바닷물의 온도가 낮을수록 담수생산량 증가(TBT 온도가 높았던 유입수 온도가 낮을 경우)

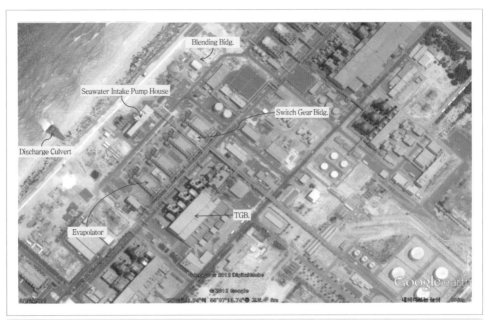

[그림 3-126] 해수담수화 Plant 전경

(2) 다중효용법(Multi-Effect Distillation)

금속관(Tube) 외부에 해수를 분무하여 내부로 흐르는 증기를 응축하게 하는 것으로서 관 외부의 해수는 끓어서 증기를 발생시키고 이 증기는 다음 단(Effect)의 관 내부로 들어가서 응축되는 과정을 반복하는 기술이며 이 과정은 관외부가 진공상태에서 진행되므로 역시 낮은 온도에서도 분무되는 해수가 끓어오르게 된다. 다단증발법과의 차이점은 낮은 온도에서 운전되므로(60~70℃) 비교적 중·소형이고, 대신 열효율이 높으며 전력소모량이 생산량에 비해 적다.

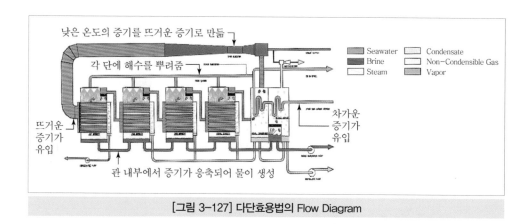

낮은 온도의 증기를 뜨거운 증기로 만듦

각 단에 해수를 뿌려줌

뜨거운 증기가 유입

차가운 증기가 유입

관 내부에서 증기가 응축되어 물이 생성

Seawater Condensate
Brine Non-Condensible Gas
Steam Vapor

[그림 3-127] 다단효용법의 Flow Diagram

1) MED 담수화 Process 이해

① Thin Film Boiling : Seawater Intake에서 공급되는 Feed Water는 각 Effect의 Tube Bundle 위에 분무되어 Thin Film을 형성하며 튜브 바깥에서 튜브 내의 스팀에 의해 Boiling되면서 생성된 수증기는 다음 Effect의 튜브 안쪽으로 들어가서 튜브 바깥의 Feed Water와 열교환 과정이 반복된다.

② Thermo Vapor Compressor : 스팀은 Thermo Vapor Compressor(TVC)를 통해 첫 번째 Effect에 유입되어 Tube 안쪽에서 응축하고 이때 발생하는 잠열은 튜브 바깥쪽의 Feed Water에 전달되어 응축하는 스팀과 거의 동일한 양의 스팀을 발생시킨다. 첫 번째 Effect에서 발생된 스팀은 두 번째 Effect에서 응축되고 다시 Feed Water를 증발시킨다. 이러한 과정이 마지막 Effect까지 반복되고 마지막 TVC에 의하여 추출된다. 추출된 스팀은 Motive 스팀과 혼합되어 첫 번째 Effect로 유입되어 열원으로 사용된다.

③ Spray Distribution : Feed Water는 튜브 바깥에 알칼리 계통의 스케일 생성을 억제하기 위해 Anti-Scalant로 처리된다. Feed Water의 온도는 점차적으로 마지막 Effect의 운전 온도와 같아지고 일부가 마지막 Effect에 유입된다. 마지막 Effect에 공급되고 남은 Feed Water는 배관을 따라 Pre-heater들을 지나 점차적으로 가열된다. 가열된 Feed Water는 각 Effect의 Tube Bundle 위에 Spray로 분무된다.

④ Demister : Feed Water가 Tube Bundle을 흘러 내리는 동안 일부가 증발하게 된다. 생성된 스팀은 Demister를 지나면서 Brine의 작은 물방울을 제거하여 담수의 순도를 높인다.

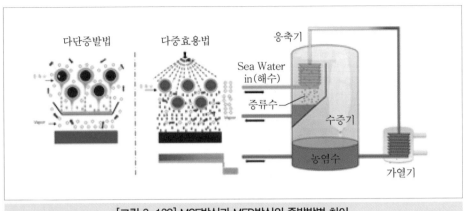

[그림 3-128] MSF방식과 MED방식의 증발방법 차이

(3) 역삼투압법(Reverse Osmosis)

삼투압이란 반투과성 막을 통해서 일어나는 물 분자의 확산현상에 의해 양쪽의 농도 평형을 이루려고 하는 현상을 말한다.

역삼투압법이란 반투막을 사용하여 해수에 삼투압 이상의 압력을 가하면 물은 통과하지만 해수 속에 녹아 있는 염분 등은 투과하지 않는 원리를 이용하여 담수를 얻는 방법으로 1980년대 이후 세계 전 지역에서 고르게 이용하고 있다.

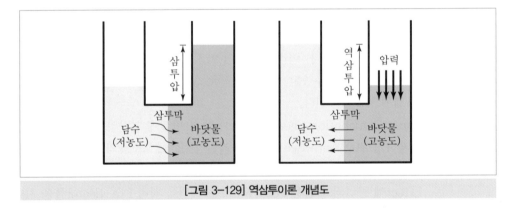

[그림 3-129] 역삼투이론 개념도

1) RO Process 이해

① 반투막을 경계로 하여 양측에 담수와 해수를 넣으면 담수는 반투막을 투과하여 해수 측으로 이동한다.

② 수면에 높이차가 발생하여 일정 높이가 되면 담수의 이동은 정지하게 된다. 이때에 수면의 높이 차이에 상당하는 압력이 염수의 삼투압이 된다.

③ 해수 측에 삼투압 이상의 압력을 가하면 해수 중의 물은 반투막을 투과하여 담수 측에 이동하며, 이러한 조작으로부터 담수를 얻는다.

④ 삼투압은 용해되어 있는 염분농도에 거의 비례하며 용질 1,000ppmmg/L당 0.6∼ 0.8kgf/cm^2 정도로 표준해수 TDS 35,000ppm일 경우 약 25kgf/cm^{2}가 발생한다.

⑤ 역삼투에 의해 40%의 해수가 반투막을 통해 담수가 만들어졌을 때 잔류해수의 염류 농도는 1.67배가 된다. 역삼투공정에서 해수가 연속적으로 공급되어 평균농도는 1.34배가 되므로 압력은 25kgf/cm^2×1.34=33.5kgf/cm^{2}이 되며 이보다 높은 42kgf/cm^2 이상이 되어야 투과수가 분리를 시작하며 약 56kgf/cm^{2}에서 정상운전이 가능하다.

2) RO 플랜트 시스템

원수조건, 전처리, RO모듈, 후처리 시스템의 4가지로 구성되어 있고 성능결정요인은 Membrane이며 Membrane의 성능은 전처리 성능에 좌우되며 전처리 설비는 원수의 특성에 따라 사양이 결정된다.

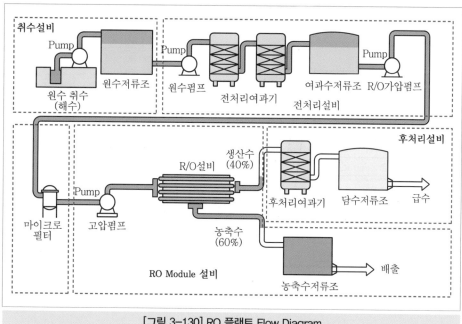

[그림 3-130] RO 플랜트 Flow Diagram

① 취수설비 및 원수(Raw Water)조건

　㉠ 취수펌프 : 해수를 유입

　㉡ TDS(Total Dissolved Solid) 총용존고형물

　㉢ SDI(Silt Density Index) 막오염지수

　㉣ Turbidity 탁도

② 전처리설비

　㉠ MF(Micro Filtration) : 정밀여과라고 하며 막의 공극(Pore)이 백만분의 1미터

ⓛ UF(Ultra Filtration) : 한외여과라고 하며 막의 공극(Pore)이 10억분의 1미터 미세한 분리막을 이용하여 물속의 오염물질을 제거하여 RO여과성능을 향상시키는 기능으로 현탁 물질, 콜로이드, 세균, 바이러스 등을 제거한다.

ⓒ DAF(Dissolved Air Floating System) : 해수(Seawater)의 부유물질(Suspended Solid)을 제거하여 DMF와 UF의 부하를 저감시키는 기능으로, 미세한 공기방울을 이용하여 조류, 탁도 물질을 상부로 부유시켜 제거하는 시스템이다.

ⓔ DMF(Dual Media Filter) : 안정적인 전처리 수질을 확보할 수 있도록 하는 압력식 이중여과장치이다.

ⓜ Chemical Dosing

③ RO모듈 설비

RO Membrane(Reverse Osmosis Membrane) : 역삼투막을 통해 수중의 이온물질을 분리하여 담수를 생산한다.

Membrane에 대한 성능 및 적용은 [그림 3–131]과 같다.

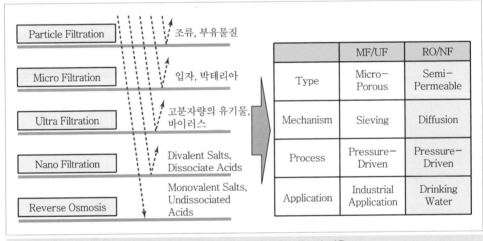

[그림 3–131] Membrane에 대한 성능 및 적용

ⓐ ERD(Energy Recovery Device) : 에너지회수장치
RO Membrane의 역삼투압 이상으로 증가시킨 높은 압력에너지를 회수하여 RO Feed 압력을 높이는 데 사용한다.

ⓛ HP Pump(High Pressure Pump) : 고압펌프 해수를 삼투압 이상으로 압력을 높이는 펌프

ⓒ Chemical Dosing

④ 후처리설비

ⓐ Remineralization System : 생산된 담수에 미네랄을 첨가하여 음용수에 적합한 물로 만든다.

ⓛ WWT System(Waste Water Treatment System) : 각 공정에서 배출되는 수질오염물질을 처리한다.

(4) 전기투석법

① 물속에 용해되어 있는 무기물은 거의 대부분 이온화되어 있다. 이런 상태에서 전극에 직류전압을 걸면 양이온은 음이온 교환막을 통과하고, 음이온은 양이온 교환막에서는 통과하여, 순수한 담수만 남게 되는 원리를 이용한 것이다.
② 원수의 염분 농도가 높으면 에너지 소비량이 많아서 비경제적이다.
③ 현재는 해수담수화보다 기수담수화에 많이 적용하여 설치하고 있다.

(5) 냉동법

고체－액체 간의 상 변화를 이용한 것으로 염수가 얼 때 얼음결정에는 염분이 배제되는 원리를 이용한 것이다.

(6) Hybrid 방식

증발법(MSF, MED) 방식과 역삼투압(RO) 방식을 조합한 방식이다.

(7) BOP(Balance Of Plant)에 대한 이해

1) 주기기 BOP 설비

① Pump & Motor
② Chemical Dosing System
③ Acid Cleaning System
④ Desuperheater
⑤ Vacuum System

2) Common BOP 설비

① Remineralization System
② Electro-Chlorination System
③ Fire Fighting System
④ Intake Screen System
⑤ CCCW System(Closed Circuit Cooling Water System)

❸ 해수담수화 현황 및 전망

1. 기술동향(해외)

해수담수화 플랜트 설치실적은 증발법 약 35%, 역삼투법 약 62%를 차지하고 있다.
에너지 소비 및 기술집약형 기술요구에 부응하기 위해 역삼투법으로 해수담수화 기술의 패러다임 변화를 가져오고 있다.

※ 에너지소비량(kWh/m³) : 역삼투법(약 7), 전기투석법(약 18), 증발법(약 20)

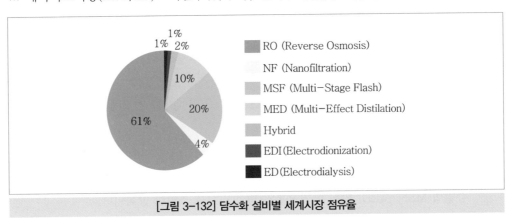

[그림 3-132] 담수화 설비별 세계시장 점유율

💬 국내

국토교통부의 중점 추진 R&D 프로젝트 수행(부산시 기장군)
- 세계 최초 약 45,000m³/일 규모의 단일 Process 개발
- 3L 기술을 만족하는 역삼투식 해수담수화 기술 개발
※ 3L : Large Scale, Low Energy, Low Fouling
  - 사업기간 : 2009. 4~2013. 8
  - 총사업비 : 약 1,970억 원(국비 820억 원+지방비 440억 원+민자 710억 원)
  - 참여업체 : 한국교통과학기술진흥원, 광주과학기술원, 부산시 상수도사업본부, 두산중공업

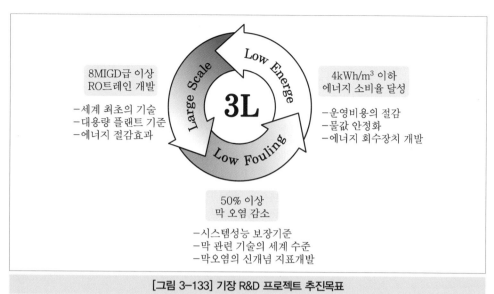

[그림 3-133] 기장 R&D 프로젝트 추진목표

2. 시장현황

증발법은 두산중공업이 1위, 역삼투법은 미국, 일본 및 프랑스 등의 기업, 역삼투막은 미국, 일본 기업이 선점하고 있다.

│ 표 3-26 │ 분야별 시장 주도 기업

구분	회사명	비고
MSF 분야	• Fisia Italimpianti • Doosan Heavy Industries • Hitachi Zosen	
역삼투 분야	• Ionics • IDE Technologies • Ondeo Degremont	Ionics와 수에즈그룹의 경우 최근 대규모 역삼투 해수담수화 시장에 주력
역삼투막 분야	• Toyobo • Dow • Toray	

■ 출처 : 해수담수화플랜트사업단 상세기획보고서(건교부, 2007)

3. 우리나라 기술수준

역삼투법 해수담수화는 기술수준, 전문인력 보유, 시설 등 인프라 전반이 선진국 대비 70% 정도이다.

| 표 3-27 | 역삼투법 해수담수화 분야별 기술수준

구분	최고 수준국가(기관명)	국내 기술수준(%)	비고
플랜트 건설기술	미국(Ionics), 이스라엘(IDE)	80	
플랜트 운용기술	프랑스(Veolia)	70	
핵심부품 개발기술	미국(DOW, Dupont), 일본(Toyobo, Toray)	60	
핵심 기반기술	EU, 미국, 일본	50	

■ 출처 : 해수담수화플랜트사업단 상세기획보고서(건교부, 2007)

4. 담수플랜트시장 성장요인

기후 변화와 인구증가에 따른 세계적 물 부족현상이 지속되고 있으며, 유엔미래보고서에 의하면 2025년에는 세계인구의 절반가량인 30억 명이 물이 부족할 것이라고 한다.

또한 산업발달에 따른 수자원의 오염이 증가하고 있으며 기술진보로 생산단가가 지속적으로 하락하고 있다(과거 40년간 $10\$/m^3 \Rightarrow 0.7\$/m^3$ 예상).

5. 세계시장 전망

(1) 시설규모

① 2005년 말 기준 약 4,000만m^3/일(약 1억~1.5억 명 사용량) 운영

② 2030년까지 약 2.5억m^3/일 규모 성장전망(연평균 5~7%)

| 표 3-28 | 세계 해수담수화 설비의 생산량

(단위 : 백만 m^3/일)

구분	계	중동	미국	유럽	아프리카	아시아	기타
계	97.5	42.2	10.6	7.1	10.0	14.5	13.1
~2005	39.9	18.1	6.6	3.8	2.7	3.1	5.6
2006~2010	24.4	11.3	1.3	1.7	3.1	3.6	3.4
2011~2015	33.2	12.8	2.7	1.6	4.2	7.8	4.1

■ 출처 : GWI(desalination, 2007)

(2) 시장규모

① 2006~2015년까지 전체시장 누계규모 약 565억USD(60조 원) 예상

② 물산업규모 2010년 4,828억 달러 → 2025년 8,650억 달러 전망

매년 6.5% 성장 예상(영국전문조사기관 GWI)

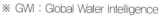

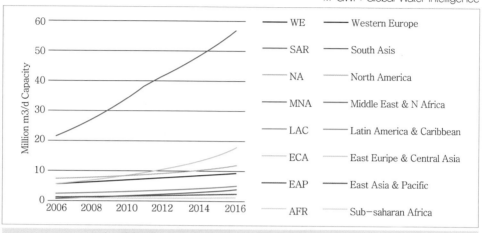

[그림 3-134] 해수담수화 세계시장 전망(GWI, 2008)

1 Exploration Oil & Gas

천문학적인 자금이 투입되어야 하는 유전개발, 특히 해양유전개발에 있어서는 신중한 과학적 검토와 함께 수십 년간의 축적된 경험을 통해 얻은 기술적 노하우가 필연적으로 요구된다. 여기에는 최근의 과학기술의 진보가 에너지 탐사 및 개발과정에 깊숙이 융화되어 전에 없던 새로운 시장이 만들어지고 가속화되고 있고, 이와 병행하여 법적·계약적 절차, 그리고 경제적 또는 산업적으로 선진화된 Risk 관리기법 또한 의사결정에 중요한 변수로 작용하고 있다.

광업권 획득	PSA 체결
탐사	항공기, 물리탐사선 등을 이용 해저지질 지각구조 등 조사 → 배사트랩, 단층트랩, 부정합트랩 구조
자료취득 / 전산처리	컴퓨터 이용
지질 조사	대상지역에 대한 지질조사
자료 해석	지질조사 분석 및 시추 위치 확정
시추선 및 용역계약	설비구입 및 보급기지 구축
시굴(Exploration Drilling)	석유부존 여부 직접확인
유전평가	부존량, 석유층의 분포 확인(10~20공) → 경제성 평가 → 시추공 확정
생산설비 설치	Platform 형태(Type) 결정 및 건설
굴착(Extension Drilling)	생산정 굴착, Pipeline 설치
생산 → 저장 → 수송	원유생산, 저장 및 수송

[그림 3-135] Offshore Oil & Gas Development Project Procedures

오일/가스 개발사업의 첫 단계는 해당 필드지분 소유주(대부분의 경우 정부) 상대의 법적·계약적 합의일 것이다. 이 합의의 산물이 PSA(Production Sharing Agreement), 즉 생산된 오일(또는 천연가스)로 인해 발생하는 수입의 공정한 배분에 대한 일종의 포괄적 합의계약이다.
이 장에서는 PSA 체결 이후 이어지는 일련의 탐사, 시험채굴, 유전평가 및 의사결정 그리고 생산시추 및 후속 생산공정 관련 고려사항들을 다룬다.

1. 채굴권(광업권) 취득

유전지역이라는 물리적 환경은 해당 정부, 기업이나 개인의 이해가 얽힌 소유권 또는 사용권 문제에 봉착한다. 이런 이유로 해당 관심지역의 탐사시추 이전에 이해 관련 대상의 사업적 합의가 전제되어야 한다. 더욱이 리스크 관점에서 석유개발회사들은 JV(Joint Ventures) 또는 JOA(Joint Operating Agreements) 체결을 선호하게 되며 통상 이들 중 한 기업이 대표성을 갖고 운영회사(Operator) 역할을 담당한다.

대부분의 경우, 원거리에 위치한 해양유전 개발은 초대형 기업 또는 정부기관에 의해서 이루어지며, 정부에서 – 주로 석유성 – 석유 또는 천연가스의 탐사, 개발 및 생산 권리(License)를 부여하게 된다.

이러한 권리, 즉 탐사/시추 채굴권은 경쟁입찰이라는 과정을 통해 취득하게 되며, 통상 두 가지 류의 광업권이 적용되고 있다. 즉, PSA(Production Sharing Agreements)가 있을 수 있고 다른 하나는 용역(Service) 또는 생산(Production) 계약이다.

(1) Production – Sharing Agreement

PSA는 한 회사 또는 JV에게 국가가 석유가스의 탐사, 시추 및 생산의 권리를 법적으로 부여하는 계약이며 그 회사, 즉 석유개발회사는 이 과정의 기술적 상업적 리스크를 떠안게 된다. 이 PSA 방식은 주로 기술과 자금이 부족한 국가가 이를 보유한 외자 유치를 하기 위한 목적으로 취하는 방식이며 협의된 비율에 따라 생산물에 기인한 이익을 나누어 갖는 계약방식이다.

(2) Service Contract

용역 계약하에서는, 해당 석유개발 회사는 정부를 위해 일하는 일종의 계약자 역할을 담당하며, 생산된 오일이나 천연가스(Hydrocarbon) 기준으로 보상받는다.

(3) Production Contract

생산계약하에서는, 회사는 현존하는 또는 개발 중인 유전지역을 떠맡아 생산량을 늘리는 작업을 하게 되며, 증가된 생산량에 따른 합의 비율에 따라 보상을 받게 된다. 몇몇 경우에 있어서 정부는 로열티 명목으로 생산된 오일에 이자를 물리기도 하고, 생산량 증대에 따른 이익에 대한 세금을 부과하는 등의 방법으로 계속적으로 이어질 생산량 증대에 따른 수익의 일정 비율을 거두어들이는 제도를 갖는다.

2. 탐사활동

일단, 채굴권이 설정되고 연계된 사업적 이해관계가 정리가 되면, 계획한 오일 또는 천연가스의 발견과 평가작업이 따르게 된다. 과거 수십 년 전에는 대부분의 회사들은 표면층으로의 삼출현상을 근거로 지표면 아래 화석에너지 존재를 확인하곤 하였다[그림 3-136]. 한편, 오늘날에는 아래와 같은 다양한 선진기법과 기술을 이용해 하부지층의 상세한 형상을 얻을 수가 있다.

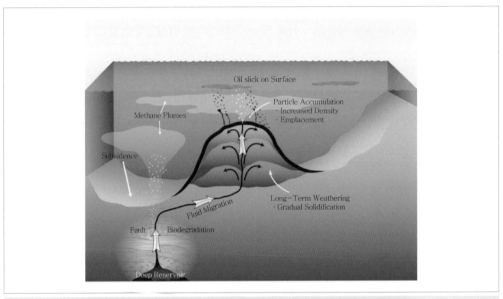

[그림 3-136] Migration of Oil and Gas in a Sedimentary Basin

① Geological Methods
② Geochemical Methods
③ Geophysical Methods

3. 조사분석

(1) Gravimetric Survey

중량측정법(Gravimetric Survey)에서는 중력장에 따른 다양한 현상을 측정하게 되며, 이러한 차이는 하부지층의 분포와 성질을 파악하는 단서를 제공하게 된다.

(2) Magnetic Survey

자기장 조사는 지구 자기장의 방향과 강도에 관한 미세한 다양성을 측정하며, 이는 하부지층의 암반구조 관련 정보를 제공한다.

(3) Seismic Survey

지진계 또는 지진파 조사는 하부지층 암반 움직임에 따른 굴절에 기인한 충격파장을 조사하는 것이다. 지진파 조사의 경우 통상 깊이 6,000m 지점까지 오차 범위 3~5m 이내의 정확도로 조사가 가능하다. 이를 위한 도구로 Geophone 또는 Seismometer라는 것이 쓰인다.

① PAssive Seismic Survey

② Active Seismic Survey

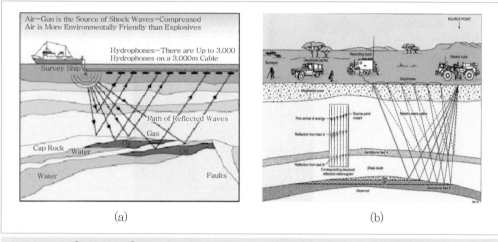

[그림 3-137] Seismic Survey Conducted Offshore(Left) and on Land(Right)

일반적으로 육상 환경의 경우, 하부지층 표면으로부터 반사되는 소리파장은 다양한 속도와 암반의 밀도에 따라 다른 각도로 이동한다. 이 반사파는 지표면에 정교하게 놓인 Geophone 장비를 통해 감지되고 여기서 전달된 신호는 컴퓨터를 통해 분석하여 다양한 이미지로 표현할 수 있게 된다[그림 3-137].

한편, 해양환경의 경우 특별히 제작된 지진파탐사선을 통해 Active Seismic Survey가 이루어지는데, 두 가지 설비를 이끌게 된다[그림 3-137(a)].

① Sound Source(Air gun), 해저면을 향해 소리/충격 에너지를 방출하는 장비

② Streamer(A Series of hydrophones), 수 킬로미터 이상 뻗어나가는 일종의 기다란 튜브형태 부유체로서 200~300개의 진동 감지센서(Vibration Detectors, Hydrophones) 보유. 경우에 따라 넓은 면적을 감지하기 위해서는 12개의 Streamers와 4개의 Sound Sources를 장착한 탐사선도 있다.

(4) Seismic Imaging

컴퓨터 기술의 진보로 입체적인 3차원 영상표현, 즉 3D Seismic Imaging 기법의 실현이 가능해졌다. 이러한 진보는 실질적으로 성공적인 유전 위치확인 확률을 50% 이상 높이는 효과를 가져오고 있다[그림 3-138].

게다가 4차원 영상표현, 즉 4D(시간노출) Seismic Imaging 기법은 오일이나 다른 하부지층 유체뿐만 아니라 시추과정 및 탐침의 시간에 따른 거동을 표현할 수 있다.

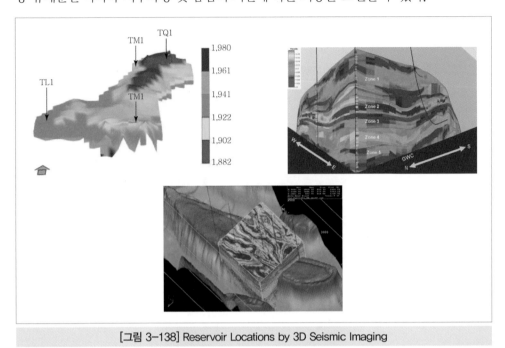

[그림 3-138] Reservoir Locations by 3D Seismic Imaging

4. 시험 채굴

일반적으로 탐사/시추 채굴업자는 채굴권을 확보하게 되면 다음 단계로 한두 개 이상의 탐사유정(Wildcat이라 부르기도 함)을 파 들어가는 시험채굴을 한다. 이 탐사유정 천공작업은 있을 수 있는 화석연료 비축위치를 확인한다거나 지질학적 구조특성을 탐색하는 목적이며, 이런 유정은 설령 화석연료가 발견된다 치더라도 생산을 위해서는 적절치 않은 수준이다(4장에서 생산유정 또는 생산유정 천공에 대해서는 별도로 기술하고 있다).

탐사유정의 수와 위치를 정하는 일은, 그만큼 천공 시추작업이 비싸기 때문에 만만치 않은 어려움이 따른다. 육상 유정의 경우, 시추 깊이에 따라 다르겠지만 대략 $15 Million 정도인 반면 100일 정도의 소요기간을 감안한 심해 해양 시추의 경우 $100 Million 규모의 비용이 발생한다.

일련의 과정 또한 만만치 않게 길다. API(American Petroleum Institute) 조사에 따르면, 미국 영내의 경우, 광업권/채굴권 취득 단계에서 탐사, 시추, 본격 생산개시 단계까지는 적게는 3년 길게는 10년 정도의 기간이 소요된다는 보고이다. 이 탐사시추의 성공확률에 대해 단순히 논의하는 것은, 다양한 지층구조나 위치 등을 감안할 시 매우 어려운 일이지만 API 조사 보고에 따르면 1990년 대비 2007년 수준은 다양한 기술발전에 힘입어 대략 3배 정도로 높아진 것으로 보고 있다(1990년 26% 수준에서 2007년 평균 71% 수준으로).

5. 평가 및 의사결정

시추 단계에서는 다양한 측정 및 평가를 위한 작업이 수행된다. 여기에는 Well Logging, Real Time Methods 등이 포함된다.

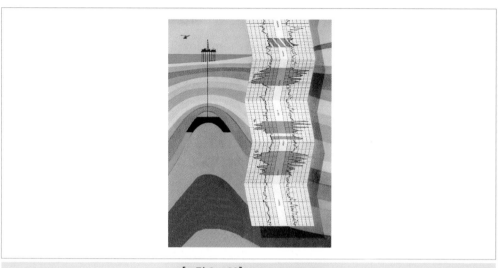

[그림 3-139] Well Logging 1

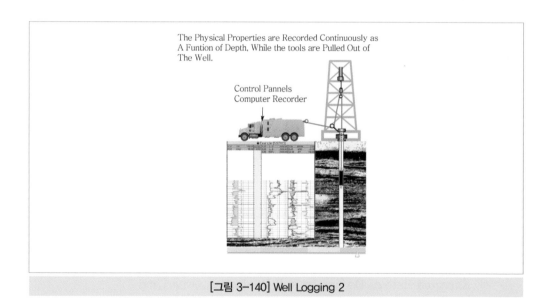

[그림 3-140] Well Logging 2

Logging이란 시추작업과정에서(때로 시추 이후까지 포함하여) 수행되는 일련의 테스트 작업을 일컫는데, 이를 통해 시추업자나 학자들은 하부지표 구성이나 시추과정을 모니터하며 보다 확실한 정보를 입수할 수 있게 된다. 대략적인 Well Logging 용어만 살펴보면 다음과 같다.

① Lithographic Log, 유정이 천공 시추되는 과정에서의 암반의 물리적 기록
② Drill Time Log, 이름에서 표현하듯 시추작업으로 암반층을 파 들어가는 속도를 기록

③ Mud Log, 시추용 Mud 및 시추공에서 올라오는 Cuttings에 대한 화학적 분석기록

④ Wireline Log, 시추작업이 끝나면 시추용 String이 제거된 자리에 전기케이블을 이용해 수행되는 다양한 조사와 기록

⑤ Real Time Methods, 위 Wireline Log 작업이 시추작업이 완료된 후에 하는 반면, 필요에 따라서는 시추작업 중에도 수행될 때가 있는데, 이를 지칭한다.

⑥ 이 외에 Cuttings Evaluation 또는 Drill Stem Flow Testing 등 다양한 방법이 지속적으로 개발되고 동원되고 있다.

(1) 의사결정

오일/가스 개발사업은 위에서 언급한 바와 같이 그 자체가 고비용의 모험이자 만만치 않은 불확실성이 수반되는 이유로 다양한 관점에서의 점검과 오일/가스 개발에 따른 경제학적 분석 및 관련 리스크에 대한 사정 등이 이루어져야 한다.

(2) 개발에 따른 경제학(Development Economics)

사업 초기 단계에서 주요 지분참여 그룹들 간에 이해관계의 정리가 필수적일 텐데 여기에는 사업적 협력 기회문제, 잠재적 문제점 이슈 및 법적 필요한 절차상의 승인 등이 망라될 것이다(여기서 지분참여자 또는 그룹에는 정부, 기관, 개발 협력사, 이웃한 유전 소유자, NGO 단체, 금융기관 그리고 설비 공급자 및 공사 계약자를 포괄한다).

파이낸셜 관점에서 반드시 조사가 선행되어야 하는 것에는 다음과 같은 것들이 있다.

① Capital Cost(CAPEX)

② Operating Cost(OPEX) Including for Maintenance and Workover

③ Personnel Needs

④ Expected Revenues

⑤ Agreement with Host Government in Regard to Financial Issues

(3) 기술적 운영상 고려요인(Technical and Operational Factors)

사업자는 당연히 오일/가스 시추 후속공정에 관계되는 일련의 다음과 같은 고려가 필요하다.

① Expected Rate of Decline in well Production Over Time

② Expected Oil and Gas Quality

③ Environmental Regulations

④ Proximity of Storage Facilities and Pipelines(or Other Transportation Method)

⑤ Planning for Possible Operational Problems During Drilling and Production

⑥ Decommissioning of Equipment and Facilities at Site

② Offshore Oil & Gas Facilities

일반적으로 해양설비라 함은 육지와 면한 부두설비와는 달리 육지에서 떨어진 바다 환경하에 놓인 제반설비를 칭할 수 있는데, 여기서는 해양 오일/가스 관련 탐사, 시추, 생산, 저장 및 운반수송, 설치, 지원, 시운전 또는 철거와 관련한 설비로 국한한다.

분류방법이나 기준에 따라 표현이 다를 수 있겠으나 기본적으로 설비운영 위치기준에 따라 고정식/부유식/심해저(Subsea) 설비로 크게 나눌 수도 있겠고, 운영상 기능에 따라서는 시추/생산/저장/지원/운반설비 등으로 분류가 될 수 있다.

그리고 끊임없이 이어지는 기술개발과 새로운 디자인의 개발 등에 따라 개별적인 신조어가 만들어지기도 한다.

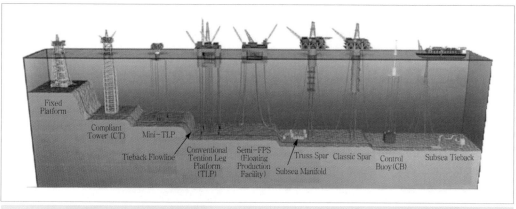

[그림 3-141] Offshore Oil & Gas Facilities

왼쪽 두 개의 설비는, 비교적 수심이 낮은 지역에는 경제적인 이유로 인해 고정식 하부구조물(Jacket 또는 GBS 등) 위에 Process Plant 설비를 놓고 운영하는 유형인 반면, 오른쪽 대부분의 설비군은 수심이 깊어지면서 역시 경제적인 고려와 함께 운영상의 효율을 기준으로 다양한 설계의 부유체가 개발되고 적용되고 있다.

① 운영위치에 따른 분류
- 고정식 설비
- 부유식 설비
- 심해저설비(Subsea)

② 기능에 따른 분류
- 시추설비
- 생산설비
- 저장설비
- 해양작업 지원설비
- 운반수송설비

③ 개별 특징적 설비군을 지칭하는 분류
- FPU(Floating Production Units)
- FPSO(Floating Production Storage Offloading)
- FPSS(Floating Production Semi Submersibles)
- FSO(Floating Storage Offloading)
- FSRU(Floating Storage & Regasification Units)
- FLNG(Floating LNG Facilities)/LNG FPSO
- FLSO(Floating Liquefaction Storage Offloading)
- MODU(Mobile Offshore Drilling Units)
- MOPU(Mobile Offshore Production Units)
- Jack-ups
- GBS(Gravity-base Structures) or CGS(Concrete Gravity-base Structures)

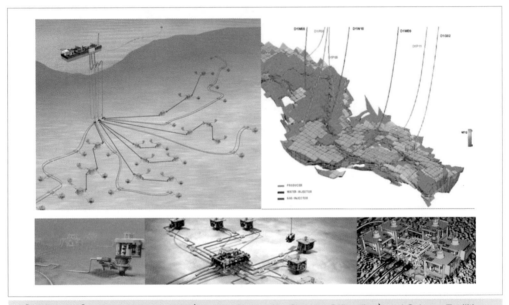

[그림 3-142] Typical Offshore FPSO(Floating Production Storage Offloading) and Subsea Facilities

1. 고정식 설비

비교적 수심이 낮은 천해지역에는 경제적인 이유로 인해 고정식 하부구조물(Jacket 또는 GBS 등) 위에 Mission 설비인 Process Plant 설비를 놓는 유형이다.

(1) Fixed Platform

이 경우 대부분의 현존하는 천해지역 수심 200m 이내의 설비로서 가장 보편적인 경우이고 드물게 수심 400m 내외에도 고정식 설비를 운영하는 경우도 있다. 하부 지지구조물로는 Jacket 형상이 주로 적용되지만 극지방(Arctic) 가혹한 기후조건에 따라 Concrete 구조물인 GBS 형상을 적용하기도 한다.

최근 해상 풍력발전 설비의 보급확대에 따라 하부 구조물로 간소화된 설계의 다양한 구조물이 많이 적용되고 있는데, 여기에는 Mono Pile, Tri-pot, Gravity-base, Suction Bucket 등이 포함된다.

(2) Compliant Pile Tower(CPT) or Compliant Tower(CT)

일반 Jacket 또는 GBS 하부 지지구조물이 외형상 육상건축물의 구조적 설계처럼 견고한 형상인 반면, CPT 구조는 위아래 거동은 견고하지만 좌우 수평거동은 바람이나 조류에 편승하여 유연하게 거동할 수 있게 설계된 특징이 있다.

[그림 3-143] Typical Offshore Fixed Platforms - jacket Type and Concrete Gravity - base Structure Type

이러한 CPT(CT) 구조물은 천해 중에서도 200m 이상의 깊은 바다 쪽에 초대형 하부지지 구조물의 경제적인 필요에 따라 고안된 것으로, Jacket 구조에서 변형된 형태라고 볼 수 있다.

(3) Jack-ups

형상(설계)은 일종의 부유체 유형이지만 운용은 고정식 설비의 강점, 즉 견고한 구조적 하부 지지가 이루어지도록 고안된 설비이다. 수직 톱니와 바퀴형 톱니의 조합(Rack & Chord)으로 구성된 다리(Legs) 부분이 본체부분을 상하로 이동시키는, 즉 다리가 오르락내리락 할 수 있게 고안된 설비로서 작업 가능수심이 다리 길이에 따라 규정시추작업이나 이동식 플랜트(발전/담수/호텔/크레인 등) 설비로의 적용이 가능하다.

① Jack-up Drilling Rig [그림 3-144(a)]

② Jack-up Accommodation Units [그림 3-144(c)]

③ Jack-up Power Plants

④ WTIV(Wind Turbine Installation Vessels [그림 3-144(b)])

⑤ MOPU(Mobile Offshore Production Units [그림 3-144(d)])

(a)　　　　　　　　　　　(b)

(c)　　　　　　　　　　　(d)

[그림 3-144] Typical Jack-up Systems-drilling Rig, WTIV, MOPU and Accommodation(Clockwise)

최근에는 특히 해상풍력 설비의 보급확대에 따라, 해상에서 크레인 작업을 보다 안정적으로 또는 전문적으로 할 수 있도록 Jack-up Type의 Barge 또는 Vessel의 수요가 증대되고 있고, 이들 설비군을 지칭하는 용어로 WTIV(Wind Turbine Installation Vessels)라는 신조어가 생기고 있다.

이러한 Jack-up 설비의 특징이 되는 장점으로는 이동이 필요할 시는 부유체가 되어 해상이동이(근거리의 경우 Wet Towing 또는 장거리의 경우 Dry Towing) 가능하면서 작업 시에는 고정식으로 사용할 수 있다는 점 때문에 열악한 파도조건에서도 작업을 원만히 수행할 수 있다는 점이다(예 해상 크레인 작업, 해상 거주구 설비 등).

2. 부유식 설비

(a) FPSO   (b) FPSS

(c) FSRU   (d) FSO

[그림 3-145] Typical Floaters

① FPSO(Floating Production Storage Offloading)
② FPSS(Floating Production Semi Submersibles)
③ FSO(Floating Storage Offloading)
④ FSRU(Floating Storage & Regasification Units)
⑤ FLNG(Floating LNG facilities, or LNG FPSO)
⑥ FLSO(Floating Liquefaction Storage Offloading)
⑦ Cylindrical FPSO
⑧ FPDSO(Floating Production Drilling Storage Offloading)
⑨ TLP(Tension Leg Platforms)
⑩ SPAR

고정식 설비 및 잭업 시스템이 비교적 천해지역에서 운용되어 온 반면에, 최근 오일가스 수요 공급의 불균형과 천해지역 유전 고갈에 따른 절실한 필요에 의해 심해로 계속 나아갈 수밖에 없는 상황이고 다른 한편으로는 지속적으로 이를 뒷받침하는 과학기술의 혁신적 발전이 이를 더욱 가속화시키고 있다. 현재 브라질 암염하층(Pre Salt Layer) 개발의 경우 수심 3,000m 지역까지 FPSO, FPSS 등이 운용되고 있는 단계까지 와 있다.

(1) FPSO(Floating Production Storage Offloading)

가장 대표적이고 현존하는 가장 보편적인 – 많이 보급된 – 심해 개발용 부유식 설비로서, 말 그대로 부유식 생산저장 그리고 하역설비를 지칭한다. 크게 부유체인 Hull(선박구조물) 특성에 따라 일반 Oil Tanker선을 개조한 개조 FPSO(Conversion FPSO)와 신조 FPSO(New Build FPSO) 두 가지로 구분하며, 현재 가장 깊은 해역대에 – 대략 수심 3,000m 내외 – 적용되고 있다[그림 3-146].

개조 FPSO, 신조 FPSO 모두 가장 중요한 설비 중의 하나가, 운영될 해역의 기후조건과 설비의 안정적인 운영을 담보하기 위한 계류설비, 즉 Mooring 또는 Station Keeping 기능이며 최근의 과학기술의 발전에 힘입어 다양한 신기술이 접목되어 꾸준히 개선되고 있다(계류 설비에 대해서는 제3장에서 상세히 다루고자 한다).

이 FPSO 설비를 기본 골격으로 하여, 새로운 설계개념의 도입 또는 적용이 다양하게 이루어지고 있는데, 아래에 표현되는 원통형(Cylindrical) FPSO, LNG FPSO(FLNG), FSRU, FPDSO 등의 설비 역시 구조적으로 유사한 예라 하겠다.

일반적인 Topsides(Process Plant 부분) 설비구성을 보면, Seawater Treatment, Water Injection, Power Generator, Oil Separation, Dehydration 및 Fuel Knockout Drum 등이다.

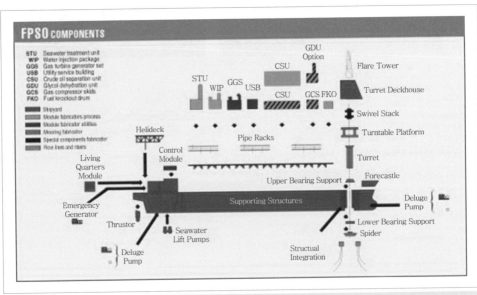

[그림 3-146] Typical Oil FPSO Components

(2) Cylindrical FPSO

해양설비가 일반 상선의 추진시스템처럼 항행하는 기능을 보유하고 있을 필요가 없는 대신, 한곳에 안전하게 계류하는 시스템이 무엇보다 중요하듯 다양한 해역의 기후환경에 적응하기 위한 구조적 안전성 확보는 설계의 기본요소라 하겠다. 그간의 전통적인 선형(Ship Shape) 관념에서 벗어나 원통형 Hull을 기반으로 하는 새로운 개념이며 오히려 다양한 바람과 파도에 따른 영향에 대해 선박거동이 단순하고 그만큼 안정적인 운영이 가능한 개념에 착안한 설계이다.

[그림 3-147] Cylindrical FPSO

(3) LNG FPSO(FLNG라 칭함)

전통적인 Oil FPSO 개념을 심해 가스전 개발에 적용한 것으로 – 물론 기존의 Oil FPSO 역시 오일과 함께 공존하여 생산되는 천연가스 또는 높은 하부지층의 대기압으로 인해 응축형상으로 존재하는 Condensate 개발을 위한 별도의 설비가 있을 수 있는데, 이게 LNG FPSO 처리설비의 모태라 할 수 있다 – 천연가스 또는 Condensate만을 독자적으로 처리하는 목적으로 갖추어진 것이 다른 점이다.

대개 심해천연가스전의 환경이 그 규모 면이나 용출압력 등을 고려할 시 매우 조심스러운 접근이 요구되고 이런 이유로 (초)고압 극저온 설비 등이 요구될 뿐만 아니라 운영될 해역의 기후조건에 따른 특별 고려요인도 크게 작용하는 관계로 인해 지금까지 없었던 초대형 규모의 크기와 성능을 요구하기도 한다. 특히, FLNG 설비에서 가장 중요한 설비는, 가스 형상의 특성상 보관 및 운반을 효율적으로 수행하기 위한 액화공정이며, 이 부분은 그간 몇몇 업체가 육상플랜트에서 개발한 기술 License를 기반으로 해양설비용으로 개선 개발하고 있는 상태이다.

호주 서북부 해양 가스전, 북해 극지방 인근 발견된 일련의 초대형 해저천연가스전 그리고 말레이시아, 인도네시아를 필두로 하는 아시아 지역의 대형 가스전의 발견에 따른 해양 천연가스 개발은 부유식 처리시설의 필요를 낳게 되고 결국 이를 만족시키는 해법이 FLNG (또는 LNG FPSO)이다. 여기에는 채굴된 가스를 액화시키는 Liquefaction Plant가 놓이게 되며 이를 안정적으로 저장하고 정기적으로 LNG Carriers에 Offloading시키는 역무까지 담당하는 종합 플랜트설비가 필요하고 이 설비를 망망대해 열악한 환경을 극복하고 최고의 안전성을 확보한 상태로 계류해야 하는 시스템이 요구된다(통상 LNG 생산 – 액화 – 저장 – 운반 – 저장 – 재기화 – 공급에 이르는 전체 공급공정에서 액화공정이 차지하는 CAPEX 규모는 전체 CAPEX의 40%를 상회하는 수준이다).

[표 3-29]는 현재 육상플랜트에 적용하고 있는 다양한 액화공정(Liquefaction Processes) 종류를 정리한 것이고, [그림 3-148]은 FLNG 공정흐름을 보여주는 것이다.

| 표 3-29 | 다양한 액화공정의 종류

Liquefaction Process			Licensor	Efficiency KW* day/ton	Range MMTPA
External Refrigerant Process		Cascade	Phillips	12~13	3~6
		Mixed Fluid Cascade(MFC)	Linde	14.5~15.5	Less Than 4
	Mixed Refrigerant Process(MR)	Single MR	PRICO(B & V)	14.5~15.5	3~6
		Dual MR	Technip	12.5~13.5	Less Than 4.8
			APCI, Shell		
		Liqufin Dual MR	IFP-Axens		4~6
		C3 Pre-cooled MR	APCI, Shell	12~13	3~6
		AP-XTM	APCI		4~8
Self Refrigerant Process	Expander Process	Dual Expander	CB & I Lummus	15~16	0.5~1.5
		Conventional N2	Hamworthy	33~34	Less Than 0.5
			Cryostar		
			KOGAS		
			Others(Many)		

앞서 언급한 바와 같이, 가스전 개발의 경우 전통 오일 개발에 비하여 필드 매장/생산량 규모 면이나 설비 처리용량 면에서 월등히 크기 때문에 전에 없던 초대형 설비 수요가 발생하기도 하고, 이런 일련의 천연가스 처리공정 중에는 초고압·초저온 등 그간 전통 오일 산업에서 경험하지 못했던 설비환경적 요소가 많아서 산업계에서는 새로운 시장이나 다름 없는 미개척 영역이자 기술개발의 여지와 요구가 여전히 상존한다고 볼 수 있다.

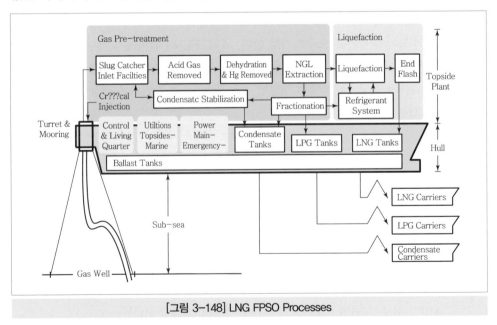

[그림 3-148] LNG FPSO Processes

액화공정 전후로, 일반 Oil FPSO 설비에서도 유사하게 요구되는 설비군들, 즉 각종 다단계의 Separation, Water Treatment, Gas Treatment 및 Power Generator, Air Compression을 포함한 Utility 설비로 구성된다.

(4) FSRU(Floating Storage & Regasification Units)

현재까지 LNG를 가장 많이 사용하는 국가가 미국이며 이어서 일본, 한국 등 극동지역이다. 한편, LNG를 가장 많이 생산하고 수출하는 지역은 여전히 중동이다. 그간의 산업은 이에 맞춰 전 세계 LNG 공급체계가 형성되어 왔고 지금도 그 틀은 유지하고 있다. 즉, 대부분의 천연가스 수출국에 액화 플랜트가 건설되고 이를 운반하는 주류가 인도양, 태평양을 건너 극동지역 또는 북미지역으로 향하는 노선이 구축되어 왔다.

이런 상황하에 북미지역은 사회안전망 관리의 일환으로 대형 가스저장시설을 육지에 둘 수 없는 정치사회적 여건에 따라 고안해 낸 해법이 FSRU, 즉 수입국 쪽에 요구되는 액화가스의 하역저장과 사용을 위한 재기화 설비인 일종의 해양 Terminal인 셈이다.

한때 실로 엄청난 규모와 수의 FSRU 프로젝트가 기획되고 일부 실현되는 와중에 환경영향평가라는 장애가 프로젝트 추진의 큰 장벽이었는데, 이런 와중에 셰일가스 개발이라는 또 다른 초대형 변수가 등장하는 바람에 기존의 FSRU 프로젝트에 대한 검토는 무의미하게 묻혀 버린 상태이다. 더 이상 북미지역으로부터 값비싼 천연가스를 대양 넘어 중동지역에서까지 수입하고 운반해서 쓸 필요를 못 느낄 만큼 자체 셰일가스 발견과 개발이 활발히 진행되고 있기 때문이다. 그간의 천연가스 운송시장 역시 붕괴되기는 마찬가지이다. 현재의 셰일가스가 단순한 새로운 자원의 발견 이상의 정치사회 및 경제산업적 파장을 불러오고 있는 이유이다.

최근의 심해 해양개발은 크게 전통 오일개발이 한 축인 반면 다른 한 축으로 호주 및 북해지역 초대형 가스전의 발견에 따른 해양 천연가스 개발이 있다. 가스전 개발의 경우 전통 오일개발에 비하여 필드 매장/생산량 규모 면이나 설비 처리용량 면에서 월등히 크기 때문에 전에 없던 초대형 설비 수요가 발생하기도 한다. 다른 한편으로 미국, 캐나다를 중심으로 하는 북미지역 셰일가스, 셰일오일 및 오일샌드 등 비전통 에너지의 급격한 개발에 따라 기존 전통 에너지 공급/수요 체제에 근원적 변화의 바람이 불고 있고 이에 따른 각 사업군에 끼치는 영향은 매우 크다.

앞서 설명한 바와 같이, 그간 LNG 최대의 수입국이었던 미국이 더 이상 LNG를 카타르 등 중동지역에 의존할 필요가 없어진 상태에서 LNG Carrier 시장 및 FSRU 수요는 순식간에 급랭되어버린 상태이다. 반면, 끊임없이 지속되는 시추 수요에 따른 육/해상 시추설비의 수요는 꾸준히 유지되고 있는 상태이다(2012~2013년 시황 기준).

지금 이 순간에도 새롭고 다양한 신개념의 선체설계가 진행되고 있고, 새로운 용어도 이어서 탄생되고 있는 실정이다. TLP와 SPAR은 전통적인 설계뿐만 아니라 최근에 개발되고 적용되고 있는 신개념 New Design의 소개도 포함한다.

(5) TLP(Tension Leg Platform)

일반적인 선박거동에서 볼 수 있는 6가지 거동(Movements) 중 가장 통제하기 어렵고 또 가장 작업에 영향을 크게 끼치는 것이 상하거동, 즉 Heave Motion이다. 예를 들면, 한창 심해 시추작업이 진행 중인 상황에서 파도에 의한 선박(Drillship 또는 Semi Submersible Rig)의 Heave Movement는 치명적으로 드릴링 작업에 악영향을 미치거나 아예 작업을 불가능하게 만들 것이다. 이렇게 선박의 상하거동, 즉 Heave Motion을 통제하고 잡아주는 여러 가지 방법이 개발 적용되고 있으며 이중 하나가 TLP 방법이다.

이는 해저 면에 Anchor를 박아 Wire 또는 Pipe(이를 Tendon이라 칭함)로 이어줌으로써 어떠한 경우라도 — 전후 좌우 다른 거동이 있더라도 — Heave 거동만큼은 없도록 통제하고자 고안된 구조물 형태이다.

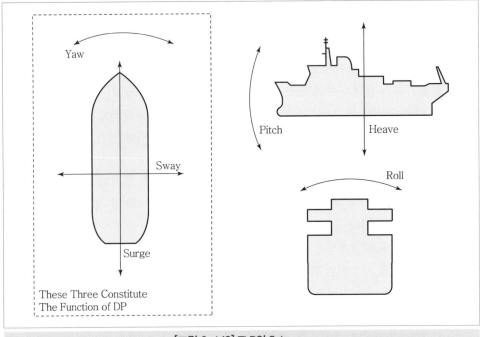

[그림 3-149] TLP의 Scheme

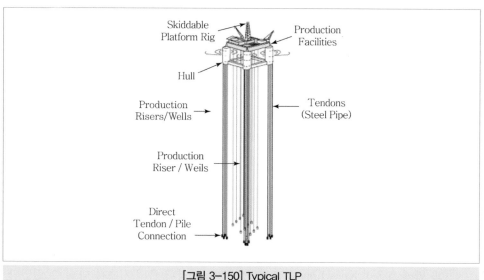

[그림 3-150] Typical TLP

(6) SPAR

Hull, Mooring, Topside 그리고 Riser 이렇게 크게 네 부분으로 구성되는 이 구조물의 가장 큰 특징이자 강점은 대부분의(90% 이상) Hull Part가 물에 깊숙이 잠겨 있다는 것이다. 이는 열악한 환경에서도 Hull 거동이 작고 안정적이라는 뜻이다. 뿐만 아니라 Riser Part 역시 Hull 구조 속에 안정적으로 보호되어 있어서 심해용으로 적용하기에 적합한 개념이다. 이 잠겨 있는 Hull 부분은 일부는 평형수(Ballast Water) 처리역할을 담당하지만 일부는 저장용 Tank로 활용할 수 있다는 장점도 있다. 계류(Mooring) 설비는 전통적인 Anchor 방법, 즉 Spread Mooring System을 채택하는 것이 일반적이다.

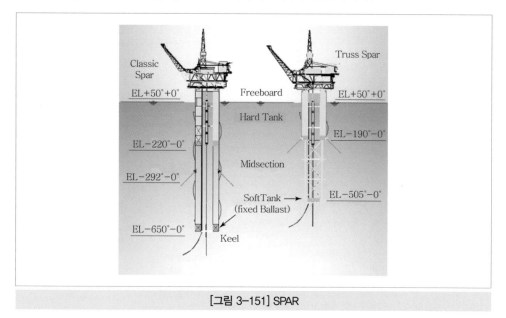

[그림 3-151] SPAR

3. 시추설비

관심지역에 대한 탐사활동 및 조사분석의 과정을 통해 의사결정이 이루어지면 본격적인 생산을 위한 시추단계에 들어선다. 이러한 시추작업은 이론적인 분석과 각종 조사활동을 실현하는 의미의 작업이기 때문에 그 정확도나 목적하는 바에 부합해야 하는 점은 아무리 강조해도 지나치지 않을 것이다.

앞서 언급한 각종 고정식 및 부유식 설비에서 설명한 바와 같이, 시추설비 역시 고정식, Jack-up 및 부유식으로 나눌 수 있으며, 육상 시추설비를 포함하여 다시 한번 정리하자면 다음과 같다.

(1) Land Rigs

해양 시추를 고려하기 훨씬 이전부터 인류는 육상 유전의 개발과정을 통해 많은 기술개발과 함께 효율적 Knowhow를 축적함으로써, 해양 진출의 기초를 다질 수 있었다.

오일이나 천연가스 시추 Rig는 천공을 통해 단지 지질학적으로 유정/가스전을 탐사하고 확인하는 용도뿐만 아니라 유정으로부터 본격 생산을 위한 구멍(Down Hole)을 구축하는 작업을 한다. 따라서 우리가 시추라고 표현하는 작업은 사실 Drilling-Completion-Production 과정을 망라하는 일련의 작업을 모두 표현하는 것이다.

(2) Tender Rigs for Drilling Platform

Tender Rig는 Drilling 작업을 위한 Platform을 지원하는 설비를 통칭하는 용어이며, 일반적으로 Barge, Jack-up 또는 반잠수식(Semi Submersible) 설비 위에 건조되며 주요 구성은 저장설비, 거주설비, 전력공급설비, 크레인 및 헬리콥터 등의 Utilities 설비이다.

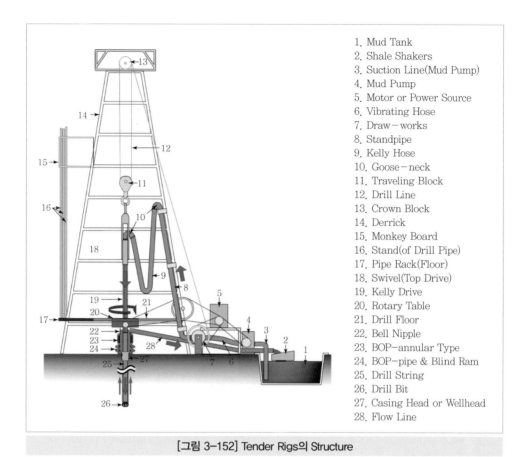

1. Mud Tank
2. Shale Shakers
3. Suction Line(Mud Pump)
4. Mud Pump
5. Motor or Power Source
6. Vibrating Hose
7. Draw−works
8. Standpipe
9. Kelly Hose
10. Goose−neck
11. Traveling Block
12. Drill Line
13. Crown Block
14. Derrick
15. Monkey Board
16. Stand(of Drill Pipe)
17. Pipe Rack(Floor)
18. Swivel(Top Drive)
19. Kelly Drive
20. Rotary Table
21. Drill Floor
22. Bell Nipple
23. BOP−annular Type
24. BOP−pipe & Blind Ram
25. Drill String
26. Drill Bit
27. Casing Head or Wellhead
28. Flow Line

[그림 3-152] Tender Rigs의 Structure

(3) Jack−up rigs

고정식 설비에서 수직 톱니와 원형 톱니의 조합(Rack & Chord)으로 구성된 다리(Legs) 부분이 본체부분을 상하로 이동시키는, 즉 'Self Elevating' 기능을 갖추고 이동이 가능한 부유체 Hull로 구성된 시추설비이다. 이 부유체 Hull은 목적하는 작업지역까지 시추설비를 이송하는 해상운송을 가능하게 한다(일반적으로 이 Jack−up Rig 설비는 자항력을 가지고 있지는 않고 필요시 Tug 또는 Heavy Lift Vessel을 통해 운반된다).

일단, 목표지점에 도달하면 다리 부분은 이 Hull로부터 내려와 해저면에 이르게 되고 각 다리 끝단은 해저면에 더 깊이 들어가거나 특수 구조물(Footings or Mat) 부착으로 고정되게 설계된다.

현재 전 세계에 운영되는 Jack−up Drilling Rigs는 2013년 기준 540대 정도이며, 최초의 것은 Zapata Oil(미국 41대 대통령인 George Bush가 소유) 회사가 운영하는 Letourneau 디자인의 Rig이다.

(4) Modu(Semi Submersible or Drillship)

위에 언급한 Jack-up 역시 Modu 설비의 하나이지만 수심이 비교적 낮은 천해지역에서 운영되어야 하는 설계상의 특징이 있는 반면, Semi Submersible 또는 Drillship과 같은 형태는 최근 각광받는 심해용 개발에 적합한 형태이다. 현재 운영 중이거나 건조 중인 심해용 시추설비의 대부분은 10,000ft(~3,000m) 시추가 가능한 수준이다.

① Jack-up Rigs

② Swamp Barge Rigs

③ Semi Submersible Rigs

④ Drillships

4. 해양 생산설비

위 해양 시추설비가 효율적인 시추작업(Drilling-Completion-Production)을 목적으로 하는 설비인 반면, 해양 생산설비는 시추 이후의 본격 생산 또는 생산 이후의 공정까지 포함하는 용도의 설비를 칭하는 용어로서, 앞서 설명한 대부분의-시추설비 및 FSO/FSRU와 같은 저장설비를 제외한-고정식 및 부유식 설비가 여기 포함된다.

(1) Fixed(Production) Platform

(2) MOPU(Mobile Offshore Production Units)-FPSO(Floating Production Storage Offloading)

① FPSS(Floating Production Semi Submersibles)

② FLNG(Floating LNG facilities, or LNG FPSO)

③ FPDSO(Floating Production Drilling Storage Offloading)

④ TLP(Tension Leg Platforms)

⑤ SPAR

5. 해양 작업지원선

해양작업(시추작업) 및 생산작업을 직접 수행하지 않고 이들 설비를 지원하는 특수임무(Mission)를 수행하도록 설계된 설비를 말한다. 여기에는 Mission에 따라 다양한 형태의 설비들이 고안되고 운영되고 있으며, 칭하는 용어에도 혼란이 있으나 여기서는 통칭하여 OCV(Offshore Construction Vessel)라 한다.

이 작업 지원 Mission에 따라 다음과 같은 군의 분류가 가능하다.

(1) HLV(Heavy Lift Vessels)

중량물을 효율적으로 싣고 내리는 기능을 포함하여 원거리 해상운송이 가능한 선박을 일컫는다. 여기에는 대략 다음 세 가지 유형이 있을 수 있다.

1) 반잠수식(Semi Submersible) 유형

탁월한 Ballasting 능력을 이용하여 Float on & Off가 가능하다.

2) 크레인 유형

두 가지 형태가 있는데, 하나는 특수하게 고안된 크레인 작업 전용선/Barge, 즉 Floating Crane이라 칭하는(또는 Shear Leg Crane) 형태가 있고, 다른 하나는 크레인이 장착된 선박(Crane Vessels)류이다.

3) Jack-up 유형

크레인 작업을 보다 견고히 하기 위해 고안된 형태이다.

(a) Semi Submersible   (b) Floating Crane   (c) Jack-up Lift

[그림 3-153] HLV(Heavy Lift Vessels)

(2) Offshore Installation & Decommissioning

중량물을 효율적으로 싣고 내리는 기능을 포함하여 원거리 해상운송이 가능한 선박을 HLV라 칭하는 데 반해 원거리 해상운송보다는 중량물을 적절히 원하는 해양환경에서 효율적으로 설치하거나 해체하는 의도에 맞게 고안된 설비를 일컫는다. 일반적으로 해양설비의 설치 및 해체에는 다음과 같은 방법이 있을 수 있다.

1) Lifting Method

비교적 수심이 얕거나 중량물을 다룰 수 있는 크레인 동원이 가능하고 인양능력이 허용할 경우, 직접 크레인으로 들어서 설치위치에 안착시키는 용도로 고안된 설비를 이용한 설치 작업을 말한다([그림 3-154(a)] 참조). Lifting 방법을 이용하여 고정식 Platform 설비의 경우 하부 지지 구조물(Jacket 등)뿐만 아니라 상부 구조물(Topsides) 설치도 가능하다.

2) Self-upending Method

한편 하부 지지 구조물인 Jacket의 경우, Lifting 방법으로 동원 가능한 크레인 용량을 벗어난 경우나 동원 가능한 크레인 선박(HLV)의 준비가 여의치 않은 경우 또는 수심이 작업 허용범위를 벗어난 경우 등에 있어서는 특수하게 제작된 Launch Barge[그림 3-154(c)] 참조) 동원을 통해서 설치작업이 이루어진다. 대부분의 고정식 Platform 설비의 하부 Jacket은 이 방법을 통해 이루어지는 게 보편적이다.

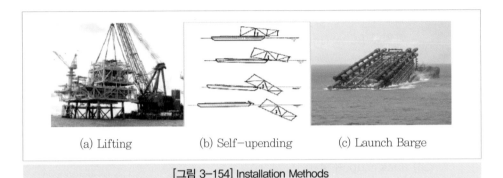

(a) Lifting	(b) Self-upending	(c) Launch Barge

[그림 3-154] Installation Methods

3) Decommissioning Vessels

설계 수명이 다된 노후 설비 또는 이미 의도한 작업을 다 마무리한 폐기대상 설비의 경우, 강화된 국제환경규제에 따라 그간 일부 방치했던 설비마저도 모두 적절히 철거하고 용도 폐기된 유전은 더 이상의 누수/누유가 없도록 시멘트 처리로 막아(Grouting) 보호해야 한다. 이런 일련의 작업을 Decommissioning이라 칭하는데, 이런 작업을 효율적으로 수행하도록 고안된 특수 인양선박을 Decommissioning Vessels라 부르며, 역으로 설치작업에도 효율적 이용이 가능하다.([그림 3-155] 참조)

[그림 3-155] Installation and Decommissioning works

(3) PLV(Pipe Laying Vessels)

해양 개발사업은 크게 눈에 보이는 물 위의 설비(고정식 또는 부유식) 군이 있는가 하면 눈에 보이지 않는 심해저(Subsea) 영역이 존재한다. 이 분야는 눈에 보이는 표면 위 설비처럼 어느 한 곳에 집적된 것이 아니라 수십 수백 km에 걸쳐 펼쳐진 배관망의 중간을 연결시킨다거나 끝단을 처리하고 심해저 설비를 설치하는 등의 전체적인 시스템을 구축해야 하는 사업영역이 있다. 이를 간단히 Subsea 영역이라 부르는데, 이 Subsea 영역의 가장 크고 비중 있는 분야가 배관망을 깔고 연결하는 작업이다. 이런 작업을 특화시켜 전문적으로 수행하는 선박을 PLV라 칭한다. 여기서 Pipe라 함은 일반적인 강재 배관도 있을 수 있지만 특수하게 제작된 Flexible Horse 또는 Cable 등의 형태도 포함한다.

(a) S-laying	(b) Reel-laying	(c) J-laying

[그림 3-156] PLV(Pipe-laying Vessels)

일반적으로 이러한 Pipe(Cable) 설치방법에 따라 다음과 같이 설비가 구분된다.

① S-laying, Stinger라는 지지대를 통해 연속적으로 제작된 Pipe가 공급되고 해저로 떨어뜨려 설치하는 방법으로서, 주로 대구경 또는 얕은 수심에 적용한다.

② J-laying, Tower 지지대를 통해 수직으로 Pipe를 떨어뜨리는 구조다. 상대적으로 소구경 배관 또는 심해 배관 설치를 염두에 두고 고안된 방법이다.

③ Reel-laying 역시 Flexible Horse, Cable 또는 Steel Pipe를 기 제작된 Reel에 감긴 상태에서 풀어가며 설치하는 방법으로 심해 배관설치가 용이한 방법이다.

(4) ROV(Remotely Operated Vehicles)

100m 이상의 인간이 직접 들어가서 작업할 수 있는 여건이 아닌 대부분의 심해 개발은 수백m에서 현재 3,000m 깊이까지 이르고 있다. 이러한 심해 개발을 가능하게 하고 촉진시킨 배경 중의 하나가 연관 과학기술의 발전에 따른 지원인데, ROV 역시 극히 높은 수압과 빛이 들지 않는다는 환경적 조건을 극복하고자 하는 노력의 산물이다. ROV는 작업은 심해에서 하지만 이는 Tether Cable 또는 Umbilical Line을 통해 필요한 전력 및 전기적 신호뿐만 아니라 압축공기 등의 공급이 가능한 TMS(Tether Management System) 운영이 없이는 불가능한 일이다.

[그림 3-157] ROV(Remotely Operated Vehicles)

(5) DSV(Diving Support Vessels)

일반적으로 Diving 작업 또는 ROV를 운용하도록 고안된 선박이 DSV(Diving Support Vessels)이며, 위에 언급한 TMS 운용과 관련 설비들을 보유하고 해양 구조물 및 석유탐사와 같은 설비의 건설작업, 개보수 및 유지를 목적으로 한다. 이런 이유로 정교한 위치제어가 가능한 Dynamic Positioning 시스템을 운영하는 것이 일반적이다. 뿐만 아니라 Diver에게 충분한 산소 등의 가스를 공급하는 기능 역시 중요하다.

(6) AHTS(Anchor Handling Tug Supply)

해양설비에 있어서 가장 중요한 부분이 의도한 위치에 정확히 대상 설비가 안착하고 계류하는 것인데, Anchor를 이용한 계류, 즉 Spread Mooring의 경우 이 Anchor 운용을 적절히 수행하느냐가 관건이다. 이러한 목적에 맞게 고안된 지원선이 AHTS이며 가장 독특한 특징은 강력한 Winch Power를 이용한 Anchor Lifting 및 Towing 작업이다. Anchor 작업을 효율적으로 하기 위한 의도로 선박 뒷부분은 열려 있는 게 일반적이다.

[그림 3-158] AHTS(Anchor Handling Tug Supply)

(7) PSV(Platform Support Vessels)

해양설비의 운용에 있어서 물품과 사람의 이동은 무엇보다 중요한 고려요소 중의 하나이다. 이러한 물품 이동 및 공급 그리고 사람의 이동을 효율적으로 지원할 수 있도록 고안된 특수선박을 칭하는 것이며, 대체로 선박의 길이는 20m에서 100m 사이이고, 접이식 크레인을 보유하여 Loading/Unloading을 지원하도록 하는 게 특징이다. 사람의 이동 중 휴식을 고려해서 Crew용 이외에 적절한 Accommodation 설비도 구축되는 게 일반적이다. 그리고 만약의 경우 있을 수 있는 재난과 사고에 대비하여 이에 대한 지원설, 즉 소방(Fire Fighting) 설비 및 구난(Rescue) 설비도 갖추어진다.

[그림 3-159] PSV(Platform Support Vessels)

(8) WIV(Well Intervention Vessels)

오일이나 가스 생산을 위한 유정(Well)은 생산 중에라도 유정의 압력이나 생산 여건의 변화에 따라 개선 보수 등의 관리가 필요한데, 이렇게 유정을 적절히 개보수(Workover) 작업하기에 적합하게 고안된 설비를 칭한다. 선박형태는 대부분 일반 선형(Ship Shape)을 유지하는 것이 보편적이지만 최근 Semi Submersible 타입 또는 Barge 타입의 설계도 등장하고 있다.

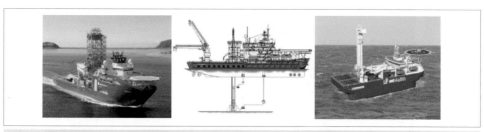

[그림 3-160] WIV(Well Intervenrion Vessels)

6. 심해저 설비(Subsea Structures and Equipment)

(1) Subsea Manifolds

심해저 설비체계를 단순화하고 해저 파이프라인을 간소화하면서 유체의 흐름을 이상적으로 가져갈 수 있도록 하는 역할을 한다. [그림 3-161]에 보듯이 Manifolds라 함은 파이프와 밸브의 조합으로서 유동체의 흐름을 합류시키고 분배하고 조절하며 종종 감독하는 역할을 수행하는 것을 말한다. 심해저 Manifolds의 경우, 해저면 유정 상부에 놓여서 생산물을 모으거나 물과 가스를 유정에 주입하도록 고안된다. 여기에는 다양한 종류의 Manifolds가 있을 수 있는데, 비교적 간단한 파이프라인 끝단 PLEM/PLET에서부터 심해저 공정설비와 같은 대형구조물에 이르기까지 다양하다. 이들 PLEM/PLET 또는 두 다른 설비를 이어주는 짧은 연결배관을 Jumper라고 칭한다.

(2) Subsea Wellheads

Wellhead라는 용어는 유정의 표면부에 놓이는 압력이 작용하는 구성품으로서, 시추드릴 작업, 마무리 작업 및 전과정의 해저 운영상 테스트 작업과 직접적인 관련이 있다. 이 Wellhead가 육상이나 Platform 상부에 놓이는 경우, 이를 Surface Wellhead라 칭하고 해저면에 놓이는 경우를 Subsea Wellhead 또는 Mudline Wellhead라 칭한다.
대개 Subsea Wellheads는 각각의 Well을 직접 관리하도록 해당 Well의 특성에 맞춰 최소한의 설비구성으로 이루어지는 Wellhead를 Satellite Wellhead라 이르는 반면 여러 곳의 Wells이 하나의 중심이 되는 중앙처리 설비 위에 놓이는 경우를 Clustered System 또는 Clustered Wells이라고 부른다.

[그림 3-161] Subsea Equipment and Facilities

(3) Subsea Trees

이는 밸브, 파이프 및 피팅류 그리고 이들의 연결로 이루어진 조합으로서 유정 상부에 설치되어 유정으로부터 용출되는 압력을 조정하는 기능을 하게 된다. 밸브의 방향은 수직 또는 수평으로 위치할 수 있으며 이들 밸브는 Diver의 조작이나 ROV를 통해서 전기적 또는 유압 신호로 작동이 될 수 있다.

(4) Umbilical Systems

이는 외장 케이블 내에 다수의 튜브, 배관 또는 전기전도체가 모 설비로부터 주변 설비에 공급이 될 수 있도록 하는 것으로서, 압축공기와 같은 조절용 유체를 이동시키거나 전류를 흘려 심해저 생산설비 또는 조정관리 설비를 작동시킨다. 통상의 Umbilical 크기는 직경 10인치, 즉 25.4cm 표준이 일반적이다.

(5) Production Risers

이는 모 설비 주변의 해저면에서 올라오는 생산물 유체의 흐름을 담당하는 것으로서 견고한 파이프 또는 유연한 파이프 모두 있을 수 있고 고정식, 부유식 모두 적용된다.

(6) Subsea Pipelines

심해저 파이프라인은 해저 Wellhead와 Manifolds 간 또는 Surface 설비 간을 연결하는 배관망을 일컫는다. 이 역시 견고한 파이프 또는 유연한 파이프 적용이 모두 가능하고 주로 석유화합물, 가스물 주입 및 화학제의 이송을 담당한다. Pigging 이 요구되는 경우, 이 Flowlines은 교차 연결라인과 밸브에 의해 순환되도록 할 수도 있다.

7. 신개념 해양설비

(1) GBS 공법을 활용한 인공 섬 – 공항, 발전소

GBS(GRavity Base Structures, 때에 따라 Cgs, Concrete Gravity Base Structures라고도 칭함) 구조물은 중력에 의해 제 위치에 안착되는 일종의 하부 지지 구조물을 칭하며 주로 고정식 해양플랫폼 하부지지를 목적으로 설치한다. 이런 구조물은 충분한 수심이 보장된 만에서(Fjords) 건조되는 게 일반적이다. 해양구조물 용도로 건조되는 경우 건조 후 부력을 지닐 수 있도록 강재로 보강된 콘크리트 탱크 형상으로 짓는다. 건조 후 GBS는 물에 띄워 끌고 가서는 제 위치에 다다르면 가라앉히는데, 사전에 놓이게 될 해저면 위치의 정지작업도 선행되어야 한다.

GBS 구조물은 해상 풍력에도 쓰이는데, 2010년까지 모두 14개의 해상풍력이 GBS로 지지되도록 설치되었으며 점점 해상풍력의 크기가 커지고 설치 수심이 20m 이상으로 깊어지면서 이런 환경에 경쟁력을 갖춘 GBS가 적합한 대안으로 떠오르고 있다.

Mega Float라 함은 물 위에 떠 있는 거대한 인공섬과 같은 구조물을 칭하는 것으로, 일본 도쿄 만에서의 공항설비 적용을 최초로 점점 그 상용화 및 확대 적용이 가까이 다가오고 있다. 전통적인 GBS와 다른 점은 Gravity 작용, 즉 해저면에 물(또는 기타 Steel Scrap 등)을 채워 가라앉히지 않는다는 점이다. 대개 Steel로 보강된 콘크리트 구조물이라는 점에서는 기존의 GBS 구조물과 크게 다를 바가 없지만 부유식 설비라는 자체가 이와 관련한 수많은 구조적 안전성 및 유체역학적 거동에 세심한 검토가 요구된다.

[그림 3-162] Gravity – Base Structures – Mega Float Facilities

1) Barge Mounted Facilities

① BMPP(Barge Mounted Power Plant, Power Vessel/Barge)
② BMDP(Barge Mounted Desalination Plant)
③ Floating Hotel
④ Floating Satellite Launcher

전통적인 통념을 탈피하여 이동이 가능하고 건조기간과 공법을 단순화 또는 표준화하여 공급납기를 획기적으로 줄일 수 있는 설비의 한 유형으로서 지역에 따라 수요에 따라 널리 보급이 확대되고 있는 상황이다.

참고로 다음은 BMPP(Power Barge)의 장점을 정리한 것이다.

① Constructed in Shipyards under Controlled Conditions
② Relatively Fast Construction Dependent upon Equipment Availability
③ Can Utilize any Electrical Generating Technologies
④ Transportable Power, Large Capacity can be Moved to Areas of need Quickly
⑤ Fuels can be Supplied by Ocean Transport and Stored in Adjacent Barges
⑥ Financially Viable for Installation in Developing Countries

(a) Power Barge   (b) Floating Desalination Plant

[그림 3-163] Barge Mounted Facilities

(a) Power Barge　　　　(b) Satellite Launcher

[그림 3-164] Floating Hotels

❸ Offshore Transportation, Installation and Mooring

1. 해상운송(Sea Transportation)

해상운송은 크게 Wet Towing 및 Dry Towing 둘로 나눌 수가 있는데, 성격상 물에 뜨는 부유체를 근거리 운송하는 최선의 경제적인 방법은 AHTS와 같은 예인선의 조합으로 적절히 끌고 이동시키는 것인데, 이를 Wet Towing이라 칭한다. 이 경우 대상 목적물의 구조적 형상이나 무게 등의 고려에 따라 적절한 수의 AHTS 배치가 요구되며 그렇다 하더라도 대양을 가로지르는 이동, 즉 Ocean Going에는 운송기간이나 기상 조건 등을 감안할 시 그 위험부담으로 인해 추천할 만한 방법은 아닐 수 있다.

이에 대한 대안으로 등장한 것이 Dry Towing으로서, 이는 부유체라 할지라도 이를 또 다른 운송 Vessel 위에 떠 올려(Float on/off) 싣고 가는(이를 Piggy Back이라 칭하기도 함) 방법이다. 대개 이러한 기능을 수행하는 전문 운송선박은 초대형 크레인을 자체 보유하거나 Ballast 능력이 월등하여 반잠수 성능을 지니는데, 이는 원거리 운송을 보다 안정적이고 빨리 할 수 있는 대안이 될 수 있다. 다만, 상대적으로 해상운송비가 만만치 않게 비싼 게 흠일 수 있다.

(a) Wet Towing　　　　　　(b) Dry Towing

[그림 3-165] Sea Transportation

(1) Skid on/off, Roll on/off and Float on/off

해상운송을 위해 해양구조물(고정식 또는 부유식) 자체를 운송 선박이나 바지 위에 올리고 내리는 방법이 중요한데, 여기에는 Skid on/off, Roll on/off 그리고 Float on/off 방법이 있을 수 있으며 해당 구조물의 제작/건조 여건에 따라 또는 작업장의 안벽이나 운송장비 여건에 따라 적절한 방법을 사전에 선정하고 설계에 반영하게 된다.

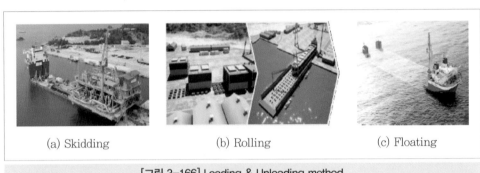

(a) Skidding   (b) Rolling   (c) Floating

[그림 3-166] Loading & Unloading method

2. 해상 설치(Installation)

해상설치작업 역시 대상 해양구조물의 성격과 중량 그리고 크레인 설비 등 이를 지원하는 지원설비의 역량한계를 고려한 사전 선정과 이에 따르는 제반 준비가 요구된다. 비교적 천해에서 동원 가능한 크레인 설비의 인양능력 범위 내에서는 Lifting 방법이 최선일 수 있으나 이 경우도 Single Lift 가능 여부에 따라 여러 가지 경제적인 또는 기술적인 고려가 수반될 수 있다. 즉, 크레인 인양능력을 벗어나게 되면 부득이 대상 구조물을 둘 또는 여럿으로 쪼개야 하는 경우가 있을 텐데 이 경우는 해양이라는 익숙하지 않은 환경에서의 작업이 – 인력과 제작장비의 조달뿐만 아니라 자재조달 및 보관 등의 복잡한 이해관계가 발생하는 – 불가피하다.

일반적으로 해양이라는 익숙하지 않은 불확실성이 상존하는 환경에서의 작업은 기상 변화 또는 물류시스템의 어려움이나 한계로 인해서 계획대로 추진되기 어려운 점이 많을 수밖에 없다. 이런 이유로 가급적 불확실한 해양에서의 작업을 최소화하는 노력이 프로젝트를 성공적으로 마무리 짓는 척도가 될 수 있으며, 따라서 이런 불문율, 즉 "Maximize Onshore Work, Minimize Offshore Work" 실천을 위한 공법 개발이 꾸준히 요구된다.

(1) Self Upending Method

크레인으로 단순 인양하여 설치하는 게 여의치 않은 경우, 즉 수심이 깊거나 대상 Jacket 구조물이 크레인 인양용량을 벗어나는 경우에는 전용 운송/Launch 바지를 동원한 Self Upending 방법이 널리 쓰인다. 이 작업을 위해서는 반드시 사전에 운송/Launch Barge의 수배와 함께 설계 단계에서부터 이에 대한 고려가 충분히 이루어지고 반영되어야 한다.

[그림 3-167] Jacket Installation by Self Upending Operation from far Right to Left

(2) Float-over Method

일반 Lifting Method로 처리하기에 대상 구조물의 중량이 너무 커서 크레인 설비의 인양능력을 벗어나는 경우, 대상 구조물을 둘 또는 여럿으로 나눌 수밖에 없는데, 이 경우 해양에서의 Integration 작업 분량이 늘어나고 이로 인한 부가적인 설치, 조립 및 연결작업이 수반되는 부담이 발생하는데, 이는 관련 인력동원 및 장비의 동원을 고려할 시 결코 바람직한 방법이 아닐 수 있다. 이 경우 가급적 많은 작업은 검증된 제작 야드에서 수행하고 해양에서의 작업을 획기적으로 줄이는 대안이 Float Over인데, 이는 사전에 하부 지지구조물의 설계에 직접적인 영향이 미치는 관계로 신중한 고려와 준비가 전제된다면 효과적인 설치가 이루어질 수 있다. 즉, 대부분의 조립 및 Integration 작업과 이후의 Precommissioning 작업을 안정된 육상 제작장에서 수행하고 운반 이후 해상에서의 작업을 최소화하는 개념이다.

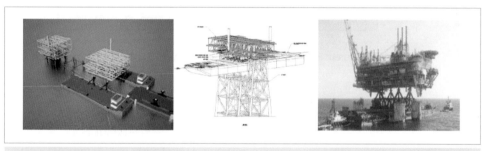

[그림 3-168] Topside Installation by Float Over

Float Over 작업을 가능하게 하기 위해서는 우선적으로 하부 구조물의 설계를 운반 Barge/선박의 크기와 Ballasting 능력에 맞춰야 한다는 점이기 때문에 사전에 운반/설치 작업을 위한 선박/바지의 확보가 관건일 뿐만 아니라 정교한 설치작업 Knowhow가 요구되는 기술적 문제가 담보되어야 한다.

3. 해상 계류(Mooring, Station Keeping)

해양설비가 일반적인 선박이나 여타 육상 플랜트 또는 구조물과 상이한 점은 열악한 해양 환경에(Met Ocean Data) 맞춰 이를 극복하도록 고안되어야 한다는 점이고, 어떠한 기상조건 하에서도 지정된 위치에 반영구적으로 계류되어 목적하는 미션을 수행하도록 설계되어야 한다는 점이다.

대부분의 해양설비는 고정식 또는 부유식을 망라해서 해저로부터 이어지는 복잡한 배관망과의 연결(이를 Hook Up이라 칭함) 또는 이후의 시운전(Commissioning) 작업이 이루어져야 하고 이를 위해서 수많은 인력과 장비와 물류를 위한 부대시설이 수개월에 걸쳐 필요한 것과 마찬가지로 유사시에 이의 해체를 가정했을 경우에도 동일한 수준의 인력과 장비와 지원설비의 동원이 요구되는 이유로 인해서 현실적으로 불가능할 뿐만 아니라 어떠한 경우라도 안전과 재난 예방을 위해 검증된 계류시스템(Mooring 또는 Station Keeping) 설비의 구축은 아무리 강조해도 지나치지 않은 중요한 부분이다.

일반 상선 건조환경	해양설비 건조환경
• 추진 시스템 – 위험회피 가능 • 화물창 수용능력 • 조선소 내 건조 및 인도 • 선급 및 조선소 주도 • 표준화 기술재배 • 보편적 시장 요구사항	• 계류 시스템 – 위험환경 노출 • 미션설비 작업능력 • 분산건조 현장설비 인도 • 선주지정 전문가 주도 • 검증된 기술재배 • 운영자 특화환경 요구사항

• Custom-madem High Level of Design Criteria
• Integrated Management With Local Environment & Regulations
• Multi-party & Multi-national Project Management Capacity
• Mobiliazation & Demobilization Resources Network
• Risk Exposure and Interface Management
• Global Standard QHSE Practice & Mind in Every Day Life

[그림 3-169] Different Environmental Conditions Between Shipbuilding and Offshore EPCI

(1) Spread Mooring

전통적인 선박 계류시스템에서 응용된 방법으로, 일련의 Anchor Sets 그리고 이를 연결하는 Wire Ropes(Mooring Lines) 조합으로 이루어진다. 계류하고자 하는 선박을 한 방향으로 고정시킨다는 점에서, 그리고 해저면에 다수의 Anchor를 떨어뜨려 운용한다는 점에서 그 특징이 있고 추가로 아래와 같은 특징을 갖는다.

① Uses Traditional Shipboard Mooring Equipment
② Turret Structure and Bearing are NOT Needed
③ Fluid and Gas Swivel are NOT Needed
④ Electrical Power and Control Swivels are NOT Needed
⑤ Easily Accommodates Large Number of Risers and Umbilical

[그림 3-170] Anchors Steadfast, Bruce Single, Flipper Delta, Offdrill and Stevpris, Respectively From Left

(2) Turret Mooring

이는 Turret이라 불리는 설비를 통해 대상 선박을 고정시키도록 고안된 시스템으로 가장
큰 특징은 이 Turret을 중심으로 계류 대상 선박의 회전이 허용된다는 점이다. 즉,
Bearing Sets으로 구성된 Swivel 장치를 통해서 이러한 회전운동이 허용되면서도 제 위
치에의 Positioning이 이루어진다는 특징이 있다.

① Uses Turret Structures

② Fluid and Gas Swivels are Needed

③ Electrical Power and Control Swivels are Needed

④ Limited number of Risers and Umbilical

[그림 3-171] Turret Mooring Systems – External and Internal

(3) External Turret System

Single Point Mooring(SPM) 체계가 선박 외부에 위치하고 이를 특수한 지지 구조물
(Yoke)로 연결시킨 형상으로서, 선박의 360도 회전 거동에도 무리 없이 운용이 가능한 설
비이다. Internal Turret에 비해 경제적인 이유로 Conversion FSO/FPSO 등에 널리 적
용된다.

(4) Internal Turret System

한편, 이 SPM 시스템, 즉 Turret 부분이 선박 내부로 들어와서 위치하는 구조가 Internal
Turret System으로서, 대개 선박 하부 해저면에서 착탈이 가능한 Disconnectable 형식
을 취하는 게 일반적이다. 특징으로는 계류능력뿐만 아니라 Fluid 이송능력이 심해 또는
열악한 환경조건하에서도 원만하다는 점이다. 다음은 주요 특징을 정리한 것이다.

① Permanent and Disconnectable Systems

② Moderate to Harsh Environment

③ Deepwater Application

현재 운용되는 Internal Turret System 기준으로 볼 때 수심 3,000m 범위까지 100개의 Risers 연결이 가능한 FPSO 운용이 실현되고 있다.

(5) Dynamic Positioning(DP) System

이는 Active Thrust 운용을 통해 자동적으로 계류 대상 선박의 거동을 조정하는 시스템이다. 어떠한 선박이나 부유체라 하더라도 아래 표현된 여섯 가지의 거동이 있을 수 있는데, 이를 효율적으로 제어하고 조정하는 기능을 통해 선박 Positioning을 담보하는 시스템이다. 이 시스템의 장점은 다음과 같다.

① Maneuvering is Excellent ; Easy to Change Position

② NO Anchor Handling Tugs are Required

③ NOT Dependent on Water Depth

④ Quick Set Up

⑤ NOT Limited by Obstructed Seabed

반면, 아래와 같은 상대적 단점도 있다.

① Complex Systems with Thrusters, Extra Generators and Controllers

② High Initial Costs of Installation

③ High Fuel Costs and Higher Maintenance of the Mechanical Systems

④ Chance of Running off Position by System Failures or Blackouts

⑤ Underwater Hazards from Thrusters for Divers and ROVs

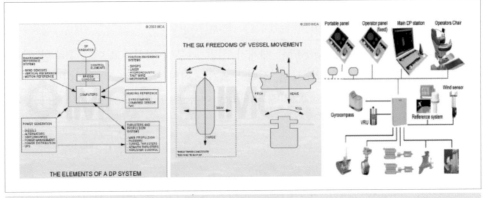

[그림 3-172] DP Systems

4. 설치 시운전(Hook Up & Commissioning)

계획한 바와 같이 EPC 작업, 즉 설계, 구매 그리고 제작이 원만히 달성이 되었으면 후속작업으로 T&I, 즉 운반과 설치가 이어질 것이고 그 이후 최종적으로 목적물이 제 기능을 갖기 위해서는 시스템적으로 모든 배관, 전기, 공조, 구조적 이음 등을 완성시키고 실제 Fluid를 흘려보내 설계한 바와 같이 또는 그 허용 공차 범위 내에서 시스템이 가동되는지를 확인하는 중요한 단계가 있다. 이를 Hook Up & Commissioning이라 하며, 그간의 단위설비를 이어서 전체가 하나되는 종합 플랜트를 완성시키는 중요한 역무이다.

즉, HUC는 설비 제작/건조 이후 본격적인 운영인 Start Up 이전에 위치하는 시스템 체결 및 시운전을 뜻하는 것으로, 통상 이를 수행하기 위해, 망망대해 해양에서 수백 명의 작업인력의 동원뿐만 아니라 장비의 동원, 지원설비 및 국제규격에 부합하는 환경안전설비의 동원 등 세심히 고려해야 하는 사항이 헤아릴 수 없이 많다. 해양이라는 피치 못할 악조건을 감수해야 하기에 이에 대한 안전규제를 비롯해서 각종 불확실성에 기인한 준비가 철저해야 함은 아무리 강조해도 지나치지 않을 정도이다.

[그림 3-173] Typical HUC Work Offshore

Hook Up 작업은 앞서 설명한 바와 같이, 시스템의 구조, 기계, 배관, 전기, 통신체제의 완성을 이루는 작업이며, 기존 설비와의 연결을 망라하는 역무이다. 한편, Commissioning 작업은 사전 시운전(Pre-commissioning) 포함, 배관망의 기능시험, 기계적 시험, 전기적 시험 및 통신체계시험을 망라한다. 여기에는 다음과 같이 4가지 주요 관심 영역이 있을 수 있다.

① Technical Issues(기술적 문제)

② Tools and Equipment Issues(도구 및 장비 문제)

③ Manpower Issues(인력조달 문제)

④ Cost Bidding and Execution Issues(입찰견적 산출 및 수행관리 문제)

이런 주요 관심/점검 사항들에 대한 사전 수행/해결방안을 정리한 것이 HUC Execution Plan이며, 여기에는 HSE 관리 및 Pre-commissioning Plan이 포함된다.

4 Oil & Gas Drilling

1. 시추작업

제일 먼저 26 또는 30인치 규모의 Conductor 배관을 해저면까지 내려서 고정시키는데, 이는 Water Jet 또는 Pile Driver 아니면 Drilling 작업에 의해서 구축하고 배관을 내린 후 시멘트로 고정하게 된다. 이후 이 Conductor 배관은 수면 위 드릴링 작업선박 데크 위로 연결된다. 만약 천해가 아닌 심해인 경우, Guide Base라는 6각형의 강구조물을 먼저 해저면에 설치하고 후속 배관 설치 – 연결 – 시멘트 작업을 진행한다.

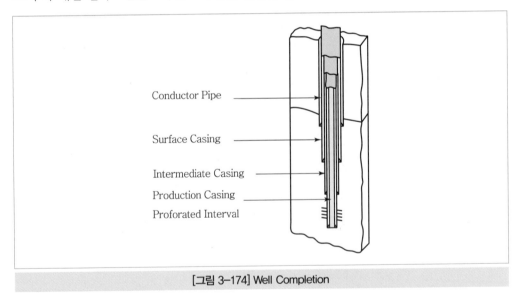

[그림 3-174] Well Completion

Conductor 배관 설치 이후 이보다 작은 직경의 Surface Casing이라 불리는 배관을 Conductor 배관 안쪽 중심축을 유지한 상태에서 내려보내고 시멘트 작업으로 고정시킨다. 그런 후 BOP 장비를 Surface Casing 상부에 고정시키고 같은 방법으로 계속해서 점점 직경을 줄여가며 깊이 파 들어간다. 이렇게 하여 목적한 시추 드릴작업을 마무리하고 본격적인 생산 직전의 상태로 완성하는 일련의 작업을 통칭하여 Well Completion이라 한다.

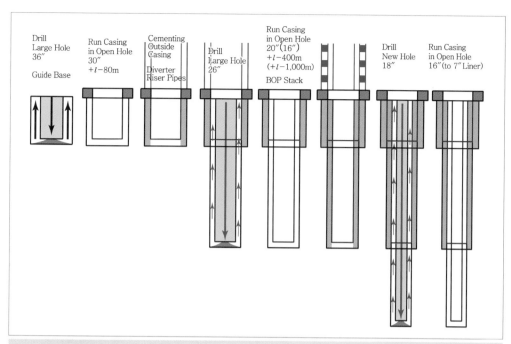

[그림 3-175] Typical Drilling Work Procedures

2. 시추방법

```
┌─────────────────────────────────────────────────┐
│              Drill-Stem Testing                  │
│   석유/가스 매장을 추정케하는 지질학적 근거 필요      │
│        가장 이상적인 위치 선정이 관건               │
│    Drill 설비가 위치할 충분한 면적의 표면조건        │
│    법률적 · 환경적 사전 조사, 영향평가 및 승인        │
└─────────────────────────────────────────────────┘
                      ▽
┌─────────────────────────────────────────────────┐
│            Drill-site Preparation                │
│        선정된 위치로의 드릴 장비 이동               │
│           필요 시 Site 정지작업                    │
│   Land-Rig 경우, 대형 Pit Mud & Cuttings 보관 처리 │
│   소형 Hole(Rat Hole) 드릴 및 Kelly, Turn Table 등 설치 │
└─────────────────────────────────────────────────┘
                      ▽
┌─────────────────────────────────────────────────┐
│                 Rigging Up                       │
│   지지 구조물 및 Mast & Derrick 등 상부 구조물 설치 │
│ 장비(Pumps, Engines, Rotating & Hoisting) 설치, 연결 │
│   드릴 String 보관 Rack 이용 Stacking-Ready to Drill │
└─────────────────────────────────────────────────┘
                      ▽
┌─────────────────────────────────────────────────┐
│                 Spudding In                      │
│  굴착 시작-드릴 String(Bits, Collars, Pipes, Kelly)연결 │
│  Circulation System 가동-Flexible Hose & Swivel 이용- │
│  Mud Pump Draw-Mud From Pits Through Kelly to Bit │
│           Returned to Shales Shark               │
└─────────────────────────────────────────────────┘
                      ▽
┌─────────────────────────────────────────────────┐
│            Drilling the Surface Hole             │
│   표면 일정 깊이까지 대구경 Hole 파기-Surface Hole   │
│ Casting 구축-Well Bore 보호, BOP 등 후속 Casting 가능 │
│   Cementing 작업-최소 12시간 이상의 Interval        │
│           BOP가 Surface 상부에 설치               │
└─────────────────────────────────────────────────┘
                      ▽
┌─────────────────────────────────────────────────┐
│             Drilling to Total Depth              │
│  Casting, Cementing 및 BOP 설치 완료 후 연속 Drilling │
│       당초 계획 깊이에서 Drill Bit 교체             │
│   Drill Cuttings 통한 성분조사(Mud Longger)        │
│   Drill Stem 통한 성분조사(Diamond Core Bit)       │
└─────────────────────────────────────────────────┘
                      ▽
┌─────────────────────────────────────────────────┐
│              Drill-Stem Testing                  │
│       Reservoir Rock 조사를 위한 시험             │
│   Drill String 철수 - Stem Test Tool로 교체        │
│        회수되는 Rock 시험편 성분 조사              │
└─────────────────────────────────────────────────┘
                      ▽
┌─────────────────────────────────────────────────┐
│                 Well-Logging                     │
│     계획 깊이까지 굴착 완료 후 기록을 위한 과정      │
│    모든 드릴장비는 철수되고 Logging 설비로 교체      │
│         전기적 신호 감지기술 동원                  │
│   Reservoir 깊이, 암반유형, 밀도 부존형상 등 조사   │
└─────────────────────────────────────────────────┘
                      ▽
┌─────────────────────────────────────────────────┐
│             Completing the Well                  │
│        생산정으로서의 굴착작업 완료               │
│       당초 계획깊이에서 Drill Bit 교체             │
│     Drill 통한 성분조사(Diamond Core Bit)         │
└─────────────────────────────────────────────────┘
```

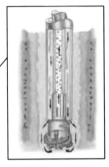

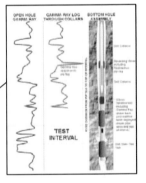

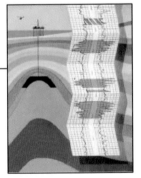

3. 시추설비 구성 및 부속시스템

시추설비를 구성하는 단위시스템 구성은 다음과 같다.

① Drilling Structures-derrick
② Top Drive System-hoisting & Rotating
③ Drill Floor Equipment
④ Pipe/Riser Handling System
⑤ Hydraulic Power Unit
⑥ Motion Compensators
⑦ Drill Pressure Controller-BOP/X-mas Trees
⑧ Mud Circulation System

[그림 3-176] Drilling Systems-top ①, ②, ③, ④ and Bottom ⑤, ⑥, ⑦, ⑧

(1) Drilling Structures-derrick

시추탑이라 불리는 Derrick 구조물은 맨 위에 Crown Block을 지지하고 있는 높이 50~70m 정도의 철탑구조물이다. 이를 통해 별도로 저장된 시추배관 영역에서 하나씩 시추용 배관을 꺼내고 올려서 서로 연결하는 작업이 이루어지며 이는 Crown Block 또는 Traveling Block을 통해 상하운동을 관리하게 된다. 이러한 Hoisting 운동뿐만 아니라 Rotating 작업이 가능하도록 하는 Top Drive System을 지지하는 기본 골격이 되는 구조 부분이다. 이 Derrick 안쪽 아래 부분은 시추작업이 이루어지는 Drill Floor 영역으로 시추관(Drill String) 운용을 가능하게 하는 공간을 확보하게 하며, 통상 작업을 통제하는 Control Cabin이 위치한다.

(2) Top Drive System

시추작업을 위한 회전운동을 발생시키고 조절하는 설비로서 Rotary Table을 대신한다. 즉, Traveling Block에 붙어 있어 전기적 혹은 유압으로 구동되는 전동기에 의해서 Drill String을 담당한다.

> **Drill Floor Equipment**
> 본격적인 시추작업이 이루어지는 작업대를 통칭하며, 여기에는 Draw Works, Accu −Mulator, Rotary Table, Dock house, Drilling Control Cabin 등의 설비가 들어선다. Hydraulic Power Unit이 위치하고 여기서 발생하는 동력을 Drill String에 전달하게 되는 곳이기도 하다.

(3) Pipe/Riser Handling System

심해 목표하는 수심을 감당하려면 이에 걸맞은 양의 시추배관이 적재되어 관리되고 필요시 효율적으로 꺼내서 서로 잇고 Derrick으로 보내는 일종의 물류시스템이다.

심해 Drilling 설비의 용량을 나타내는 척도가 얼마나 많은 Deck Load를 감당할 수 있느냐를 보기 위한 Variable Deck Load라는 게 있는데, 이는 다양한 설비뿐만 아니라 얼마나 깊은 해역까지 Drilling 작업에 필요한 Drill Pipe & Riser의 적재가 가능한지를 나타내는 척도이기도 하다.

(4) Motion Compensators

앞서 DP(Dynamic Positioning) 부분에서 언급한 바와 같은 선박 거동 중 Heave, 즉 상하운동은 Thruster만으로는 통제하기가 불가능한데, 심해시추작업 중 가장 위험하고 그런 이유로 통제가 필요한 부분이 바로 Heave Motion이다. 이 Heave Motion을 적절히 통제하기 위해 유압시스템의 원리로 작동되는 일종의 보정장치이다.

(5) Drill Pressure Control System − BOP & X−mas Trees

Drilling 작업 중, 유정으로부터 솟구치는 압력을 적절히 통제하지 못할 경우 실로 엄청난 재난으로 이어질 수 있다. 이처럼 유정의 압력을 조절하면서 시추작업을 수행하려면 일련의 압력조절밸브의 조합이 필요한데, 이를 BOP(Blow Out Preventor) 또는 X−mas Tree라 칭한다.

Well Completion 이후 본격적인 생산 개시 이전에 설치하는 것을 X−mas Tree라 하는 반면 시추작업 중간에 시추작업을 위해서 사용하는 것을 BOP라 일컫는다. 최근 Gulf of Mexico(Macondo) 오일 누출 재난에서와 같이 BOP 또는 BOP와 연관된 어떠한 구성품이라도 일단 문제가 발생했을 경우 그 파장과 피해는 실로 엄청난 것이기에 이에 대한 철저하고 신중한 관리가 전제되어야 한다.

(6) Mud Circulation system

Drilling 작업이 진행되면 될수록 Down Hole로부터 발생하는 파쇄 암석조각(Cuttings)은 반드시 밖으로 배출되지 않고는 계속적인 드릴작업이 곤란한데, Mud를 순환시킴으로써 이를 효과적으로 제거할 수가 있다. 이렇게 Cuttings와 함께 올라온 Mud에서 Cuttings만을 Screening을 통해 제거한 다음 재생 Mud는 다시금 시추작업을 위해 사용할 수 있도록 하는 일련의 Circulation 설비를 일컫는다.

Deck 상부에는 Mud Fit(일종의 Tank)에서 일단 보관된 혼합 Mud는 Shale Shaker 등의 Screening 작업을 거쳐 Cuttings 찌꺼기와 재생 Mud로 분리된다.

[그림 3-177] Mud Circulation Systems-shale Shakers

이러한 Mud의 역할을 보면 다음과 같다.

① Remove Cuttings from Well

② Suspend and Release Cuttings

③ Control Formation Pressures

④ Seal Permeable Formations

⑤ Maintain Wellbore Stability

⑥ Cool, Lubricate & Support the Bit and Drilling Assembly

⑦ Transmit Hydraulic Energy to Tools and Bit

⑧ Ensure Adequate Formation Evaluation

⑨ Control Corrosion

⑩ Facilitate Cementing and Completion

⑪ Minimize Impact on Environment

⑤ Oil & Gas 산업구조

Hydrocarbon으로 지칭하는 오일/천연가스 형상의 화석에너지는 우리가 이용하기 편리한 형태의 오일이나 가스가 되기까지 복잡 다단한 과정을 거치게 된다. 이러한 일련의 과정을 크게 세 단계로 분류하자면 Upstream, Midstream 그리고 Downstream 과정으로 나눌 수 있다.

① Upstream : 탐사, 시추 및 생산과정을 일컫는다. 지하 또는 해저층에 존재하는 오일의 경우 (천연가스도 크게 다르지 않지만) Live Oil이라 하여 그야말로 물, 흙, 가스, 오일 및 기타 여러 원치 않는 불순물의 혼합상으로 존재하며 온도와 압력 또한 제각각이다. 이런 형태의 Live Oil 이 존재하는 지점을 찾아 탐사하고 매장량과 펼쳐진 형상을 분석하고 상업적 경제성 분석과 함께 본격 시추에 돌입하게 될 것이다. 그런 후 끌어올린 Live Oil은 가장 먼저 흙과 같은 단순 불순물을 거르는 처리, 물과 분리하는 공정 및 여타 유황 등 원치 않는 유해 불순물을 거르는 일련의 공정(Separation)을 거치게 된다. 그런 후 일차적으로 상업적 거래가 가능한 Crude Oil 형태까지 만든 후 저장하거나 Pipeline을 통해 정유소까지 공급하게 된다. 해양유전의 경우 FPSP 또는 FSO와 같은 저장설비에서 주기적으로 운영되는 Shuttle Tanker(유조선이라 부르는 Oil Tanker로서 생산지와 수요처 간을 오가며 운반을 담당)로 하역(Offloading)하는 작업까지를 포함한다. 선물시장에서 WTI(서부텍사스유), Dubai유 또는 북해산 Brent유 등의 상품으로 거래되는 것은 이 Crude Oil을 일컫는다.

② Midstream : 오일 개발에 있어서 확연히 의미 있는 영역으로 구분되지는 않았지만 근래 천연가스 개발에 있어서는 뚜렷한 구분의 필요와 의미가 있다. 즉, Upstream이 생산지에서 이루어지는 일련의 작업이라 한다면, 그리고 Downstream이 정제과정을 통해 원하는 형태와 품질로 재생산된 오일이나 가스를 일반 소비자에게 배급하는 일련의 작업이라 한다면, Midstream은 이 둘 사이의 필요한 저장과 기체에서 액체로 그리고 다시 재기화 과정을 망라하는 일련의 운송 관련 작업을 일컫는다. 가스전 개발의 경우, 이러한 액화설비 및 저장설비 구축에 대한 프로그램에 따라 사업적 방향과 사회경제적 이해가 크게 달라질 수 있을 뿐만 아니라 가스개발 전 공정에 있어서 액화설비가 차지하는 경제적·기술적 비중이 크기 때문이다 (일반적으로 천연가스 생산에서 수요처 공급까지의 전 LNG 공급체계에서 액화설비가 차지하는 비중만 보더라도 비용 측면에서 40% 정도를 상회한다).

③ Downstream : 유조선을 통해 Crude Oil 형태로 공급된 기름은 여전히 검고 점도가 탁한 정제되지 않은 상태이고 그래서 일반 소비자가 사용할 수 없는 형태이다. 다시금 유황과 같은 불필요한 불순물을 재차 다단계로 제거하는 과정뿐만 아니라 분별증류 등의 방법으로 여러 가지 다양한 형태의 상품으로 재생산하는 정제(Refinery) 과정을 밟아야 한다. 그 후 이를 적절한 방법으로 일반 소비자에게까지 공급(Distribution)하는 일련의 과정이 필요한데, 이를 일컫는 표현이다. 특히, 천연가스의 경우 LPG라는 형태로 일반 가정 소비자층에게 공급하는 배관망이 국가적으로 구축된 곳은 한국, 일본, 대만 정도의 극동아시아 일부 국가에 국한되어 있고, 세계 최대 가스 소비국인 미국의 경우 지협적인 제한된 공급 배관망 이외에는 발전용으로 대부분 소비하는 형국이다.

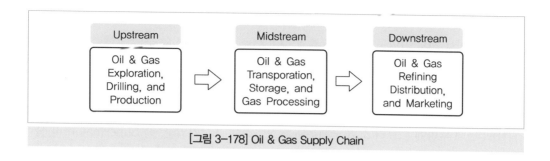

[그림 3-178] Oil & Gas Supply Chain

1. 주요 오일/천연가스 생산자

[그림 3-178]의 오일 및 천연가스 공급체계에 있어서 분명한 것은 Upstream 분야가 시장을 개척하고 있다는 사실이다. 즉, 이들 그룹에 속한 기업은 오일이나 천연가스 자원을 연구하고 조사 및 탐사, 개발 그리고 생산을 담당하는 역할을 한다.

역사적으로 40~50년 기간 동안 이들 기업 간에는 실로 엄청난 변화를 맞이하게 되는데, 1960~1970년대에는 오일 및 천연가스 공급시장이 소수의 공공기업 군을 소유한 이른바 다음 7공주(The Seven Sisters)에 의해서 장악되었다.

① Standard Oil of New Jersey(Esso)
② Standard Oil Company of New York(Socony – 이전 Mobil)
③ Standard Oil of California(Socal – 현재의 Chevron 전신)
④ Gulf Oil
⑤ Texaco
⑥ Royal Dutch Shell(Netherlands)
⑦ Anglo – Persian Oil Company(UK)

그리고 이들 공공기업 형태의 석유업자들은 다시 이후 50년의 기간 동안 계속되는 인수합병의 과정을 겪으며 오늘날의 국제적 석유기업(IOC ; International Oil Companies)으로 변신하게 된다.

① Esso는 Exxon으로 바뀌면서 1999년 Mobil을 인수하여 현재의 ExxonMobil이 된다.
② Socal은 후에 Chevron이 되는데, 1985년 Gulf Oil을, 그리고 이어서 2001년에 Texaco를 인수하면서 현재의 Chevron의 모습이 된다.
③ Anglo-persian Oil은 1935년에 Anglo-iranian Oil이 되었다가 1954년에 British Petroleum Co.로 바뀐다. 이후 1998년 Amoco(Standard Oil of Indiana) 인수 후 Arco(Atlantic Richfield Company)라는 자회사를 2000년에 만들면서 공식적으로 이름을 BP로 개명한다.

이들 선도적 기업군은 일종의 카르텔과 다른 연합전선을 구축함으로써 제3국 오일생산 시장에서 절대적인 영향력을 발휘하게 된다. 실제 1973년 통계에 의하면 이들 선도 기업군의 전 세계 석유 매장량의 85%를 장악하게 된다.

그러나 이들 선도 기업군과 이들의 후세, 즉 IOC로 불리는 공기업 군의 영향력은 몇몇 도전을 받기에 이른다. 즉, 1960년 결성된 OPEC(석유수출국기구)라는 카르텔이 점점 영향력을 확대해 가는 양상을 형성하면서 소위 OECD 국가로부터의 세계 오일생산 영향력은 점점 위축되면서 한편으로 국가 차원의 국영기업들이 몇몇 주요 산유국의 석유개발에 뛰어든다는 점이다.

1990년대 후반에 이르러 소위 국제무대를 장악하는 초강기업군, 즉 Supermajors라 불리는 기업군은 다시 현재의 모습으로 재편되며, 여기에는 프랑스 기반의 Total을 위시해서 Conoco-Phillips, ExxonMobil, Chevron, Shell 그리고 BP로 구성이 된다. Total은 1999년 벨기에의 Petrofina를 인수하고 2000년 프랑스 기업인 Elf 그리고 다시 2001년 스페인 Cepsa와 합병함으로써 현재의 모습을 구축하고 있다. 이전 Continental Oil and Transportation이었던 Conoco 역시 2002년 Phillips와 합병을 통해 현재의 ConocoPhillips를 이루고 있다.

이러한 일련의 초강 기업군의 인수합병의 역사는, 오일가격의 급락으로부터 자신을 보호하고 이에 적절히 대응하기 위한 몸집 불리기이며 규모의 경제를 이루어 점점 거대해져 가는 유전개발에 필요한 막강한 자금력을 확보하기 위한 몸부림이다.

한편, 오늘날 몇몇 주목할 만한 IOC 기업군에는 처음 출발은 정부소유에서 점차 기업공개로 사유화 과정을 거친 곳이 있는데, 대표적인 예가 캐나다의 PetroCanada, 인도의 ONGC, 러시아의 Gazprom, Lukos, Surgutneftegaz 그리고 Rosneft 등이다. 이들은 2009년 기준 전 세계 오일 및 천연가스 매장의 6%를 담당하는 초강 기업군 대열에 오르고 있다.

(1) National Oil Companies(NOC)

1960년대 초, IOC의 막강한 힘에 대응하여 자국의 에너지자원 및 시장의 관리 필요에 따라 몇몇 국가들은 독자적인 법인을 창설하거나 후원하기에 이른다. 이는 OPEC 회원국들이 주도하게 되며 상징적인 사례가 1938년 창립된 멕시코의 Pemex 그리고 1951년 설립된 이란의 NIOC이며, 이는 이후 1973년의 아랍 국가 석유수출금지가 가져온 세계 석유공황의 단초가 된다.

이들 NOC는 대부분 자국 정부의 자금력 또는 정치적 영향력 배경하에 창립되고 성장하게 되며 상대적으로 IOC에 비해서 덜 투명한 경영방식을 유지하고 있다는 특징이 있다. 2001년 기준 전 세계 오일 및 천연가스 매장량의 88%가 이들 정부 소유 기업이 장악하고 있으며 대부분 중동지역에 위치하고 있다.

2. OPEC

석유수출국기구(OPEC ; Organization of the Petroleum Exporting Countries)는 기구 가입국 간의 석유정책을 조정하기 위해 1960년 9월 14일에 결성된 범국가단체이다. 본부는 오스트리아의 빈에 있다. 현재 12개 회원국이 가입한 상태이다.

중동지역을 중심으로 출범하고 아프리카 나이지리아 그리고 베네수엘라를 비롯한 중남미로 확대되어가는 형국이나 러시아, 중국, 미국을 비롯 노르웨이 등 초대형 산유국 중 다수가 가입이 안 된 상태이고 그런 이유로 비회원국과의 정치, 경제, 사회, 문화, 환경 이슈에 따라 회원국 내의 정책결정이 항상 국제사회 이슈로 부각되곤 하는데, 최근의 글로벌 에너지 동향, 즉 신대륙의 비전통에너지 부상 및 OPEC 회원국의 정치적 입지 퇴색, 그리고 이란과 같은 나라의 독자행보 등이 미묘하게 작용하고 있어서 예전과 같은 통일된 강력한 영향력을 발휘하지는 못하는 다양성의 도전을 받고 있다.

참고

OPEC 가입국(가입 연도)

이라크(1960), 이란(1960), 쿠웨이트(1960), 사우디아라비아(1960), 베네수엘라(1960), 리비아(1962), 아랍에미리트(1967), 알제리(1969), 나이지리아(1971), 앙골라(2007), 적도기니(2017), 콩고(2018)

탈퇴국
- 에콰도르(1973~1992, 재가입, 2007~2020)
- 인도네시아(1962~2016)
- 카타르(1961~2019)

가입 후보국

노르웨이, 볼리비아, 멕시코, 시리아, 수단

주요 비가입 산유국
- 북아메리카 : 멕시코, 미국, 캐나다
- 동북아시아 : 중화인민공화국
- 동남아시아 : 동티모르, 말레이시아, 브루나이, 태국
- 서아시아 : 예멘, 오만
- 서남아시아 : 아제르바이잔
- 아프리카 : 케냐
- 유럽 : 노르웨이, 덴마크, 러시아, 영국

3. Upstream Industries

Upstream 영역, 즉 탐사 · 시추 및 생산을 담당하는 사업자를 통상 Oil/Gas Majors라 칭하고 여기에는 IOC뿐만 아니라 NOC 또는 개별 민간사업자도 포함한다.

(1) IOC−NOC Interactions

IOC도 NOC도 각각 자신들의 다양한 사업적 · 정치적 관심과 흥미에 따라 다양한 관계 형성을 구축하게 되고 이를 더 확대 발전시켜 나아가는 형국이다. 이는 현재 전 세계 오일 및 가스 매장량의 85%를 NOC가 직간접 관여하고 있다는 데에도 원인이 있을 뿐만 아니라 일부 NOC의 경우 직접적으로 글로벌 Major IOC와 경쟁하는 구도를 구축하기도 한다. 특별히 천문학적인 자금이 동원되어야 하고 복잡하고 리스크가 큰 유전개발에 있어서 IOC는 자원 보유국에 축적된 기술과 그들의 경험지식을 접목시킴으로써 자원 개발을 효율적으로 수행할 수 있다는 점에 이해를 같이 할 수 있을 것이다.

2009년에서 2011년 사이에 보고된 주요 IOC−NOC 협력 프로젝트 중 일부를 보면 아래와 같다.

① 대표적인 아부다비 국부펀드(Ipic)가 스페인 제2의 오일회사 지배주식을 프랑스 Total 로부터 사들인 예

② BP는 결국 이루지는 못했지만 러시아와 $16 Billion 규모의 러시아 북극 유전참여를 보장할 수 있었던 거래를 정부소유 Rosneft와 주식교환 형태로 협상에 임했던 사례

③ Shell과 러시아 Gazprom이 전략적 협력체를 구성해서 러시아 및 타국 유전개발에 협력하는 거래를 성사시킨 예

④ Shell이 $12.5 Billion 규모의 협력을 이라크와 체결하여 기존 생산유전에 참여한 사례

⑤ 한국의 KNOC가 $1.5 Billion 규모의 거래로 미국 Anadarko의 Shale 가스전 지분에 참여하는 사례

⑥ 태국의 PTT가 캐나다 유전 지분 40%를 인수하며 Statoil에 @2.3 Billion 거래를 이룬 사례

⑦ BP가 카스피해 지역에서의 유전개발 참여로 30년간의 PSA 체결을 아제르바이잔 Socar와 성사시킨 예

그리고 가장 주목할 만한 사례는 중국의 급부상이다. 2011년 보고에 의하면 중국은 $24 Billion 규모를 해외 업체인수에 투자하는데, 이는 전 세계 유전개발 사업 관련 거래의 20%를 담당하는 규모이다. 2010~2011년 대표적인 중국 국영기업의 거래를 보면 다음과 같다.

① PetroChina는 $5.4 Billion 투자로 캐나다 Encana의 Cutback Ridge Shale Gas 지분 50%를 인수

② Petrochina와 Sinopec은 각각 $1.9 Billion, $4.65 Billion 투자로 캐나다 오일샌드 지분을 인수

③ PetroChina의 UK 석유정제회사인 Ineos 지분 50% 인수로 스코틀랜드 및 프랑스에서의 오일정제사업에 참여

④ CNPC는 $6 Billion 규모의 쿠바 석유정제프로젝트 입찰에서 성공하여 베네수엘라, 쿠바와 함께 쿠바 시장에 참여

⑤ CNOOC는 아르헨티나에 $7 Billion을 지불함으로써 아르헨티나 Pan American Energy 지분 60%를 BP로부터 사들임

4. Subsea Industries

고정식 및 부유식 대부분의 설비가 조선소 중심의 건조능력을 바탕으로 형성된 이유로 우리나라의 Major 조선해양업체가 곧 글로벌 Major업체로 부상하고 있는 게 현실이지만, Subsea 산업에 국한하자면 이 영역은 우리에겐 아직 미개척 시장처럼 보일 수밖에 없는 게 현실이다. Subsea 산업을 구분하자면 특화된 몇몇 분야를 제외하고 크게 다음 네 영역이 있을 수 있다.

① Subsea Drilling Contracting
② Subsea Construction & Installation
③ Subsea Equipment Providers
④ Subsea Technology Services

위 영역 대부분은 미국 및 유럽 중심의 선험업체들이 장악하고 있는 게 현실이고 그만큼 새로운 Player의 등장을 꺼려하는 텃새가 존재하는 것도 엄연한 현실이다. 아쉽게도 아직 우리나라는 위 어느 분야에도 진출한 기업이 없다는 점과 이 분야의 진입을 위한 기초지식을 습득조차 하지 못하고 있다는 것이고 이와 관련한 산업적 기반도 취약한 문제가 있다. 흔히 빙산의 일각으로 비유되듯 보이지 않는 엄청나게 큰 규모의 시장인 Subsea 개발 참여를 위한 기술의 습득과 – 해외 업체의 인수합병 및 전략적 제휴 등을 망라한 – 전략적이고 중장기적인 계획과 접근이 요구되는 시점이다.

Transocean(미국) 및 SeaDrill(노르웨이) 등을 중심으로 하는 전 세계 Drilling 시장에 참여하기 위해선 자본의 조성과 함께 시장이 요구하는 선대의 형성이 전제되어야 한다. 이는 단순히 오일 가스 개발 관련 당사자만의 문제가 아니라 금융권의 의식 변화와 정부 정책의 변화 등이 전제되어야 진입이 가능하리라 본다.

Subsea Construction & Installation 역시 점점 심해로 나아가는 현 상황은 그에 부응하는 심해용 설비의 보유 운영을 요구하고 있다. 이 부분 역시 Technip(프), Saipem(이) 그리고 Subsea7(노) 주도의 시장에 뒤늦게 싱가포르, 말레이시아 몇몇 업체가 인수합병이라는 방법으로 이미 깊숙이 들어와 있는 것은 우리가 반드시 벤치마킹할 부분이라 여겨진다.

[그림 3-179] Typical Subsea Facilities

5. Midstream Industries

LNG, 즉 액화천연가스 가치사슬에는 크게 3단계의 공정이 있을 수 있는데, 액화공정, 운송 (대부분 수입항까지 특수제작 선박을 통한 해상운송) 그리고 재기화 공정이다. 결국 시장에서 소비자가 사용하는 형태 및 배관망을 통해 공급하는 형태가 기체이기 때문이다. 여기에는 액화 상태이든 재기화 상태이든 중간 저장 공정도 중요한 산업의 한 부분이다.

(1) Transporting LNG

대기압 섭씨 15도에서의 천연가스를 냉각시켜 액화점인 −164도 이하로 응축되면 부피는 별도의 압축과정 없이도 거의 600배까지 축소된다. 바로 이 점이 액화천연가스 운송을 산업적으로 가능하게 하는 매력이자 핵심이다.

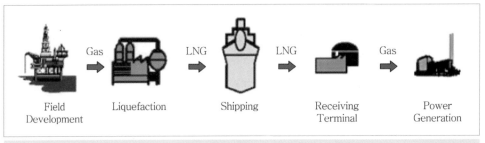

[그림 3-180] LNG Value Chain

열악한 환경에 고립된 천연가스−Stranded Gas라 칭하는데−개발에 이 액화공정은 더욱 의미가 있을 수 있다. 즉, 깊고 먼 바다 해저에 있는 가스전이나 멀리 극지방에 매장된 가스를 경제적으로 먼 다른 나라로 운송시키는 것을 가능하게 하기 때문이다.

LNG는 항상 자연적으로 이루어지는 비등(Boil Off) 현상으로 액화 초저온 상태를 유지하는 메커니즘을 스스로 지니고 있다. 즉, 일부 천연가스 증기는 액체상으로부터 기화하고자 하는 경향이 있는데, 이 기화현상은 액체상으로부터 흡열반응이기 때문에 열을 빼가면서 액체상을 유지하는 효과를 가져온다. 이는 항상 저장탱크로부터 비등가스(Boil off Gas) 제거가 적절히 이루어지기만 한다면 효과적인 보온효과를 유지한다는 뜻이다.

LNG의 첫 사용은 Peak Shaving(여름철 전력수요가 극에 달할 때의 대체 에너지원)용으로 1930년대 말 미국이었고, 해상운송의 시초는 1959년 미국 Louisiana에서 영국으로의 공급이었으나, 처음으로 글로벌 상업거래로 볼 수 있는 본격 천연가스 생산은 1964년 알제리 경우로 기록된다. 즉, 액화공정 후 프랑스 및 영국 수입항으로 운송하게 된다.

2010년 기준, 현존하는 액화공정 플랜트설비는 24개이며 약 80곳의 수입항 재기화 설비가 운영되고 있다. 이를 뒷받침하는 운송선은 대략 330척으로 추산된다. 그리고 추가로 10곳의 북미 시장 포함 25곳의 액화공정 설비와 32곳의 재기화 설비가 계획 또는 건설 중에 있다.

참고로, 다음은 세계 최대의 LNG 소비국이자 수입국인 미국의, 2011년 중반 기준, 11곳의 수입 재기화 설비 현황이다.

① Everett, Massachusetts
② Cove Point, Maryland
③ Elba Island, Georgia
④ Lake Charles, Louisiana
⑤ Gulf of Mexico, Offshore Louisiana
⑥ Offshore Boston(2)
⑦ Freeport, Texas
⑧ Sabine, Louisiana
⑨ Hackberry, Louisiana
⑩ Sabine Pass, Texas

대규모의 LNG 프로젝트를 수행하기 위해서는 반드시 고려되고 넘어야 할 장벽이 있다. 뿐만 아니라 고밀도 초저온 에너지를 다루는 일이기 때문에 아래 사항을 포함한 기술적 도전 역시 극복해야 하는 일이다.

① 충분한 규모의 가스전 매장량 확인(20~30년 생산규모)
② 대규모의 자금동원능력
③ 수입자, 즉 최종 사용자 측과의 장기 공급계약
④ 운송 담당 선박의 확보
⑤ 다양하고 복잡한 상업적 이슈 협상 – 계약, 소유권, 보험, 매출분담 및 금융분담 등
⑥ 환경, 안전 및 경제정책을 포함한 해당정부 규제에 순응하는 노력

(2) Liquefaction Process(액화공정)

천연가스는 다양한 성분들로 구성되며 지역에 따라서도 그 조성이 다르다. 대부분은 Methane이지만 소량의 Ethane, Propane, Butane 및 Pentane을 포함한다. 뿐만 아니라 응축상인 Condensate(Light Oil) 및 여타 다른 조성이 있을 수 있다.

LNG는 발열량을 기준으로 매매되기 때문에 이 발열량에 영향을 끼치는 성분에 대한 조절이 요구된다. 예를 들면, Ethane, Propane, Butane 또는 Pentane 등은 발열량을 높이는 역할을 하는 반면 질소, 이산화탄소는 이를 떨어뜨리는 역할을 한다. 게다가 이런 이산화탄소, 물, 황화수소, 수은 등이 제거되지 않으면, 저온에서 얼어 결정체를 형성하고 이는 필터나 열교환기 및 다른 장비를 막히게 하는 역할을 하게 된다. 이렇게 이산화탄소 또는 황화수소를 제거하는 작업을 Sweetening이라고 칭한다. 그리고 물이나 증기성분을 제거하는 것을 탈수처리(Dehydration)라 칭한다.

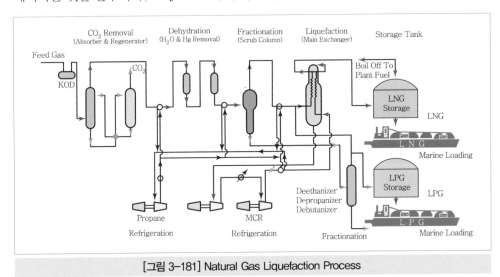

[그림 3-181] Natural Gas Liquefaction Process

이렇게 성분조성을 순화시킨 후 가압된 상태의 가스는 냉동공정을 밟게 된다. 즉, 섭씨 -110도 이하로 냉각된 가스는 Flashing 과정을-밸브를 통과시켜 압력을 풀어 대기압 수준으로 팽창시키는-거친다.

LNG를 액화시키는 일련의 설비를 Train이라 부르는데, 통상 6개 또는 그 이상의 조합으로 병렬 연결되는 구조이다. 큰 규모의 경우 대략 연산 8 Million Tons LNG 생산이 가능하다. 이 train의 주요 필수 구성 설비는 다음과 같다.

① 압축기(Compressors) : 특히 천연가스를 연료로 쓰는 터빈엔진으로 구동

② 열교환기(Heat Exchangers) : 들어오는 감압팽창가스로부터 얻는 열은 냉매 가스로 전달되며 이후 대기 중 또는 흐르는 물로 전달된다.

③ 플래시 밸브(Flash Valve) : 최종 냉각작업을 수행한다.

(3) LNG Storage Tanks(액화가스 저장탱크)

저장탱크 용적은 최대 크기의 LNG 운반선 용적의 두 배 정도로 설치하는 게 일반적이다. 형태는 일반 지상탱크가 보편적이나 지하형 또는 부분 매립형 등도 인구밀집지역에서는 심리적 이유로 설치되곤 한다(예 도쿄 만).

저장탱크는 이중 격벽으로 대기압을 조금 상회하는 수준에서 유지된다(15~20psi). 유상에 설치되는 LNG 탱크는 다음 몇 가지 형상이 있을 수 있다.

① Single Containment
② Double Containment
③ Full Containment
④ Membrane Storage Tank

Single Containment는 가장 단순하면서도 가장 저렴한 방법으로 독립형 오픈탑 형태의 9% 니켈강 내부탱크 구조이며 밖은 일반 탄소강 재질로 이 사이를 보온재로 쌓게 된다.

바깥쪽 탄소강 지붕은 비등(Boil Off) 증기를 수용할 수 있도록 설계되며 내벽을 보온할 수 있는 Suspended 지붕으로 구성된다. Single Containment라는 용어는 바깥쪽 탱크가 안쪽 탱크로부터 빠져 나오는 어떤 LNG도 저장하게끔 설계되지 않는다는 점이고 대신 다른 탱크로 흘려 보내 저장하게끔 설계된다.

Double Containment는 강화 콘크리트로 만들어진 바깥쪽 탱크가 안쪽 탱크에서 흘러나온 LNG를 저장할 수 있다는 점 외엔 Single Containment와 다름 아닌 구조이다.

Full Containment 구조는 Double Containment에서의 강화 콘크리트 벽의 연장선에서 콘크리트 지붕을 더한 경우이고 이 콘크리트 지붕이 안쪽 9% 니켈 탱크에서 흘러나온 LNG를 효과적으로 저장할 수 있는 구조이다. 다만, 경제적으로는 가장 비싼 방법이며 - Single Containment 대비 대략 50% 정도 더 비싼 - 탱크와 설비 간 간격을 최소화할 수 있는 효과는 있다.

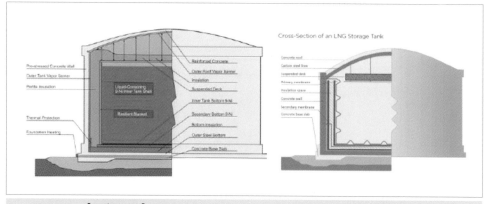

[그림 3-182] LNG Storage Tanks - Full Containment and Membrane

마지막 멤브레인 형이 간혹 쓰이기도 하는데, 유연한 스테인리스 스틸 멤브레인이 보온재로 감싸져서 바깥쪽 콘크리트 벽 내부에 설치되는 형태이다. 바깥 콘크리트 탱크는 안쪽 탱크에서 새어 나오는 LNG를 효과적으로 저장할 수 있도록 설계되는 한편 내구성 면에서는 타 설계보다 덜한 편이다.

(4) Offshore Liquefaction 개념

2000~2005년 사이 급증하는 LNG 수요에 맞춰 소형 또는 원거리 해양 가스전 개발을 위해 여러 곳에서 혁신적인 개념의 고정식 또는 부유식 시스템의 등장이 이루어진다. 이 중 수심이 비교적 얕은 천해용으로 개발된 것이 GBS(Gravity Base Structures) 구조인데, 이는 해양 오일생산 설비에 쓰이는 GBS와 다름이 아닌 개념이다. 즉, 선 제작된 콘크리트 구조물 탱크를 물에 띄워 이동시키고 이를 해저면에 가라앉히는 공법으로써 일종의 인공섬을 만드는 것이다.

다른 개념으로는, 심해용으로 특별히 고안된 FPSO로서 심해 가스전으로부터 천연가스를 받아서 이를 선상에 설치된 액화공정 플랜트를 통해 LNG 형태로 변형하고 저장하는 개념이다. 이후 저장된 LNG는 일반 LNG 운반선으로 주기적으로 넘겨주는 개념으로서 이를 Floating LNG, 즉 FLNG라 칭한다[그림 3-148 참조].

LNG Tanker Ships(LNG 운반선)

LNG 운반선의 저장탱크(Containment System이라 불리는)는 비등 증기가 공기와 닿는 일이 없어야 하므로 가스가 새어 나가는 것을 차단해야 하고, 보온기능이 있어야 하며, 비등현상이 최소화되도록 유지하면서 선박 구조재가 냉각현상에 따라 취약해지는 것을 근원적으로 방지해야 하는 특성이 요구된다. 현재 두 가지 형태의 CCS(Cargo Containment System) 설계가 널리 쓰이고 있다. Self Supporting 독립형 탱크 그리고 멤브레인 형태의 탱크가 그것이다.

| 표 3-30 | LNGC Cargo Containment Systems

구분	Membrane Type		Independent Type	
	GTT Mark III	GTT No.96	Moss	IHI-SPB
Tank Shape				
Tank Wall thickness	SUS 304L 1.2mm	Invar(36% Ni) 0.7mm	Al Alloy(A5083) 50mm	Al Alloy(A5083) Ni 9% Steel SUS304
Insulation Thickness	Reinforced Polyurethane Foam 270mm	Plywood Box +Perlite 530mm	Polyurethane Foam 250mm	Polyurethane Foam 250mm
Gross Ton (138K)	92,900(100%)	95,500(102%)	110,000(118%)	103,000(110%)

자립/독립형 탱크는 견고하고 육중한 구조물 형상이며 구형과 각형 두 가지가 있을 수 있다. Moss 디자인의 경우, LNG는 몇 개의 Aluminum 소재 구형 탱크에 저장되며 상부 반구 부분은 선박 데크 위에 놓이게 된다.

멤브레인(격벽) 탱크의 경우는, 탱크벽이 선박 Hull 건조 이후 동시에 제작되며 대부분의 탱크공간은 선박 데크 하부에 위치한다. 일차적인 격벽은 니켈합금이나 스테인리스 재질로 제작되며 직접 LNG와 닿도록 설계된다. 반면, 이차 격벽은 일차 격벽의 누수 시에 이를 보호하기 위한 기능을 갖는다. 이 2차 격벽은 대부분 일차 격벽 재질과 동일하지만 때에 따라 유리섬유를 포함한 알루미늄 샌드위치 판넬 형태를 갖기도 한다. 그리고 이 격벽 사이는 폴리우레탄 또는 펄라이트 재질의 보온재로 충진된다.

(5) Onshore Regasification(육상 재기화) 공정

항해를 마친 LNG 운반선은 수입항에 특별히 고안된 인수기지 터미널에 정박하게 되고 선박으로부터 LNG를 받아서 육상 저장탱크－대략 160,000m³－설비에 저장하게 된다. 이후의 가스 배송은 배관망의 용량, 저장탱크 용적 그리고 재기화 설비의 용량 및 LNG 운반선의 인도주기에 따라 결정된다.

최종 사용자에게까지 배송을 위해서는 LNG 형상은 재기화 과정을 통해 기화상태로 바꿔야 하는데, 이때 증발기라는 열교환기가 필요하게 되며 필요에 따라 방향제를 첨가하게 된다.

(6) Offshore Regasification(해상 재기화) 공정

2000년 중반에 이르러 LNG 재기화 공정을 해상에 떠 있는 선상에서 처리하고 바로 해저 배관망을 통해 육지 수요자에게 공급하는 새로운 개념의 필요가 생겼는데, 이를 FSRU(Floating Storage and Regasification Unit)라고 하며, 목적한 바에 맞춰 신조 개념을 도입할 수도 있고 기존 LNG 운반선을 개조해서 운용할 수도 있으며, 중요한 것은 영구적으로 해양에 계류할 수 있는 시스템과 함께 LNG 운반선을 옆에 정박시켜 적절히 LNG를 하역하고 보관하는 시스템을 안정화하는 것이다. 여기에는 섭씨 −163도 액체가 출렁거림 현상으로 인해 파생될 수 있는 여러 가지 구조적 악영향까지 고려한 설계개념의 검토가 요구된다.

6. Downstream Industries

이렇게 개발되고(Upstream), 적절한 방법으로 운송되어 저장된(Midstream) 원유는, 최종 소비자에게 소비자가 원하는 형태로 전달되기 위해서 정제(Refinery)라는 단계를 거쳐야 한다. 이 과정에서 기술 개발에 따라 품질등급의 분류가 다양한 파생상품의 출현도 가능해진다. 현재 국내 Refinery 회사들은 글로벌 경쟁력을 갖춘 곳이 많을 뿐만 아니라 이미 원유를 도입하여 정제유를 수출하는 Oil 수출국의 입지를 굳건히 하고 있다.

(1) Refiners(원유 정제업자)

2013년 기준, World's Top 25 Refining Companies는 [표 3-31]과 같다.

| 표 3-31 | Oil & Gas Journal

Rank as of Jan. 1		Company	Crude Capacity [b/cd]
2013	2012		
1	1	ExxonMobil Corp. [USA]	5,657,500
2	2	Royal Dutch/Shell [NL/UK]	4,194,239
3	3	Sinopec [China]	3,971,000
4	4	BP [UK]	3,322,170
5	5	Valero Energy Corp. [USA]	2,776,500
6	6	PDVSA [Venezuela]	2,678,000
7	7	CNPC [China]	2,675,000
8	8	Chevron Corp. [USA]	2,584,600
9	9	Phillips 66 [USA]	2,504,200
10	10	Saudi Aramco [Saudi Arabia]	2,451,500
11	11	Total SA [France]	2,304,326
12	12	Petrobras [Brazil]	1,997,000
13	13	Pemex [Mexico]	1,703,000
14	14	NIOC [Iran]	1,451,000
15	15	JX Nippon Oil & Energy [Japan]	1,423,200
16	16	Rosneft [Russia]	1,293,000
17	17	Marathon Petroleum Co LP [USA]	1,248,000
18	18	OAO Lukoil [Russia]	1,217,000
19	19	SK Innovation [South Korea]	1,115,000
20	20	Repsol YPF SA [Spain]	1,105,500
21	21	KNPC [Kuwait]	1,085,000
22	22	Pertamina [Indonesia]	993,000
23	23	Agip Petroli SpA [Italy]	904,000
24	24	Flint Hills Resources [USA]	798,475
25	25	Sunoco Inc [USA]	505,000

1 신재생에너지의 정의

우리나라는 「신에너지 및 재생에너지 개발·이용·보급 촉진법」 제2조의 규정에 의거 '기존의 화석 연료를 변환시켜 이용하거나 햇빛·물·지열·강수·생물 유기체 등을 포함하여 재생 가능한 에너지를 변환시켜 이용하는 에너지'로 정의하고 11개 분야로 구분하고 있다.

- 신에너지 : 연료전지, 수소전지, 석탄액화 가스화(3개 분야)
- 재생에너지 : 태양광, 태양열, 바이오, 풍력, 해양, 소수력, 폐기물, 지열(8가지)

1. 신재생에너지의 특징

① 환경친화형 청정에너지
② 공공미래 에너지
③ 비고갈성 에너지
④ 기술에너지

2. 신재생에너지의 중요성

① 온실가스 배출의 감축 등 환경문제에 대한 해결방안
② 화석에너지 고갈에 대비한 에너지원의 개발
③ 기존 에너지 대비 가격 경쟁력 확보 시 차세대 사업으로 급신장 예상
④ 우리나라는 2030년 총에너지의 20%를 신재생에너지로 보급한다는 장기적인 목표로 신재생에너지 기술개발 및 보급 사업 등에 대한 지원을 강화하고 있다.

2 태양광·태양열에너지

[1] 태양광에너지

1. 개요

① 태양광 발전은 태양의 빛에너지를 변환시켜 전기를 생산하는 발전기술 – 햇빛을 받으면 광전효과에 의해 전기를 발생하는 태양전지를 이용한 발전방식이다.
② 태양광 발전시스템은 태양전지(Solar Cell)로 구성된 모듈(Module)과 축전지 및 전력 변환장치로 구성된다.

③ 태양에너지를 전기에너지로 변환할 목적으로 제작된 광전지로서 금속과 반도체의 접촉 면 또는 반도체의 PN접합에 빛을 조사(照射)하면 광전 효과에 의해 광기전력이 일어나는 것을 이용한 것이다.

④ 금속과 반도체의 접촉을 이용한 것으로는 셀렌광전지, 아황산구리 광전지가 있고 반도체 PN접합을 사용한 것으로는 태양전지로 이용되고 있는 실리콘광전지가 있다.

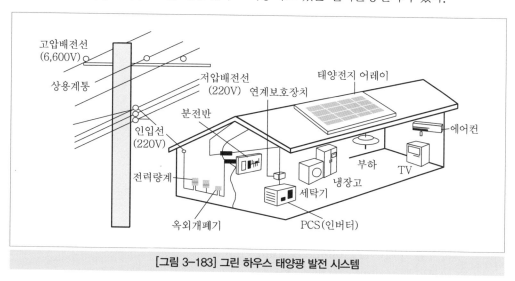

[그림 3-183] 그린 하우스 태양광 발전 시스템

2. 원리(광전효과)

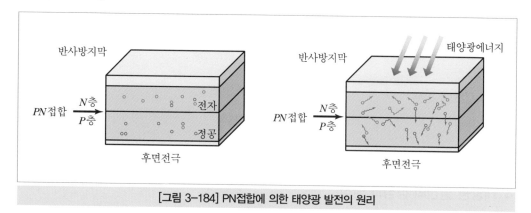

[그림 3-184] PN접합에 의한 태양광 발전의 원리

① 태양전지는 실리콘으로 대표되는 반도체이며, 반도체 기술의 발달과 반도체 특성에 의해 자연스럽게 개발되었다.

② 태양전지는 전기적 성질이 다른 N(Negative)형의 반도체와 P(Positive)형의 반도체를 접합시킨 구조를 하고 있으며 2개의 반도체 경계 부분을 PN접합(PN-junction)이라고 한다.

③ 이러한 태양전지에 태양빛이 닿으면 태양빛은 태양전지 속으로 흡수되며 흡수된 태양빛이 가지고 있는 에너지에 의해 반도체 내에서 정공(正孔 : Hole)(+)과 전자(電子 : Electron) (−)의 전기를 갖는 입자(전공, 전자)가 발생하여 각각 자유롭게 태양전지 속을 움직이게 되지만 전자(−)는 N형 반도체 쪽으로, 정공(+)은 P형 반도체 쪽으로 모이게 되어 전위가 발생하게 되며, 이 때문에 앞면과 뒷면에 붙여 만든 전극에 전구나 모터와 같은 부하를 연결 하게 되면 전류가 흐르게 되는데, 이것이 태양전지의 PN접합에 의한 태양광 발전의 원리 이다.

3. 태양광 발전기술의 분류

재료에 따라 결정질실리콘, 비정질실리콘, 화합물 반도체 등으로 분류된다.

(1) Si계 태양전지

① 결정질 Si
② 기판형 : 단결정 : Single Crystalline Si, 다결정 : Poly Crystalline Si
③ 박막형 : Poly-crystalline Si Thin Film
④ 비결정질 Si 박막(a-si Thin File)

(2) 화합물 반도체 태양전지

① Ⅱ − Ⅵ족 : CdTe, ClS 등
② Ⅲ − Ⅴ족 : GaAs, lnP, IngaAs 등
③ 기타 : Quantum, Dot cell, Dye cell 등

(3) 시스템 이용

독립형, 계통연계형, 복합 발전형 태양광의 특징

4. 태양광 발전의 장점과 단점

(1) 장점

① 에너지원이 청정, 무제한 화석연료 등과는 달리 계속 사용해도 고갈되지 않는 영구적인 에너지이다.
② 필요한 장소에서 필요량 발전가능 지역에 따라서 다소 차이는 있으나 이용 가능한 에 너지

③ 유지보수 용이, 무인화 가능
④ 수명이 길다(약 20년 이상).

(2) 단점

① 전력 생산이 지역별 일사량에 의존한다.
② 에너지 밀도가 낮고, 큰 설치 면적이 필요하다.
③ 태양에너지는 지구 전체에 넓게 산재되어 있어 이런 특정장소에 비춰주는 에너지양이 매우 적다.
④ 설치장소가 한정적이며 시스템 비용이 고가이다.
⑤ 초기 투자비와 발전 단가가 높다.

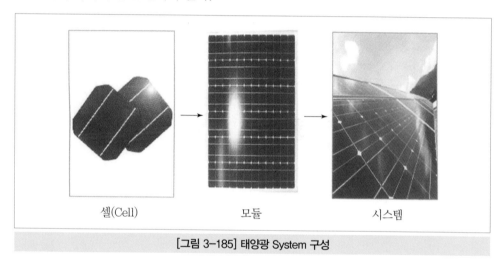

<table>
<tr><td>셀(Cell)</td><td>모듈</td><td>시스템</td></tr>
</table>

[그림 3-185] 태양광 System 구성

[2] 태양열에너지

1. 원리

① 태양광선의 파동성질을 이용하는 태양 과학적 이용 분야로 태양열의 흡수, 저장, 열변환 등을 통하여 건물의 냉·난방 및 급탕 등에 활용하는 기술

② 태양열 이용기술의 핵심에는 태양열 집열기술, 축열기술, 시스템제어기술, 시스템설계기술 등이 있다.

2. 태양열 시스템의 구성

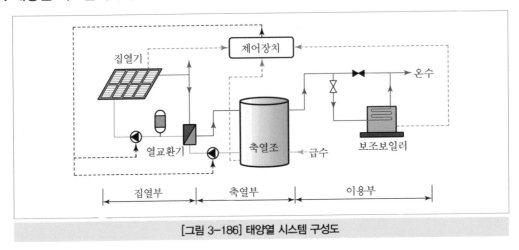

[그림 3-186] 태양열 시스템 구성도

① 집열기와 열교환기는 집열부를, 축열조는 축열부를, 보조 보일러는 이용부를 각각 구성한다.

② 중앙제어장치에 응집된 각 구성부의 시스템은 제어장치를 통해 다시 집열기와 열교환기, 그리고 열교환기와 축열조를 연결하는 중간 연결시스템을 제어한다.

③ 태양열에너지는 에너지 밀도가 낮고 계절별·시간별 변화가 심한 에너지이므로 집열과 축열 기술이 가장 기본이 되는 기술이다.

(1) 집열부

태양열 집열이 이루어지는 부분으로 집열온도는 집열기의 열손실률과 집광장치의 유무에 따라 결정된다.

(2) 축열부

열시점과 집열량이 이용 시점과 부하량에 일치하지 않기 때문에 필요한 일정의 버퍼

(Buffer) 역할을 할 수 있는 열저장 탱크·축열의 구비 조건으로는 축열량이 클 것, 융점이 불변할 것, 상변화가 쉬울 것 등이 있다.

(3) 이용부

태양열 축열조에 저장된 태양열을 효과적으로 공급하고, 부족할 경우 보조 열원에 의해 공급한다.

(4) 제어장치

태양열을 효과적으로 집열 및 축열하고 공급, 태양열 시스템의 성능 및 신뢰성 등에 중요한 역할을 해주는 장치이다.

3. 태양열 이용기술의 분류

(1) 태양열시스템은 열매체의 구동장치 유무에 따라서 자연형(Passive) 시스템과 설비형(Active) 시스템으로 구분된다. 전자는 온실, 트롬월과 같이 남측의 창문이나 벽면 등 주로 건물 구조물을 활용하여 태양열을 집열하는 장치이며, 후자는 집열기를 별도 설치해서 펌프와 같은 열매체 구동장치를 활용해서 태양열을 집열하는 시스템으로 후자를 흔히 태양열 시스템이라 한다.

(2) 집열 또는 활용온도에 따른 분류는 일반적으로 저온용, 중온용, 고온용으로 분류하기도 하며, 각 온도별 적정집열기, 축열방법 및 이용 분야는 [표 3-32]와 같다.

| 표 3-32 | 온도별 적정 집열기, 축열방법 및 이용 분야

구분	자연형	설비형		
	저온형	중온용	고온용	
활용온도	60℃ 이하	100℃ 이하	300℃ 이하	300℃ 이상
집열부	자연형 시스템 공기식 집열기	평판형 집열기	• PTC형 집열기 • CPC형 집열기 • 진공관형 집열기	• Dish형 집열기 • Power Tower
축열부	Tromb Wall (자갈, 현열)	저온축열(현열, 잠열)	중온축열(잠열, 화학)	고온축열(화학)
이용 분야	건물공간난방	냉난방·급탕, 농수산(건조, 난방)	• 건물 및 농수산 분야 냉·난방 • 담수화 • 산업공정열 • 열발전	• 산업공정열 • 열발전 • 우주용 • 광촉매 폐수처리 • 광화학 • 신물질 제조

4. 태양열시스템의 특징

(1) 장점

① 기존의 화석에너지에 비해 지역적 조건 등이 적음

② 무공해, 무재해 청정에너지

③ 다양한 적응 및 이용성

④ 저가의 유지보수비

(2) 단점

① 초기 설치비용이 많음

② 계절에 따른 변화가 많음(봄, 여름과 겨울의 차이)

③ 밀도가 적고 간헐적

③ 풍력 및 수소연료전지

[1] 풍력발전시스템

1. 개요 및 시스템의 구성

① 풍력발전은 바람에너지를 변환시켜 전기를 생산하는 발전기술

② 풍력이 가진 에너지를 흡수 · 변환하는 운동량 변환장치, 동력전달장치, 동력변환장치, 제어장치 등으로 구성

(1) 기계장치부

바람으로부터 회전력을 생산하는 Blade, Shaft를 포함한 Rotor, 이를 적정 속도로 변환하는 Gearbox와 기동 · 제동 및 운용 효율성 향상을 위한 Brake, Pitching & Yawing System 등의 제어장치로 구성되어 있다.

(2) 전기장치부

발전기 및 기타 안정된 전력을 공급하도록 하는 전력안전화장치로 구성

(3) 제어장치부

풍력발전기가 무인 운전이 가능하도록 설정, 운전하는 Control System 및 Yawing System & Pitching Controller와 원격지 제어 및 지상에서 System상태 판별을 가능하게 하는 Monitering System으로 구성

① Pitch Control : 날개의 Pitch 조절로 출력을 능동적으로 제어
② Stall Control : 한계 풍속 이상이 되었을 때 양력이 회전 날개에 작용하지 못하도록 날개의 공기역학적 형상에 의한 제어
③ Yaw Control : 바람방향을 향하도록 Blade의 방향조절

2. 구성요소

(1) 풍력발전과정

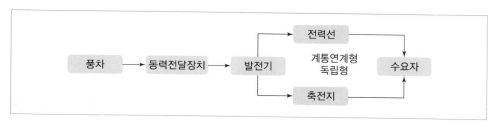

(2) 주요 부품

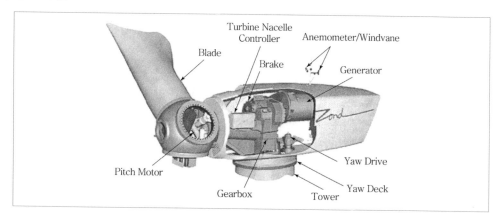

3. 풍력발전의 분류

(1) 풍차구조(회전축 방향)에 따른 분류

1) 수평축 풍력시스템(HAWT)

회전축이 대지에 대하여 수평이며, 수평축은 간단한 구조로 이루어져 있어 설치하기 편리하나 바람의 방향에 영향을 받는다. 중대형 이상은 수평축 풍력시스템을 이용하는데, 그 종류로는 블레이드형, 프로펠러형, 세일윙형이 있다.

2) 수직축 풍력시스템(VAWT)

수직축은 바람의 방향과 관계가 없어 사막이나 평원에 많이 설치하여 이용이 가능하지만 소재가 비싸고 수평축 풍력시스템에 비해 효율이 떨어지는 단점이 있다.

종류로는 다리우스형, 사보니우스형, 크로스 플로형 등이 있다.

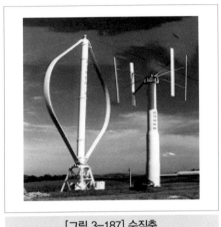

[그림 3-187] 수직축

[그림 3-188] 수평축

(2) 운전방식에 따른 분류

1) 정속 운전(Fixed Roter Speed Type)

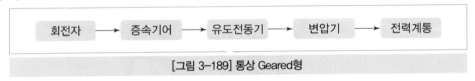

회전자 → 증속기어 → 유도전동기 → 변압기 → 전력계통

[그림 3-189] 통상 Geared형

2) 가변속 운전(Variable Roten Speed Type)

회전자 → 동기발전기 → 인버터 → 변압기 → 전력계통

[그림 3-190] 통상 Gealess형

(3) 출력 제어방식에 따른 분류

① Pitch(날개각) Control
② Stall(실속) Control

(4) 전력사용방식에 따른 분류

① 계통연계형 : 유도발전기, 동기발전기 사용
② 독립전원형 : 동기발전기, 직류발전기 사용

4. 풍력발전의 특징

(1) 장점

① 재생 가능한 에너지 활용으로 에너지 비용이 제로이다.

② 신생에너지 중 발전 단가가 제일 싸다.

③ 배출가스가 없어 대기 오염이 없다.

④ 건설기간 및 비용이 적게 든다.

⑤ 발전기 구조가 간단하고 유지 보수가 용이하다.

(2) 단점

① 저주파 소음이 발생한다.

② 발전용량을 크게 할수록 대형 날개의 제작이 어렵다.

③ 강풍에 대한 대처기술이 요구된다.

[2] 연료전지발전시스템

1. 개요 및 시스템의 구성

(1) 개요

① 연료전지는 수소와 산소의 화학반응으로 생기는 화학에너지를 직접 전기에너지로 변환시키는 기술이다.

② 연료 중 수소와 공기 중 산소가 전기화학반응에 의해 직접 발전된다.

※ 최종적인 반응은 수소와 산소가 결합하여 전기, 물 및 열 생성

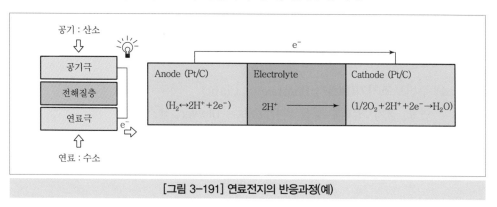

[그림 3-191] 연료전지의 반응과정(예)

(2) 시스템의 구성

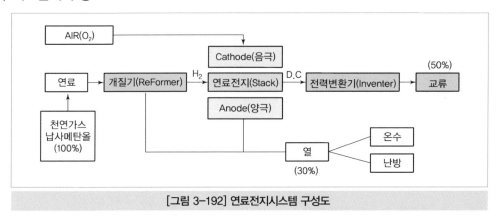

[그림 3-192] 연료전지시스템 구성도

화석연료에서 수소가 발생되어 공기 중의 산소와 연료전지를 통해 반응, 30%의 열이 발생되어 온수와 난방에 이용되고, 전력변환장치를 통해 직류전기를 교류로 변환하여 전기에너지로 사용된다.

1) 연료개질장치(Reformer)
① 화석연료(천연가스, 메탄올, 석유 등)로부터 수소를 발생시키는 장치
② 시스템에 악영향을 주는 황(10ppm 이하), 일산화탄소(10ppm 이하), 제어 및 시스템 효율향상을 위한 Compact가 핵심 기술

2) 연료전지 본체(Stack)
① 원하는 전기 출력을 얻기 위해 단위 전지 수십장에서 수백장을 직렬로 쌓아 올린 본체
② 단위전지 제조, 단위전지 적층 및 밀봉, 수소공급과 열회수를 위한 분리판 설계·제작 등이 핵심기술

3) 전력변환기(Inverter)
연료전지에서 나오는 직류 전기(DC)를 가정이나 산업체에서 통상적으로 사용하는 교류(AC)로 변환시키는 장치

4) 주변보조기기(BOP ; Balance of Plant)
연료, 공기, 열회수 등을 위한 펌프류, Blower, 센스 등

5) 제어장치
연료전지 발전소 전체를 자동제어하는 장치부

2. 연료전지의 종류

구분	알칼리 (AFC)	인산형 (PAFC)	용융탄산염형 (MCFC)	고체산화물형 (SOFC)	고분자전해질형 (PEMFC)	직접메탄올 (DMFC)
전해질	알칼리	인산염	탄산염	세라믹	이온교환막	이온교환막
동작온도 (℃)	120 이하	250 이하	700 이하	1,200 이하	100 이하	100 이하
효율(%)	85	70	80	85	75	40
용도	우주발사체 전원	중형 건물 (200kW)	중·대형 건물 (100kW~MW)	소·중·대 용량발전 (1kW~MW)	가정·상업용 (1~10kW)	소형 이동 (1kW 이하)
특징	–	• CO 내구성 큼 • 열병합 대응 가능	• 발전효율 높음 • 내부개질 가능 • 열병합 대응 가능	• 발전효율 높음 • 내부개질 가능 • 복합발전 가능	저온작동 고출력 밀도	저온작동 고출력 밀도

3. 연료전지발전의 특징

1) 발전효율 30~40%, 열효율 40% 이상으로 총 70~80% 이상
2) 부하변동에 따라 신속히 반응
3) 다양한 연료 사용 가능 : 천연가스, 석탄가스, 메탄올 등
4) 유체가스(NO, CO_2 등)나 분진이 거의 없다.
5) 소음이 거의 없으며, 기존 발전소(화력, 원자력 등) 대비 다량의 냉각수가 필요하지 않다.
6) 도심 근처에 설치가 가능함에 따라 시설비용 감소(송·배전비용 절감, 전력 손실 감소, 지역민원 소지 해소 등)
7) 가격이 높고, 내구성이 충분하지 않다.
8) 불순물이 발생한다.

4 지열, 바이오에너지, 석탄 가스화

[1] 지열에너지

1. 개요

(1) 지열에너지는 물, 지하수 및 지하의 열 등의 온도차를 이용하여 냉·난방에 활용하는 기술이다.

(2) 태양열의 약 47%가 지표면을 통해 지하에 저장되며, 이렇게 태양열을 흡수한 땅속의 온도는 지형에 따라 다르지만 지표면 가까운 땅속의 온도는 개략 10~20℃ 정도 유지해 열펌프를 이용하는 냉난방 시스템에 이용하고 있다.

(3) 우리나라 일부지역이 심부(지중 1~2km) 지중온도는 약 80℃ 정도로서 직접 난방에 이용이 가능하다.

2. 시스템 구성도

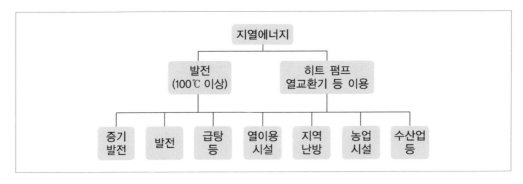

3. 지열시스템의 분류

지열시스템의 재생에너지원으로는 지표면으로부터 몇 미터 내지 수십미터 깊이의 지하수, 호수, 강물 등을 활용하고 있으며, 지열을 회수하는 파이프(열교환기) 회로구성에 따라 폐회로와 개방회로로 구분되어 있다.

(1) 폐회로시스템(Closed Loop)

일반적으로 공급과 회수의 파이프가 하나로 구성되어 있고, 파이프에는 지열을 회수(열교환)하기 위한 열매가 순환되며, 파이프의 재질은 고밀도 폴리에틸렌이 사용된다.

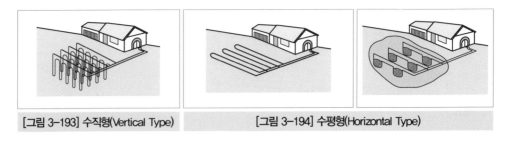

[그림 3-193] 수직형(Vertical Type)　　　[그림 3-194] 수평형(Horizontal Type)

(2) 개방형 시스템(Open Loop)

개방회로는 온천수, 지하수에서 공급받는 물을 운반하는 파이프가 개방되어 있는 것으로 풍부한 수원지가 있는 곳에서 적용될 수 있다.

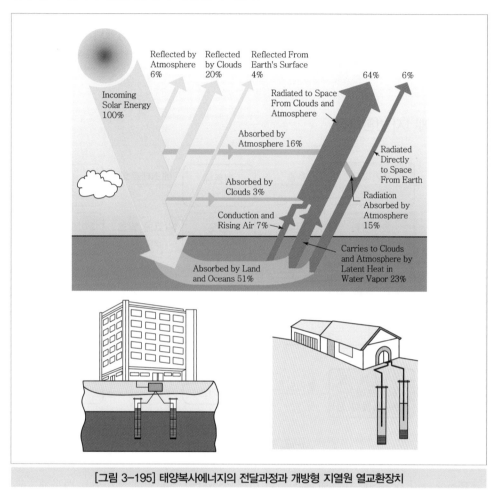

[그림 3-195] 태양복사에너지의 전달과정과 개방형 지열원 열교환장치

(3) 특성

폐회로가 파이프 내의 열매(물 또는 부동액)와 지열 Source가 열교환되는 것에 비해 개방 회로는 파이프 내로 직접 지열 Source가 회수되므로 열전달효과가 높고 설치 비용이 저렴 한 장점이 있으나 폐회로에 비해 보수가 필요한 단점이 있다.

[2] 바이오에너지

1. 개요

바이오에너지 이용기술이란 바이오매스(Biomass, 유기성 생물체를 총칭)를 직접 또는 생 · 화학적, 물리적 변환과정을 통해 액체, 가스, 고체연료나 전기 · 열에너지 형태로 이용하는 화학, 생물, 연소공학 등의 기술을 말한다.

2. 바이오에너지 변환과정

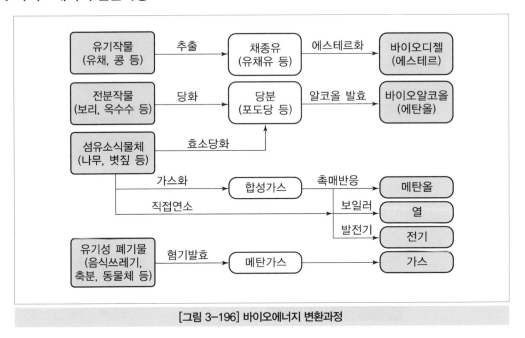

[그림 3-196] 바이오에너지 변환과정

Biomass란 태양에너지를 받은 식물과 미생물의 광합성에 의해 생성되는 식물체 · 균체와 이를 먹고 살아가는 동물체를 포함하는 생물 · 유기체이다.

3. 종류

1) 유기작물 : 유채, 콩 등에서 추출된 채종유(유채유 등)가 에스테르화 과정을 거쳐 바이오디젤(에스테르)로 변환한다.
2) 전분작물 : 보리, 옥수수 등의 당화과정에서 얻어진 당분(포도당 등)은 알코올발효를 통해 바이오알코올(에탄올)로 변환한다.
3) 섬유소식물체 : 나무, 볏짚 등의 변환시스템은 방법에 따라 다음과 같이 분류된다.
   ① 효소당화하면 당분의 알코올발효로 바이오 알코올로 변환
   ② 가스화 과정에서 얻어진 합성가스는 촉매반응으로 메탈올로 변환
   ③ 직접 연소하며 보일러에서 열에너지와 발전기에서 전기에너지로 변환
4) 유기성 폐기물 : 음식물 쓰레기, 축분, 동물체 등은 혐기발효하여 메탄가스를 발생시키고 가스로 변환한다.

4. 특징

(1) 장점

① 환경친화적 생산기술과 환경오염의 절감(온실가스 등)
② 풍부한 자원과 에너지 형태의 다양성(연료, 전력, 천연화학물 등)

(2) 단점

① 자원이 산재되어 있어 수집이나 수송의 불편과 비용 증가
② 과다하게 이용 시 환경파괴 등의 부작용 발생
③ 자원의 다양화에 따른 기술 개발의 어려움 초래 예상

[3] 석탄 가스화

1. 개요

석탄을 산소와 수소증기로 반응시켜 일산화탄소와 수소의 혼합가스를 만드는 것이다.

(1) 석탄액화

고체 연료인 석탄을 휘발유 및 디젤유 등의 액체연료로 전환시키는 기술로 고온고압의 상태에서 용매를 사용하여 전환시키는 직접액화방식과 석탄가스화 후 촉매상에서 액체연료로 전환시키는 간접액화기술이 있다.

(2) 가스화 복합 발전기술(IGCC ; Integrated Gasification Combined Cycle)

석탄, 중질잔사유 등의 저급원료를 고온, 고압의 가스화기에서 수증기와 함께 한정된 산소로 불완전연소 및 가스화시켜 일산화탄소 및 증기터빈 등을 구동하여 발전하는 신개념의 기술이다.

2. System의 구성

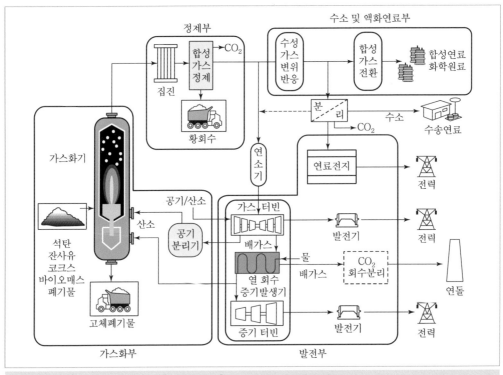

[그림 3-197] 석탄가스화 시스템 구성도

석탄 이용 주요 프로세스 기술은 가스화부, 가스정제부, 발전부 등 3가지 Block과 활용 에너지의 다변화를 위해 추가되는 수소 및 액화 연료부 등으로 구성되어 있다.

(1) 가스화부 : 석탄, 잔사유, 코크스, 바이오매스, 폐기물을 가스화하고 고체 폐기물을 배출함
(2) 가스정제부 : 합성가스를 정제하여 이산화탄소를 분리하고 황회수를 배출함
(3) 수소 및 액화 연료부 : 수성가스 변위 반응으로 합성가스를 전환, 합성연료와 화학원료를 생성함
(4) 발전부 : 연소기, 가스터빈, 배가스 열회수 증기 발생기, 증기터빈 시설, 연료전지가 있고 이산화탄소와 폐수를 분리하고 전기를 생산함

3. 특징

(1) 장점

① 고효율 발전

② SO_x를 95% 이상, NO_x를 75% 이상 저감하는 친환경기술

③ 다양한 저급연료(석탄, 중질잔사유, 폐기물 등)를 활용한 전기 생산

(2) 단점

① 소요면적이 넓은 대형 장치산업으로 시스템 비용과 초기투자비용 고가

② 복합설비로 전체 설비의 구성과 제어가 복잡하며 연계시스템의 최적화, 시스템 고효율화, 운영 안정화 및 저비용화를 위한 기술개발이 필요하다.

PLANTENGINEER
참·고·문·헌

1. 경영전략 실천 매뉴얼, 이승주 저, 시그마인사이트 (1999)
2. 경영전략 수립 방법론, 김동철 · 서영우 저, 시그마인사이트 (2008)
3. 논리의 기술, 바바라민토 저, 더난출판 (2004)
4. 논리적 글쓰기, 바바라 민토 저, 더난출판사 (2005)
5. 맥킨지 문제해결의 기술, 오마에 겐이치 저, 일빛 (2005)
6. 맥킨지식 문제해결의 이론, 다카스기 히사타카 저, 일빛 (2009)
7. 맥킨지식 전략 시니리오, 사이토 요시노리 저, 거름 (2003)
9. 시나리오로 사고하는 문제해결의 기술, 우부카타 마사야 저, 멘토르 (2008)
10. 전략적 의사결정을 위한 문제해결 툴킷, HR Institute 저, 새로운제안 (2005)
11. 전략적 숫자경영, 류철호, 신종섭 저, 성안당 (2010)
12. 로지컬 씽킹, 테루야 하나코 저, 일빛 (2002)
13. 브레인 라이팅, 다카하시마코토 저, 아이소 출판 (2009)
14. 설득의 논리학, 김용규 저, 웅진지식하우스 (2007)
15. 국가계약론, 이춘삼 저, 대왕사 (2003)
16. 계약법, 한삼인 저, 화산미디어 (2011)
17. 영문국제계약, 김은주 외, 우용출판사 (2004)
18. 국제영문계약 Manual, 한국원자력협력재단, 넥서스 (2009)
19. 최신 국제비즈니스계약, 오원석, 삼양사 (2004)
20. 국제무역 클레임과 중재실무, 신두식 · 이주원 공저, 두남출판사 (2012)
21. PMI, A Guide to Project Management Body of Knowledge, 5th edition, Project Management Institute, PA (2012)
22. 경쟁 우위 확보를 위한 프로젝트 관리학(개정판), 강창욱 외, 북파일 (2010)
23. KPMA, 실무사례로 풀어가는 프로젝트 경영, 대영사 (2010)
24. 산업안전보건법, 시행령, 시행규칙
25. 안전보건관리 책임자 신규교육(한국건설안전협회)
26. 안전관리자 신규교육(한국건설안전협회)
27. 고용노동부 홈페이지(www.moel.or.kr)
28. 안전보건공단 홈페이지(www.kosha.or.kr)
29. 경제성 공학, 남시복 외, 문운당 (2012)
30. 경제성 공학, John A. White(서순근 외 2명 역), 텍스트북스 (2012)
31. 경제성 공학, 김성집, 한경사 (2001)

32. 경제성 공학, 유일근, 형설출판사 (1998)

33. 경제성 공학, Gerald J. Thuesen, 김영휘 역, 청문각 (2003)

34. 경제성 공학, Henry Malcolm Steiner, 김창은 역, 한출판사 (2004)

35. 경제성 공학, 함효준, 동현출판사 (1998)

36. 경제성 공학, G.U.THUESEN(김영휘 역), 청문각 (1997)

37. 경제성 공학, JOHN A.WHITE(이대주 역), 범한서적 (1999)

38. 석유화학공업, 박정환, 동화기술 (2010)

39. http://www.petroleum.or.kr, 대학석유협회

40. http://www.kpia.or.kr, 한국석유화학공업협회

41. http://kogas.or.kr, 한국가스공사

42. http://www.kemco.or.kr, 한국에너지관리공단

43. http://en.wikipedia.org/wiki/Oil_refinery, 위키피디아

44. http://www.lngplant.or.kr/, LNG플랜트사업단

45. http://www.petronet.co.kr, 페트로넷

46. 화력발전실무, 한국발전교육원

47. 최신 발전공학, 동일출판사

48. 화력발전(Electric Power Generation), 한국플랜트건설연구원

49. 신재생에너지, 한국플랜트건설연구원

50. 원자력 발전기초, 한수원 중앙교육원

51. 방사선 교육교재, 한국원자력안전아카데미

플랜트엔지니어 기술이론

1 PLANT PROCESS

발행일 | 2014. 5. 10   초판발행
2021. 1. 10   개정1판1쇄

저 자 | (재)한국플랜트건설연구원 교재편찬위원회
발행인 | 정용수
발행처 | 예문사

주 소 | 경기도 파주시 직지길 460(출판도시) 도서출판 예문사
T E L | 031) 955-0550
F A X | 031) 955-0660
등록번호 | 11-76호

정가 : 33,000원

ISBN 978-89-274-3718-5 14540
ISBN 978-89-274-3717-8 14540(세트)

이 도서의 국립중앙도서관 출판예정도서목록(CIP)은 서지정보유통지원시스템
홈페이지(http://seoji.nl.go.kr)와 국가자료공동목록시스템(http://www.nl.go.kr
/kolisnet)에서 이용하실 수 있습니다.(CIP제어번호 : CIP2020042546)